編集顧問
佐野博敏（大妻女子大学学長）

編集幹事
富永　健（東京大学名誉教授）

編集委員
徂徠道夫（大阪大学名誉教授）
山本　学（北里大学教授）
松本和子（早稲田大学教授）
中村栄一（東京大学教授）
山内　薫（東京大学教授）

序

　希土類元素の化学という内容で〈朝倉化学大系〉の本を書くように本シリーズの編集委員会で数年前にお話があったときは，やや躊躇めいたものを感じた．既に日本には，当時日本希土類学会を主宰されていた大阪大学名誉教授・足立吟也先生の編著になる広範な科学を扱った『希土類の科学』をはじめとして，いくつかの希土類元素に関する本が出版されていたためである．したがって本書は，名前がやや似ているが内容はこれらの希土類元素一般の科学とは異なり，主として筆者の過去15年以上にわたる研究分野である発光性希土類錯体の錯体化学とそのバイオアッセイへの応用を中心として，大学院生や若い研究者がこの分野を学ぶのに必要と思われる周辺分野の化学を盛り込み，1冊の本とすることにした．本書では，生命科学や医学分野での応用を指向した希土類錯体の合成と性質およびその最近の応用を中心として述べている．この分野は最近特に研究者が増えており，報告される錯体の構造が複雑で高級化している．もう一つの最近の希土類錯体の応用分野である発光性の電子デバイスへの応用については，同じ錯体化学であるが筆者の専門ではないので，本書では述べていない．

　希土類元素というのは，名前のとおりまれなる元素であるので，他の遷移金属元素には慣れ親しんでいる人であっても，希土類元素には接したことのない人が多いであろう．実は筆者にとっては，30年以上前に，東京大学理学部化学科の卒業研究で佐々木行美先生からいくつかの希土類の硝酸塩を渡され，そのヘテロポリ酸を合成するようにいわれたのが，希土類元素との出会いであった．その卒業研究後は，希土類元素と無縁の研究をしてきていたが，その後，助手として過ごした同大学の不破敬一郎先生の研究室で学んだ分析化学の経験も生かして，15年以上前に再び希土類錯体を用いて分析化学に応用することを思いついた．卒業研究で希土類の化合物を扱ったことは，忘れかけていたのだが思い返すと不思議なめぐり合わせである．

希土類錯体の特徴は，一言でいうと，一般の遷移金属錯体とは全く異なるということだと筆者は感じている．それ以前の研究経験で，他の遷移金属錯体に関して培われた常識や勘のようなものが時に妨げになるような思いをしたこともある．構造から予想されるよりはるかに結晶化が困難であること，水溶液中である種の希土類錯体の吸収や発光スペクトルは数日あるいは1週間以上にわたってゆっくりと変化し，反応しているわけでもなさそうなのにいつまでたっても平衡点に達しないことなど，おそらくその希土類錯体が水や炭酸イオンに高い親和性をもつことや熱力学的に安定な構造がいくつか存在し，温度によりそれらの平衡が移動しやすいためではないかと思うのだが，その扱いに困ったものである．4f電子が価電子であるために起こるこのような現象について，ゆらゆらとした構造をとる元素なのではないかという印象を筆者はもっている．これは，多くの3d電子の遷移金属錯体が安定な1つあるいはいくつかの構造をとり，それらは比較的容易に単離され結晶化されるのと対照的である．このような特殊性は，本書の中心テーマである発光性錯体の物理化学的特性においても見られる．

　本書の構成は，希土類元素やイオンの基本的性質から始まって，電子構造や4f電子に基づく化学的性質の特殊性を解説し，後半では希土類錯体の発光とバイオアッセイへの応用を述べるというものになっている．その途中には9.1節や9.3節のように希土類元素にはほとんど関係のない箇所もあるが，これらは希土類錯体の性質を理解するために必要と思われる，より一般的事項を解説したものである．化学の基礎を理解するために入れておいたが，必要のない人は読み飛ばしていただきたい．これらの基礎事項を理解してそれを用いて希土類錯体の性質を説明しようとしても，希土類錯体の性質には説明の難しいことがある．4f電子というのが未開拓の分野であるということに尽きるのかもしれないが，錯体の場合にはそれから生じる特殊な性質が，それこそ先ほどの水溶液中の希土類錯体のように，揺らいだ印象を与えると筆者は感じている．

　このような思いを抱いて本書を執筆していたのだが，その途中で次のような言葉を思い出した．

Life is short, the Art long,

opportunity fleeting,

序

experiment treacherous,

judgment difficult.

——*Hippocrates aphorisms*

　これはだいぶ昔に知り合いの人からいただいた机上の置物に彫ってあるギリシャの医者の言葉である．1行目は誰でも知っている．2行目は誰でもわかる．3行目は当時何のことかと筆者は思っていた．昔のギリシャでは測定のための装置も標準物質も確立しておらず，不純物が入っているような物質や，度量衡の確立していない測定器を使用せざるをえない状況で，実験の再現性もなくこのような言葉が自然に出てきたのだろうかと思っていた．しかし，長年希土類錯体の論文を読んだり実験を行ってきたりして思い当たるのはこの"treacherous"という言葉である．希土類錯体の水溶液中での安定性や構造を一般の遷移金属錯体と同様に考えたり，希土類錯体の発光特性を多くの蛍光性有機化合物や他の蛍光性金属錯体の蛍光特性と同様に扱うと必ずしも当てはまらないことがあると，筆者は今では思い知らされている．それと同時に，新しい分野の開拓ではどこでもこのように予想とは違う事実によって「欺かれる」ような思いをすることの積み重ねがあるのであろうと想像している．こう考えてくると，上の格言の4行目はまさにそのとおりである．

　本書は，このような筆者の思いを込めて若い人に向けて書かれたものである．予定より大幅に遅れてやっと完成したことをお詫びするとともに，その間忍耐強く待ってくださった佐野博敏先生，富永　健先生をはじめとする編集委員の先生方と，朝倉書店の編集部の皆様に，心からお礼を申し上げたい．

　2008年7月

松　本　和　子

目　次

1　希土類元素とは …………………………………………………… 1
　1.1　希土類元素の名称と周期表における位置 …………………… 1
　1.2　希土類元素発見の歴史 ………………………………………… 4
　1.3　産業界における希土類元素の歴史 …………………………… 6
　1.4　原子力と希土類元素 …………………………………………… 10

2　希土類元素の性質 ………………………………………………… 13
　2.1　希土類元素の電子配置 ………………………………………… 13
　2.2　原子半径・イオン半径とランタニド収縮 …………………… 17
　2.3　希土類金属の物性と周期性 …………………………………… 20
　2.4　希土類元素の化学的特徴 ……………………………………… 25

3　希土類元素の存在度と資源 ……………………………………… 27
　3.1　希土類元素の存在度 …………………………………………… 27
　3.2　希土類元素の鉱石と分布 ……………………………………… 27

4　希土類元素の抽出と分離 ………………………………………… 31
　4.1　鉱石からの抽出 ………………………………………………… 31
　4.2　希土類金属の単離と性質 ……………………………………… 32
　4.3　希土類イオンの相互分離 ……………………………………… 32

5 希土類元素の分析法 ……………………………………………… 39
5.1 蛍光X線分析 ……………………………………………… 40
5.2 ICP発光分析 ……………………………………………… 42
5.3 ICP質量分析 ……………………………………………… 45
5.4 中性子放射化分析 ………………………………………… 49

6 希土類元素の配位化学 …………………………………………… 51
6.1 イオン半径と配位数 ……………………………………… 51
6.2 安定度定数 ………………………………………………… 53
6.3 水和イオン ………………………………………………… 57
6.4 加水分解 …………………………………………………… 60
6.5 アミノ酸・核酸・糖の錯体 ……………………………… 62
6.6 β-ジケトン錯体 …………………………………………… 64
6.7 EDTAおよび関連配位子の錯体 ………………………… 67
6.8 含窒素芳香環配位子の錯体 ……………………………… 69
6.9 大環状配位子の錯体 ……………………………………… 70
6.10 クリプテート錯体 ……………………………………… 75
6.11 2+および4+の希土類イオンの水和イオンと配位化合物 ………… 78

7 希土類イオンの電子状態 ………………………………………… 83
7.1 f軌道の波動関数 …………………………………………… 83
7.2 希土類元素における相対論的効果 ……………………… 86
7.3 希土類イオンのエネルギー準位 ………………………… 88

8 希土類イオンの電子スペクトル ………………………………… 102
8.1 希土類イオンの配位子場理論 …………………………… 102
8.2 希土類イオンのスペクトルの特徴 ……………………… 105
8.3 希土類イオンの吸収スペクトル ………………………… 111

9 希土類イオンの発光 114
9.1 蛍光・燐光の物理化学 114
9.2 希土類錯体の発光 128
9.3 蛍光エネルギー移動と光誘起電子移動 156

10 希土類化合物の磁性 178
10.1 磁気モーメントと磁化率 178
10.2 ESR 180

11 希土類錯体のNMR 183
11.1 NMRシフト試薬 183
11.2 希土類錯体が及ぼす縦緩和への影響 189
11.3 MRIコントラスト試薬 189

12 センサー機能を持つ希土類蛍光錯体 208
12.1 センサー機能の原理 208
12.2 センサー機能を持つ希土類蛍光錯体 217

13 生命科学と希土類元素 241
13.1 生体における希土類元素の分布・代謝・毒性 241
13.2 人工加水分解酵素としての希土類錯体 246
13.3 希土類錯体の時間分解蛍光免疫分析への応用 263
13.4 希土類錯体の核酸分析への応用 276
13.5 レセプター-リガンドバインディングアッセイ 293
13.6 希土類錯体の分離・精製法への応用 294
13.7 時間分解蛍光イメージング 298
13.8 その他の生命科学研究における希土類イオンプローブの応用 304

索 引 317

1
希土類元素とは

1.1 希土類元素の名称と周期表における位置

　希土類元素（rare earth element）とは，第3族に属するスカンジウム（Sc），イットリウム（Y）とその下の周期のランタン（La），セリウム（Ce），プラセオジム（Pr），ネオジム（Nd），プロメチウム（Pm），サマリウム（Sm），ユウロピウム（Eu），ガドリニウム（Gd），テルビウム（Tb），ジスプロシウム（Dy），ホルミウム（Ho），エルビウム（Er），ツリウム（Tm），イッテルビウム（Yb），ルテチウム（Lu）の17元素をいう．その名前が示すように地殻中の存在度は高いほうではないが，白金（Pt）や金（Au）に比べれば10〜1000倍の存在度を持ち，決して極めてまれな元素というわけではない．相対的な存在度は，ケイ素（Si）を10^7個原子とすると希土類元素のうちでも存在度の高いほうの元素であるLaは35, Ceは66, Ndは40などになる．PtやAuではこの値は0.05および0.002であるから，これらの貴金属元素よりはるかに存在量が多いことになる．希土類元素は互いに化学的性質が似ているためにその相互分離が困難で，古くは異なる希土類元素の化合物の混合物が純粋と考えられたりして，報告される元素の性質に混乱があった．また，多種類の鉱物中に低濃度で広く含まれるため，純粋な金属や化合物として取り出すことが難しく，まれな元素という印象を与えてきたのであろう．

　希土類元素という呼び方のほかに，ランタニド（lanthanide）という言葉もよく使われる．ランタニドは，はじめは「ランタンに似たもの」という意味で，Laを除くCeからLuまでの14元素に対する言葉としてつけられたが，次のような理由で次第に言葉の内容が変化した．化学英語で一般に-ideという語尾は，塩化物あるいは塩化物イオンがchloride, 酸化物あるいはそのイオ

ンがoxideというように，陰イオンあるいはその塩を意味するが，lanthanideの語尾はこのような-ideの意味とは異なる．その後，ランタニドにだんだんLaの意味も含めてこの言葉が使われるようになり，また1960年ごろからランタノン（lanthanon）という言葉もLaを含む15元素に対して使われだした．このような混乱を避けるため，国際純正・応用化学連合（International Union of Pure and Applied Chemistry, IUPAC）は，1970年ごろランタノイド（lanthanoid）という言葉をLaも含む15元素に対して使うよう勧告した．したがって，本来は希土類元素のうちLaからLuまでの15元素をランタノイドあるいはランタノンといい，4f電子を持つCeからLuまでをランタニドというべきであるが，この区別はあまり正確に用いられず，世の中ではランタニドのほうが普及しだした．とうとう1990年にIUPACは，lanthanideをLaを含む15元素の総称として使用することを公認した．

また，希土類元素は日本語で「希土類」あるいは「希土」とも呼ばれるが，これらに対する英語はrare earthsであろう．産業界ではカタカナで「レア・アース」という言葉も用いられる．また，正式な化学用語ではないが，ランタニドの前半を「軽希土」，後半を「重希土」と呼ぶことがある．一般に軽希土のほうが鉱物に多く含まれるので，価格は重希土のほうが高い．このように区別するのは，希土類の前半と後半の元素やイオンの物理化学的性質や反応性に違いがあるためである．

周期表上ではランタニドの下にアクチニド（actinide）があるが，これはアクチニウム（Ac）からローレンシウム（Lr）までの15元素をいう．ランタニドとアクチニドは，周期表（表1.1）では本体の枠外の下に書き並べられている．これは後に述べるように，これらの元素は4f電子あるいは5f電子がエネルギー的に最も高い最外殻電子として詰まってできていく元素であるが，軌道半径が最も大きいという幾何学的意味での最外殻の電子はその上の殻に属するs電子やp電子であり，これらが既に存在しているためである．つまり，最外殻の電子配置はs電子やp電子でできており，希土類元素間で似ている．したがって希土類元素は互いに化学的性質が似ており，希土類元素として他の元素にはない特異な性質を持つ．アクチニドはすべて放射性元素で原子力開発の研究対象として重要であるが，本書では対象としていない．

1.1 希土類元素の名称と周期表における位置

表1.1 元素の周期表

族\周期	1	2	3	4	5	6	7	8	9	10	11	12	13	14	15	16	17	18
1	$_1$H 1.008																	$_2$He 4.003
2	$_3$Li 6.941	$_4$Be 9.012											$_5$B 10.81	$_6$C 12.01	$_7$N 14.01	$_8$O 16.00	$_9$F 19.00	$_{10}$Ne 20.18
3	$_{11}$Na 22.99	$_{12}$Mg 24.31											$_{13}$Al 26.98	$_{14}$Si 28.09	$_{15}$P 30.97	$_{16}$S 32.07	$_{17}$Cl 35.45	$_{18}$Ar 39.95
4	$_{19}$K 39.10	$_{20}$Ca 40.08	$_{21}$Sc 44.96	$_{22}$Ti 47.88	$_{23}$V 50.94	$_{24}$Cr 52.00	$_{25}$Mn 54.94	$_{26}$Fe 55.85	$_{27}$Co 58.93	$_{28}$Ni 58.69	$_{29}$Cu 63.55	$_{30}$Zn 65.39	$_{31}$Ga 69.72	$_{32}$Ge 72.61	$_{33}$As 74.92	$_{34}$Se 78.96	$_{35}$Br 79.90	$_{36}$Kr 83.80
5	$_{37}$Rb 85.47	$_{38}$Sr 87.62	$_{39}$Y 88.91	$_{40}$Zr 91.22	$_{41}$Nb 92.91	$_{42}$Mo 95.94	$_{43}$Tc (98.91)	$_{44}$Ru 101.1	$_{45}$Rh 102.9	$_{46}$Pd 106.4	$_{47}$Ag 107.9	$_{48}$Cd 112.4	$_{49}$In 114.8	$_{50}$Sn 118.7	$_{51}$Sb 121.8	$_{52}$Te 127.6	$_{53}$I 126.9	$_{54}$Xe 131.3
6	$_{55}$Cs 132.9	$_{56}$Ba 137.3	$_{57}$La 138.9 → $_{71}$Lu 175.0	$_{72}$Hf 178.5	$_{73}$Ta 180.9	$_{74}$W 183.9	$_{75}$Re 186.2	$_{76}$Os 190.2	$_{77}$Ir 192.2	$_{78}$Pt 195.1	$_{79}$Au 197.0	$_{80}$Hg 200.6	$_{81}$Tl 204.4	$_{82}$Pb 207.2	$_{83}$Bi 209.0	$_{84}$Po (210.0)	$_{85}$At (210.0)	$_{86}$Rn (222.0)
7	$_{87}$Fr (223.0)	$_{88}$Ra (226.0)	$_{89}$Ac (227.0) → $_{103}$Lr (260.1)	$_{104}$Rf	$_{105}$Db	$_{106}$Sg	$_{107}$Bh	$_{108}$Hs	$_{109}$Mt									

ランタニド

$_{57}$La 138.91	$_{58}$Ce 140.12	$_{59}$Pr 140.91	$_{60}$Nd 144.24	$_{61}$Pm (144.9)	$_{62}$Sm 150.36	$_{63}$Eu 151.96	$_{64}$Gd 157.25	$_{65}$Tb 158.93	$_{66}$Dy 162.50	$_{67}$Ho 164.93	$_{68}$Er 167.26	$_{69}$Tm 168.93	$_{70}$Yb 173.04	$_{71}$Lu 174.97

アクチニド

$_{89}$Ac (227)	$_{90}$Th 232.0	$_{91}$Pa 231.0	$_{92}$U 238.0	$_{93}$Np (237)	$_{94}$Pu (239)	$_{95}$Am (243)	$_{96}$Cm (247)	$_{97}$Bk (247)	$_{98}$Cf (252)	$_{99}$Es (252)	$_{100}$Fm (257)	$_{101}$Md (256)	$_{102}$No (259)	$_{103}$Lr (260)

希土類元素は一般に Ln で表され，n 価すなわち $n+$ の酸化状態のイオンは Ln^{n+} と表記されることが多いので，本書でも以降，そのように表す．

1.2 希土類元素発見の歴史

希土類元素の歴史は古く，1794 年にガドリン（J. Gadolin）が Y を発見したのが最初である．その後，1947 年に Pm が確認されるまで約 150 年を経て，希土類 17 元素が確立した．ガドリンはスウェーデンの小島の寒村イッテルビイ（Ytterby）でアーレニウス（C. A. Arrhenius）がそれ以前に発見していた黒い鉱石イッテルバイト（ytterbite）を分析し，それまで知られていなかった新元素の酸化物が 38% 含まれていることを見出した．これが Y の発見である．このイッテルバイトは後の分析により，$Be_2FeY_2Si_2O_{10}$ という組成を持つことが明らかになったが，ガドリンによりこの鉱石が有名になったので，ガドリナイト（ガドリン石，gadolinite）と名前が変えられた．また，1797 年ガドリンの発見した新元素の酸化物は，地名にちなんでイットリア（yttria）と命名された．

ガドリンの発見した酸化物には，実はイットリア以外にも未知元素の酸化物が含まれていた．スウェーデン人ムーサンデル（C. G. Mosander）は，1843 年にこの混合酸化物を分離し，無色の酸化物イットリアのほかに，黄色の酸化物エルビア，バラ色の酸化物テルビアが含まれることを見出した．しかし，これは当時の分離技術の限界のため純粋な酸化物を得ることが困難であったこととそれに伴う命名の混乱のため，現在の Er の酸化物 Er_2O_3 と Tb の酸化物 Tb_4O_7 とは名前が逆になっている．つまり，当時のエルビアは現在のテルビア，当時のテルビアは現在のエルビアである．

元素間の性質が似ており分離が困難なために，希土類元素はしばしば混合物が新元素として確定されたり，異なる研究者間で希土類元素間の取り違いが起きたりし，希土類元素の確立は困難を極めた．メンデレーエフ（D. I. Mendeleev）が 1869 年に周期表を提唱したとき既に La，Ce，Y の存在が確認されていた．また，Tb と Er はまだ混合物であったが新元素として認識されていた．そのほかにも，本来 17 種であるはずの希土類に対して当時何十という希土類元素が報告されており，これらを周期表上に置くことは不可能であった．

1.2 希土類元素発見の歴史

表 1.2 希土類元素の発見の歴史[2]

元素名	発見者と年代	元素名の起源
スカンジウム (scandium)	L. F. Nilson (1879)	スカンジナヴィア (Nilson の故国)
イットリウム (yttrium)	J. Gadolin (1794)	イッテルビイ (Ytterby)
ランタン (lanthanum)	C. G. Mosander (1839)	ギリシャ語の lanthanein (気づかれずに逃げる, 見つからずにいる)
セリウム (cerium)	J. H. Berzelius, M. H. Klaproth, W. Hisinger (1803)	1801 年に小惑星ケレス (Ceres) が発見されたこと
プラセオジム (praseodymium)	C. A. von Welsbach (1885)	ギリシャ語の prasios (緑) と didymos (双子)
ネオジム (neodymium)	C. A. von Welsbach (1885)	ギリシャ語の neos (新しい) と didymos (双子)
プロメチウム (promethium)	J. A. Marinsky, L. E. Glendenin, C. D. Coryell (1947)	プロメテウス
サマリウム (samarium)	L. de Boisbaudran (1879)	ロシアの鉱山官サマルスキーにちなんで名づけられた鉱物サマルスキー石
ユウロピウム (europium)	E. A. Demarçay (1901)	ヨーロッパ
ガドリニウム (gadolinium)	J. C. G. de Marignac (1880)	J. Gadolin
テルビウム (terbium)	C. G. Mosander (1843) ほか	イッテルビイ
ジスプロシウム (dysprosium)	L. de Boisbaudran (1886)	ギリシャ語の dysprositos (到達しがたい)
ホルミウム (holmium)	P. T. Cleve, J. L. Soret (1879)	ストックホルムのラテン名 Holmia
エルビウム (erbium)	C. G. Mosander (1843) ほか	イッテルビイ
ツリウム (thulium)	P. T. Cleve (1879)	最北の地の古代名 Thule
イッテルビウム (ytterbium)	J. C. G. de Marignac (1878)	イッテルビイ
ルテチウム (lutetium)	G. Urbain (1907), C. James (1907)	パリのラテン名 Lutetia

Eu, Lu, Pm の 3 元素は, 20 世紀になってから発見された元素である. このうち Pm は鉱物には含まれておらず, 放射性元素としてのみ存在する. 第二次世界大戦中の「マンハッタン計画」において, ウラン (U) の原子核分裂の際に生じる元素として発見された. 一般には人工の放射性元素と認識されているが, U の自発核分裂によっても Pm ができることが確かめられている.

希土類元素発見の歴史には分離・精製の困難さから来る多くの混乱が見ら

れ，元素発見の栄誉を求めて研究者が先を争って論文を発表した時代があった．この歴史は元素発見の中でも特に面白いものであるが，詳細はいくつかの本にまとめられているのでそちらを参考にしていただきたい[1~5]．表 1.2 には希土類元素発見の歴史をまとめた．

1913 年，モーズレー（H. G. J. Moseley）は，特性 X 線の波長 λ と原子番号 Z の間に，次のようなモーズレーの式が成り立つことを見出した．

$$\frac{1}{\sqrt{\lambda}} = C(Z-\sigma)$$

ここで，λ は特性 X 線の波長であり，各元素に固有の値である．C と σ は定数である．モーズレーにより $Z=43$ のテクネチウム（Tc），$Z=75$ のレニウム（Re），$Z=61$ の Pm を除くアルミニウム（Al）（$Z=13$）から Au（$Z=79$）までの元素とその原子番号および特性 X 線の波長が確立した．この法則により，未確定の元素に原子番号が割り当てられ，新元素発見を促す原動力となった．この法則により希土類元素の確立は促進されたが，当時は希土類相互の分離が不十分であったため，周期表上の希土類元素の位置は依然として混乱を極めたようである．

1.3　産業界における希土類元素の歴史

希土類元素は，その特異な性質ゆえに今日までに多くの貴重な材料に応用されている．工業製品として初めての応用は，1885 年にガス灯の明るさを増すガスマントルとして Ce を主とする希土類の混合酸化物が応用されたことである．ガスマントルとは，酸化セリウム CeO_2 を含む金属酸化物の網状の筒で，この中心でガスを燃焼させて，強い白色光を得るものである．オーストリアの希土類の研究者フォン・ウェルスバッハ（C. A. von Welsbach）がこの工業化に大きな貢献をした．また，La や Ce などの軽希土の混合金属ミッシュメタルを鉄（Fe）やマグネシウム（Mg）との合金としたものは，硬いものとこすり合わせると火花を発するため，ライターの発火合金として使われた．CeO_2 は 1940 年ごろから板ガラスやレンズの研磨剤として使用された．そのほか，アーク光の増光剤（1910 年），鋼の脱硫（1927 年），原油の分解触媒（1955 年）などに応用された．

さらに第二次世界大戦中から戦後にかけてアメリカのスペディング（F. H. Spedding）の努力によりイオン交換法が，またその後溶媒抽出法が開拓され，高純度希土類金属を工業的規模で生産できるようになった．この高純度分離法の確立は，基礎・応用の両面において希土類元素の研究を飛躍的に加速し，今日の希土類元素の材料科学を発展させた．

近代的応用としては，1964年にカラーテレビのブラウン管（後に商標名キドカラーなどとして日本でも知られた）の赤色蛍光体としてEu^{3+}を含むイットリウム酸化物（酸化イットリウムY_2O_3）が用いられるようになり，希土類元素の重要性はさらに高まった．この蛍光体の赤色はEu^{3+}の発光である．Eu^{3+}が赤色の蛍光を発光することは古くから知られていたが，これをアメリカのA. K. LevineとF. C. Palillaが1964年に蛍光体として応用した．彼らが開発したのは$YVO_4:Eu$であるが，その後，主として$Y_2O_2S:Eu$として応用され，この中ではYの数%がEuで置き換えられている．現在では，テレビやコンピューターのモニターは液晶やプラズマが主流になっているが，液晶のバックライトやプラズマの赤色蛍光体には依然としてYとEuが使われている．

希土類の蛍光体は蛍光灯にも用いられている．パナカラー（松下電気産業），メロウZ（東芝）などの商品名で販売されている蛍光灯には，赤，緑，青の3種の蛍光体いずれにも少量の希土類元素が含まれている．緑ではLa，Ce，Tbが，青ではEuが使われる．なお，赤色蛍光体で使われるのはEu^{3+}であるが，青色ではEu^{2+}である．さらに最近では，希土類の蛍光体は白色LEDに利用されている．また，蛍光寿命が長いという特徴を活かして，長残光蛍光体としても利用（ランプ，タイルなど）されている．

希土類元素の光学材料への応用は最近さらに広がり，希土類イオンをドープした硫化物が無機エレクトロルミネセンス（無機EL）の照明やディスプレイ材料として開発されている．

ハイテク材料としての応用は磁石分野でも大きく展開し，1968年にサマリウム-コバルト（$SmCo_5$）磁石が開発された．これは当時最も強力な合成永久磁石であった．さらに1975年に$SmCo_{17}$，1983年にネオジム-鉄-ホウ素（$Nd_2Fe_{14}B$），1990年にサマリウム-鉄-窒素（$Sm_2Fe_{17}N_3$）が永久磁石として製造され，希土は磁性材料の元素として広く知られるようになった．SmとCoは

ともに比較的高価な金属であるが，ネオジム-鉄-ホウ素系の磁石はサマリウム-コバルト系の磁石より安価で，後者に劣らない強力な磁石である．また，これらより幾分磁性は弱いが，価格の低いものとしてセリウム-コバルト磁石も開発された．これら希土類永久磁石は家電製品などに広範に利用されており，その開発研究では，日本は世界の最先端を行っている．また最近は，希土類の磁性体は磁気冷凍材料や電磁波吸収体としても開発されている．現在，希土類磁石の生産は中国と日本が中心となっている．

希土類金属自体の磁性は，軽希土より重希土のほうが明らかに高い．その意味で，最初の希土類合金磁石であるサマリウム-コバルト磁石の出現は，予想に反する出来事であった．純粋金属としての磁性で面白いのはGdである．この金属のキュリー温度は15°Cで，冷水を入れたビーカーにガドリニウム金属をビーカーの外から磁石でくっつけておき，ビーカーを加熱すると，Gdは強磁性を失ってやがてビーカー壁から落ちる．

希土類金属のその他の応用として，水素吸蔵合金がある．ランタン-ニッケル合金は結晶中に多量の水素を可逆的に吸収したり放出したりする．この合金粉末をボンベに詰めて水素を吸蔵させると，$LaNi_5H_6$という組成の化合物ができる．必要に応じて水素を放出させ，再び水素を詰めるという水素貯蔵用ボンベとしての使い方ができる．通常の水素ボンベに比べて爆発の危険性が低く，より多量の水素を貯蔵できるため，積極的に開発されている．

光学材料以外の分野として1986年にはランタン系の酸化物高温超伝導体が，また，1987年には$YBa_2Cu_3O_{7-\delta}$の高温超伝導体が報告され，いわゆる高温超伝導体フィーバーを世界に引き起こした．その開発は初期の基礎研究から現在ではかなり実用に近づいていると聞く．現在，90Kを超える超伝導が知られており，$LnBa_2Cu_3O_y$の組成のものを中心として応用開発が盛んである．線材，バルク，薄膜について応用開発がなされている．高温超伝導は物性物理の分野で画期的な発見であり，今後も基礎・応用両面で発展していくであろう．

La，Gd，Yなどの酸化物は可視領域に光の吸収帯がないため，これらを添加したガラスは色調が変わらず，屈折率を大きくすることができる．酸化ランタンLa_2O_3を加えたガラスは，高屈折・低分散のレンズ材料として使われる．これらのレンズは小型化できるので，カメラをはじめ多くの用途に向いてい

る．また，他の希土類の酸化物はガラスの着色に利用されている．たとえば CeO_2 は黄色，酸化プラセオジム Pr_6O_{11} は黄緑色，酸化ネオジム Nd_2O_3 では赤紫と青，酸化エルビウム Er_2O_3 ではピンクなどである．

希土類元素はまた，コンデンサーや圧電素子，サーミスターなどの電子セラミックス系の材料に添加されている．また希土類の電子材料として YIG（イットリウム-鉄-ガーネット，$Y_3Fe_5O_{12}$），YAG（イットリウム-アルミニウム-ガーネット，$Y_3Al_5O_{12}$），GGG（ガドリニウム-ガリウム-ガーネット，$Gd_3Ga_5O_{12}$）などのガーネットが開発されている．このうち，YAG に Nd を添加したものはレーザーとして使われる．そのほか，これらのガーネットは誘電体素子，コンデンサー，バリスターなどの素材としても使われており，今後も応用範囲が広がるものと予想される．これらのガーネットの一部は人造ダイヤモンドとしても使われている．

情報産業の関連では，光磁気ディスクに Tb と Gd が少量添加されている．また，これからの期待として，光ファイバーに Er を入れたり，希土類のフッ化物を入れることが検討されている．フッ化物ガラスは石英ガラスよりはるかに広い周波数領域で光の輸送効率が高く，信号の損失が飛躍的に小さくなることが期待される．Pr，Er をドープしたフッ化物ガラスファイバーは，ファイバーアンプつまり通信用の光増幅器として利用できる．また，Pr, Ho, Er, Tm などをドープしたフッ化物ガラスファイバーは，可視光および近赤外光の固体レーザーとして使用される．これらの分野は，今後さらに発展することが期待されている．

希土類のセラミックス材料として応用される一分野に，焼結ジルコニアの刃物としての応用がある．これは酸化ジルコニウム ZrO_2 に Y_2O_3 を加えたもので，包丁や鋏，その他の工具の刃に利用されている．鋼の刃物より硬く，砥石で研ぐことはできないが，錆びないという特徴がある．また，Y をジルコニアに大量に添加したものは，電気伝導度の変化を利用して酸素センサーとして使われる．

このように 4f 電子を持つ希土類元素は，他の元素では持ちえない 4f 電子に基づく物性を持つため，多くの新材料へと発展していった．

一方，最近では，4f 電子を利用した錯体化学，有機金属化学，触媒化学も

発展している．最近は特に希土類の錯体のバイオテクノロジーへの応用が目覚ましい．MRI（magnetic resonance imaging，核磁気共鳴画像）は勾配磁場の中に人間を入れ，NMR（nuclear magnetic resonance）のシグナル（^{1}H の緩和時間）を測定することにより，人体の三次元の緩和時間分布画像を得る方法である．画像の解析により体内の疾病が視覚的に検出できる．そのままでも画像を得ることができるが，コントラストを上げるためにコントラスト試薬（造影剤）としてガドリニウム錯体が人体に注射される．これは希土類の中でも Gd の最多スピンを持つイオンという性質が利用されている．また，ユウロピウム錯体のある種のものは強い発光（ルミネセンス）を発し，この蛍光を微量の蛋白質の検出に利用した高感度イムノアッセイやレセプターバインディングアッセイなどの測定キットが市販され，医学や診断に役立てられている．

希土類元素の化学と応用全般についてはいくつかの本が出ているので，章末に紹介しておく[1〜12]．また，生命科学分野での希土類化学の応用についての文献も参照していただきたい[13,14]．

1.4 原子力と希土類元素

戦中・戦後の希土類元素の分離方法の開発は，原子力開発の一環として行われたものであった．U の核分裂生成物の中には多数のランタニドやアクチニドが見つかっている．アクチニドはすべて放射性であり，それと類似した性質のランタニドとを比較することが重要であった．また，希土類元素のいくつかの核種は中性子の吸収断面積（中性子を原子核内に取り込む能力）が大きいので，原子炉内で核分裂の制御に使用される．制御の方式には，燃料中に希土類を固溶させて用いる方法と，燃料棒と別に制御棒の材料として用いる方法がある．図1.1には，制御棒に用いられる主な希土類元素核種の中性子吸収断面積を示した．

核燃料中の核分裂性核種の濃度を高くして核燃料の燃焼温度を上げようとすると，燃焼の初期に核分裂密度（熱出力）が上がりすぎて外部からの燃焼の制御が困難になる．これを制御するために，燃料中に中性子吸収断面積の大きい核種を入れておき，初期の熱出力を抑える．この目的で燃料に混合される化合物のことをバーナブルポイズン（burnable poison）という．バーナブルポイ

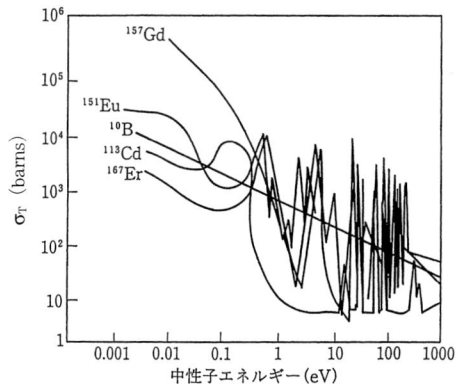

図1.1 主な希土類元素核種の中性子吸収断面積 σ_T[1]

ズンは，添加しても熱的・機械的性質が添加しないときと変わらないことが望ましい．ランタニドとアクチニドは性質が似ているので，ランタニドをバーナブルポイズンとして用いる．希土類元素のこのような性質は，原子炉の安全のために重要である．

引 用 文 献

1) 足立吟也編著，希土類の科学，化学同人 (1999).
2) 鈴木康雄，希土類の話，裳華房 (1998).
3) M. E. ウィークス・H. M. レスター著，大沼正則監訳，元素発見の歴史3，朝倉書店 (1990).
4) C. H. Evans ed., *Episodes from the History of the Rare Earth Elements*, Kluwer Academic Publishers (1996).
5) N. E. トップ著，塩川二朗・足立吟也訳，希土類元素の化学，化学同人 (1999).
6) *Gmelin Handbuch der Anorganishen Chimie, System-Nummer 39, Selten Erden, Teil A-Lieferung 1*, Verlag Chemie, Gmbh (1938).
7) 現代化学，1月号，27；2月号，37；3月号，50；4月号，27；5月号，26；6月号，37；7月号，32 (1972).
8) Separation of rare earths by fractional crystallization, in *The Rare Earths*, F. H. Spedding and A. H. Daane eds., John Wiley & Sons (1961).
9) K. A. Gschneidner, Jr. and L. Eyring eds., *Handbook on the Physics and Chemistry of Rare Earth*, Vol. 11, North-Holland (1988).
10) S. Cotton, *Lanthanide and Actinide Chemistry*, John Wiley & Sons (2006).

11) S. Cotton, *Lanthanides & Actinides*, Macmillan Education (1991).
12) 足立吟也監修,希土類の機能と応用,シーエムシー出版 (2006).
13) H. G. Siler, A. Sigel and H. Sigel eds., *Handbook on Metals in Clinical and Analytical Chemistry*, Marcel Dekker (1994).
14) C. J. Jones and J. R. Thornback eds., *Medicinal Applications of Coordination Chemistry*, RSC Publishing (2007).

2
希土類元素の性質

2.1 希土類元素の電子配置

　希土類元素の性質を決める電子配置と，最も一般的な酸化状態である 3+ イオン（Ln^{3+}）の色と電子配置，基底項を表 2.1 にまとめた．また，2+ および 4+ の酸化状態の知られているものについてはその電子配置を表 2.2 に示した．電子配置からわかるように，希土類元素は内殻の 4f 電子が詰まっていく遷移金属元素である．

　周期表では通常，第 3 族元素としてスカンジウム（Sc），イットリウム（Y）の下にランタン（La）のみが書かれ，セリウム（Ce）～ルテチウム（Lu）の 15 元素は欄外に置かれている．これは，La には 4f 電子が存在しないためと考えられる．国際純正・応用化学連合（IUPAC）では La の代わりに第 6 周期の第 3 族元素として 71 番元素の Lu を入れることを 1985 年から推奨しているが，これは，La は電子配置が $4f^0$ で 4f 軌道電子がないのに対して，Lu は 4f 電子が完全に詰まった電子配置を持つ元素であることによる．さらに加えて，Lu と Sc，Y の 3 元素の間には化学的類似点があることによる[1]．

　しかし実際には，表 1.1 の周期表のように La を周期表本体の中に入れることが依然として一般的に行われている．

　希土類元素の特殊性は，エネルギー的には最外殻電子として 4f 軌道が詰まっていく元素であるが 4f 軌道が幾何学的には最外殻でないということによる．最外殻という言葉は通常，その原子が持っている電子の詰まった軌道のうち最もエネルギーの高い軌道であり，これは同時に幾何学的に最も外にある軌道半径の大きい軌道であるが，f 軌道はそうではない．La および Ce では主量子数が 4 の 4f 軌道に電子が充填される前に，4f 軌道より外側にある主量子数 5 や

2. 希土類元素の性質

表2.1 希土類元素の原子および3+イオンの電子配置・色・基底項

元素名	元素記号	原子番号	原子の電子配置	Ln^{3+} の電子配置	Ln^{3+} の色	Ln^{3+} の基底項 $(^{2S+1}L_J)$
スカンジウム	Sc	21	$[Ar]3d^14s^2$	$[Ar]$	無色	$^1S_0$
イットリウム	Y	39	$[Kr]4d^15s^2$	$[Kr]$	無色	$^1S_0$
ランタン	La	57	$[Xe]5d^16s^2$	$[Xe]$	無色	$^1S_0$
セリウム	Ce	58	$[Xe]4f^15d^16s^2$	$[Xe]4f^1$	無色	$^2F_{5/2}$
プラセオジム	Pr	59	$[Xe]4f^36s^2$	$[Xe]4f^2$	緑	$^3H_4$
ネオジム	Nd	60	$[Xe]4f^46s^2$	$[Xe]4f^3$	紫	$^4I_{9/2}$
プロメチウム	Pm	61	$[Xe]4f^56s^2$	$[Xe]4f^4$	ピンク	$^5I_4$
サマリウム	Sm	62	$[Xe]4f^66s^2$	$[Xe]4f^5$	薄黄	$^6H_{5/2}$
ユウロピウム	Eu	63	$[Xe]4f^76s^2$	$[Xe]4f^6$	無色	$^7F_0$
ガドリニウム	Gd	64	$[Xe]4f^75d^16s^2$	$[Xe]4f^7$	無色	$^8S_{7/2}$
テルビウム	Tb	65	$[Xe]4f^96s^2$	$[Xe]4f^8$	非常に淡いピンク	$^7F_6$
ジスプロシウム	Dy	66	$[Xe]4f^{10}6s^2$	$[Xe]4f^9$	薄黄	$^6H_{15/2}$
ホルミウム	Ho	67	$[Xe]4f^{11}6s^2$	$[Xe]4f^{10}$	黄	$^5I_8$
エルビウム	Er	68	$[Xe]4f^{12}6s^2$	$[Xe]4f^{11}$	ピンク	$^4I_{15/2}$
ツリウム	Tm	69	$[Xe]4f^{13}6s^2$	$[Xe]4f^{12}$	薄緑	$^3H_6$
イッテルビウム	Yb	70	$[Xe]4f^{14}6s^2$	$[Xe]4f^{13}$	無色	$^2F_{7/2}$
ルテチウム	Lu	71	$[Xe]4f^{14}5d^16s^2$	$[Xe]4f^{14}$	無色	$^1S_0$

表2.2 希土類元素の2+および4+イオンの電子配置

元素	Ln^{2+} の電子配置	Ln^{4+} の電子配置	元素	Ln^{2+} の電子配置	Ln^{4+} の電子配置
Sc			Eu	$[Xe]4f^7$	
Y			Gd		
La			Tb		$[Xe]4f^7$
Ce		$[Xe]$	Dy	$[Xe]4f^{10}$	$[Xe]4f^8$
Pr		$[Xe]4f^1$	Ho		
Nd	$[Xe]4f^4$	$[Xe]4f^2$	Er		
Pm			Tm	$[Xe]4f^{13}$	
Sm	$[Xe]4f^6$		Yb	$[Xe]4f^{14}$	

6の5d軌道,6s軌道に電子が入っている.この関係がわかるように,図2.1に各軌道の半径を示した.

このように電子の充塡過程に逆転が起こるのは,4f軌道の軌道半径は5d軌

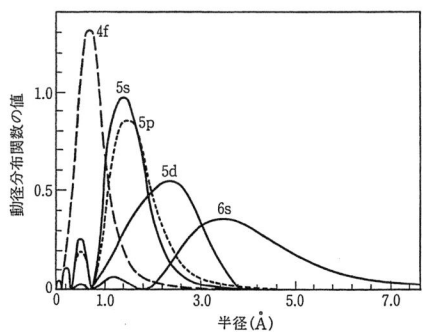

図 2.1 4f, 5s, 5p, 6s 軌道の軌道半径[1]

道や 6s 軌道より小さいのにエネルギーが 5s 軌道や 5p 軌道よりも高いためである．4f 軌道は，5s, 5p, 5d, 6s 軌道などより内側にあるため結合に関与する割合が低く，外部の環境の影響を受けにくい．これが希土類元素に特有の性質をもたらしている．U^{n+} などのアクチニドイオンの 5f 軌道は，希土類イオンにおける 4f 軌道の場合よりも外に出ており，化学結合に関与する割合は高い．

これらの電子構造に基づく希土類元素の一般的特徴を述べると，下記のとおりとなる．

① 通常，3+ の酸化状態が安定である．特に水溶液中では 3+ の化合物が通常安定である．元素によってはユウロピウム（Eu）やイッテルビウム（Yb）などの 2+ や，Ce やテルビウム（Tb）などの 4+ の酸化状態が存在するが，これらは 3+ の状態ほど安定ではない．

② 4f 電子は内側にあるので結合への関与が少ない．したがって錯体における配位子（リガンド，ligand）と金属イオンとの結合はイオン性が強く，配位子は比較的容易に置換反応を受ける．また，同一の分子式を持つ希土類化合物間では，その性質は中心金属イオンの性質の差が強く反映される．

③ Ln^{3+} の 4f 軌道は，エネルギー的には最も高いにもかかわらず $5s^2$ 軌道や $5p^6$ 軌道により遮蔽されており，直接，配位子との結合に関与する割合が低い．したがって，希土類イオンに基づく分光学的性質や磁気的性質が配位子や外部の環境によりあまり影響されない．

表2.1を見るとScとY以外ではLa, Ce, ガドリニウム（Gd）, Luの原子ではd電子が存在するが，他の元素では存在しない．3+イオンの電子配置を見ると，La^{3+} はキセノン（Xe）の電子配置と同一であり，その次の Ce^{3+} から Lu^{3+} までの間に4f電子が1つずつ充塡されていく．つまり，原子の電子配置ができるときの原子番号順の電子の充塡順序を必ずしも逆に辿って電子が除かれて Ln^{3+} の電子配置ができていないことに注意すべきであろう．これは，d電子が最外殻電子の遷移金属元素においてd電子を中性原子から除いてイオンの電子配置にするときと同様であり，電子間相互作用の影響である．

表2.1の電子配置は原子やイオンの発光スペクトルに基づき決定されたものであるが，Laにおいては5d軌道のほうが4f軌道よりエネルギーが低いため，$[Xe]5d^1 6s^2$ の電子配置をとっている．多くの実験的証拠によるとLaの次のCeでは4f軌道と5d軌道はほぼ等しいエネルギーのようであり，Ceの電子配置は $[Xe]4f^1 5d^1 6s^2$ となっている．しかし，一部の文献では $[Xe]4f^2 6s^2$ となっていることもある．さらに原子番号が進んで陽電子が核に加わると4f軌道は5d軌道に比べて急激に核に引き寄せられ，エネルギー的に安定化する．これは，4f軌道がXeのコア中により容易に浸透するからである．その結果，プラセオジム（Pr）（$[Xe]4f^3 6s^2$）からEu（$[Xe]4f^7 6s^2$）まで4f電子が順次詰まっていく．しかしGdに来ると $4f^7$ という半分詰まった配置の高い安定性のため $[Xe]4f^8 6s^2$ とはならず $[Xe]4f^7 5d^1 6s^2$ となり，5dに電子が入ってEu, Gdと続いて f^7 が保たれる．

Laは中性原子，3+イオンとも4f電子を電子配置中に持たないが，4f軌道が物性上重要である．Laの4f軌道は5d軌道とエネルギー的に同程度で，金属や合金で5d電子が4f軌道に流れ込んでいるといわれる．

4f軌道が部分的に充塡された最外殻であるにもかかわらずその外側にある5s軌道，5p軌道とエネルギーが近く，これらの軌道電子で外界と隔てられているため，希土類イオンの化合物では結晶場などの影響が小さい．したがって，周囲の配位子や溶媒分子との振動レベルを介した相互作用が弱くf-f遷移の吸収や蛍光スペクトルの線幅は狭く，配位子の振動モードによる線幅の広がりが少ない．ピーク位置もフリーの金属イオンと化合物や錯体とであまり変化しない．これはd電子を最外殻電子とする遷移金属イオンやその化合物と異

なる特徴である．d電子の遷移金属イオンでエネルギーレベルに影響する相互作用の大きさとしては同一原子内の電子間クーロン相互作用 W が $10^3 \sim 10^5$ cm^{-1} 程度で最も大きい．次いで，結晶場や配位子場の作用 V で $10^2 \sim 10^4$ cm^{-1} 程度，またスピン-軌道相互作用 λ はさらに小さく $10 \sim 10^2$ cm^{-1} 程度である．これに対して希土類イオンでは，$W (10^3 \sim 10^5$ cm$^{-1}) > \lambda (10^2 \sim 10^4$ cm$^{-1})$ $> V (10 \sim 10^2$ cm$^{-1})$ となっている．つまり，希土類イオンにおいては結晶場や配位子の影響は大きくない．むしろスピン-軌道相互作用のほうが重要である．

2.2 原子半径・イオン半径とランタニド収縮

希土類元素の原子半径やイオン半径は原子番号とともに規則的に変化する部分と，不規則に変化する部分がある．図2.2に希土類元素の原子半径が原子番号とともにどのように変化するかを示した．まず，全体として原子半径は原子番号とともに少しずつ小さくなる．これは4f電子が核の陽電荷を遮蔽する能力は高くないので，その外側にある5s電子や5p電子は原子番号の増加とともに感じる陽電荷が増し，中心に引きつけられることによる．EuとYbは連続的な変化から外れた異常に大きな原子半径を持つことがわかる．EuとYbはほかの希土類元素と同様に3+が最も安定であるが2+も比較的安定である．これらの元素は，図2.2で見るとLaの1つ前のバリウム（Ba）の原子半径

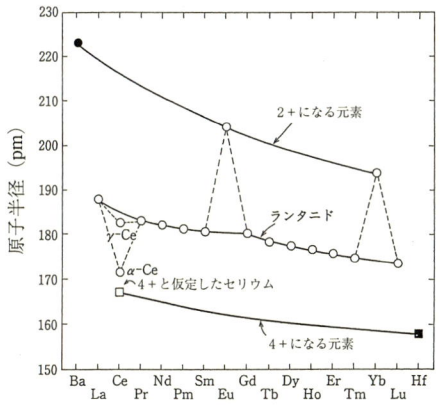

図2.2 ランタニド，バリウム，ハフニウムの原子半径[2)]

と同一の曲線に乗っている．この事実は希土類元素の中でEuとYbのみが2＋でも比較的安定に存在できることと関連している．

図2.2中でCeは連続的な曲線からやや下に外れている．Ceにはαとγの2つの結晶型があり，特にα型はランタニドに続くすぐ後の元素であるハフニウム（Hf）と無理なく同一曲線に乗る．Hfは第4族で，4＋イオンが安定である．Ceは希土類としては唯一，3＋とともに4＋が安定に存在する元素であり，4＋のイオンは酸化剤として使われる．このように，原子半径が安定な酸化状態に対応していることはどのように考えればよいのであろうか．おそらく，4＋になる元素では半径が小さく電子間反発が大きいため，高い酸化状態のイオンが安定になるのであろう．

図2.3にはランタニドとアクチニドの3＋イオンの6配位のときのイオン半径をまとめた．また，図2.4は配位数が6, 8, 9のときのランタニドのイオン半径の変化を示している．表2.3には原子半径と3＋のイオン半径の値をまとめた．

原子番号が増えれば電子数が増えるので，同族で同一の荷電イオンであれば，通常は原子番号が増すほど，イオン半径は大きくなる．つまり，周期表の同族を上から下に行けばイオン半径は大きくなる．しかしランタニド系列のLa^{3+}からLu^{3+}までは原子番号が周期表上横に増えることに相当し，図2.3や図2.4に見られるように，原子番号の増加とともにイオン半径の減少が見られ

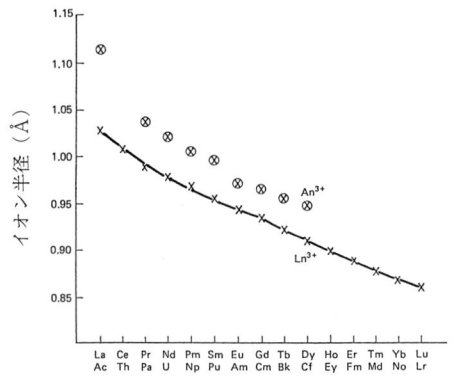

図2.3　6配位のランタニド（Ln^{3+}）とアクチニド（An^{3+}）のイオン半径[3]

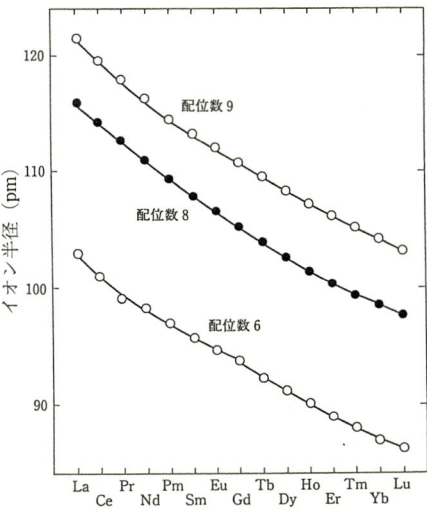

図 2.4 ランタニドの 3+ イオンのイオン半径[2]

表 2.3 原子半径とイオン半径 (pm)[4]

元素	Ba	La	Ce	Pr	Nd	Pm	Sm	Eu	Gd	Tb	Dy	Ho	Er	Tm	Yb	Lu	Hf
原子半径	217.3	187.7	182.5	182.8	182.1	181.0	180.2	204.2	180.2	178.2	177.3	176.6	175.7	174.6	194.0	173.4	156.4
イオン		La^{3+}	Ce^{3+}	Pr^{3+}	Nd^{3+}	Pm^{3+}	Sm^{3+}	Eu^{3+}	Gd^{3+}	Tb^{3+}	Dy^{3+}	Ho^{3+}	Er^{3+}	Tm^{3+}	Yb^{3+}	Lu^{3+}	Hf^{4+}
イオン半径		103.2	101.0	99.0	98.3	97.0	95.8	94.7	93.8	92.3	91.2	90.1	89.0	88.0	86.8	86.1	90.0

る．これをランタニド収縮（lanthanide contraction）と呼んでいる．これは増加していく 4f 軌道電子が，増加していく核の陽電荷を十分遮蔽できず，外側の 5s 電子雲，5p 電子雲が次第に核に引き寄せられるためである．アクチニド系列にも同様の収縮が見られる．また，このような収縮は静電的引力のみではなく，一部は 7.2 節に述べるように重原子で重要になる相対論的効果（relativistic effect）によるものである．ランタニド収縮では相対性の影響はごく一部であるが，アクチニド収縮では収縮に対する相対論効果の寄与はより大きい．

　ランタニド収縮は希土類に特異的なことのようにいわれるが，一般に周期表の第 1 周期および第 2 周期のリチウム（Li）～ネオン（Ne）およびナトリウム

(Na)～アルゴン（Ar）を横に眺めると，原子半径やイオン半径は右に行くほど減少する．ただ，これらの元素では同一周期を横に行くに従って安定なイオンの価数などが変わるため，半径減少に及ぼす物理化学的因子を単純に比較しにくい．これに比べてランタニドでは，イオンの価数が同一のまま半径やそのほかの物理化学的性質が少しずつ変化するので，ランタニド収縮は原子の構造が物理化学的性質に及ぼす性質を考える上で都合のよい系である．ランタニド収縮の結果，5d遷移金属は同族の4d遷移金属と同程度の原子半径やイオン半径を持つ．たとえばランタニドのすぐ後の元素 Hf はイオン半径が減少しており，同族で1周期上の Zr^{4+} が 72 pm であるのに対して，Hf^{4+} は 71 pm とやや減少している．これは，同族で 3d 遷移金属から 4d 遷移金属に行くと半径がはっきり大きくなるのと対照的である．一般に第3周期と第4周期の同族の d 電子遷移金属の原子半径やイオン半径を比べるとはっきりと第4周期のほうが大きいのに対して，第4周期と第5周期のそれらはほぼ同等である．これは第4周期と第5周期の d 電子遷移金属の間に希土類が存在し，ランタニド収縮が起こっているからである．このような原子やイオンの半径の類似性は化学的性質にも多くの影響を及ぼし，パラジウム（Pd）はニッケル（Ni）より白金（Pt）に化学的性質が似ているし，Hf はジルコニウム（Zr）に性質がよく似ている．

2.3　希土類金属の物性と周期性

希土類金属の最も一般的結晶構造は六方晶系（hexagonal closest packing, hcp）構造であり，Eu, Sm, Yb などの元素を除いて金属の蒸発熱，沸点，原子半径などは図 2.5 に示すように緩やかに変化する．

Eu と Yb のような 2+ の酸化状態が比較的安定に存在する元素では，原子半径は予想される値より約 0.2 Å 大きく，したがって，これらの金属では密度が他の金属から予想される値より低い（図 2.6）．

また，これら元素の融点（図 2.7）や沸点（図 2.5）は，ほかに比べて低い．これらの事実は，金属の構造がこの 2 元素については $Ln^{3+}(e^-)_3$ より $Ln^{2+}(e^-)_2$ に近いと考えれば説明がつく．このような電子状態では金属結合は弱く融点や沸点は低くなる．これらの 2 元素が 2+ になりやすいことはまた，これらの金

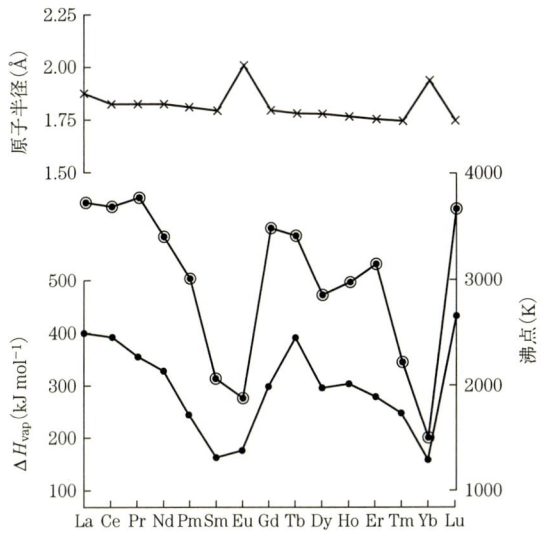

図 2.5 希土類金属の性質[3]
●：蒸発エンタルピー（ΔH_{vap}），◉：沸点，×：原子半径．

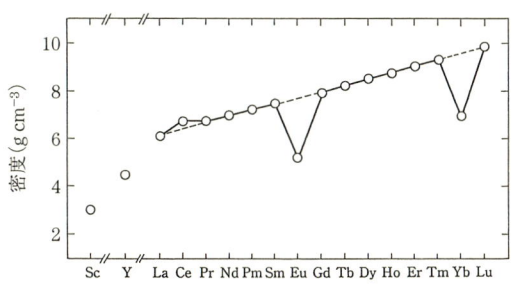

図 2.6 希土類金属の 298K における密度[2]

属は液体アンモニアに溶けて Ln^{2+} の青色溶液となることや，有機ハロゲン化物と反応してグリニヤール型試薬 RLnX を与えるという点にも現れている．

　希土類元素は一般に常温・常圧の水溶液中では 3+ のイオンが最も安定である．Sm，Eu，Yb は他のランタニドより 2+ になりやすく，Ce，Pr，Tb は 4+ のイオンが比較的安定である．図 2.8 は，各酸化状態間のイオン化エネルギーを示したものである．また，表 2.4 にはイオン化エネルギーの値をまとめた．

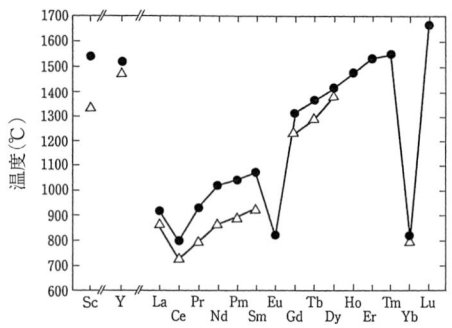

図2.7 希土類金属の融点と金属の相転移温度[2]
●：融点（℃），△：相転移温度（℃）．

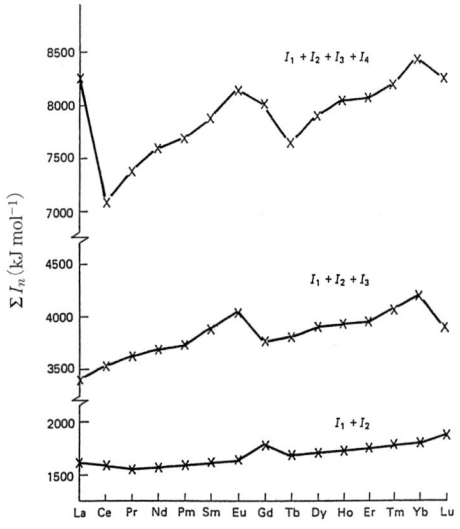

図2.8 希土類元素の第1〜第4イオン化エネルギー（I_1, I_2, I_3, I_4）[4]

他の元素と同様に，希土類元素においても同一元素については$I_4 > I_3 > I_2 > I_1$の関係が見られる．また，原子番号の増加とともに各イオン化エネルギーは大まかには増加の傾向を示すが，ところどころに不規則なところがある．$Ln^{2+} \rightarrow Ln^{3+} + e^-$のエネルギー$I_3$はGdとLuでは低くなっている．これらの元素では3+のイオンは半分詰まった（$4f^7$）あるいは全部詰まった（$4f^{14}$）f軌道の電子配置を持ち，その安定性のためにI_3が低くなっている．また，Euと

2.3 希土類金属の物性と周期性

Yb の I_3 は高くなっている。これらの元素では，2+イオンの電子配置がそれぞれ $4f^7$ および $4f^{14}$ であるために，その安定な電子配置を保ったまま 3+イオンになる。つまりこれらの元素では 3+になるために f 軌道ではなく d 軌道から電子が除かれるため，高いイオン化エネルギーを必要とする。

希土類の酸化還元電位 E^o は，I_3 が $Ln^{2+} \rightarrow Ln^{3+} + e^-$ の反応の ΔH に相当し，また，$\Delta G = \Delta H - S/T = -nFE^o$ の関係があるため，E^o は I_3 と似た原子番号に対する依存性を示す。図 2.9 に I_3 と E^o の関係を図示した。3+と2+の間で Sm, Eu, Yb が負の小さい値を示しており，2+に比較的なりやす

表 2.4 イオン化エネルギー I （kJ mol^{-1}）[4]

元素	I_1	I_2	I_3	I_4	I_1+I_2	$I_1+I_2+I_3$	$I_1+I_2+I_3+I_4$
La	538	1067	1850	4819	1605	3455	8274
Ce	527	1047	1949	3547	1574	3523	7070
Pr	523	1018	2086	3761	1541	3627	7388
Nd	529	1035	2130	3899	1564	3694	7593
Pm	536	1052	2150	3970	1588	3738	7708
Sm	543	1068	2260	3990	1611	3871	7990
Eu	546	1085	2404	4110	1631	4035	8145
Gd	593	1167	1990	4250	1760	3750	8000
Tb	564	1112	2114	3839	1676	3790	7629
Dy	572	1126	2200	4001	1698	3898	7899
Ho	581	1139	2204	4110	1720	3924	8034
Er	589	1151	2194	4115	1740	3934	8049
Tm	597	1163	2285	4119	1760	4045	8164
Yb	603	1176	2415	4220	1779	4194	8414
Lu	523	1340	2033	4360	1863	3896	8256
Y	616	1181	1980	5963	1797	3777	9740

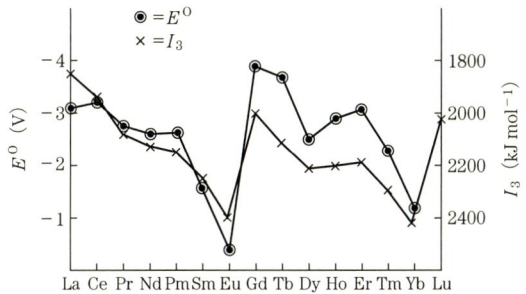

図 2.9 第 3 イオン化エネルギー I_3 と $Ln^{3+} + e^- \rightarrow Ln^{2+}$ の酸化還元電位 E^o vs. NHE[3]

いことがわかる．また，表2.5には種々の酸化状態間の酸化還元電位をまとめたが，Ce, Pr, Tb の $Ln^{3+} \to Ln^{4+} + e^-$ のイオン化エネルギーはほかに比べて小さく，いずれも4+になりやすいことが理解される．

最後に，希土類元素の電気陰性度を表2.6にまとめた．数値が小さい元素ほど陽性が強いわけであるから，希土類はアルカリ土類と同等に陽性が強く，希

表2.5 酸化還元電位 (V vs. NHE)[3]

元素	$Ln^{3+}+3e^-\to Ln$	$Ln^{3+}+e^-\to Ln^{2+}$	$Ln^{4+}+e^-\to Ln^{3+}$
La	-2.37	(-3.1)	
Ce	-2.34	(-3.2)	1.7
Pr	-2.35	(-2.7)	(3.4)
Nd	-2.32	-2.6 (THF 中)	(4.6)
Pm	-2.29	(-2.6)	(4.9)
Sm	-2.30	-1.55	(5.2)
Eu	-1.99	-0.34	(6.4)
Gd	-2.29	(-3.9)	(7.9)
Tb	-2.30	(-3.7)	(3.3)
Dy	-2.29	-2.5 (THF 中)	(5.0)
Ho	-2.33	(-2.9)	(6.2)
Er	-2.31	(-3.1)	(6.1)
Tm	-2.31	-2.3 (THF 中)	(6.1)
Yb	-2.22	-1.05	(7.1)
Lu	-2.30		(8.5)
Y	-2.37		

( ) 内の値は計算値．
V：電位（ボルト），NHE：標準水素電極，THF：テトラヒドロフラン．

表2.6 電気陰性度[2]

																H 2.20					He
Li	Be																B	C	N	O	F	Ne
0.97	1.47																2.01	2.50	3.07	3.50	4.10	
Na	Mg																Al	Si	P	S	Cl	Ar
1.01	1.23																1.47	1.74	2.06	2.44	2.83	
K	Ca	Sc	Ti	V	Cr	Mn	Fe	Co	Ni	Cu	Zn	Ga	Ge	As	Se	Br	Kr
0.91	1.04	1.20	1.32	1.45	1.56	1.60	1.64	1.70	1.75	1.75	1.66	1.82	2.02	2.20	2.48	2.74	
Rb	Sr	Y	Zr	Nb	Mo	Tc	Ru	Rh	Pd	Ag	Cd	In	Sn	Sb	Te	I	Xe
0.89	0.99	1.11	1.22	1.23	1.30	1.36	1.42	1.45	1.35	1.42	1.46	1.49	1.72	1.82	2.01	2.21	
Cs	Ba	La─	Hf	Ta	W	Re	Os	Ir	Pt	Au	Hg	Tl	Pb	Bi	Po	At	Rn
0.86	0.97	1.08	1.23	1.33	1.40	1.46	1.52	1.55	1.44	1.42	1.44	1.44	1.55	1.67			
Fr	Ra	Ac─Ce	Pr	Nd	Pm	Sm	Eu	Gd	Tb	Dy	Ho	Er	Tm	Yb	Lu
0.86	0.97	1.00 1.08	1.07	1.07	1.07	1.07	1.01	1.11	1.10	1.10	1.10	1.11	1.11	1.06	1.14

土類元素の化合物はイオン結合性が強いことや，Ca^{2+} と同型の化合物を作ることがうなずける．

2.4 希土類元素の化学的特徴

4f 電子がどのように希土類元素の性質を特徴づけているか，またそれによって希土類元素にはどのような化学的特徴があるかを以下にまとめた．

① イオン半径，原子半径，沸点，融点，蒸発熱，酸化還元電位といった物理化学的性質は互いに似ており，原子番号に対してごくわずかずつ一定の方向に変化していく．

② ランタニド収縮の結果，水和イオンの塩基性は原子番号が先になるほど低くなり，配位水の酸性が上がる結果，配位水の脱プロトンが起こり水酸化物イオンが生じやすくなる．また，同一の配位子と同一の酸化状態の希土類イオンの錯体を比較すると，原子番号が先になるほど水和錯体の安定性は高くなり，水酸化物 $Ln(OH)_3$ の溶解度積は下がる（$La(OH)_3$ および $Lu(OH)_3$ の溶解度積は，それぞれ 1.7×10^{-19} および 1.9×10^{-24} である）[5]．配位子が存在しないと水溶液中では中性の pH でも水酸化物が沈殿する．

③ 高い配位数と多様な配位構造を柔軟にとる．また，水和エネルギーが高いため水和した錯体を作りやすく，配位数が確定しにくい．

④ すべての元素において 3+ が安定な酸化状態であるが，一部の元素では 2+（Eu, Yb）や 4+（Ce, Tb）の状態も比較的安定に存在する．

⑤ 一般に配位数は 6 より大きく，8～9 が最も一般的であるが，10, 11, 12 の配位数もある．また，配位構造は一定せず配位子や溶媒，共存イオンなどにより変わりやすい．

⑥ 4f 電子は 5d 電子や 6s 電子の内側に存在するため，4f 電子と配位子との相互作用は弱く，配位子との結合は主としてイオン結合的であり，共有結合性が d 電子の錯体の場合より明らかに低い．イオン結合性の強い錯体が一般的であるので，配位子の交換速度が d 電子の遷移金属錯体に比べて一般に速い．特に水溶液中における配位水の交換速度が速いことは有名である．

⑦ 配位構造（配位原子の結合方向）は配位子自身の構造によって決まりやすく，結晶場の安定化によりイオンが示す 4f 軌道の方向性は，錯体の構造を

決める上で支配的でない．

⑧ 希土類イオン中では原子番号が増えてイオン半径が小さくなるにつれ，配位数も減る傾向にある．

⑨ 希土類イオンは典型的なハードなイオン（硬いイオン）であり，酸素原子やフッ素原子などのハードな配位原子とイオン結合性の強い結合を作る．この意味で，また，希土類イオンが Ca^{2+} と多くの同型化合物を作り，その溶解性が似ている（たとえば，いずれのイオンも硫酸塩やシュウ酸塩の水に対する溶解度が低い）ことから，希土類元素はアルカリ土類元素に似ているといわれたが，今日の化学から見ると必ずしも希土類の性質全般を表した言葉ではない．

⑩ 4f 電子に対する結晶場の効果や溶媒などの周囲の影響が小さく，各種の分光学における結晶場分裂は小さい．化合物の 4f 電子に基づく分光学的特徴は，したがって，フリーの金属イオンのそれに比較的近い．

⑪ d 電子を最外殻電子とする遷移金属錯体に比べて，4f 電子の結晶場による分裂幅は小さく，配位子の振動モードなどとは比較的独立しているので，4f 電子に基づく電子スペクトルのピーク幅は狭く（原子やイオンのスペクトル線幅に近い）鋭い線形である．

⑫ 磁気的性質においても結晶場などの周囲の影響が小さい．

⑬ 多くの d 電子の遷移金属イオンや一部のアクチニドイオンに見られるような，Ln=O や Ln=N 結合を作らない．したがってオキソ酸イオンのようなものは存在しない．

引用文献

1) 足立吟也編著, 希土類の科学, 化学同人 (1999).
2) 鈴木康雄, 希土類の話, 裳華房 (1998).
3) S. Cotton, *Lanthanides & Actinides*, Macmillan Education (1991).
4) S. Cotton, *Lanthanide and Actinide Chemistry*, John Wiley & Sons (2006).
5) H. G. Seiler, A. Sigel and H. Sigel eds., *Handbook on Metals in Clinical and Analytical Chemistry*, Marcel Dekker (1994).

3
希土類元素の存在度と資源

3.1 希土類元素の存在度

希土類元素はその名前からすると，地殻中の存在度が低い極めてまれな元素と思われがちだが，実際はそうでもない．表 3.1 に存在度を示したが，地殻中で比較すると，希土類元素のうち，最も存在度の低いツリウム（Tm）やルテチウム（Lu）でも，その存在度は銀（Ag），白金（Pt），金（Au）などよりはるかに高い．「希土」という名前はおそらく，高濃度に含む鉱物が地球上の一部に偏在していたことと，アルカリ土類元素などに置換して多種類の岩石中に広く薄く存在しているためにつけられたのであろう．

3.2 希土類元素の鉱石と分布

希土類元素は互いに性質が似ているため鉱石中に複数種が混在し，その分離・精製は困難であった．イオン交換法を用いて戦後初めて効率的精製方法が確立された．表 3.2 に資源として重要な希土類元素の鉱石をまとめた．一般に希土類元素は軽希土（La～Sm）と重希土（Eu～Y）に分けられ，表 3.2 に見られるように存在する鉱石が異なっている．もちろんこのように軽希土と重希土ではっきりと存在が分かれるものではなく，多くの鉱石は多かれ少なかれ希

表 3.1 希土類元素の存在度[1]

元素	Y	La	Ce	Pr	Nd	Pm	Sm	Eu	Gd	Tb	Dy	Ho	Er	Tm	Yb	Lu
地殻（ppm）	31	35	66	9.1	40	0.0	7	2.1	6.1	1.2	4.5	1.3	3.5	0.5	3.1	0.8
太陽系（Si を 10^7 個の原子としたときの相対値）	40.0	4.5	1.2	1.7	8.5	0.0	2.5	1.0	3.3	0.6	3.9	0.9	2.5	0.4	2.4	0.4

表 3.2　希土類元素の主な鉱石と組成[2]

鉱石	組成*
モナズ石/モナザイト（monazite）	$CePO_4$
ゼノタイム（xenotime）	YPO_4
ガドリン石/ガドリナイト（gadolinite）	$FeBe_2Y_2Si_2O_{10}$
カツレン石/アラナイト（allanite）	$(Ce,Ca)_2FeAlO(Si_2O_7)(SiO_4)(OH)$
セル石（cerite）	$Ce_3CaSi_3O_{13}H_3$
ユークセン石（euxenite）	$Y_3(Nb,Ta)_3Ti_2O_{15}$
バストネサイト（bastnasite）	$CeFCO_3$
ポリクレール石（polycrase）	$(Ce,Y,Th,U)(T,Nb,Ta)_2O_6$
フッ化セリウム石（fluorocerite）	CeF_3

* Ce は La, Ce, Nd, Y などの軽希土を示し，Y は重希土を示す．

表 3.3　鉱石中の希土類元素の濃度（%）[1]

鉱石	La	Ce	Pr	Nd	Pm	Sm	Eu	Gd	Tb	Dy	Ho	Er	Tm	Yb	Lu	Y
モナズ石	20	43	4.5	16	0	3	0.1	1.5	0.05	0.6	0.05	0.2	0.02	0.1	0.02	2.5
バストネサイト	33.2	49.1	4.3	12	0	0.8	0.12	0.17	**160**	**310**	**50**	**35**	**8**	**6**	**1**	0.1
ゼノタイム	0.5	5	0.7	2.2	0	1.9	0.2	4	1	8.6	2	5.4	0.9	6.2	0.4	60.0

太字の値の単位は ppm．

土類元素のすべてを含んでいる．

　希土類各元素の存在パターンは鉱石により異なり，モナズ石（またはモナザイト，monazite）は軽希土を多く含み，ゼノタイム（xenotime）は重希土を多く含む．一方，ユークセン石（euxenite）は両グループの元素を同等に含んでいる．鉱石の命名については，同一の族名と元素記号で表すという鉱物学連合のレビンソン則（Levinson rule, 1996 年）により，古くはモナザイトといわれた希土類のリン酸塩鉱物は，現在では一番多い希土類元素の種類により monazite-(Ce)，monazite-(La)，monazite-(Nd) のように3種類の鉱物に分けられて表記されている．表 3.3 に代表的鉱物であるモナズ石，バストネサイト（bastnasite），ゼノタイムの希土類元素の組成をまとめた．この3種の代表的鉱石のほかに現在，資源として重要なイオン吸着型鉱石がある．これは 1980 年代から開発されだしてほとんどが中国南部に産し，表 3.3 中のような鉱石とは異質で，花崗岩が風化したものに希土類イオンが吸着したものである．イオン吸着型鉱石は，中国の中でも産地により，重希土に富むものと軽希土に富むものとがある．

3.2 希土類元素の鉱石と分布　　　　　　　　　　　　29

表3.4 希土類鉱石の推定埋蔵量[4]

国・地域	埋蔵量（万 t）	比率（%）
中国	2700	31
アメリカ合衆国	1300	15
旧ソ連圏	1900	22
オーストラリア	520	6
インド	110	1
カナダ	94	1
南アフリカ	39	0
その他	2100	24
合計	8763	100

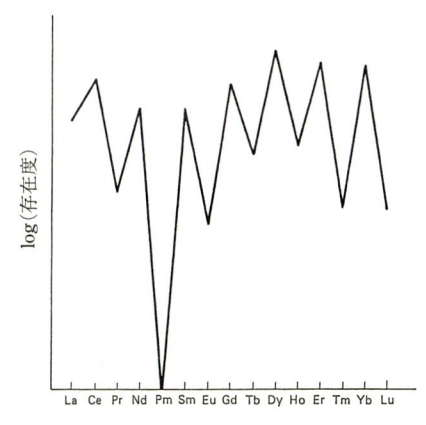

図3.1 ユークセン石中の希土類元素の分布[2] 分布パターンを存在度（地殻中の ppm 濃度）の対数の値で示した．

　希土類各元素の含有量を1つの鉱物についてプロットすると，いずれの鉱物においても図3.1に見られるように原子番号の偶数のもののほうが必ずその両側の奇数番号の元素より含有率が高い．これは偶数番号の核のほうが奇数の核より安定であるという地殻の元素組成で見られるオッド-ハーキンス則（Oddo and Harkins rule）[3]が，希土鉱物の中でも観測されていることによる．

　世界の資源の多くは，中国，旧ソ連圏，アメリカ合衆国に集中しており，その他，オーストラリア，インド，マレーシアなどにもある．最近は後に述べる放射性元素を含むという問題のため，monazite-(Ce) や xenotime-(Y) などの採掘量は減っており，産業資源として採掘されるのはカーボナタイト（carbonatite）鉱床やイオン吸着型鉱床である．現在ではカーボナタイトの主な鉱物である bastnasite-(Ce) と次に述べるイオン吸着型鉱床の両者を持つ中国が，世界において突出した希土類資源保有国である．特に世界のほとんどの重希土類元素は，中国南部の江西省南部地域と隣接の省で産出するイオン吸着型鉱床から供給されている．表3.4に現在の推定埋蔵量を示した．利用可能な埋蔵量は約8800万tであり，現在の年間需要量は約10万tである．今後探鉱が進めば埋蔵量は1億5000万tに達するという試算もある．現在のところ資源として十分な量があると考えられている．

　中国に限らず一般的に希土類の資源として重要な鉱物は bastnasite-(Ce)，

monazite-(Ce), xenotime-(Y) の3種と，イオン吸着型鉱石である．希土類元素の鉱床としては，カーボナタイトや熱水性鉱脈，含チタン砂や含スズ砂などの砂鉱床，イオン吸着型鉱石の化学的風化作用によるものなどがある．

カーボナタイトの主な鉱物は，bastnasite-(Ce) とカルシウム（Ca）の一部が希土類元素で置換されたアパタイト（apatite）である．これらは一般に軽希土に富み，重希土には乏しい．

中国の南部では花崗岩の風化により生じたアルミノシリケートの表面に希土類イオンがイオン吸着されて存在するイオン吸着型鉱床が知られており，ここでの埋蔵量は世界の70％になると推定されている．ここでは希土類は吸着により約10倍濃縮されており，絶対濃度は高くない（約2000 ppm）が酸性条件で容易に抽出できるため資源として有利である．そのような鉱床の一つ龍南（ロンナン）鉱床の鉱石では，Ceよりも重希土の量のほうが多い．重希土は通常軽希土より存在量が少なく高価であるので，龍南鉱床は貴重な鉱床である．一方，中国南部でも尋烏（フーウー）鉱床では軽希土のほうが多いことが知られており，中国は希土類資源で世界を圧倒している．最近，中国は環境や資源保護と自国の産業育成のためにイオン吸着型鉱床からの希土類の生産と国外への持ち出しを制限するようになり，価格が上昇している．磁石をはじめとする希土類産業は日本にとって重要な産業であるだけにその原料確保の将来を考えなければならない．日本の独立行政法人産業技術総合研究所では現在，モンゴル，韓国，日本，オーストラリア，エジプトなどの地域における資源探索を行っている．

引用文献

1) S. Cotton, *Lanthanide and Actinide Chemistry*, John Wiley & Sons (2006).
2) S. Cotton, *Lanthanides & Actinides*, Macmillan Education (1991).
3) 足立吟也編著，希土類の科学，化学同人 (1999).
4) *Mineral Commodity Summaries*, U. S. Geological Survey (2005).

4
希土類元素の抽出と分離

　希土類元素は，電子材料，光学材料，磁性材料などの分野で重要な元素として使用されているが，このような応用が可能になったのは，希土類金属を純粋に分離・精製する工業的方法が1960年ごろまでに開発されたことによる．希土類元素の分離・精製の必要性は，溶媒抽出法やイオン交換法などの画期的な分離・精製方法を生み出す原動力となり，これらの科学および技術は，無機化学や分析化学の新しい分野として希土類元素のみならず広く一般の元素や化合物に対する分離・精製法として発展した．希土類元素の応用はすでに1.3節でも述べたように，セラミックス，発火合金，人工宝石，ガラスの発色剤や研磨剤，レンズ材料などの比較的歴史のある応用に加えて，電子材料，光学材料，磁性材料などの先端材料がある．前者の応用では希土類元素が混合酸化物として使用されることも多いが，後者ではその合成原料として純粋な金属が必要とされる．いずれにしても希土類元素を分離・精製する技術の開発が必要で，このような精製技術ができたからこそ希土類元素の特異な性質を利用する産業がこれほどまでに成長したことは間違いない．ここでは，代表的な希土類元素の抽出と分離法を簡単に紹介しよう．より詳細には専門書を参考にしていただきたい[1]．

4.1　鉱石からの抽出

　希土類には多くの鉱石があるが，ここでは代表的な2例の抽出について基本を述べる．

　バストネサイトは粉砕して10%の塩酸で処理し，カルサイト（calcite）を除くことにより約70%の希土類酸化物を含む混合物となる．これを焼成してセリウム（Ce）をCe^{4+}に酸化し，さらに塩酸で抽出すると，Ce以外の3+の

希土類イオンは塩化物として溶解するが，CeのみCeO$_2$として残る．

モナズ石（モナザイト）はまず150℃で水酸化ナトリウム処理することにより，PO$_4^{3-}$をNa$_3$PO$_4$として除く．残渣は水和した希土類の酸化物であるがこれを沸騰したpH 3.5の塩酸または硫酸に溶解し，不溶性のThO$_2$と分離することにより希土類の酸化物が得られる．

4.2　希土類金属の単離と性質

希土類の金属は一般に無水のLnF$_3$またはLnCl$_3$を金属カルシウムで還元して得られる．

$$LnF_3 \xrightarrow[1450°C]{Ca} Ln$$

反応はアルゴン（Ar）中で行われ（高温では希土類は窒素と反応するため），カルシウム-希土類の合金が生成する．これから蒸留によりカルシウム（Ca）を除いて純粋な希土類金属（Ln）を得る．2+になる傾向のある金属は，上記の方法では2+に還元されるだけであり，金属を得るためには酸化物を金属ランタンで還元する．

$$2La + M_2O_3 \rightarrow La_2O_3 + 2M, \quad M = Eu, Sm, Yb$$

この2+になりやすい希土類元素の金属は沸点が低いため（沸点は，La：3457℃，Eu：1597℃，Sm：1791℃，Yb：1193℃），蒸留により精製できる．

希土類金属は銀色の光沢を本来持っているが，Ce，La，Euなどは空中ですみやかに表面が酸化され曇る．室温でも水とゆっくり反応し，湿った空気中では酸化される．通常の酸には容易に溶ける．酸素ガスとの反応は室温ではゆっくりであるが150～200℃で燃える．200℃以上ではハロゲン，硫黄，水素，炭素などと反応し，1000℃以上では窒素ガスとも反応する．

4.3　希土類イオンの相互分離

互いに化学的性質の似ている希土類イオンを効率よく分離することは，第二次世界大戦前は困難であった．ひたすらわずかな溶解度の差を利用して分別結晶を繰り返して分離していたが，この方法では多量に純粋な化合物を得ることは困難である．希土類の産業上の重要性や新元素発見の研究，また，第二次世

4.3 希土類イオンの相互分離

界大戦中はウラン（U）の核分裂生成物や新たな放射性核種の研究という軍事戦略上の理由もあり，1960年代まで希土類相互の分離・精製は，無機化学者の重要な研究テーマであった．また最近も，産業原料確保のため，抽出・精製法の効率向上が研究されている．

分離法には，化学的分離，分別結晶，イオン交換法，溶媒抽出の4法があるが，このうち現在工業的に大きなスケールで用いられているのは溶媒抽出法である．化学的分離法というのは，Eu^{2+} のような他の希土類元素には存在しない酸化状態を利用して，混合物を亜鉛アマルガムで還元し，Eu^{2+} のみを $EuSO_4$ として沈殿分離する方法である．一方，分別結晶法はわずかな溶解度の違いを利用して分別結晶を繰り返す，大変労力のいる方法である．臭素酸塩 $Ln(BrO_3)_3 \cdot 9H_2O$ やエチル硫酸塩，硝酸複塩などとして分離が行われた．イオン交換法が開発される以前は分別結晶法が唯一純粋な希土類を得ることのできる方法であった．純粋な Tm^{3+} の臭素酸塩を得るのに，1911年，アメリカ合衆国のジェイムズ（C. James）は15000回の再結晶を行ったという．操作の図式を図4.1に示す．

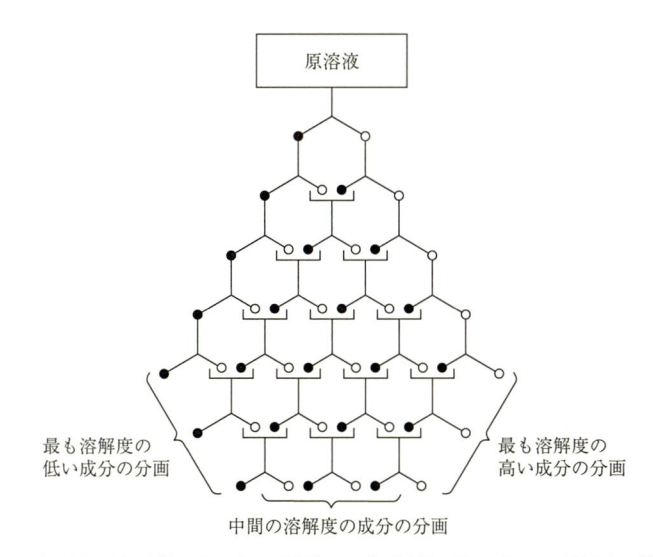

図4.1 希土類元素混合物の塩を含む原溶液から分別結晶を繰り返して，溶解度の差により各成分に分ける操作の図式
人：蒸発濃縮による結晶化と濾別，○：母液，●：結晶，⊔：結晶と濾液の合体および溶解．

イオン交換法は，工業的に行う大規模生産には今日では使われない．しかし歴史的には，分別結晶法が必要とした大変な労力を省いて分離操作を簡素化し，高効率で希土類元素相互をかなりのスケールで分離・精製する方法として開発された，画期的なものであった．1950年ごろ，当時高価なイオン交換体を大量に使用してkg単位で希土類元素を分離・精製したのは，アメリカ合衆国アイオワ州立大学内にあるエイムズ研究所の所長スペディング（F. H. Spedding）であった．分離しようとする希土類イオン混合物の水溶液を陽イオン交換体を詰めたカラムに流すと，カラムの上端に希土類イオンは吸着される．次いで錯生成能のあるクエン酸溶液を流すと，希土類イオンは図4.2（a）に示すように原子番号の逆の順に溶出される．アニオン性の配位子は原子番号が先の重いイオン（陽電荷密度が高い）により安定に配位し陽電荷が効率的に中和されるので，原子番号の大きなイオンが先に溶出される．イオン交換法が大スケールの分離に向かないのは，高濃度溶液をカラムに流すと，図4.2（b）のようにピークが重なって分離が悪くなるためである．

配位子としてEDTA（エチレンジアミン-N,N,N',N'-四酢酸）を使用すると錯体が安定で分離はさらによくなるが（図4.3），次の溶媒抽出法に比べて大規模では時間がかかるため，工業的に用いられなくなった．

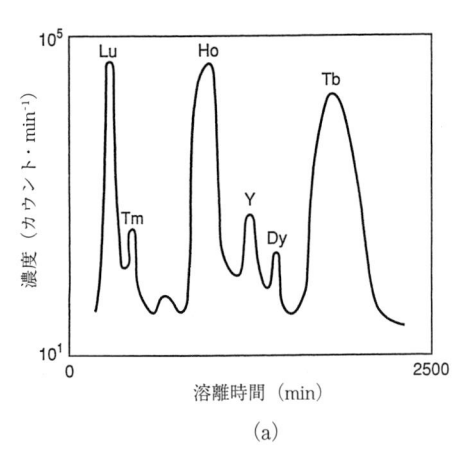

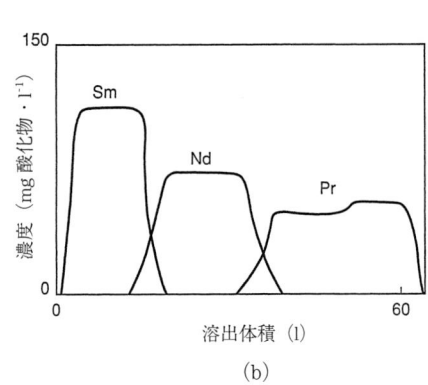

図4.2　3+の希土類イオンの陽イオンクロマトグラフィー
(a) 5%クエン酸，pH 3.2によるミクロスケールの溶出曲線[2]，(b) 0.1%クエン酸，pH 5.3によるマクロスケールの溶出曲線[3]．

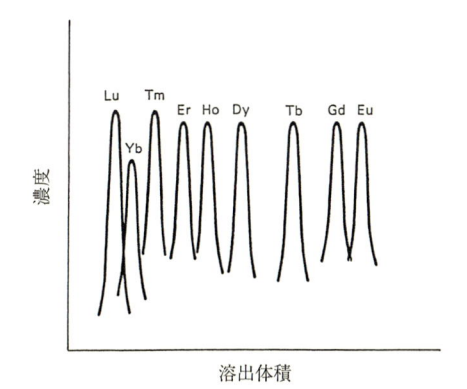

図4.3 EDTAを溶出剤とする3+の希土類イオンの陽イオン交換クロマトグラフィー[4]

イオン交換法の欠点を補う分離法として，溶媒抽出法が導入された．溶媒抽出法は液液抽出法ともいい，分離時間が短く，イオン交換法と違って高い濃度の混合溶液でも分離できるという利点がある．現在の大規模な工業的分離・精製はこの溶媒抽出法によっている．この方法ではリン酸系の試薬であるTBP（リン酸トリブチル，$(BuO)_3PO$）やD2EHPA（ジ(2-エチルヘキシル)リン酸，$[C_5H_{11}(C_2H_5)CH_2O]_2P=O(OH)$）などを配位子として用い，希土類イオンの原子番号が大きいほど希土類イオンの陽電荷密度が高く安定で有機溶媒に溶けやすい錯体を生成することを利用して，硝酸性水溶液中の希土類イオンの混合物を順次有機溶媒に抽出濃縮することにより分離する．

大規模な溶媒抽出法で用いられる溶媒の混合と分離のための装置（ミキサー・セトラー）の模式図を図4.4に示した．また，図4.5にはミキサー・セトラーの側面図を示した．有機溶媒としては水との分離がよいケロセンのような非極性の溶媒が用いられる．水相と有機相を激しく撹拌した後，静置して両相を分離し，それぞれを次の槽に送る．有機相を酸で抽出することにより希土類イオンを水相中に回収する．有機溶媒は再度抽出に使用する．このような抽出と回収を多段階繰り返すことにより，異なる希土類イオン間のわずかな溶解度の違いを利用して，分離・精製が行われる．

溶媒抽出においては，ある希土類イオンあるいはその錯体 Ln_1 の水相と有機相の間の分配係数（distribution coefficient）D_1 が抽出効率を決める．D_1

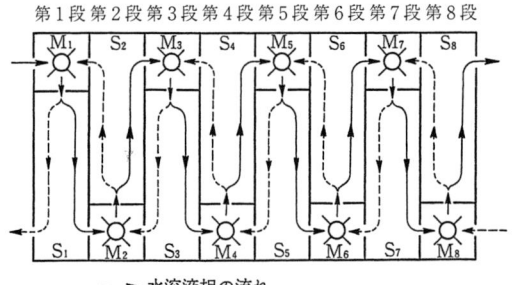

第1段 第2段 第3段 第4段 第5段 第6段 第7段 第8段

図4.4 ミキサー・セトラーの構造模式図（平面図）と両液の流れ[5]
Mはミキサー，Sはセトラーを示す．

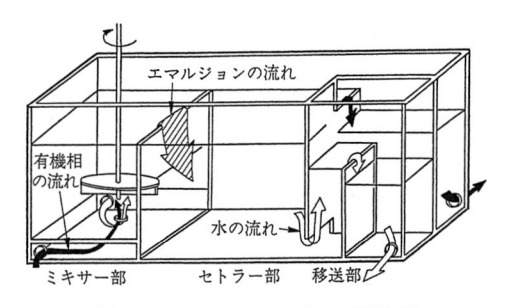

図4.5 ミキサー・セトラーの側面図[5]

は，次の式で定義される．

$$D_1 = \frac{[\text{有機相中の Ln}_1\text{濃度}]}{[\text{水相中の Ln}_1\text{濃度}]}$$

異なる希土類イオン Ln_1 と Ln_2 の間の分離係数（separation factor）β は，次の式で定義される．

$$\beta = \frac{D_1}{D_2}$$

表4.1には代表的な希土類元素の抽出用の配位子（抽出剤）をまとめた．このような配位子は希土類元素分離の研究の過程で開発されたものである．また，表4.2には隣接希土類イオン間の分離係数をまとめた．隣接希土類イオン間の分離係数は初期に使われた配位子TBPの錯体では1に近く，その分離は

4.3 希土類イオンの相互分離

表 4.1 代表的な希土類元素の抽出剤[5)]

抽出機構	抽出種	構造式	略称,商品名	名称
溶媒和	$Ln(NO_3)_3 \cdot 3TBP$	R—O R—O—P=O R—O	TBP	リン酸トリブチル
アニオン交換	$(R_4N)_3Ln(NO_3)_6$	$[NR_4]^+X^-$	Aliquart 336	トリカプリルメチルアンモニウム塩
カチオン交換	LnR_n	$R_2-\underset{\underset{R_3}{\vert}}{\overset{\overset{R_1}{\vert}}{C}}-COOH$	Versatic Acid 911	炭素(C)数が9〜11の混合物
			Versatic Acid 10	炭素数が10の混合物
カチオン交換	LnR_n (R は配位子)	R—O\ /OH 　　P R—O/ \O	D2EHPA	ジ(2-エチルヘキシル)リン酸
			TR-83	ビス[2-(1,3,3'-トリメチルブチル)-5,7,7'-トリメチルオクチル]リン酸
		R—O\ /OH 　　P R/ \O	EHE-HPA PC-88A	2-エチルヘキシルホスホン酸 2'-エチルヘキシルエステル
		R\ /OH 　P R/ \O	Cyanex 272	ビス(2,4,4'-トリメチルペンチル)-ホスホン酸
			PIA	ビス(2-エチルヘキシル)ホスホン酸

容易ではなかったが,その後の改良型配位子の開発により,分離係数が向上した.

β が大きい値であるほど両イオンの分離はよいことになるが,通常隣接する希土類イオン間におけるこの値は小さい.そこで,分離効率を上げるために多段階の抽出を繰り返すことになる.実際の工業的生産では自動化された多段向流液液接触方式による抽出が図4.4, 4.5の装置で行われる.このような製法で99.9%の純度まで精製できる.さらに99.999%の純度が必要な場合(電子および光学材料分野)は,最終的にイオン交換法で精製している.最終段階で希土類イオンはシュウ酸化物あるいは水酸化物として沈殿させ,それを焼成して酸化物として製品にしている.

表4.2 主要抽出剤の隣接元素間の分離係数 β [5]

抽出剤	TBP	D2EHPA	PC-88A	Versatic Acid 911
水相	HNO_3	HCl	HNO_3	HNO_3
希釈剤	ケロシン	トルエン	デカン	ケロシン
Ce/La	1.70	2.4	7.1	3.0
Pr/Ce	1.75	2.8	2.5	1.6
Nd/Pr	1.50	1.7	1.5	1.3
Sm/Nd	2.26	5.0	9.6	2.2
Eu/Sm		2.2	2.9	
Gd/Eu		1.6	1.9	
(Gd/Sm)	1.01	(3.5)	(5.5)	2.0
Tb/Gd		3.2	6.5	
Dy/Tb		2.0	3.1	
(Dy/Gd)	1.45	(6.4)	(20.1)	1.9
Ho/Dy	0.92	2.1	1.9	1.2
Er/Ho	0.96	2.1	3.2	1.3
Tm/Er		2.5	6.0	
Yb/Tm		2.5	3.3	
(Yb/Er)	0.81	(6.3)	(19.8)	1.5
Lu/Yb		1.8	1.8	

( ) の元素対は隣接元素でないもの.

引 用 文 献

1) K. A. Gschneidner, Jr., J.-C. G. Bünzli and V. K. Pecharsky eds., *Handbook on the Physics and Chemistry of Rare Earths*, Vol. 1, North-Holland (1978).
2) B. H. Ketelle and G. E. Boyd, *J. Am. Chem. Soc.*, **69**, 2800 (1947).
3) F. H. Spedding, E. I. Fulmer, J. E. Powell and T. A. Butler, *J. Am. Chem. Soc.*, **72**, 2354 (1950).
4) S. Cotton, *Lanthanides & Actinides*, Macmillan Education (1991).
5) 足立吟也編著, 希土類の科学, 化学同人 (1999).

5
希土類元素の分析法

　希土類元素の高感度分析法として，ICP発光分光法，ICP質量分析法が使われている．これらの方法ではppt（part per trillion：10^{-12} あるいは近似的に 10^{-12} g ml^{-1} の意味で使われる）程度の超微量レベルの定量が可能である．そのほかにも，放射化分析やグロー放電質量分析など，同等に高感度な分析法が存在する．一方，重量法や容量法などの古典的な方法も，希土類元素類をまとめて希土類以外の金属元素から分離し定量したり，個々の高純度金属を分析する方法として現在も有効である．また，吸光光度法や蛍光X線法は，工程管理や品質管理に使われている．

　希土類元素の分析はその相互分離が難しいため，本章で述べるような機器分析においてもその相互干渉を除去するために煩雑な前処理（抽出，濃縮などによるマトリクス（共存主成分）の除去と元素相互の分離）を必要とする場合が多い．この点に関してセリウム（Ce）のみはやや例外で，4＋の酸化状態が安定であるという特異性を活かして他の希土類から比較的容易に分離することができる．すなわち，酸化剤（KBrO$_3$ など）により試料中のCeを4＋に酸化し，その水酸化物が他の希土類より低いpHで沈殿することを利用して分離する．あるいは4＋のCeをBrO$_3^-$塩として沈殿させ，他の希土類から分離することもできる．Ce以外の希土類相互の分離はイオン交換や溶媒抽出を組み合わせないと簡単にはできない．

　本章では，希土類元素の代表的機器分析法である蛍光X線分析法，ICP発光分析法，ICP質量分析法，中性子放射化分析法について，その原理と検出限界を簡単に述べ，代表的試料中の希土類元素の分析例と文献を紹介する．各方法の原理の詳細や合金，鉱物，血清などの試料中の希土類の分析についての具体的な方法については，章末の文献を参照していただきたい[1~4]．

5.1 蛍光X線分析

蛍光X線分析（X-ray fluorescence spectrometry, XRF）では，希土類各元素を他の元素から分離することなく，また希土類相互を分離することなく，試料が固体の状態でも溶液の状態でも定量できる．蛍光X線分析の原理は，試料に一次（入射）X線を照射したとき試料中の原子から放射される各元素に固有の波長の特性X線の波長を測定して元素の定性分析を，またその強度の測定により定量分析を行う．次に述べるICP発光分析法やICP質量分析法に比べて感度の点では劣るが，固体試料がそのまま測定できる点は大きなメリットであり，品質管理などに使われている．

各元素に固有の値である特性X線の波長λはモーズレーの式$1/\sqrt{\lambda} = C(Z-\sigma)$（ここで，$C$と$\sigma$は定数，$Z$は原子番号）に従うため，波長$\lambda$を測定することにより元素を特定できる．蛍光X線には1つの元素につきK系列，L系列などに属する複数の波長の特性X線が存在するが，希土類元素の分析ではX線管球を励起源とする分析装置では通常L系列の線（L_α，$L_{\beta 1}$，$L_{\beta 2}$など）が分析に使われる．希土類元素のL線は，原子番号が隣接する希土類元素では互いに波長が接近しているため，元素の共存により重複したピークを完全に分離することは困難で，定量結果で誤差を招きやすい．隣接元素の分析の場合は，化学的分離あるいは重複線の補正が必要である．

X線管球の代わりにシンクロトロン放射光を励起源としたX線蛍光分析も行われている[5,6]．シンクロトロン放射光は強度が非常に強く，広い波長領域にわたる連続スペクトルを持つ，また，放射光が電子ビームの軌道面内で偏光しているため蛍光スペクトルのバックグラウンドを減らせるなどの特徴があり，通常のX線管球を用いる蛍光X線分析では測れないような微少量あるいは低濃度の試料や薄膜などの分析が可能である．このような理由で，高感度であり絶対量で$10^{-12} \sim 10^{-10}$g程度の検出限界がある．

また，最近は全反射蛍光X線分析（total reflection X-ray fluorescence analysis, TXRF）[7,8]も高感度蛍光X線法として希土類元素の分析に威力を発揮している．この方法では試料は薄膜である必要があり，薄膜を保持体（石英ガラス）の上に置いて測定する．薄膜の上から臨界角より小さい入射角で入射

した励起X線は薄膜で全反射される．一方，薄膜から出る蛍光X線は薄膜の直上に置いたエネルギー分散型X線検出器で検出する．この方法は試料が非常に薄い薄膜あるいは少数の非常に小さい粒子である必要があるが，バックグラウンドが非常に低くできるため検出限界が低く，高感度が要求される微少量あるいは極低濃度の希土類試料の分析に向いている．

このほかに元素固有の発光X線を測定するX線分析法には，荷電粒子（プロトン（H^+），$α$粒子，さらに重いイオンなど）のビームを励起源として試料に照射したとき発生する元素固有のX線を測定する方法，荷電粒子励起発光X線分析（particle induced X-ray emission spectrometry, PIXE）がある．この方法も高感度で希土類の分析に有効であるが，内容については章末の参考書を見ていただきたい[1]．

希土類の蛍光X線分析では分析線の波長が互いに近接しているため，いわゆる干渉を互いに及ぼしやすく，希土類の分析には特にこの点が他の元素のときより問題になる．希土類元素各個の定量分析にはこれらを化学的前処理（マトリクスの分離や測定対象元素の前濃縮，ガラスビード化，フィルター捕集など）および理論的補正法（ファンダメンタルパラメーター法など）により除く工夫が必要である．これらの方法と組み合わせた希土類元素の実試料への応用例を，以下に紹介しよう．

原子炉のリアクター構造物に用いられる合金中の微量金属を薄膜にして，シンクロトロン放射光を光源としたTXRFと封入X線管を用いるエネルギー分散型蛍光X線分析法を比較した報告がある[9]．シンクロトロン放射光とTXRFの組み合わせは，現在考えられる中で最も高感度を得るX線分析法である．一次（入射）X線としてシンクロトロン放射光を導入することにより，通常の封入X線管による励起ではL系列線しか分析に利用できないのに対して，希土類のK系列の蛍光X線が測定可能であることも高感度になる理由である．本実験ではシンクロトロン放射光の偏光を利用し，さらに側面検出方式であるため，マトリクスの散乱光を格段に減少させることが可能で，ニオブ（Nb）および希土類元素に対して，絶対量でpgレベル，濃度でng～$μ$g g^{-1}の優れた検出限界が得られている．このほかに，希土類を含む合金や磁石の分析例が章末の文献にまとめられている[10~12]．

セラミックス系の物質の分析例としては，各種高純度希土類酸化物中の希土類不純物の定量も報告されている．この分析ではYやYbをシュウ酸塩とした後にホウ酸塩を加え，混合してペレットとする．タングステン管球を用いて測定し，50 ppm 前後の定量下限を得ている[13,14]．また，岩石中の ppm レベルの Y，La，Ce などをシンクロトロン放射光で分析した報告もある[15]．また，別の報告では，標準岩石を含む数種の岩石を酸分解後，TXRF で分析した．Ce から Nd までの元素は相対標準偏差 6〜20% で測定されている[16]．一方，希土類の蛍光 X 線分析用の前処理として，岩石中の ppm レベルの希土類を濃縮する方法が報告されている[17]．

蛍光 X 線分析の生体試料への応用例としては，たとえばヒトの気管支の洗浄液中の La，Ce，Nd を測定した例がある[18]．

5.2 ICP 発光分析

ICP 発光分析（誘導結合プラズマ発光分析，inductively coupled plasma-atomic emission spectroscopy，ICP-AES）は，約 6000K といわれる高温のアルゴンプラズマ中に試料溶液（普通は水溶液）を噴霧し，高温で発生した原子またはイオンからの発光線の各元素に固有の波長を検出することにより定性分析を，また発光強度を測定することにより定量分析をする方法である．ICP-AES では，基本的には発光線が近紫外域にある非金属元素を除くほとんどの金属元素が高感度で測定できる．希土類元素のスペクトルは複雑な発光スペクトルで，隣接する元素間でスペクトルの重なりが起こるので，このようなスペクトル干渉を除くことは深刻な問題である．スペクトル線の重なりを除くために高分解能の分光器が必要とされ，分析に当たっては共存する希土類元素の種類により重なりの少ない分析線を選択する．市販の装置では，大型の分光器の出口側に多数の小型光電子増倍管を各元素の波長位置に並べることにより，約 50 元素が同時に測定できる．ICP-AES で用いる発光源であるアルゴン（Ar）の誘導結合プラズマ（ICP）のトーチ（三重構造の石英管）の構造と，試料のエアロゾルがトーチ下部から上部のプラズマに導入される様子の模式図を図 5.1 に示した．図からわかるように，通常水溶液を試料としてプラズマ中に噴霧し，プラズマの高温で試料が分解して励起される原子やイオンの発光

5.2 ICP発光分析

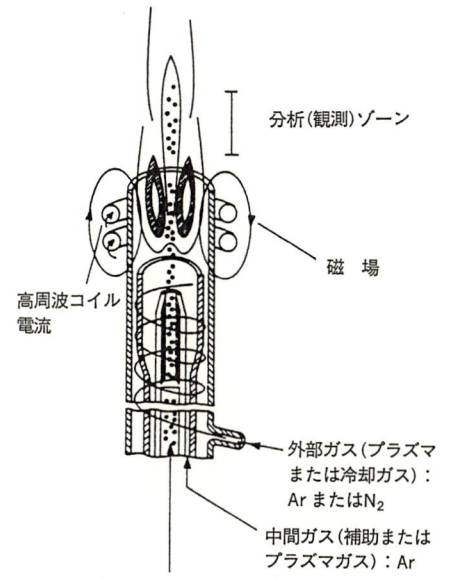

図 5.1 誘導結合プラズマ[1]

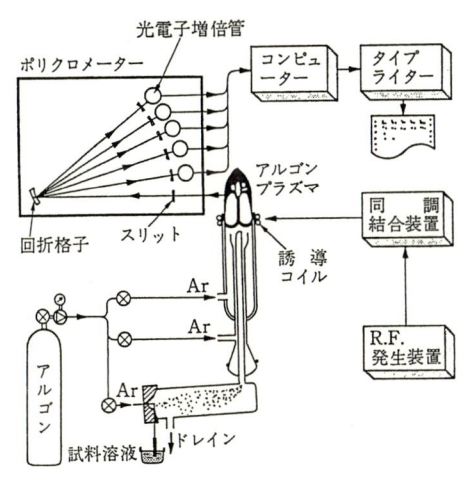

図 5.2 多元素同時分析用 ICP 発光分析装置の概略図[2]

表 5.1 ICP-AES における希土類元素の検出限界 ($\mu g\,l^{-1}$) [1,2]

元素	検出限界	元素	検出限界
Sc	0.2	Eu	0.2
Y	0.2	Gd	3
La	1	Tb	5
Ce	10	Dy	2
Pr	10	Ho	1
Nd	10	Er	2
Pm	—*	Tm	2
Sm	8	Yb	0.4

* 報告なし．

を，図 5.2 のような分光器で分光して各元素の波長位置に置かれた光電子増倍管で検出する．

原子吸光分析では，高温で安定な酸化物を作りやすい希土類元素は感度が悪いかほとんど実用的感度がないが，ICP-AES のプラズマは 6000K 以上の高温であるため酸化物が分解し原子やイオンを生じるので，希土類元素でも高い感度が得られる．表 5.1 に示すように多くの元素についておよそ $0.1\sim10\ \mu g\,l^{-1}$ 程度の検出限界が得られる．希土類元素はアルゴンプラズマ中でほとんどすべてイオン化しているので，分析線はすべてイオン線（1+のイオンの発光線）である．

試料中にどういう組み合わせの希土類が共存するかによってスペクトル干渉の大小が大きく変わるので，希土類元素の検出限界は，試料のマトリクスと共存する希土類元素により大きく変動する．適切な前処理法を取り入れるとともに適切な分析線を選ぶ必要がある．他の元素の分析では分析線はほぼいつも一定の波長を使用するので，分析線の選択というのは希土類の ICP-AES 分析の場合には特に注意が必要な事項である．スペクトル干渉が存在するために希土類の感度も試料によって変わる．サマリウム金属中の Pr の分析のような場合は，いずれの元素も複雑な発光スペクトルを持つので，検出限界は悪くなる[1]．鉄金属や鋼鉄中の希土類元素を抽出とクロマトグラフィーで分離し，ICP-AES および次節で述べる ICP 質量分析で測定した例が報告されている[19]．また，Nd-Fe-B 永久磁石中の希土類元素を測るために主成分を α-ヒドロキシイソブチル酸を用いたイオン交換クロマトグラフィーで分離し，分析線

を選択して希土類元素をICP-AESで測定した例もある．この前処理を用いても一部スペクトル線の重なりは見られたが，全体としてスペクトル干渉は減少した[20]．別の分析例では，NiあるいはFeを主成分とする水素吸蔵合金中の主成分あるいは微量成分のCe，La，Nd，Prの定量法が述べられている[21]．

鉱物や岩石への応用としては，モナズ石，ゼノタイム，ガドリン石などの鉱石やNb/Taを主成分とする鉱物からジ（2-エチルヘキシル）リン酸を用いてScを抽出して他の希土類元素や主成分元素と分離する処理をした後，ScをICP-AESで$1\ \mu g\ g^{-1}$のレベルで測定した．このときの相対標準偏差は9.0%であった[22]．別の分析例ではカルボン酸誘導体で修飾した希土類に高い親和性を持つ樹脂を開発し，この樹脂を用いて岩石を分解した溶液から希土類イオン（5〜500 ppb）を抽出した．ICP-AESで測定したところ，90〜100%の抽出効率であった．また，標準岩石を$LiBO_2$で溶融し溶解した試料では，40〜150 ppbの希土類イオンが選択的に樹脂に保持され，その回収率は75〜110%であった[23]．その他，Feを主成分とするヘマタイト中のLaとYをイオン交換で濃縮し測定した例も報告されている[24]．

5.3 ICP質量分析

ICP質量分析（誘導結合プラズマ質量分析，inductively coupled plasma-mass spectrometry, ICP-MS）は，ICP-AESの後に開発された方法で，多くの元素につきICP-AESよりさらに高感度になっており，今日広く用いられる分析法である．高価で大がかりな装置を必要とするが，希土類元素を10^{-11} $g\ ml^{-1}$程度の検出限界で測定できる，高感度で信頼性の高い分析法である[1]．

本法の原理は，誘導結合プラズマ（ICP）を無機元素のイオン化源として四重極質量分析計に結合し，プラズマ中で生じた1+のイオンを質量分析計で検出する．ICP-MSに用いられるICPは水平方向に配置されており，質量分析計に直結されている．装置の詳細は章末の文献を参照していただきたい[1]．水溶液試料は噴霧してエアロゾルとし，Arの流れに入れてプラズマ中に導入する．アルゴン流がプラズマの中心部をコイルに垂直に通り抜ける間に原子化とイオン化が起こる．このイオンを四重極質量分析計の真空の中に引き入れる．ネブライザー（噴霧器）による水溶液試料導入のほかに，原子吸光分析法で用

いられる電気的加熱による炭素炉を試料の導入部分にして水溶液試料を電気的加熱によりプラズマ中に送り込む方法や，固体試料にレーザーパルスを照射して試料を蒸発させ導入するレーザーアブレーション法などの試料導入法がある．

ICP-AES では希土類以外の多くの元素について，主として中性原子の発光線を分析に用いているが，ICP-MS ではプラズマ中で生成する 1+イオンを用いる．1+イオンの生成割合はすべての希土類元素について 90% 以上であり，2+イオンや中性原子の割合は低い．1+イオンの割合が高いのが他の元素に比べたときの希土類元素の特徴であり，そのために希土類の ICP-MS における感度は高い．

ICP-MS では質量で検出しているので，ICP-AES のような他元素が共存することによるスペクトル干渉はないはずである．しかし実際には，プラズマ中に少量生成する分子種で同一の質量を持つものなどがバックグラウンドとなって干渉することがある．また，同じ質量を持つ他の元素の同位体によっても干渉を受ける．表 5.2 に，このような干渉の例をまとめた．希土類は酸化物が熱に安定で，他の希土類元素の一酸化物が分析対象とする希土類元素と同一の質量数を持つことがあるため，干渉することがわかる．質量分析といえども，ppb 以下の低濃度を測定する場合にはこのような希土類相互の影響には注意を払うべきである．ICP-MS は元素の同位体組成が測れることも特徴である．

初期の ICP-MS では四重極質量分析計を ICP に結合させて ICP-MS としていたが，この方法では表 5.2 に見られるように多原子イオンと目的イオンを区別できない．この問題を解決するために現在では高分解能 ICP-MS（high resolution ICP-MS, HR ICP-MS）が開発されている．ここでは四重極質量分析計の代わりに二重収束型磁場質量分析計を用いて多原子イオンと目的イオンを区別して検出している．図 5.3 に，HR ICP-MS による希土類元素のおおよその検出限界を，他の元素とともにまとめた．この方法がいかに高感度であるかわかるであろう．

ICP-MS の岩石試料への応用としては，岩石標準試料を XRF 用にガラスビードとした試料中の Dy, Er, Eu, Gd, Ho, La, Lu, Nb, Nd, Pr, Sc, Sm, Tb, Th, Tm, Y, Yb を含む 39 元素をレーザーアブレーション ICP-

5.3 ICP質量分析

表5.2 ICP-MSにおける希土類イオンへの干渉種[1]

質量数	元素	干渉種
146	Nd(17.2)	$^{130}Ba^{16}O$
147	Sm(15.1)	$^{130}Ba^{16}O^1H$
148	Sm(11.4), Nd(5.73)	$^{132}Ba^{16}O$
149	Sm(14.0)	$^{132}Ba^{16}O^1H$
150	Sm(7.47), Nd(5.62)	$^{134}Ba^{16}O$
151	Eu(47.8)	$^{134}Ba^{16}O^1H$, $^{135}Ba^{16}O$
152	Sm(26.6), Gd(0.21)	$^{135}Ba^{16}O^1H$, $^{136}Ba^{16}O$, $^{136}Ce^{16}O$
153	**Eu(52.2)**	$^{136}Ba^{16}O^1H$, $^{137}Ba^{16}O$
154	Sm(22.4), Gd(2.23)	$^{137}Ba^{16}O^1H$, $^{138}Ba^{16}O$, $^{138}Ce^{16}O$, $^{138}La^{16}O$
155	Gd(15.1)	$^{138}Ba^{16}O^1H$, $^{139}La^{16}O$
156	Gd(20.6), Dy(0.05)	$^{140}Ce^{16}O$
157	Gd(15.7)	$^{141}Pr^{16}O$
158	**Gd(24.5)**, Dy(0.09)	$^{142}Ce^{16}O$, $^{142}Nd^{16}O$
159	**Tb(100)**	$^{143}Nd^{16}O$
160	Gd(21.6), Dy(2.29)	$^{144}Nd^{16}O$, $^{144}Sm^{16}O$
161	Dy(18.9)	$^{145}Nd^{16}O$
162	Dy(25.5), Er(0.14)	$^{146}Nd^{16}O$
163	Dy(25.0)	$^{147}Sm^{16}O$
164	**Dy(28.2)**, Er(1.56)	$^{148}Nd^{16}O$, $^{149}Sm^{16}O$
165	**Ho(100)**	$^{149}Sm^{16}O$
166	**Er(33.4)**	$^{150}Nd^{16}O$, $^{150}Sm^{16}O$
167	Er(22.9)	$^{151}Eu^{16}O$
168	Er(27.1), Yb(0.14)	$^{152}Sm^{16}O$, $^{152}Gd^{16}O$
169	**Tm(100)**	$^{153}Eu^{16}O$
170	Er(14.9), Yb(3.03)	$^{154}Sm^{16}O$, $^{154}Gd^{16}O$
171	Yb(14.3)	$^{156}Gd^{16}O$
172	Yb(21.8)	$^{156}Gd^{16}O$, $^{156}Dy^{16}O$
173	Yb(16.1)	$^{157}Gd^{16}O$
174	**Yb(31.8)**, Hf(0.18)	$^{158}Gd^{16}O$, $^{158}Dy^{16}O$
175	**Lu(97.4)**	$^{159}Tb^{16}O$
176	Yb(12.7), Hf(5.2), Lu(2.59)	$^{160}Gd^{16}O$, $^{160}Dy^{16}O$

太字は最も存在量の多い同位体を表す．( )内の数字は天然同位体存在比．

MSにより測定した例がある．重希土類の値に現在標準試料の標準値として編集中の分析値とやや違いが見られたが，これらは他法により求めた値のほうに問題があるかもしれないとしている[25]．また，別の報告では岩石標準試料の希土類の分析において，スペクトル線の重なりによる誤差を，Thを内標準として用いることにより補正し，標準試料の値にほぼ等しい分析値を得た[26]．一方，岩石中のLu，Hf，Sm，Ndを他の元素から陽イオンおよび陰イオン交換クロマトグラフィーにより分離してそれぞれの同位体分布を測定した例もあ

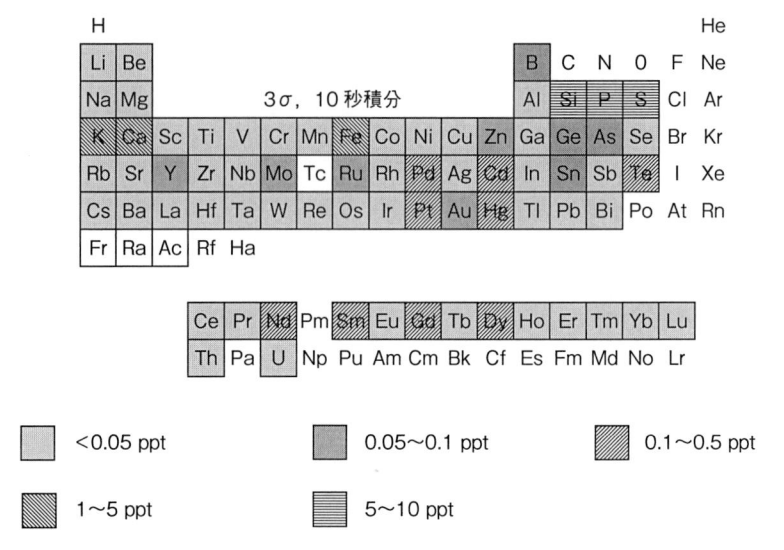

H																	He
Li	Be											B	C	N	O	F	Ne
Na	Mg		3σ, 10秒積分									Al	Si	P	S	Cl	Ar
K	Ca	Sc	Ti	V	Cr	Mn	Fe	Co	Ni	Cu	Zn	Ga	Ge	As	Se	Br	Kr
Rb	Sr	Y	Zr	Nb	Mo	Tc	Ru	Rh	Pd	Ag	Cd	In	Sn	Sb	Te	I	Xe
Cs	Ba	La	Hf	Ta	W	Re	Os	Ir	Pt	Au	Hg	Tl	Pb	Bi	Po	At	Rn
Fr	Ra	Ac	Rf	Ha													

Ce	Pr	Nd	Pm	Sm	Eu	Gd	Tb	Dy	Ho	Er	Tm	Yb	Lu
Th	Pa	U	Np	Pu	Am	Cm	Bk	Cf	Es	Fm	Md	No	Lr

< 0.05 ppt　　0.05〜0.1 ppt　　0.1〜0.5 ppt

1〜5 ppt　　5〜10 ppt

図 5.3　高分解能 ICP-MS によって得られる検出限界（標準偏差（σ）の 3 倍のシグナルに相当する濃度）[1]

る[27]．また，水溶液試料への応用では，0.1 ppt レベルまでの希土類元素を，フローインジェクションを ICP-MS に連結したシステムで測定した．フローインジェクションの導入により試料は短時間に濃縮されるため，検出限界が従来法より約 30 倍向上した．この方法はアイスランドの熱水中の希土類の分析に応用された[28]．フローインジェクションの利用は純鉄や鋼鉄中の La，Ce，Pr，Nd，Sm，Eu，Gd，Tb，Dy，Ho，Er，Tm，Yb，Lu の分析にも利用されている[29]．原子炉材料の U，Gd，Sm，Th などへの ICP-MS の利用も報告されており，U の同位体比が測定されている[30]．生体試料への応用としては，ヒト血清中の希土類 14 元素を，Chelex 100 樹脂への濃縮を前処理として行い，測定した．これらの元素の濃度範囲は 1×10^{-12} g ml^{-1} の Eu から 230×10^{-12} g ml^{-1} の Ce の間であった[31]．また，電気加熱法 ICP-MS によるラット肝臓やヒト血漿，牛肝臓，標準試料の oyster tissue などの希土類の分析では，希土類元素に対して 0.05〜1.2 ng l^{-1} 程度の検出限界が得られた[32]．また，ヒト血清を酸分解した後，キレート樹脂に濃縮し，ICP-MS で測定する方法で全希土類を測定した．血清中の希土類の濃度はいずれも 10^{-12} g ml^{-1} のレベルであった[33]．

5.4 中性子放射化分析

中性子放射化分析（neutron activation analysis, NAA）は，試料に熱中性子を照射して試料中の分析目的元素を放射化し，生成した放射性核種から放出される放射能を，核種の半減期によって決まる一定の時間冷却した後，γ線検出器で測定して定量する方法である．熱中性子は原子炉で発生するものを使うのが一般的である．本法は固体試料でも測定可能であり，多元素同時測定ができる．希土類元素は一般に中性子放射化断面積が大きいため，感度が高い．希土類の中でも Dy, Eu, Ho, Lu などは特に感度が高い[1]．高純度シリコンウェハー中の不純物としての La, Ce, Pr, Nd, Sm, Eu, Gd, Tb, Ho, Er, Tm, Yb, Lu については前処理としての化学分離を行うことなくそのままで測定でき，それぞれの元素の検出限界は，0.08, 6, 4, 30, 0.02, 0.09, 15, 0.6, 2, 40, 20, 0.3, 0.1 pg g^{-1} であるが，実試料での測定値はいずれの元素も検出限界以下であった[1]．

引 用 文 献

1) C. ヴァンデカステール・C. B. ブロック著，原口紘炁・寺前紀夫・古田直紀・猿渡英之訳，微量元素分析の実際，丸善 (1995)．
2) 原口紘炁・久保田正明・森田昌敏・宮崎 章・不破敬一郎・古田直紀，ICP 発光分析法，共立出版 (1988)．
3) 大野勝美・川瀬 晃・中村利廣，X 線分析法，共立出版 (1987)．
4) 足立吟也編著，希土類の科学，化学同人 (1999)．
5) K. W. Jones and B. M. Gordon, *Anal. Chem.*, **61**, 341A (1989).
6) J. V. Gilfrich, E. F. Skelton, S. B. Quadri, J. P. Kirkland and D. J. Nagel, *Anal. Chem.*, **55**, 187 (1983).
7) R. Klockenkämper, *Spectrosc. Int.*, **2**, 26 (1989).
8) A. Prange, J. Knoth, R.-P. Stoessel, H. Boeddeker and K. Kramer, *Anal. Chim. Acta*, **195**, 275 (1987).
9) G. Pepponi, P. Wobrauschek, F. Hegedus, C. Streli, N. Zoger, C. Jokubonis, G. Falkenberg and H. Grimmer, *Spectrochimica Acta, Part B : Atomic Spectroscopy*, **56**, 2063 (2001).
10) T. A. Padmavathy, H. O. Gupta, E. C. Subbarao, K. P. Gupta, N. R. Bonda, D. K. Goel, S. N. Kaul, A. K. Majumdar and R. C. Mittal, *Bulletin of Materials Science*,

2, 167 (1980).
11) H. Augustin, *Goldschmidt Informiert*, **48**, 64 (1979).
12) D. Feldmann and W. Mark, *Zeitschrift für Metallkunde*, **65**, 550 (1974).
13) R. M. Dixit and S. S. Deshpande, *Fresenius' J. Anal. Chem.*, **288**, 180 (1977).
14) L. C. Chandola and P. P. Khan, *Mikrochim. Acta*, **3**, 191 (1985).
15) L. S. Tarasov, A. F. Kudryashova, A. V. Ivanov and A. A. Ulyanov, *Nucl. Instrum. Methods Phys. Res. Sect. A*, **261**, 263 (1987).
16) L. Muia and R. Van Grieken, *Anal. Chim. Acta*, **251**, 177 (1991).
17) E. Wolf, W. Wegscheider and H. Kolmer, *Adv. X-Ray Anal.*, **30**, 273 (1987).
18) E. A. Haier, A. Dietmann-Molard, F. Rastegar, R. Heimburger, C. C. Ruch, A. Maier, E. Roegel and M. J. F. Leroy, *Clin. Chem.*, **32**, 664 (1986).
19) V. K. Karandashev, A. N. Turanov, H.-M. Kuss, I. Kumpmann, L.V. Zadnepruk and V. E. Baulin, *Mikrochim. Acta*, **130**, 47 (1998).
20) M. Renko, A. Osojnik and V. Hudnik, *Fresenius' J. Anal. Chem.*, **351**, 610 (1995).
21) P. T. Fischer and A. J. Ellgren, *Spectrochimica Acta, Part B : Atomic Spectroscopy*, **38**, 309 (1983).
22) K. Satyanarayana, S. Durani and G. V. Ramanaiah, *Anal. Chim. Acta*, **376**, 273 (1998).
23) M. R. Buchmeiser, R. S. Tessadri, G. Seeber and G. K. Bonn, *Anal. Chem.*, **70**, 2130 (1998).
24) M. R. Cave and K. Harmon, *Analyst*, **122**, 501 (1997).
25) Y. Orihashi and T. Hirata, *Geochim. J.*, **37**, 401 (2003).
26) N. M. Raut, L.-S. Huang, S. K. Aggarwal and K.-C. Lin, *Spectrochimica Acta, Part B : Atomic Spectroscopy*, **58**, 809 (2003).
27) I. C. Kleinhanns, K. Kreissing, B. S. Kamber, T. Meisel, T. Naegler and J. D. Kramers, *Anal. Chem.*, **74**, 67 (2002).
28) J. K. Aggarwal, M. B. Shabani, M. R. Palmer and V. Ragnarsdottir, *Anal. Chem.*, **68**, 4418 (1996).
29) V. K. Karandashev, A. N. Turanov, H.-M. Kuss, I. Kumpmann, L. V. Zadnepruk, V. Ludmila and V. E. Baulin, *Mikrochim. Acta*, **130**, 47-54 (1998).
30) G. L. Beck and O. T. Farmer, III, *J. Anal. Atomic Spectromet.*, **3**, 771 (1988).
31) K. Inagaki and H. Haraguchi, *Analyst*, **125**, 191 (2000).
32) E. Buseth, G. Wibetoe and I. Martinsen, *J. Anal. Atomic Spectromet.*, **13**, 1039 (1998).
33) K. Inagaki and H. Haraguchi, *Chem. Lett.*, **775** (1997).

6
希土類元素の配位化学

6.1 イオン半径と配位数

3+希土類イオンの価電子である 4f 電子は,外側の 5s 電子,5p 電子に遮蔽

表 6.1 希土類イオンのイオン半径[1]

配位数	結晶半径 (pm)						有効イオン半径 (pm)					
	6	7	8	9	10	12	6	7	8	9	10	12
Sc	88.5		101.0				74.5		87.0			
Y	104.0	110	115.9	121.5			90.0	96	101.9	107.5		
La	117.2	124	130.0	135.6	141	150	103.2	110	116.0	121.6	127	136
Ce	115	121	128.3	133.6	139	148	101	107	114.3	119.6	125	134
Ce^{4+}	101		111		121	128	87		97		107	114
Pr	113		126.6	131.9			99		112.6	117.9		
Pr^{4+}	99		110				85		96			
Nd	112.3		124.9	130.3		141	98.3		110.9	116.3		127
Nd^{2+}			143	149					129	135		
Pm	111		123.3	128.4			97		109.3	114.4		
Sm	109.8	116	121.9	127.2		138	95.8	102	107.9	113.2		124
Sm^{2+}		136	141	146				122	127	132		
Eu	108.7	115	120.6	126.0			94.7	101	106.6	112.0		
Eu^{2+}	131	134	139	144			117	120	125	130	135	
Gd	107.8	114	119.3	124.7			93.8	100	105.3	110.7		
Tb	106.3	112	118.0	123.5			92.3	98	104.0	109.5		
Tb^{4+}	90		102				76		86			
Dy	105.2	111	116.7	122.3			91.2	97	102.7	108.3		
Ho	104.1		115.5	121.2	126		90.1		101.5	107.2	112	
Er	103.0	108.5	114.4	120.2			89.0	94.5	100.4	106.2		
Tm	102.0		113.4	119.2			88.0		99.4	105.2		
Tm^{2+}	117	123					103	109				
Yb	100.8	106.5	112.5	118.2			86.8	92.5	98.5	104.2		
Yb^{2+}	116	122	126				102	108	114			
Lu	100.1		111.7	117.2			86.1		97.7	103.2		

酸化数の記載のないものはすべて 3+.結晶半径は主として固体化学の分野で,また有効イオン半径は溶液化学,地球化学の分野で用いられている.

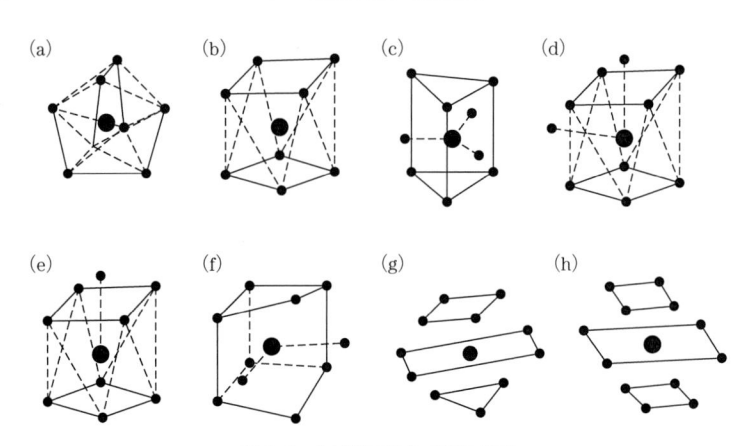

図 6.1 金属原子周りの配位構造
(a) 十二面体構造の 8 配位[2]，(b) square antiprism の 8 配位[2]，(c) tricapped trigonal prism の 9 配位[2]，(d) *cis*-bicapped square antiprism の 10 配位[2]，(e) monocapped square antiprism の 9 配位[2]，(f) *cis*-bicapped cube の 10 配位[2]，(g) 11 配位，(h) 12 配位.

されているため，希土類イオンと配位子との結合はイオン性が強く共有結合性は弱い．希土類イオンの配位数は古くは 3d 金属の錯体と同様に 6 が主であると思われていたが，今では，6 配位もあるが 8 配位，9 配位が主であることが判明している．配位数は主としてイオン半径や結晶半径により決まり，表 6.1 に示すように半径が大きくなるほど配位数が増加する．3+ の希土類イオンの半径はランタニド収縮により原子番号が大きいほど半径は小さいので軽希土では 9 配位，重希土では 8 配位が主となるが，はっきりと両者で分かれているわけではない．おおよその傾向である．10 配位も相当見られ，さらに 11 配位，12 配位といった高い配位数も存在する．図 6.1 には典型的な配位構造を示してあるが，実際には配位子の構造によりもっと歪んだ構造をとるものが多数ある．表 6.2 には代表的化合物の配位数と構造をまとめた．

このように多様な配位構造をとることは，方向性のある 4f 電子の軌道の方向が必ずしも構造を決める因子になっていないことを示唆する事実であり，希土類イオンの配位が主としてイオン結合的であり共有結合性の低いものであることに対応している．

表 6.2 代表的希土類化合物の構造[3]

酸化数	配位数	構造	化合物
+2	6	NaCl 型	EuTe, SmO, YbSe
	6	CdI$_2$ 型	YbI$_2$
	6	octahedral	Yb(PPh$_2$)$_2$(THF)$_4$
	7	pentagonal bipyramid	SmI$_2$(THF)$_5$
	8	CaF$_2$ 型	SmF$_2$
+3	3	pyramidal	Ln[N(SiMe$_3$)$_2$]$_3$
	4	歪んだ tetrahedral	La[N(SiMe$_3$)$_2$]$_3$OPPh$_3$
	4	tetrahedral	[Lu(mes)$_4$]$^-$, [Y(CH$_2$SiMe$_3$)$_4$]$^-$
	6	octahedral	[Er(NCS)$_6$]$^{3-}$, [Ln$_2$Cl$_9$]$^{3-}$, LnX$_6^{3-}$
	6	AlCl$_3$ 型	LnCl$_3$ (Tb-Lu)
	6	歪んだ trigonal prism	Pr[S$_2$P(C$_6$H$_{11}$)$_2$]$_3$
	7	monocapped trigonal prism	Gd$_2$S$_3$, Y(acac)$_3$・H$_2$O
	7	ZrO$_2$ 型	ScOF
	8	歪んだ square antiprism	Y(acac)$_3$・3H$_2$O, La(acac)$_3$(H$_2$O)$_2$
	8	dodecahedral	Cs[Y(CF$_3$COCHCOCF$_3$)$_4$]
	8	歪んだ dodecahedral	Na[Lu(S$_2$CNEt$_2$)$_4$]
	8	cubic	La[(bipyO$_2$)$_4$]$^{3+}$
	8	bicapped trigonal prism	Gd$_2$S$_3$, LnX$_3$(PuBr$_3$ 型)
	9	歪んだ tricapped trigonal prism	[Nd(H$_2$O)$_9$]$^{3+}$, Y(OH)$_3$, K[La(EDTA)]・8H$_2$O, La$_2$(SO$_4$)$_3$・9H$_2$O
	9	capped square antiprism	Ln(NO$_3$)$_3$(H$_2$O)$_3$
	9	UCl$_3$ 型	LaF$_3$, LnCl$_3$ (La-Gd)
	10	歪んだ構造	La$_2$(CO$_3$)$_3$・8H$_2$O
	10	bicapped dodecahedron	Ce(NO$_3$)$_5^{2-}$, La(NO$_3$)$_3$(DMSO)$_4$
	11	歪んだ構造	La(NO$_3$)$_3$(H$_2$O)$_5$・H$_2$O
	12	歪んだ icosahedron	[Pr(1,8-naphthyridine)$_6$]$^{3+}$, Ce(NO$_3$)$_6^{3-}$
+4	6	octahedral	Cs$_2$CeCl$_6$
	8	square antiprism	Ce(acac)$_4$
	8	歪んだ square antiprism (chains)	(NH$_4$)$_2$CeF$_6$
	8	CaF$_2$ 型	CeO$_2$
	10	歪んだ構造	Ce(NO$_3$)$_4$(OPPh$_3$)$_2$
	12	歪んだ icosahedron	(NH$_4$)$_2$[Ce(NO$_3$)$_6$]

6.2 安定度定数

錯体の安定性は安定度定数(stability constant)により表される. 一般に金属イオン M が次の生成反応により配位子 L を配位するとき,

$$M + L \rightleftarrows ML$$

という反応式に対して反応の平衡定数 K_1 は,

で定義される．ここで，[M]，[L]，[ML] など，[ ] 内の値はそれぞれ M，L，ML の濃度を示す．一般に複数の配位子が配位して反応式が次のように逐次進行するときは，

$$ML_{n-1} + L \rightleftarrows ML_n$$

で表され，それぞれの段階に相当する逐次安定度定数 K_n は，

$$K_n = \frac{[ML_n]}{[ML_{n-1}][L]}$$

で表される．一方，実験で求められるのは β_1，β_2，β_3 などで表される全安定度定数である．全安定度定数は，

$$M + nL \rightleftarrows ML_n$$

という反応式に対して，

$$\beta_n = \frac{[ML_n]}{[M][L]^n}$$

のように定義される．

K_n と β_n は次の関係にある．

$$\beta_n = K_1 \cdot K_2 \cdot K_3 \cdots K_n$$

K_n や β_n は錯体の安定度を示す数値である．数式中には各化学種の濃度が使われているが，正確には活量（＝活動度）を用いるべきである．

希土類イオンは通常 3＋ の酸化状態で電荷が高く，典型的なハードなイオン（硬いイオン）であるから，配位原子としては酸素イオンやハロゲン化物イオンの中でもフッ化物イオンのようなハードなイオンとより安定な錯体を形成する．希土類イオンの酸素原子に対する親和性は他の金属イオンに比べて相当高く，多くの希土類の塩化物の水溶液では水分子が内圏に配位し，塩化物イオンは外圏に存在する．無機塩の水和物 $LnX_3 \cdot nH_2O$（X はハロゲン化物イオン）の結晶構造は $[Ln(H_2O)_m]^{3+}$ を含んでいることも，希土類イオンが酸素原子に親和性の高いハードな金属イオンであることを示している．一方，$LnF_3 \cdot nH_2O$ の水溶液では LnF^{2+} や LnF_2^+ などのイオンが主として存在すると報告されている．

ソフトな原子であるリン（P）や硫黄（S）を配位原子とする配位子は希土

6.2 安定度定数

表6.3 Ln^{3+} および他の遷移金属イオンの錯体の水溶液中での安定度定数 $\log \beta_1$ [4]

配位子	I (mol dm^{-3})	La^{3+}	Lu^{3+}	Y^{3+}	Sc^{3+}	Fe^{3+}	Cu^{2+}	Ca^{2+}	U^{4+}	UO_2^{2+}	Th^{4+}
F^-	1.0	2.67	3.61	3.6	6.2	5.2	0.9	0.6	7.78	4.54	7.46
Cl^-	1.0	−0.1	−0.4	−0.1	0	0.63	−0.06	−0.11	0.30	−0.1	0.18
Br^-	1.0	−0.2		−0.15	−0.07	−0.2	−0.5		0.2	−0.3	−0.13
NO_3^-	1.0	0.1	−0.2		0.3	−0.5	−0.01	−0.06	0.3	−0.3	0.67
OH^-	0.5	4.7	5.8	5.4	9.0	11.27	6.3	1.0	12.2	8.0	9.6
acac$^-$	0.1	4.94	6.15	5.89	8	10	8.16				8
EDTA^{4-}	0.1	15.46	19.8	18.1	23.1	25.0	18.7	10.6	25.7	7.4	25.3
DTPA^{5-}	0.1	19.5	22.4	22.4	24.4	28	21.4	10.8			28.8
OAc$^-$	0.1	1.82	1.85	1.68		3.38	1.83	0.5		2.61	3.89
グリシン	0.1	3.1	3.9	3.5		10.0	8.12	1.05			

acac: アセチルアセトナト, OAc$^-$: 酢酸イオン. EDTA^{4-}, DTPA^{5-} については表6.4の脚注を参照.

表6.4 水溶液中の Ln^{3+} 錯体の安定度定数 $\log \beta_1$ [4,5]

配位子	Y^{3+}	La^{3+}	Ce^{3+}	Pr^{3+}	Nd^{3+}	Pm^{3+}	Sm^{3+}	Eu^{3+}	Gd^{3+}	Tb^{3+}	Dy^{3+}	Ho^{3+}	Er^{3+}	Tm^{3+}	Yb^{3+}	Lu^{3+}	文献
F^-	3.60	2.67	2.87	3.01	3.09	3.16	3.12	3.19	3.31	3.42	3.46	3.52	3.54	3.56	3.58	3.61	4)
EDTA^{4-}	18.08	15.46	15.94	16.36	16.56		17.10	17.32	17.35	17.92	18.28	18.60	18.83	19.30	19.48	19.80	4)
DTPA^{5-}	22.05	19.48	20.33	21.07	21.60		22.34	22.39	22.46	22.71	22.82	22.78	22.74	22.72	22.62	22.44	4)
NTA^{3-}	11.48	10.36	10.83	11.07	11.26		11.53	11.52	11.54	11.59	11.74	11.90	12.03	12.22	12.40	12.49	5)
DCTA^{4-}	19.41	16.35		17.23	17.69		18.63	18.77	18.80	19.30	19.69	19.89	20.20	20.46	20.80	20.91	6)

EDTA: エチレンジアミン-N,N,N',N'-四酢酸, DTPA: ジエチレントリアミン-N,N,N',N'',N''-五酢酸, NTA: ニトリロ三酢酸, DCTA: *trans*-1,2-ジアミノシクロヘキサン-N,N,N',N'-四酢酸.

類イオンに対しては一般に配位力が強くない. 希土類ではカルボン酸錯体など酸素を配位原子とする安定な錯体が多く知られるのに対して, 窒素を配位原子とする錯体は意外に安定度が低い. これは一つには, アミンの塩基性のため 3+の希土類イオン (Ln^{3+}) の水酸化物が沈殿しやすくなるという事情による. 希土類イオンは一般に水酸化物が沈殿しやすいため, 水溶液は酸性に保つ必要がある. いくつかの希土類イオンと比較のために, ほかの遷移金属イオンの代表的錯体の安定度定数を表6.3に示した. また, 表6.4には代表的配位子であるハロゲン化物イオンとアミノポリカルボン酸の希土類錯体について安定度定数をまとめた.

どの配位子についても La^{3+} から Lu^{3+} に行くに従って安定度定数が次第に大きくなっている. これは Lu^{3+} に向かうに従ってイオン半径が小さくなり電

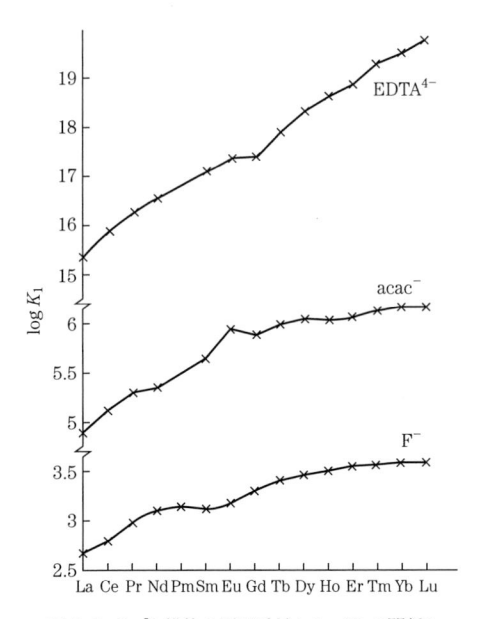

図 6.2　Ln^{3+} 錯体の原子番号と logK_1 の関係[6)]
EDTA：エチレンジアミン-N,N,N',N'-四酢酸，acac：アセチルアセトナト．

荷密度が増すので，配位子をより強く引きつけるためである．いくつかの配位子の錯体について安定度定数を原子番号に対してプロットすると（図 6.2），しばしば Gd^{3+} のところで屈曲しているが，これは水和イオン数が変化するためと考えられる．

このような屈曲は多くの配位子にみられたため，G. Schwarzenbach（20 世紀中ごろから後半にかけて活躍したスイスの著名な錯体化学者）は以前，この屈曲をガドリニウムブレイク（gadolinium break）と呼んだ．この言葉はその後長く使われたが，その後多くの配位子の錯体を精密に測定したところ，Gd 以外の元素のところにもブレイクが見られるようになり，今ではこの言葉はほとんど使われなくなった．

図 6.3 には，酢酸イオン錯体の K_1 および K_2 とアントラニル酸イオン錯体の K_1 を原子番号の関数として示した．この図には平衡状態で求めた平衡定数と，速度論で両方向の速度定数の比として求めた平衡定数が示してある．また図 6.4 には酢酸イオン錯体とアントラニル酸イオン錯体の錯生成速度定数を示

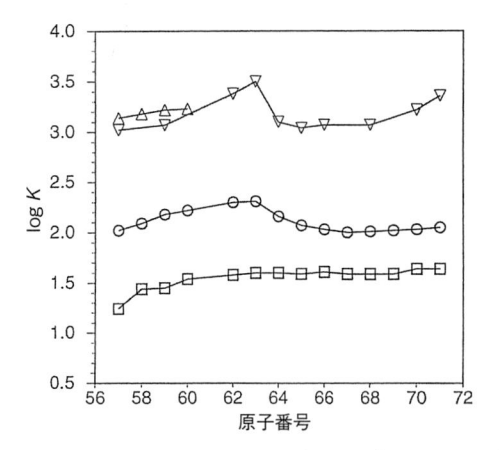

図 6.3 酢酸イオン錯体 ($\bigcirc$：$\log K_1$, $\square$：$\log K_2$)[7] およびアントラニル酸イオン錯体 ($\triangle$[8], $\triangledown$[9]：$\log K_1$) の水中での安定度定数

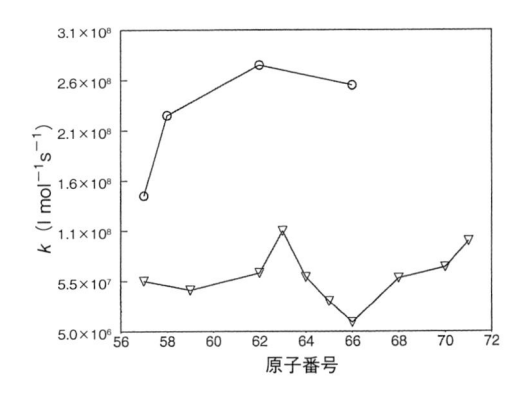

図 6.4 酢酸イオン錯体 ($\bigcirc$)[10] とアントラニル酸イオン錯体 ($\triangledown$)[9] の水中での錯生成速度定数

した．酢酸イオン錯体では Sm（原子番号 62）で最大の値となっており，アントラニル酸イオン錯体では Eu（原子番号 63）で最大となっている．詳細は不明であるが，これらの真ん中あたりの原子番号のところで反応機構が変化していることがうかがわれる．

6.3 水和イオン

希土類イオンはハードなイオンであるから安定な水和イオン構造を作る．ま

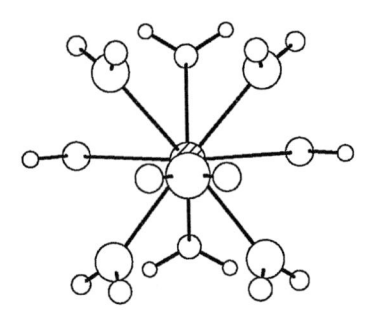

図6.5 [Ln(OH₂)₉]³⁺の結晶構造[11]

た，水溶液中の錯体は多くの場合，少数の水分子を付加的にあるいは置換反応により配位して8や9あるいはそれ以上という高い配位数を満たし安定化することが多い．3+の希土類の水和イオンの水和数は，おおむね前半の希土類イオンについては9，後半については8といわれるが，中間では両者が混じる．また，溶液の状況により同一のイオンと配位子の組み合わせに対して配位数が複数存在することもある．9配位の構造は，図6.5に示すようにtricapped trigonal prism型であり，これは[Ln(OH₂)₉]X₃(Xは臭化物イオン，トリフレート，エチル硫酸イオン，トシレート)の結晶構造の中に見出される．8配位の水和イオンはsquare antiprism型である．

溶液中での水和構造は，結晶構造のわかっている水和イオンの固体の電子スペクトルと水和イオンの溶液の電子スペクトルの比較によりわかる．水の配位数は溶液のX線回折や中性子線回折によるか，イオンの蛍光がある場合(Sm^{3+}, Eu^{3+}, Tb^{3+}, Dy^{3+})は蛍光測定によっても決定できる(9.2.3項参照)．X線回折や中性子線回折で求められた配位数は平均の値としてSm^{3+}で約8.5，Dy^{3+}，Lu^{3+}では7.9である．一方，溶液の蛍光で求めた値はSm^{3+}で9.0，Eu^{3+}で9.1，Tb^{3+}で8.3，Dy^{3+}で8.4である．これらの数が整数でないのは，実験の誤差と理論の近似的取り扱いのためである．

3+および一部の比較的安定な2+や4+の水和イオンの水和エンタルピーを表6.5にまとめた．同一の元素であれば水和エンタルピーは$Ln^{4+} > Ln^{3+} > Ln^{2+}$の順になる．また，希土類元素の原子番号が大きくなるにつれてエンタルピーは増大する．表6.5には水和イオンの配位水の交換速度もまとめてある．

6.3 水和イオン

表6.5 希土類イオンの水和エンタルピー$-\Delta H$ (kJ mol^{-1})[2] と Ln(H$_2$O)$_n^{3+}$ における配位水の交換速度 $\log k$[52]

イオン	La^{3+}	Ce^{3+}	Pr^{3+}	Nd^{3+}	Pm^{3+}	Sm^{3+}	Eu^{3+}	Gd^{3+}	Tb^{3+}	Dy^{3+}	Ho^{3+}	Er^{3+}	Tm^{3+}	Yb^{3+}	Lu^{3+}	Y^{3+}
$-\Delta H$	3278	3326	3373	3403	3427	3449	3501	3517	3559	3567	3623	3637	3664	3706	3722	3583
$\log k$	na	na	na	na	na	na	na	8.92	8.75	8.64	8.33	8.12	7.96	7.67	na	na
イオン		Ce^{4+}				Sm^{2+}	Eu^{2+}							Yb^{2+}		
$-\Delta H$		6309				1444	1458							1594		

na:データ不明.

$$\begin{array}{ccc}
\mathrm{Ln}^{2+}(\mathrm{g}) & \xrightarrow{\Delta H_{水和}(\mathrm{Ln}^{2+})} & \mathrm{Ln}^{2+}(\mathrm{aq})+\mathrm{H}^+(\mathrm{aq}) \\
{\scriptstyle I_3}\downarrow & & \downarrow {\scriptstyle \Delta H_{酸化}(\mathrm{Ln}^{2+})+\Delta H_\mathrm{H}} \\
\mathrm{Ln}^{3+}(\mathrm{g}) & \xrightarrow[\Delta H_{水和}(\mathrm{Ln}^{3+})]{} & \mathrm{Ln}^{3+}(\mathrm{aq})+1/2\mathrm{H}_2(\mathrm{g})
\end{array}$$

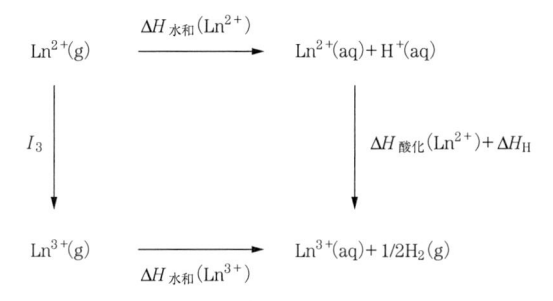

図6.6 Ln^{2+}(aq) の水溶液中での酸化反応
I_3 は Ln^{2+} のイオン化エネルギー.

希土類イオンには,3+のほかに一部 Eu^{2+} や Ce^{4+} のように水溶液中でも比較的安定な2+や4+の酸化状態がある.水溶液中でこれらのイオンは下の式のように水と徐々に反応する.

$$\mathrm{Ln}^{2+}(\mathrm{aq})+\mathrm{H}^+(\mathrm{aq}) \rightarrow \mathrm{Ln}^{3+}(\mathrm{aq})+\frac{1}{2}\mathrm{H}_2(\mathrm{aq})$$

$$2\mathrm{Ln}^{4+}(\mathrm{aq})+\mathrm{H}_2\mathrm{O}(\mathrm{l}) \rightarrow 2\mathrm{Ln}^{3+}(\mathrm{aq})+2\mathrm{H}^+(\mathrm{aq})+\frac{1}{2}\mathrm{O}_2(\mathrm{g})$$

つまり,Ln^{2+} は水を還元し,Ln^{4+} は水を酸化していずれの場合も Ln^{3+} が生じる.この反応のエンタルピー変化は図6.6のように表される.

エントロピーの効果を除くと,この反応サイクルから Ln^{2+} の酸化反応のエンタルピーは ΔH_H(H$^+$(aq) の H$_2$(g) への還元の ΔH)を 439 kJ mol^{-1} とすると,次式のように表される.

$$\Delta H_{酸化}(\mathrm{Ln}^{2+})=I_3+[\Delta H_{水和}(\mathrm{Ln}^{3+})-\Delta H_{水和}(\mathrm{Ln}^{2+})]-439 \text{ kJ mol}^{-1}$$

この関係は $\Delta H_{酸化}$(Ln^{2+}) を求めるのに利用できる.上式中の I_3 はイオン化

エネルギーで表2.4に示してある。表2.4のI_3の値を使い，$\Delta H_{水和}[\text{La}^{2+}(\text{aq})]$ $=-1327$ kJ mol^{-1} とすると，La^{2+} の La^{3+} への酸化反応のエンタルピー $\Delta H_{酸化}(\text{La}^{2+})$ は，

$$\Delta H_{酸化}(\text{La}^{2+}) = I_3 + [\Delta H_{水和}(\text{La}^{3+}) - \Delta H_{水和}(\text{La}^{2+})] - 439$$
$$= 1850 + [-3278 - (-1327)] - 439$$
$$= -540 \text{ kJ mol}^{-1}$$

である．同様の計算を Eu^{2+} に対して行うと，

$$\Delta H_{酸化}(\text{Eu}^{2+}) = I_3 + [\Delta H_{水和}(\text{Eu}^{3+}) - \Delta H_{水和}(\text{Eu}^{2+})] - 439$$
$$= 2404 + [-3501 - (-1458)] - 439$$
$$= -78 \text{ kJ mol}^{-1}$$

で，Eu^{2+}(aq) が La^{2+}(aq) などに比べ水中で比較的安定で短寿命ながら存在しうることがわかる．

6.4 加 水 分 解

3+の希土類イオンは高い電荷のため水和イオンが加水分解を受け水酸化物となりやすいが，一般に pH 5 以下では加水分解は無視できるとされている．表6.6には，希土類水和イオンの酸性度を表す酸解離定数 pK_a をまとめた．水酸化物の溶解度積 K は La の $\log K = -19.0$ から Lu の $\log K = -23.7$ まで規則的に減少する．Y では $\log K = -22.1$ で希土類系列のほぼ中央に位置する．つまり，加水分解は水和イオンの半径の順になっている．

Ce^{4+} はほかの 3+の希土類イオンよりもはるかに加水分解されやすく，中性の水溶液では水酸化物が沈殿しやすいため，酸化剤として使用するときは硫酸酸性の溶液を用いる．過塩素酸塩の水溶液では以下のようなイオン種と平衡反応が確認されている．

$$\text{Ce}^{4+} + \text{H}_2\text{O} \overset{K_1}{\rightleftarrows} \text{Ce(OH)}^{3+} + \text{H}^+$$

$$2\text{Ce(OH)}^{3+} \overset{K_2}{\rightleftarrows} (\text{Ce-O-Ce})^{6+} + \text{H}_2\text{O}$$

25°Cでこれらの反応の平衡定数は $K_1 = 5.2$，$K_2 = 16.5$ と報告されている[2]．

硫酸酸性の溶液では加水分解とイオン会合反応が起こり，次のような化学種が確認されている．

6.4 加水分解

$$Ce^{4+} + HSO_4^- \overset{K_1}{\rightleftarrows} CeSO_4^{2+} + H^+$$

$$CeSO_4^{2+} + HSO_4^- \overset{K_2}{\rightleftarrows} Ce(SO_4)_2 + H^+$$

$$Ce(SO_4)_2 + HSO_4^- \overset{K_3}{\rightleftarrows} Ce(SO_4)_3^{2-} + H^+$$

表6.6 希土類水和イオンの酸解離定数 pK_a (25°C, $I=0.3$)[12]

イオン	Y^{3+}	La^{3+}	Ce^{3+}	Pr^{3+}	Nd^{3+}	Pm^{3+}	Sm^{3+}	Eu^{3+}	Gd^{3+}	Tb^{3+}	Dy^{3+}	Ho^{3+}	Er^{3+}	Tm^{3+}	Yb^{3+}	Lu^{3+}
pK_a	8.61	9.33		8.82	8.70		8.61	8.59	8.62	8.43	8.37	8.31	8.26	8.22	8.19	8.17

表6.7 希土類イオン (3+) のアミノ酸錯体の安定度定数
(2001年の米国基準局 (NIST) の編集物より引用)

アミノ酸	Ln^{3+}	T (°C)	イオン強度	$\log K_1$
アラニン	Nd	25	0.1	0.64
	Eu	25	2.0	0.74
グリシン	Ce	20	2.0	0.53
	Pr	25	0.1	3.3*
	Nd	25	0.1	3.26*
	Pm	20	2.0	0.67
	Sm	25	0.1	3.5*
	Eu	25	0.1	3.5*
	Gd	25	0.1	3.4*
	Tb	25	0.1	3.6*
	Dy	25	0.1	3.6*
	Ho	25	0.1	3.7*
	Er	25	0.1	3.7*
	Yb	25	0.1	3.9*
	Lu	25	0.1	3.9*
アスパラギン酸	La	30	0.1	4.84
	Ce	30	0.1	5.13
	Pr	25	0.1	5.20
	Pr	30	0.1	5.23
	Sm	25	0.1	5.55
	Eu	25	0.1	5.62
	Gd	25	0.1	5.74
	Tb	25	0.1	5.80
	Dy	25	0.1	5.85
	Ho	25	0.1	5.91
	Er	25	0.1	6.08
	Tm	25	0.1	6.10
	Yb	25	0.1	6.18
	Lu	25	0.1	6.25

* おそらく加水分解した希土類イオンの値を含んでおり、そのための誤差が入っている。

以上の3つの平衡式に対する平衡定数は，$K_1=3500$，$K_2=200$，$K_3=20$ である．

6.5 アミノ酸・核酸・糖の錯体

希土類イオンのアミノ酸錯体の安定度定数は多くは報告されていない．特に1990年以降報告されたものは少ない．米国基準局（National Institute of Standard and Technology, NIST）がそれ以前の報告値を 2001 年にまとめたものがあるので，表 6.7 および表 6.8 に示した．

表 6.7 によると，アラニン＜グリシン＜アスパラギン酸の順に金属の種類によらず安定度定数が大きくなっている．アスパラギン酸はキレートを生成する可能性があるので，安定度定数が大きいのは予想されることである．アスパラギン酸は中性の pH では 2 個目のカルボキシル基は解離せずに存在し，さらにキレート配位する．

溶液の pH によってアミノ基が中性であったりプロトン（H^+）が付加して 1＋イオンになったりしていることは，錯生成の安定度定数に影響する．錯体

表 6.8 希土類イオンのアミノ酸錯体の水溶液中の安定度定数

アミノ酸	Ln^{3+}	T (℃)	イオン強度	$\log K_1$	文献
アラニン	Pr	39	—	0.63	14)
	Nd	22	0.20	0.81	15,16)
	Nd	22	0.20	0.64	15,16)
	Eu	25	1.0	−0.48	17)
	Eu		2.0	0.74	18)
	Yb	39	—	0.51	14)
トレオニン	Nd	22	0.20	0.88	15,16)
セリン	Nd	22	0.20	1.10	15,16)
	Nd	22	0.20	0.99	15,16)
	Eu	25	1.0	0.01	19)
グリシン	La	25	0.1	0.8	20)
	Eu	25	1.0	−1.0	21)
	Eu	25	2.0	−1.0	22)
	Gd	25	0.10	0.73	23)
グルタミン	Eu	25	1.0	0.20	19)
アスパラギン	Eu	25	1.0	—	24)
ヒスチジン（pH 4）	Nd	25	0.20	0.26	15,16)
ヒスチジン（pH 7）	Nd	25	0.20	2.09	15,16)
ヒスチジン	Nd	25	0.20	2.36	15,16)

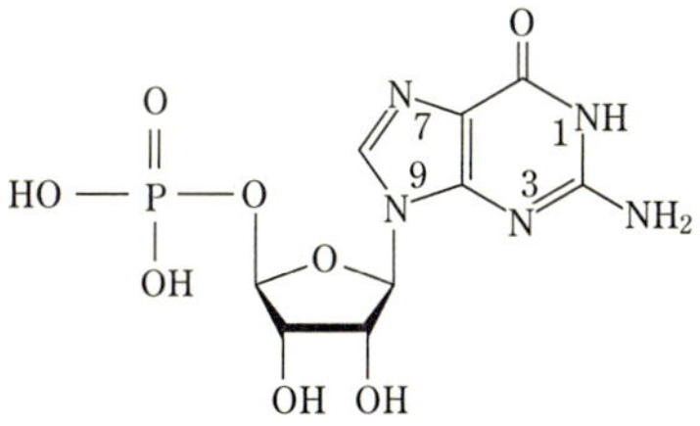

6.5 アミノ酸・核酸・糖の錯体

図6.7 グアニンヌクレオチドの構造

表6.9 リボースとLn^{3+}の錯生成における熱力学的データ（25℃，水溶液中）[25]

イオン	$\log K_1$	ΔH (kJ mol^{-1})	ΔS (kJ mol^{-1})
La^{3+}	0.49	-9.6	-0.023
Ce^{3+}	0.64	-11.0	-0.024
Pr^{3+}	0.86	-11.6	-0.022
Nd^{3+}	1.00	-12.4	-0.022
Sm^{3+}	1.05	-14.2	-0.028
Eu^{3+}	0.92	-14.8	-0.032
Gd^{3+}	0.76	-15.1	-0.036
Tb^{3+}	0.49	-11.5	-0.029

各値の誤差：$\log K_1 \pm 0.2$, $\Delta H \pm 0.5$ kJ mol^{-1}, $\Delta S \pm 0.6$ kJ mol^{-1}.

はカルボキシル基の酸素原子で金属イオンに配位し，中性付近でアミノ基は1+になっているため，カルボキシル基とキレートを生成しない．通常のアミノ酸錯体の安定度定数はあまり大きくないので，錯体は一般にpH 7以上で水酸化物の沈殿を防ぐことはできない．

グアニンヌクレオチド（図6.7）の2+イオンの錯体では一般に配位部位はリン酸基（酸素原子）とグアニンのN7位でキレートしている（N7-Ln-PO$_3$）であろうと考えられる．3+のイオンではどうであろうか．Eu^{3+}とプリンヌクレオチドやpoly(dG・dC)・poly(dG・dC)（Gはグアニン，Cはシトシン）との錯体も報告されている．La^{3+}やTb^{3+}と5'-AMP (adenosine 5'-monophosphate), 5'-GMP (guanosine 5'-monophosphate), 5'-dGMP (deoxyguanosine 5'-monophosphate) との反応がフーリエ変換赤外分光法（Fourier transform infrared spectroscopy, FT-IR）やプロトンNMR（^{1}H NMR）で調べられた．酸性溶液中ではLn^{3+}はリン酸基に直接結合し，外圏型で間接的に塩基のN7位に配位する．このときアデニンのN1位にはプロトンが付加している．中性の溶液中ではLn^{3+}は直接リン酸基とN7位にキレート配位している．

糖との反応では，リボースの錯生成における熱力学的データが表6.9にまとめられている．これらの糖の錯体ではヒドロキシル基（OH基）が配位部位になっている．

6.6 β-ジケトン錯体

β-ジケトンは水溶液中で容易に希土類イオンと安定な錯体を作る．これらの錯体は有機溶媒に溶け，一部の錯体は強い蛍光（正しくは発光または燐光だが，蛍光といっている論文や書籍もある）を持つため，希土類イオンの抽出試薬や蛍光分析試薬として β-ジケトン（$R^1COCH_2COR^2$）は用いられてきた．β-ジケトンは脱プロトンして 1－ のイオンとして配位し，$Ln(R^1COCHCOR^2)_3$ 型の中性の錯体が一般にできる．この型の錯体は配位数が 6 で配位不飽和であるため，さらに水，アルコール，ホスフィンオキシド，アミン類などを配位して付加体（アダクト，adduct）を作りやすい．$Ln(R^1COCHCOR_2)_3$ は水和しやすく水を配位して安定化する．逆に水和した錯体を脱水することは容易でない．多くの希土類イオンの β-ジケトン錯体が常磁性であることと，塩基と付加錯体を作りやすいことを利用して，希土類の β-ジケトン錯体は NMR のシフト試薬として利用されるが，これについては第 11 章で述べる．

アセチルアセトナト（acac，$R^1COCHCOR_2$ で $R^1=R^2=CH_3$）錯体 $Ln(acac)_3$ は，希土類イオンの塩とアセチルアセトンを混ぜ，少量の水酸化ナトリウムを加えることにより得られる．あるいは，アセチルアセトンのナトリウム塩を用いてもよい．

$$LnX_3 + 3Na(acac) \rightarrow Ln(acac)_3 + 3NaX$$

これらの錯体は水和物として得られ，Ln＝La-Ho および Y では $Ln(acac)_3(H_2O)_2$ として，また，Ln＝Yb では $Ln(acac)_3(H_2O)$ で表される配位水を持った錯体として存在する．これらの配位水に加えて多くの場合，格子を占める水和水が存在する．$Ln(acac)_3$ 型の錯体はルイス塩基と付加体を作りやすく，$Ln(acac)_3(Ph_3PO)$ や $Ln(acac)_3(phen)$ (phen は o-フェナントロリン) のようにそれぞれ配位数が 7 および 8 の錯体を作って安定化する．図 6.8 にこのような配位水を持った錯体の構造を示した．

配位水は真空で引っ張っても通常脱水することが難しく，加熱により錯体は分解してオリゴマー化し，配位数を 7～8 にして安定化する．

かさ高いピバロイル基を持つ β-ジケトンの錯体では，配位子のかさ高さゆえに $Ln(Me_3CCOCHCOCMe_3)_3$ (しばしば $Ln(dpm)_3$ あるいは $Ln(thd)_3$ と略

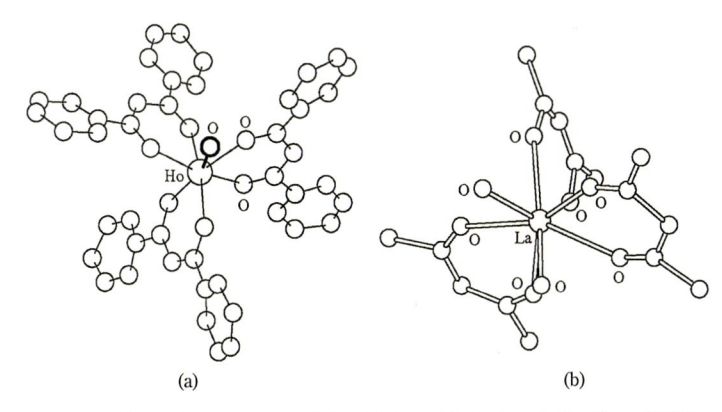

図 6.8 (a) Ho(PhCOCHCOPh)$_3$(H$_2$O)[26] と (b) La(acac)$_3$(H$_2$O)$_2$ の構造[27]

記される)で表される錯体が軽希土では比較的安定であり,溶液中で単量体として存在する.これは付加物を作りやすく,真空中では100〜200°Cで昇華する.重希土では単量体は安定ではなく,Ln$_2$(Me$_3$CCOCHCOCMe$_3$)$_6$で表される二量体として存在する.固体中ではLn=La-Dyでは錯体は二量体で配位数7の錯体として存在し,Ln=Dy-Luでは錯体は単量体で配位数6のtrigonal prism型錯体である.これらの錯体は驚くほど揮発性であり,ガスクロマトグラフィーで分離でき,容易に水和してcapped trigonal prism型のLn(thd)$_3$(H$_2$O)となる.結晶中の[Pr$_2$(thd)$_6$]の二量体構造を図6.9に示した.

フッ素化したβ-ジケトン(L=tfac(R^1=CF$_3$, R^2=CH$_3$),L=hfac(R^1=R^2=CF$_3$),L=tta(R^1=C$_4$H$_3$S(テノイル),R^2=CF$_3$),L=fod(R^1=CF$_3$CF$_2$CF$_2$, R^2=CMe$_3$))の錯体も,水和した状態で得られるが,真空で脱水できる.2-テノイルトリフルオロアセトン錯体Ln(tta)$_3$・2H$_2$Oは溶媒抽出に用いられる.さらにホスフィンオキシドを加えると付加錯体が生成し,これは溶媒抽出における協同効果(synergistic effect)を示して,抽出効率が上がる.Ln(hfac)$_3$-(Bu$_3$PO)$_2$は昇華性が高く,ガスクロマトグラフィーで分離できる.また,Ln(tta)$_3$・2S(Sは溶媒分子)は優れたシフト試薬としてNMRで用いられる.Ln(fod)$_3$は容易に水和し,[Pr$_2$(fod)$_6$(H$_2$O)]・H$_2$Oの結晶構造が知られている[29].

付加錯体の生成はNMRのシフト試薬としての機能に重要である.四塩化炭素中で[Ho(dpm)$_3$]はトリフェニルホスフィンオキシド,ボルネオール,

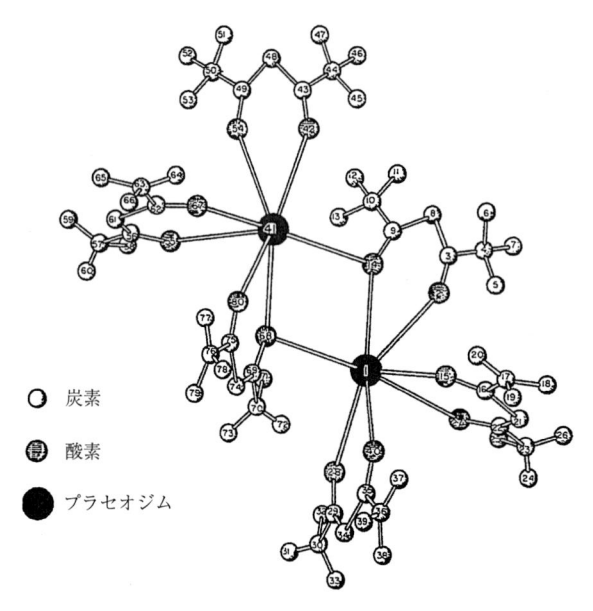

図 6.9 [Pr₂(thd)₆]の構造[28]
thd：2,2,6,6-テトラメチル-3,5-ヘプタンジオン．

セドロール，カンファーなどと付加体を生成し，その際の Job プロットによる吸収スペクトルの解析では，これらの配位子は［Ho(dpm)₃］と 1：1 の付加錯体のみを生成し，その安定度定数 $\log K_1$ はそれぞれ 4.48 ± 0.3, 2.66 ± 0.1, 2.66 ± 0.1, 1.75 ± 0.1 となっている[30]．これらの中でホスフィンオキシドの抜きん出た安定性は注目すべきである．一方，四塩化炭素中での Eu(fod)₃ とメチルジメチルカルバメートとの付加反応では 1：1 と 1：2 の錯生成が報告されており，安定度定数はそれぞれ $\log K_1=3.20\pm0.14$, $\log K_2=2.03\pm0.04$ である[31]．

　希土類のトリス β-ジケトン錯体とピリジンやジメチルスルホキシドとの付加反応の熱力学的データがカロリメトリー滴定により求められている．Ln(dpm)₃（Ln＝Yb）および Ln(fod)₃（Ln＝Eu, Pr）とピリジン，2-ピコリン，4-ピコリン，2,4,6-トリメチルピリジン，ジメチルスルホキシドとの反応のデータが，表 6.10 にまとめられている．β-ジケトンをはじめとする多くの配位子と Ln^{3+} の錯体は，しばしば溶媒分子を含んで多種の錯体を生成する

表 6.10 ベンゼン中での β-ジケトン錯体と付加配位子の反応の熱力学的パラメータ[32]

Yb(dpm)$_3$	log$K$*		$-\Delta H^0$(kJ mol^{-1})		$-\Delta G^0$(kJ mol^{-1})	
py	3.14		22.7		18.2	
4-pic	3.27		22.8		18.9	
2-pic	2.16		18.0		12.5	
Pr(fod)$_3$	logK_1	logK_2	$-\Delta H_1^0$	$-\Delta H_2^0$	$-\Delta G_1^0$	$-\Delta G_2^0$
py	3.3	3.0	24	9	19.1	17.4
4-pic	4.3	3.0	24	13	24.9	17.4
2-pic	3.0	2.0	11	20	17.4	11.6
Eu(fod)$_3$	logK_1	logK_2				
py	4.0	2.7				
DMSO	3.3	3.3				
2,4,6-Me$_3$py	1.0	0.5				

* K の単位は l mol^{-1}. py:ピリジン, pic:ピコリン, DMSO:ジメチルスルホキシド, Me$_3$py:トリメチルピリジン.

ことが多く, 熱力学的に安定な錯生成平衡に達するのに時間がかかる場合も多い. これらの理由により報告されている安定度定数や反応速度定数にもかなりの誤差がある場合がある.

Eu と Tb の β-ジケトン錯体は溶液および固体で発光性のものが多く, 錯体中での金属イオンの対称性は $^5D_0 \to {}^7F_n$ の発光線の分裂パターンに関連づけられ議論されている. このことについては第9章で述べているが, 発光スペクトルから錯体の金属イオン周りの対称性がある程度は推定できる.

配位飽和したテトラキス錯体 [Ln(R^{1}COCHCOR$_2$)$_4$]$^-$ も知られている. たとえば, [Eu(PhCOCHCOPh)$_4$]$^-$ である.

6.7 EDTA および関連配位子の錯体

戦後の一時期, 希土類イオンの分離に用いる錯体として希土類の EDTA (エチレンジアミン-N,N,N',N'-四酢酸) 錯体は盛んに研究された. EDTA と希土類イオンは相当に安定な錯体を生成する. EDTA は最大配位数6であるため, 希土類イオンの EDTA 錯体はさらに水分子を配位し安定化する. Ln = La[33], Pr[33], Sm[33], Gd[33], Tb[34], Dy[35] では [Ln(edta)(H$_2$O)$_3$]$^-$ の分子式で表される錯体を生成する. 一方, Er と Yb では [Ln(edta)(H$_2$O)$_2$]$^-$ を生成する[35,36]. 配位数は前半の希土類では9, 後半では8で, ホルミウム (Ho)

のあたりで変わるようである.Ho の錯体では,対イオンにより配位数が変化する.陽イオンが K^+ の結晶では $[Ho(edta)(H_2O)_3]^-$ であり,Cs^+ では $[Ho(edta)(H_2O)_2]^-$ である.しかし溶液中でもこれらの分子式の化学種のみが生成しているのかどうかはわからない.La^{3+} の EDTA 錯体の結晶構造を図 6.10 に示す.

EDTA 錯体については広範な熱力学的データ[39~41)]と安定度定数のデータが

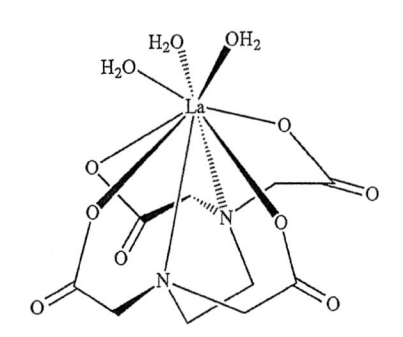

図 6.10 $[La(edta)(H_2O)_3]^-$ の X 線構造[33)]

表 6.11 3+の希土類イオンの EDTA 錯体および DTPA 錯体の水溶液中における安定度定数 $\log K_{LnL}$[37,38)]

元素	Y	La	Ce	Pr	Nd	Sm	Eu	Gd	Tb	Dy	Ho	Er	Tm	Yb	Lu
EDTA	18.09	15.50	15.98	16.40	16.61	17.14	17.35	17.37	17.93	18.30	18.74	18.85	19.32	19.51	19.83
DTPA	—	—	20.4	21.07	21.60	22.34	22.39	22.46	22.71	23.46	22.78	—	22.72	22.62	22.44

表 6.12 Ln^{3+} と EDTA の水溶液中における錯生成速度定数 k[57)]

$k(mol^{-1} l\, s^{-1})$	Nd^{3+}	Gd^{3+}	Er^{3+}	Y^{3+}
$10^{-8} k(assoc, Hedta)$	2.7	3.0	1.8	0.9
$10^{-6} k(assoc, H_2edta)$	1.1	1.1	0.54	0.18
$k(exch)$	0.35	0.28	0.22	0.14

各 k の定義は以下の式に従う.

$$Hedta^{3-} + M^{3+} \xrightarrow{k(assoc,\ Hedta)} M(edta)^- + H^+$$

$$H_2edta^{2-} + M^{3+} \xrightarrow{k(assoc,\ H_2edta)} M(edta)^- + 2H^+$$

$$Ce(edta)^- + M^{3+} \xrightarrow{k(exch)} M(edta)^- + Ce^{3+}$$

あるが，EDTA錯体と下記に述べるDTPA（ジエチレントリアミン-N,N,N',N'',N''-五酢酸）錯体の安定度定数を表6.11に示した．また，Ln^{3+}のEDTA錯体の水溶液中における生成速度定数を表6.12に示した．

DTPA（H_5dtpa）は8配位が可能な配位子であり，実際EDTAよりも安定な錯体 $[Ln(dtpa)(H_2O)]^{2-}$ を作る．DTPA錯体はEDTA錯体よりも安定度定数，ΔS, ΔG のいずれも大きく安定であるため，MRIのコントラスト試薬（造影剤）への利用が検討されている．これについては第11章で述べる．

6.8 含窒素芳香環配位子の錯体

2,2′-ビピリジン（bpy）や o-フェナントロリン（phen）の希土類錯体は水溶液中での安定度定数が十分高くなく，初期には錯体を固体として単離することは困難であった．当時は希土類の高い配位数も十分理解されておらず単離が困難であったため，希土類とアミン配位子は安定な錯体を作らないと考えられたこともあった．その後エタノール溶液から $Ln(NO_3)_3(bpy)_2$ （Ln=La-Lu），$Ln(NCS)_3(bpy)_3$ （Ln=La, Ce, Dy），$Ln(MeCO_2)_3(bpy)_3$ （Ln=Pr, Nd, Yb），$LnCl_3(bpy)_2(H_2O)$ （Ln=La-Nd），$LnCl_3(bpy)_2$ （Ln=Eu, Gd, Ho-Lu），$Ln(NO_3)_3(phen)_2$ （Ln=La-Lu），$Ln(NCS)_3(phen)_2$ （Ln=Yb），$La(ClO_4)_3(phen)_3$ などの錯体が単離されている．これらの錯体ではアニオンが静電的引力で安定に配位しており極性溶媒にしか溶けないが，それらの溶媒中では錯体は解離する．このような状況であるので，bpyやphenの錯体は溶液のスペクトルを測定することが時に難しいが，固体では Eu^{3+} のbpy錯体やphen錯体は発光（ルミネセンス，luminescence）性であり，スペクトルが測定されている．$Ln(NO_3)_3$(4,4-ジ-n-ブチル-2,2′-ビピリジン)$_2$ や $Ln(NO_3)_3$(5,5′-ジ-n-ブチル-2,2′-ビピリジン)$_2$ は有機溶媒に可溶であり，その ^1H NMRスペクトルは常磁性シフトを示す．

2,2′:6′,2″-テルピリジン（terpy）は，ピリジン由来の三座配位子である．三座配位子であるが水溶液では水の配位が勝るため，terpy錯体の合成は有機溶媒中で行われる．$Ln(terpy)_3(ClO_4)_3$ （Ln=La, Eu, Lu）錯体が知られており，その発光スペクトルから9配位ですべての窒素原子が配位した D_3 対称性の構造が推定されたが，X線構造解析でもこの構造は確かめられた（図

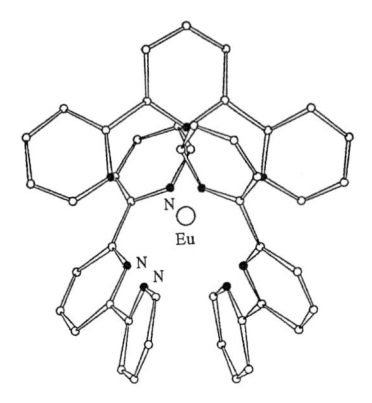

図 6.11 $[\mathrm{Eu(terpy)_3}]^{3+}$ の X 線構造[42]

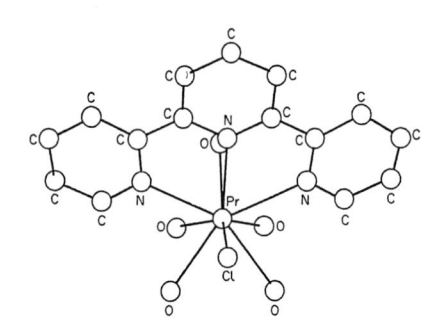

図 6.12 $[\mathrm{PrCl(terpy)(H_2O)_5}]\mathrm{Cl_2 \cdot 3H_2O}$ の X 線構造[43]

6.11).

また,異なる条件下では 1：1 錯体である $[\mathrm{LnCl}_n\mathrm{(terpy)(H_2O)}_m]^{(3-n)+}$ (Ln＝Ce-Gd) が得られている.これらの錯体は種々の水和イオンを配位しているが,そのうち $[\mathrm{PrCl(terpy)(H_2O)_5}]\mathrm{Cl_2 \cdot 3H_2O}$ の X 線構造を図 6.12 に示した.

6.9 大環状配位子の錯体

大環状配位子 (macrocyclic ligand) は,その名のとおり環状の多座キレート配位子である.配位原子として酸素原子を持つクラウンエーテルと呼ばれる一連の配位子は希土類イオンに対する親和性が高いので,様々な希土類と安定な錯体を生成することが期待される.しかし,水溶液中でクラウンエーテルと希土類イオンを混ぜても錯体は容易に生成しない.これは希土類イオンの水和エネルギーが大きいためで,水以外の有機溶媒中で反応を行えば錯体が容易に生成する.出発物質として用いる希土類の対イオンの種類により様々な配位数の錯体が生成する.たとえば $\mathrm{La(NO_3)_3}$ と 18-crown-6 では 12 配位の $\mathrm{La(NO_3)_3}$(18-crown-6) が生成する.18-crown-6 の 18 は環の員数を,6 はその中の酸素原子の数を示す.その構造を図 6.13 に示した.

その他の配位子では,11 配位の $\mathrm{La(NO_3)_3}$(15-crown-5) や 10 配位の $\mathrm{La(NO_3)_3}$(12-crown-4) が知られている.Nd の 18-crown-6 錯体では $[\{\mathrm{Nd\text{-}(18\text{-}crown\text{-}6)(NO_3)_2}\}^+]_3[\mathrm{Nd(NO_3)_6}]$ のような複雑な組成のものも見られ

6.9 大環状配位子の錯体

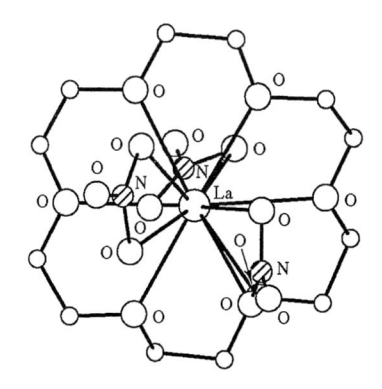

図 6.13 La(NO$_3$)$_3$(18-crown-6) の X 線構造[44]

る．そのほか，12-crown-4 のような小さいクラウンエーテルと希土類の過塩素酸塩との反応では 2:1 の錯体ができるが，同一の配位子でも希土類の硝酸塩を使うと NO$_3^-$ が配位し，2:1 錯体はできない．希土類の塩化物を使うと Cl$^-$ が配位してまた異なる組成の錯体となる．たとえば，ErCl$_3$(12-crown-4)・5H$_2$O は実際には 9 配位の [Er(12-crown-4)(H$_2$O)$_5$]$^{3+}$ を含む．また，NdCl$_3$-(18-crown-6)・4H$_2$O は [Nd(18-crown-6)Cl$_2$(H$_2$O)$_2$]Cl・2H$_2$O である．15-crown-5 は MeCN/MeOH 中で NdCl$_3$ の水和物と反応するが，得られる化合物は [Nd(H$_2$O)$_9$]$^{3+}$ と [NdCl$_2$(H$_2$O)$_6$]$^+$ を含み，これらが配位していないクラウンエーテルと水素結合した一種の付加体として存在する．また Gd の硝酸塩との反応でも同様な付加体 [Gd(NO$_3$)$_3$(H$_2$O)$_3$]・(18-crown-6) が知られている．

　大環状化合物ではないがクラウンエーテルに似たポリエチレングリコール類も，クラウンエーテルに似た反応性を示す．一例として，Nd は多様なポリエチレングリコールに対して一連の 10 配位錯体 [Nd(NO$_3$)$_3$(tri-eg)] (tri-eg はトリエチレングリコール (triethyleneglycol))，[Nd(NO$_3$)$_2$(NO$_3'$)(tetra-eg)] (tetra-eg は tetraethyleneglycol，NO$_3$ は二座配位，NO$_3'$ は単座配位)，[Nd(NO$_3$)$_2$(penta-eg)](NO$_3$) (penta-eg は pentaethyleneglycol) などを作る．よりイオン半径の大きい La^{3+} では 11 配位の [La(NO$_3$)$_3$(tetra-eg)] が生成する．表 6.13 にクラウンエーテル錯体の安定度定数をまとめた．

　酸素原子の配位子に対して希土類イオンは高い親和性を持つのに比べ，ソフ

表6.13 25°C, $\mu=0.1$, 無水炭酸プロピレン中でのLn(CF$_3$SO$_3$)$_3$と様々なクラウンエーテルとの錯体の安定度定数$\log\beta_n$ ($\beta_n=$ [LnE$_n^{3+}$]/[Ln^{3+}][E]^n)

元素	12-crown-4		15-crown-5		18-crown-6
	$\log\beta_1$	$\log\beta_2$	$\log\beta_1$	$\log\beta_2$	$\log\beta_1$
La	5.00±0.12	6.98±0.15	6.49±0.15	10.18±0.11	8.75
Ce					
Pr	5.27±0.08	7.09±0.10	6.22		8.60
Nd	5.19±0.09	6.74±0.12	6.55±0.13	8.65±0.04	
Sm	5.17±0.10	6.76±0.14	6.11		8.10
Gd					
Tb	5.15±0.13	6.09±0.20	5.96±0.14	7.66±0.19	
Dy					7.90
Ho			5.66		
Er			5.33		7.67
Tm					
Yb	4.94±0.09		5.53		7.50
Lu	5.00±0.11		5.83±0.16	7.89±0.22	
文献	61)	61)	60,61)	61)	60)

トな硫黄 (S) を配位原子とする配位子に対してははるかに親和性が低い. しかし, Sを含むチアクラウン配位子類とはかなり安定な錯体を生成する. これはチアクラウン配位子への配位により水和水が解離されることによるエントロピー増大が大きいためと考えられる. dithia-18-crown-6 はアセトニトリル溶液中で一連の錯体 Ln(ClO$_4$)$_3$(dithia-18-crown-6)(H$_2$O)$_x$(MeCN)$_y$ (Ln=La-Eu, Ho, Yb) $x=0$ または1, $y=0$, 1.5 または2) を作る. [La(ClO$_4$)$_2$(H$_2$O)・(dithia-18-crown-6)](ClO$_4$) の結晶構造では La はジチアクラウン配位子のすべての酸素と硫黄原子に配位し, さらに二座配位と単座配位の ClO$_4^-$ が存在して全体で10配位の錯体となっている[45].

本節の冒頭でも述べたように, 希土類のクラウンエーテル類の錯体は水溶液中では生成しにくく, 合成は通常有機溶媒中で行われる. 一方, 生成した錯体は非極性の溶媒には溶けにくく, 水溶液中では金属イオンの解離が起こる. したがって NMR や電気伝導度などの物理化学的測定はアセトニトリルのような溶媒中で行われる. 重アセトニトリル中での ^{1}H NMR と電気伝導度測定によると次式の錯生成に関する安定度定数 $\log K$ は 2.82 であり, 解離反応のエンタルピー変化 ΔH_{dis} は 0 ± 2 kJ mol^{-1} であった[45].

6.9 大環状配位子の錯体

$$Yb(NO_3)_3(CD_3CN)_n + 18\text{-crown-}6$$
$$\rightarrow [Yb(NO_3)_2(18\text{-crown-}6)]^+ + NO_3^- + nCD_3CN$$

同様の測定により，$Ln(NO_3)_3$ と 18-crown-6 の反応の $\log K$ は La：4.4，Pr：3.7，Nd：3.5，Eu：2.6，Yb：2.3 と求められている[46]．

ポルフィリンは窒素を配位原子とする一連の共役環状配位子である．H_2TPP（テトラフェニルポルフィリン）およびそのほかのポルフィリン錯体の合成は，$Ln(acac)_3$ とポルフィリン類の配位子を沸点の高い 1,3,5-トリクロロベンゼンのような溶媒中でリフラックスさせて反応する．この反応で[Ln(acac)(tpp)]型の錯体のほかにダブルデッカー型のサンドイッチ型錯体 $[Ln_2(tpp)_3]$ができる．あるいはこれほど過酷な反応条件ではないが，$[Y\{CH(SiMe)_2\}_3]$，$Y(OR)_3$（イットリウムアルコキシド），H_2OEP（オクタエチルポルフィリン）の3者を反応させると$[Y\{CH(SiMe_3)_2\}(oep)]$が生成する．3+の希土類の1：2型の Ln ビス(ポルフィリン)錯体および Ln(ポルフィリン)(フタロシアニン)混合配位子錯体においては，フタロシアニン(pc)は2-イオン，ポルフィリンは一電子酸化された全体で1-のπ-カチオンラジカルとなっており，分子式は $[Ln^{3+}(pc)(tpp)]$（Ln＝La, Pr, Nd, Eu, Gd, Er, Lu, Y）で表される．

クラウンエーテルの窒素版のようなアザクラウン類の錯体も知られている．代表的なアザクラウン配位子を図 6.14 に載せた．図中で示されている L_1 配位

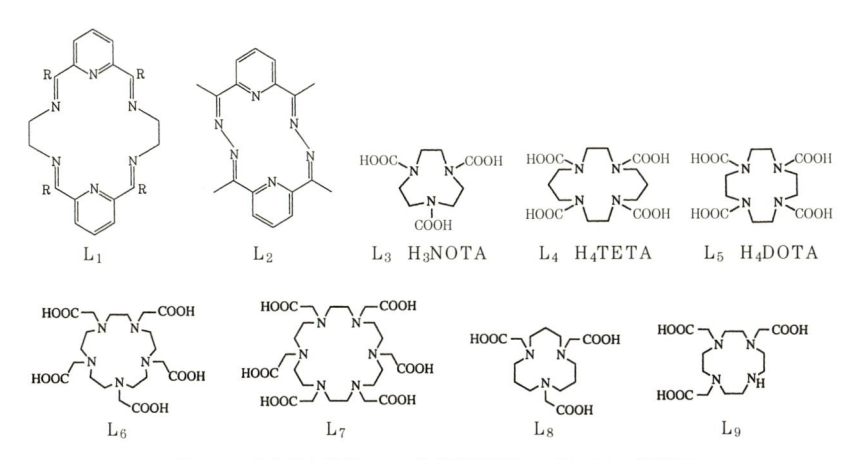

図 6.14 代表的な環状シッフ塩基配位子とアザクラウン配位子

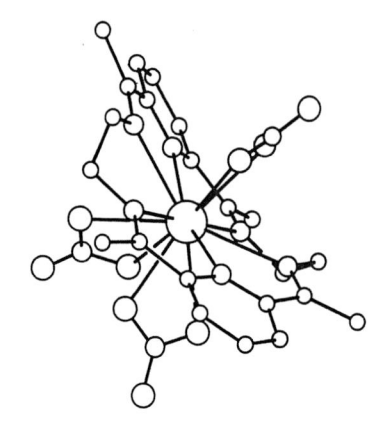

図 6.15 [La(NO₃)₃L] の X 線構造（L は
図 6.14 中の L₁ タイプの R=Me）[47]

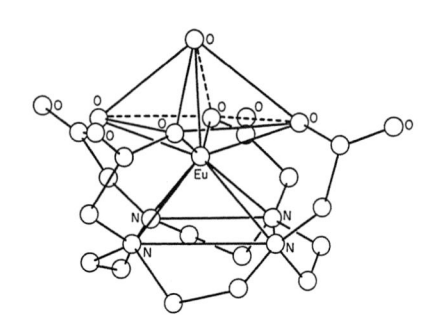

図 6.16 [Eu(dota)]⁻ の X 線構造[48]

子は［La(NO₃)₃L₁］で表される錯体を生成する．その構造はクラウンエーテル錯体［La(NO₃)₃(18-crown-6)］に似ており，図 6.15 に示す．

L₁ 配位子はシッフ塩基（Schiff base）なので，錯体はアルコール中において 2,6-ジアセチルピリジン，1,2-ジアミノエタン，La(NO₃)₃ のテンプレート縮合（template condensation）によっても合成される．図 6.14 中の配位子 L₅ は H₄DOTA（tetraazacyclododecanetetraacetic acid）と表記される機能性配位子で，その錯体 Na[Eu(dota)(H₂O)] は，図 6.16 に示すように 9 配位の capped square antiprism 型で，4 個の窒素原子が一方の四角形を，4 個のカルボキシル酸素がもう一方の四角形をなしている．1 つの水分子は酸素原子の四角形平面をキャップしている．この構造は NMR で非常に大きな常磁性シフトを示すため，多くの有機化合物のシフト試薬（第 11 章参照）となる．表 6.14 に Ln³⁺ のポリアザカルボン酸錯体の安定度定数と生成速度定数をまとめた．

18-crown-6 などの酸素を配位原子とするクラウンエーテル類と異なり，アザクラウン類の錯体は水溶液中でも，さらにアルカリ性あるいはフッ化物イオンを含む水溶液でも金属が解離しない．これはクラウンエーテル類の錯体と大きく異なる点であり，錯体化学者が実験で確かめるまでは予想できなかった事実である．

表 6.14 水溶液中での Ln^{3+} の大環状ポリアザカルボン酸錯体の安定度定数 $\log\beta_1$ ($\beta_1=[ML]/[M][L]$) と擬一次錯生成速度定数

(a) ポリアザカルボン酸錯体の安定度定数

元素	$L_3{}^a$	$L_4{}^b$	$L_5{}^c$	$L_6{}^d$	$L_7{}^d$
Y				16.07	24.04
La		14.51±0.06	23.0	13.57	19.11
Ce			23.4	14.16	19.59
Pr			23.0		
Nd		14.51±0.06	23.0	14.85	20.36
Sm		14.97±0.03	23.0	15.35	21.24
Eu		15.46±0.02	23.5	15.59	22.68
Gd	13.7±0.2	15.75±0.04	24.7	15.88	22.95
Tb			24.7	15.91	23.15
Dy		16.04±0.02	24.8		
Ho			24.8	16.48	23.88
Er		16.49±0.02	24.8		
Tm			24.7	16.61	24.09
Yb		16.55±0.02	25.0		
Lu			25.4	16.71	24.26

$L_3 \sim L_7$ は図 6.14 に対応.
[a] 25.0±0.1℃, $\mu=1$ mol l^{-1} NaCl, 文献[53] より.
[b] 80℃, $\mu=1.0$ mol l^{-1} NaCl, 文献[54] より. [c] $NO_3{}^-$, $\mu=0.1$ mol l^{-1} H_2O/ Me_4NCl, 文献[55] より. [d] 25℃, $\mu=0.2$ mol l^{-1} $NaNO_3$, 文献[56] より. μ はイオン強度.

(b) Ln^{3+} のポリアザカルボン酸錯体の擬一次錯生成速度定数

イオン	k_{obs} (min^{-1})			
	L_5	L_6	L_7	DTPA
Lu^{3+}	6.3×10^{-3}	9.6×10^{-2}	5.8×10^{-1}	4.6
Y^{3+}	4.6×10^{-3}	2.0×10^{-1}	6.3×10^{-1}	7.3

$L_5 \sim L_7$ は図 6.14 に対応.
$\mu=0.1$ mol l^{-1} $NaClO_4$, pH 7.8, 25℃.
各系とも 5 回の繰り返し測定の結果. 文献[56] より.

6.10 クリプテート錯体

クリプテート (cryptate) は,クリプタンド (cryptand) が金属と作る錯体である.クリプタンドとは「隠れた物」という意味で,代表的配位子である 2,2,2-クリプタンド $N(CH_2CH_2OCH_2CH_2OCH_2CH_2)_3N$ (図 6.17) の希土類錯体では金属イオンは配位子のかさ高い構造の内側に入り,8 配位している.

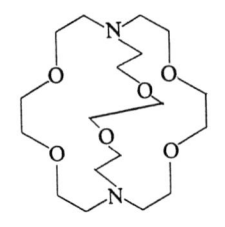

図 6.17 2,2,2-クリプタンド N(CH₂CH₂O-CH₂CH₂OCH₂CH₂)₃N の構造

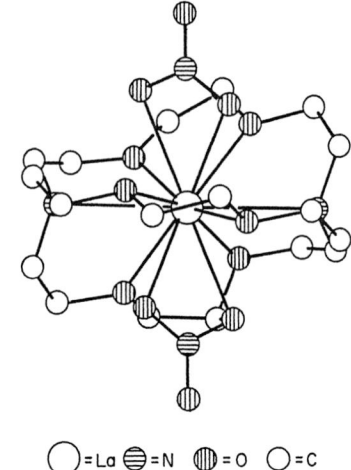

○=La ⊖=N ◐=O ○=C

図 6.18 [La(NO₃)₂(2,2,2-cryptate)]⁺ の X 線構造[49]

 2,2,2-クリプテートなどの名称中の数字は，2つの窒素原子に挟まれた3つのエーテル鎖それぞれの中での-CH₂CH₂O-単位の繰り返し数を示す．このほかに，2,2,1-クリプテート，2,1,1-クリプテートなどが代表的なものである．
 [Ln(2,2,2-cryptate)]Cl₃ (Ln=La, Pr, Eu, Gd, Yb) は無水の有機溶媒中で LaCl₃ と配位子を反応させて合成される．クラウンエーテル錯体の合成と同様に，水溶液中では金属が配位子になかなか入っていかない．有機溶媒中でも単純に金属塩と配位子を混ぜて反応させるだけでは思うようなクリプテート錯体がすぐにできないことが多い．これはこのような合成系では反応の初期に不溶の外部配位型錯体（配位しているが金属イオンが中に入っていない）が生成したり，水の存在により生じた水酸化物イオンが不溶性の金属水酸化物を生成するためである．クリプテート錯体はクラウンエーテルの錯体とは異なり，むしろアザクラウン錯体などと同様に水中でかなり安定である．錯体の解離速度論の研究によると，しかし酸の存在により解離が目覚ましく進む．2,2,2-クリプテート錯体にはこのほかに [La(NO₃)₂(2,2,2-cryptate)]⁺ 型の錯体も知られており，ここで2個の NO₃⁻ は二座配位子として配位しており，全体で12配位の錯体である．その構造を図 6.18 に示した．
 いくつかのクリプテート錯体の安定度定数を表 6.15〜6.18 にまとめた．

6.10 クリプテート錯体

表6.15 DMSO中におけるLn^{3+}クリプテート錯体の安定度定数 logβ_1[50]

元素	(2.2.2)	(2.2.1)	(2.1.1)
Pr	3.22	3.47	3.86
Nd	3.26	3.01	3.97
Gd	3.45	3.26	3.87
Ho	3.47	3.11	3.80
Yb	4.11	4.00	4.43

表6.16 クリプテート錯体の安定度定数 logβ_1[58]

元素	(2.1.1)	(2.2.1)	(2.2.2)
La		6.59±0.09	6.45±10.3
Ce		6.58±0.04	6.37±0.08
Pr			
Nd			
Sm	6.8 ±0.2	6.76±0.02	5.94±0.06
Eu		6.8 ±0.2	5.90±0.09
Gd		6.7 ±0.1	
Tb		6.6 ±0.1	
Dy			
Ho	6.21±0.08		6.2 ±0.2
Er		6.60±0.08	
Tm	6.8 ±0.4	6.88±0.05	
Yb	6.51±0.09		
Lu	6.55±0.09		

Cl$^-$, $\mu=0.25$ mol l^{-1} H$_2$O/Me$_4$NCl.

表6.17 様々なクリプテートとLn(CF$_3$SO$_3$)$_3$の間の錯体の安定度定数 logβ_1[59]

元素	(2.1.1)	(2.2.1)	(2.2.2)
La	15.1	18.6	16.1
Ce	—	—	—
Pr	15.5*	18.7	15.9*
Sm	15.3	19.0	17.3
Eu	15.2	19.0	17.2
Gd	15.4	—	16.8
Tb	—	—	—
Dy	15.4	19.0	17.1
Er	15.5	19.2	16.8*
Yb	15.6	19.1	18.0

25℃, $\mu=0.1$ mol l^{-1} 炭酸プロピレン.
* 高温からの外挿値.

表6.18 メタノール中でのLn^{3+}のクリプテート錯体の安定度定数 logβ_1[60]

元素	(2.2.1)	(2.2.2)
La	8.28	9.4
Ce		8.4
Pr	9.31	
Nd	9.86	
Sm	9.70	
Eu	10.57	
Gd	10.14	
Tb	10.26	
Dy	10.45	
Ho	10.86	
Er	10.78	
Tm	11.61	
Yb	12.00	
Lu		
Y		10.34

電位差法, CF$_3$SO$_3^-$, MeOH/Et$_4$NClO$_4$.

Ln^{3+}クリプテート錯体が水溶液中で安定であるにもかかわらず，Ln^{3+}のEDTA錯体やDTPA錯体などの安定度定数と比べて，表6.15中の値は小さいような印象を受けるかもしれない．錯体の見掛けの安定性は，おそらく速度

論的に金属イオンが配位子を出入りする速度が遅いことによっていると思われる．表 6.15～6.18 を比較すると，同一の錯体であっても溶媒やイオン強度などにより安定度定数が相当に異なっている．これらは実験誤差もあろうが，溶媒や共存イオンにより溶媒和した Ln^{3+} の安定性（自由エネルギーやエンタルピー）が大きく異なる反応系であることを示唆している．

クリプテート錯体では金属イオンは外の環境からかなり遮蔽されていて，配位子の中の希土類イオンの物理化学的性質は，他の通常の錯体や水和イオンのときとは相当に異なる．たとえば，水溶液中で Eu^{3+} の Eu^{3+}/Eu^{2+} の酸化還元電位は -626 mV（vs. NHE）であるが，2,2,2-クリプテート錯体のそれは -205 mV である[51]．

6.11 2＋および4＋の希土類イオンの水和イオンと配位化合物

CaF_2 の結晶中にドープされた状態ではすべての希土類元素について安定な2＋の酸化状態が知られるが，配位化合物として Ln^{2+} の酸化状態で安定なものは Eu，Yb，Sm に限られる．最近，そのほかの希土類イオンで有機金属化合物が知られるようになったが，ここでは述べない．

2＋の Eu，Yb，Sm の水和イオンは $LnCl_2$ を水に溶かすか，あるいは 3＋の状態を電解還元，あるいは亜鉛末で還元することにより得られる．Eu^{2+}(aq) は，酸化剤がなければある程度安定である．薄緑色の Yb^{2+}(aq) は，水中で $k=2.4 \times 10^{-5}$ s^{-1} で減少する．赤色の Sm^{2+}(aq) は $k=0.6 \times 10^{-4}$ s^{-1} で減少する．

Ln^{2+} の無機塩はアルカリ土類イオンの塩に性質が似ており，硫酸塩，炭酸塩，水酸化物，シュウ酸塩などが水に不溶である．いずれの Ln^{2+} も水溶液中よりヘキサメチルリン酸トリアミド（hexamethylphosphoric triamide, HMPA）やテトラヒドロフラン（tetrahydrofuran, THF）などの非水溶媒中で安定化され，対応する等電子構造の Ln^{3+} とは異なる深い色を持つ．これは2＋の状態では項間の分裂が小さくなるためで，たとえば Eu^{2+} は薄黄色，Sm^{2+} は赤，Yb^{2+} は緑黄色，Tm^{2+} は緑，Dy^{2+} は茶色，Nd^{2+} は赤である．

2＋イオンの溶媒和錯体が液体アンモニア，エタノール，THF，アセトニトリル，HMPA などの中で合成されている．2＋を安定化するためにはなるべくヒドロキシル基ができない溶媒がよい．溶媒和した錯体としては THF 中で

LnCl$_3$ を Na(naphthalenide) で還元して LnCl$_2$(THF)$_5$ (7配位, 五角両錘 (pentagonal bipyramidal), Ln=Nd, Eu, Yb, Sm) が得られる. THF を配位した LnI$_2$ 錯体 (Ln=Sm, Yb) は THF 中で金属と当量の 1,2-ジヨードエタンを反応させることにより合成, 単離できる. 反応の結果エタンが生成する. またポリマー状の [SmCl$_2$(Bu^{t}CN)$_2$]$_\infty$ (6配位), trans-EuI$_2$(THF)$_4$, [Yb(HMPA)$_4$(THF)$_2$]I$_2$, [Sm(HMPA)$_6$]I$_2$, Sm(HMPA)$_4$I$_2$, [SmI$_2${O(C$_2$H$_4$OMe)$_2$}] (8配位, cis 体と trans 体が存在) などが知られている. さらに最近では Nd や Dy の金属と I$_2$ を 1500°C で反応させた後, その生成物を配位子となる溶媒に溶かすことにより, LnI$_2$(DME)$_3$ (DME はジメトキシエタン) および LnI$_2$(THF)$_5$ が合成されている. TmI$_2$(GLYME)$_3$ は 7 配位錯体であり, 1つの GLYME(1,2-dimethoxyethane, 1,2-ジメトキシエタン) は単座配位である. 同様の組成のサマリウム錯体はイオン半径が大きいため, 8 配位である.

一方, 窒素配位の錯体としては, 芳香族アミン錯体で LnI$_2$(N-methylimidazole)$_4$ (Ln=Sm, Eu), EuCl$_2$(phen)$_2$, EuCl$_2$(terpy) などがある. そのほか, ビス(シリルアミド)錯体 Ln[N(SiMe$_3$)$_2$]$_2$ (Ln=Eu, Tb) がよく研究されている. かさ高い配位子のため, 対応する 3+ イオンの錯体と同様, 3 配位または 4 配位の錯体である. Yb[N(SiMe$_3$)$_2$]$_2$ は, 二量体で 2 つのシリルアルキルアミドが架橋している. また, [Eu{N(SiMe$_3$)$_2$}$_3$]$^-$ は三角平面の構造をしている. これらの錯体は, ほかの配位子と付加化合物を作る. すなわち, 4 配位の Ln[N(SiMe$_3$)$_2$]$_2$L$_2$ (Ln=Eu, Yb ; L=PBu$_3$, THF, L$_2$=dimethoxyphosphinoethane, DMPE) や 6 配位の Eu[N(SiMe$_3$)$_2$]$_2$(GLYME)$_2$ である.

4+ の希土類イオンで安定なものは 2+ のイオンに比べてはるかに少ない. ほぼ Ce^{4+} のみが安定な化合物として知られ, 酸化剤として使われている. またその錯体も少ないながら存在する. そのほかでは Pr^{4+} および Tb^{4+} の二元化合物やハロゲン錯体がいくつか知られている. その他の希土類では 4+ の状態は全く知られていないか, フッ化物の単純化合物のみが存在するかである.

代表的な錯体としては Ce(NO$_3$)$_4$L・3H$_2$O (L は 2 分子のエチレンジアミンと 2 分子の 2,6-ジアセチルピリジンとの縮合反応でできる 18 員環の大環状配位子) や [Ce(acac)$_4$], Na$_4$[Ce(cat)$_4$]・21H$_2$O (cat は 1,2-ジカテコラト) などが知られている. 最後のカテコラト錯体では金属イオンは十二面体の配位

構造をしている．還元性の強いカテコラトが酸化性の強い Ce^{4+} と安定な錯体を作ることは驚きであるが，この錯体はまぎれもなくその存在が確立している．その他の代表的な Ce^{4+} の化合物としては，$(NH_4)_4Ce(SO_4)_4 \cdot 2H_2O$ が $Ce(SO_4)_2$ とアルカリイオンの硫酸塩の酸性溶液を濃縮して得られる．酸化還元滴定に使われる硝酸セリウムアンモニウムは $(NH_4)_2[Ce(NO_3)_6]$ の分子式で表される．この化合物では NO_3^- は二座配位子で Ce^{4+} は12配位のほぼ Td 対称（正四面体の点群）の構造である．一方，$Na_6[Ce(CO_3)_5] \cdot 12H_2O$ においては CO_3^{2-} は二座配位であり Ce^{4+} は10配位構造をしている．

F^- を配位子とする4+の希土類の塩あるいは錯体は，現在もまだその報告数が増えている．ハロゲンイオンの中でも F^- が突出して多くの希土類の4+イオンと錯体や化合物を作るが，これはハードな金属イオンとハードな配位子の組み合わせによるためであろう．$(NH_4)_4CeF_8$, $(NH_4)_2CeF_6$, $(NH_4)_3CeF_7 \cdot H_2O$ など多くの錯体が報告されている．最後の錯体は $[Ce_2F_{14}]^{6-}$ で表される二量体構造をしている．$(NH_4)_2CeF_6$ は $(CeF_6^{2-})_\infty$ の無限鎖構造である．M_2CeF_6 (M=Na, K, Rb, Cs)，M_3CeF_7 (M=Na, Rb, Cs) などは反磁性で，MCl/CeO_2 の混合物をフッ素化することにより得られる．これらの化合物は酸化作用があり，水中で I^- を I_2 に酸化して自らは分解する．同様の合成方法で Cs_3TbF_7 が合成されるが，これは常磁性である（$\mu=7.4$ BM（ボーア磁子（Bohr magneton），μ は磁気モーメント））．この値は化合物が Tb^{3+}（計算値 9.7 BM）より Tb^{4+}（7.9 BM）に近いことを示している．同様に，MCl と Pr_6O_{11} の混合物のフッ素化により M_3PrF_7 や M_2PrF_6 (M=Na, K, Rb, Cs) が合成される．これらも水中では分解する．M_3LnCl_6 のフッ素化では M_3LnF_7 (M=K, Rb, Cs; Ln=Ce, Pr, Nd, Tb, Dy) が得られている．Cl^- の錯体は $(NH_4)_2CeCl_6$, $Cs_2[CeCl_6]$ などが知られている．これらの化合物では八面体のイオン $[CeCl_6]^{2-}$ が存在する．

引用文献

1) R. D. Shannon, *Acta Cryst.*, **32A**, 751 (1976).

2) A. Ouchi, Y. Suzuki, Y. Ohki and Y. Koizumi, *Coord. Chem. Rev.*, **92**, 29 (1988).
3) Y. Tang, X. Gan, W. Liu, N. Tang, M. Tan and K. Yu, *Polyhedron*, **15**, 2607 (1996).
4) S. Cotton, *Lanthanide and Actinide Chemistry*, John Wiley & Sons (2006).
5) 足立吟也編著, 希土類の科学, 化学同人 (1999).
6) S. Cotton, *Lanthanides & Actinides*, Macmillan Education (1991).
7) M. P. Menon and J. James, *J. Solution Chem.*, **18**, 735 (1989).
8) M. Cefola, A. S. Tompa, A. V. Celiano and P. S. Gentile, *Inorg. Chem.*, **1**, 290 (1962).
9) H. B. Silber, R. D. Farina and J. H. Swinehart, *Inorg. Chem.*, **8**, 819 (1969).
10) V. L. Garza and N. Purdie, *J. Phys. Chem.*, **74**, 275 (1970).
11) B. P. Hay, *Inorg. Chem.*, **30**, 2881 (1991).
12) R. M. Smith and A. E. Martell, *Critical Stability Constants*, Plenum Press, Vol.4 (1976) ; Vol. 6 (1989).
13) R. M. Smith, A. E. Martell and R. J. Motekaitis, *NIST Critically Selected Stability Constants of Metal Complexes Database, Version 6.0*, U. S. Dept. of Commerce, Technology Admin., NIST, Standard Reference Data Program, Daithersburg, MD 20899 (2001).
14) G. A. Elgavish and J. Reuben, *J. Magn. Reson.*, **42**, 242 (1981).
15) A. D. Sherry, C. Yoshida, E. R. Birnbaum and D. W. Darnall, *J. Am. Chem. Soc.*, **95**, 3011 (1973).
16) A. D. Sherry, E. R. Birnbaum and D. W. Darnall, *J. Biol. Chem.*, **247**, 3480 (1972).
17) H. B. Silver, Y. Nguyen and R. L. Campbell, *J. Alloys Compounds*, **249**, 99 (1997).
18) A. Aziz, S. J. Lyle and J. E. Newberry, *J. Inorg. Nucl. Chem.*, **33**, 1757 (1971).
19) H. B. Silber, N. Ghajari and V. Maraschin, *Mater. Sci. Forum*, 315, 490 (1999).
20) R. M. Smith, R. J. Motekaitis and A. E. Martell, *Inorg. Chim. Acta*, **103**, 83 (1985).
21) H. B. Silber, T. Parker and N. Nguyen, *J. Alloys Compounds*, **180**, 369 (1992).
22) S. P. Tanner and G. R. Choppin, *Inorg. Chem.*, **7**, 2046 (1968).
23) Z. Konteatic and H. G. Brittain, *J. Inorg. Nucl. Chem.*, **43**, 1675 (1981).
24) H. B. Silber, T. Chang and E. Mendoza, *J. Alloys Compounds*, **190**, 323 (2001).
25) N. Morel-Desrisuersm, C. Lhermet and J. P. Morel, *J. Chem. Soc., Faraday Trans.*, **89**, 1223 (1993).
26) A. Zalkin, E. H. Templeton and D. G. Karraker, *Inorg. Chem.*, 8, 2680 (1969).
27) T. Phillips, D. E. Sands and W. F. Wagner, *Inorg. Chem.*, **7**, 2299 (1968).
28) C. S. Erasmus and J. C. A. Boeyens, *Acta Cryst.*, **26B**, 1843 (1970).
29) J. P. R. de Villiers and J. C. A. Boeyens, *Acta Cryst.*, **27B**, 692 (1971).
30) G. A. Catton, F. A. Hart and G. P. Moss, *J. Chem. Soc., Dalton Trans.*, 208 (1976).
31) A. H. Brudet, S. R. Tanny, H. A. Rockefeller and C. S. Springer, *Inorg. Chem.*, **13**, 880 (1974).
32) D. P. Graddon and L. Muir, *J. Chem. Soc., Dalton Trans.*, **2434** (1981).
33) L. K. Templeton, D. H. Templeton, A. Zalkin and H. W. Ruben, *Acta Cryst., Sect. B*, **38**, 2155 (1982).
34) B. Lee, *Diss. Abstr.*, **28B**, 84 (1967).
35) T. V. Philippova, T. N. Polynova, A. L. Il'Inskii, M. A. Porai-Koshits and L. I.

Martynenko, *Zh. Strukt. Khim.*, **18**, 1127 (1977).
36) L. R. Massimbeni, M. R. W. Wright, J. C. Van Niekerk and P. A. McCallum, *Acta Cryst., Sect. B*, **35**, 1341 (1979).
37) S. Wu and W. D. Horrocks, Jr., *Anal. Chem.*, **68**, 394 (1996).
38) R. M. Smith and A. E. Martell, *Critical Stability Constants*, Vol. 1, Plenum Press (1974).
39) G. R. Choppin, *Pure Appl. Chem.*, **27**, 23 (1971).
40) T. Moeller, E. R. Birnbaum, J. H. Forsberg and R. B. Gayhart, *Prog. Sci. Tech. Rare Earths*, **2**, 61 (1968).
41) A. E. Martell and R. M. Smith, *Critical Stability Constants*, Vol. 3, Plenum Press (1977).
42) G. H. Frost, F. A. Hart, C. Heath and M. B. Hursthouse, *Chem. Commun.*, **1421** (1969).
43) L. J. Radonovich and M. D. Glick, *Inorg. Chem.*, **10**, 1463 (1971).
44) J. D. J. Backer-Dirks, J. E. Cooke, A. M. R. Galas, J. S. Ghotra, C. J. Gray, F. A. Hart and M. B. Hursthouse, *J. Chem. Soc., Dalton Trans.*, **2191** (1980).
45) M. Ciampolini, C. Mealli and N. Nardi, *J. Chem. Soc., Dalton Trans.*, **376** (1980).
46) J.-C. G. Bünzli, D. Wessner and B. Klein, *The Rare Earths in Modern Science and Technology*, Vol. 2, G. J. McCarthy, J. J. Rhyne and G. B. Silber eds., Plenum Press (1980).
47) J. D. J. Backer-Dirks, C. J. Gray, F. A. Hart, M. B. Hursthouse and B. C. Schoop, *J. Chem. Soc., Chem. Commun.*, **774** (1979).
48) M.-R. Spirlet, J. Rebizant, J. F. Desreux and M.-F. Locin, *Inorg. Chem.*, **23**, 359 (1984).
49) F. A. Hart, M. B. Hursthouse, K. M. A. Malik and S. Moorhouse, *J. Chem. Soc., Chem. Commun.*, **549** (1978).
50) R. Pizer and R. Selzer, *Inorg. Chem.*, **22**, 1359 (1983).
51) O. A. Gansow, A. R. Kauser, K. M. Triplett, M. J. Weaver and E. L. Yee, *J. Am. Chem. Soc.*, **99**, 7087 (1977).
52) J.-C. G. Bünzli, *Acc. Chem. Res.*, **39**, 53 (2006).
53) E. Brücher and A. D. Sherry, *Inorg. Chem.*, **29**, 1555 (1990).
54) M. F. Loncin, J. F. Desreux and F. Merciny, *Inorg. Chem.*, **25**, 2646 (1986).
55) W. P. Cacheris, S. K. Nickle and A. D. Sherry, *Inorg. Chem.*, **26**, 85 (1987).
56) M. Kodama, T. Koike, A. B. Mahatma and E. Kimura, *Inorg. Chem.*, **30**, 1270 (1991).
57) G. Laurenczy and E. Brücher, *Inorg. Chim. Acta*, **95**, 5 (1984).
58) J. H. Burns and J. F. Baes, Jr., *Inorg. Chem.*, **20**, 85 (1981).
59) F. Arnaud-Neu, E. L. Loufouilou and M.-J. Schwing-Weill, *J. Chem. Soc., Dalton Trans.*, 2629 (1986).
60) M. C. Almasio, F. Arnaud-Neu and M.-J. Schwing-Weill, *Helv. Chim. Acta*, **66**, 1296 (1983).
61) J. Massaux and J. F. Desreux, *J. Am. Chem, Soc.*, **104**, 2967 (1982).

7
希土類イオンの電子状態

　第2章で述べたように，3+の希土類イオン（Ln^{3+}）は通常 $5s^25p^6$ のキセノン型閉殻構造［Xe］に4f電子の加わった電子構造 $[Xe]4f^n$ をとっており，この電子配置において4f軌道がエネルギー的には最も高いにもかかわらず $5s^25p^6$ の閉殻電子がその外側に存在しているため，4f電子は外の結晶場や配位子場の影響を受けにくく，イオン結合性の強い結合を作る．事実，希土類錯体のf-f遷移に基づく電子スペクトルは配位子にあまり依存せず，比較的細い原子スペクトルに近いピークプロファイルを示す．同族のアクチニドの性質を支配する5f軌道は6s軌道，6p軌道との位置関係などが相当異なるため，4f電子とは軌道の性質が異なり，元素やその化合物の性質も相当異なる．ここでは，4f電子の軌道の形と原子のエネルギー項などについて述べる．

7.1　f軌道の波動関数

　全軌道関数 $\psi_{n,l,m}$ は式（7.1）のような3つの関数の積で表される．

$$\psi_{n,l,m}(r,\theta,\phi) = R_{nl}(r) \cdot \Theta_{lm}(\theta) \cdot \Phi_m(\phi) \tag{7.1}$$

　式（7.1）の1番目の関数は動径関数といい，その後の2つの関数は角度に関する関数である．このうち，化学結合や配位子場理論に関係の深い後者の角度部分の2つの関数のみを以降で扱う．これらf軌道の角度部分は，表7.1に示すように2つの表し方がある．立方表現のセット（同表（a））は配位子場が立方晶，四面体，八面体などの対称性のときに用いる．一般的表現のセット（同表（b））は配位子場が tetragonal prism 型や trigonal prism 型など，（a）以外の場合に用いられる．直交座標と局座標の関係を式（7.2）〜（7.5）のようにとると，f軌道の角度部分の関数は表7.1のような直接的表現の記号とその略号で表される極座標表現の関数になる．また，表7.1に示した略号で関数を

表7.1 f軌道の角度部分の関数

(a) 立方表現

正しい表現	略号*	$\Theta_{lm}(\theta)\cdot\Phi_m(\phi)$
$x(5x^2-3r^2)$	x^3	$1/4\sqrt{7/\pi}\sin\theta\cos\phi(5\sin^2\theta\cos^2\phi-3)$
$y(5y^2-3r^2)$	y^3	$1/4\sqrt{7/\pi}\sin\theta\sin\phi(5\sin^2\theta\sin^2\phi-3)$
$z(5z^2-3r^2)$	z^3	$1/4\sqrt{7/\pi}(5\cos^3\theta-3\cos\theta)$
xyz		$1/4\sqrt{105/\pi}\sin^2\theta\cos\theta\sin2\phi$
$x(z^2-y^2)$		$1/4\sqrt{105/\pi}\sin\theta\cos\phi(\cos^2\theta-\sin^2\theta\sin^2\phi)$
$y(z^2-x^2)$		$1/4\sqrt{105/\pi}\sin\theta\sin\phi(\cos^2\theta-\sin^2\theta\cos^2\phi)$
$z(x^2-y^2)$		$1/4\sqrt{105/\pi}\sin^2\theta\cos\theta\cos2\phi$

(b) 一般的表現

正しい表現	略号*	$\Theta_{lm}(\theta)\cdot\Phi_m(\phi)$
$z(5z^2-3r^2)$	z^3	$1/4\sqrt{7/\pi}(5\cos^3\theta-3\cos\theta)$
$x(5z^2-r^2)$	xz^2	$1/8\sqrt{42/\pi}\sin\theta(5\cos^2\theta-1)\cos\phi$
$y(5z^2-r^2)$	yz^2	$1/8\sqrt{42/\pi}\sin\theta(5\cos^2\theta-1)\sin\phi$
$z(x^2-y^2)$		$1/4\sqrt{105/\pi}\sin^2\theta\cos\theta\cos2\phi$
xyz		$1/4\sqrt{105/\pi}\sin^2\theta\cos\theta\sin2\phi$
$x(x^2-3y^2)$		$1/8\sqrt{70/\pi}\sin^3\theta\cos3\phi$
$y(3x^2-y^2)$		$1/8\sqrt{70/\pi}\sin^3\theta\sin3\phi$

* 略号のない部分は正しい表現と同一である．

表7.2 f軌道の立方表現と一般的表現の関係

立方表現	一般的表現
f_{x^3}	$-1/4(\sqrt{6}\,f_{xz^2}-\sqrt{10}\,f_{x(x^2-3y^2)})$
f_{y^3}	$-1/4(\sqrt{6}\,f_{yz^2}+\sqrt{10}\,f_{y(3x^2-y^2)})$
$f_{y(z^2-y^2)}$	$1/4(\sqrt{10}\,f_{xz^2}+\sqrt{6}\,f_{x(x^2-3y^2)})$
$f_{y(z^2-x^2)}$	$1/4(\sqrt{10}\,f_{yz^2}-\sqrt{6}\,f_{y(3x^2-y^2)})$

上記以外の関数は両表現で同一である．

表すことにすると，立方表現と一般的表現の関係は表7.2のようになる．

$$\sin\theta\,\cos\phi=\frac{x}{r} \tag{7.2}$$

$$\sin\theta\,\sin\phi=\frac{y}{r} \tag{7.3}$$

$$\cos\theta=\frac{z}{r} \tag{7.4}$$

7.1 f軌道の波動関数

$$r^2 = x^2 + y^2 + z^2 \tag{7.5}$$

7個の4f軌道の角度方向の波動関数の立方表現のセットはf_{xyz}；$f_{z(x^2-y^2)}$，$f_{x(z^2-y^2)}$，$f_{y(z^2-x^2)}$；f_{z^3}，f_{x^3}，f_{y^3}と表記され，一般的表現のセットはf_{z^3}；f_{xz^2}，f_{yz^2}；f_{xyz}；$f_{z(x^2-y^2)}$，$f_{x(x^2-3y^2)}$，$f_{y(3x^2-y^2)}$で表される．ここで，「；」(セミコロン) で区切った軌道は，8.1節で述べるようにそれぞれの対称性の配位子場で分裂した後の縮退したグループを示している．これらの軌道の形を図7.1に示した[1]．

$4f_{xyz}$ではxy，yz，zx平面で波動関数の値が0となる．また，$4f_{z(x^2-y^2)}$ではxy平面で0となるほか，z軸と$x=\pm y$のいずれかの直線からなる2つの平

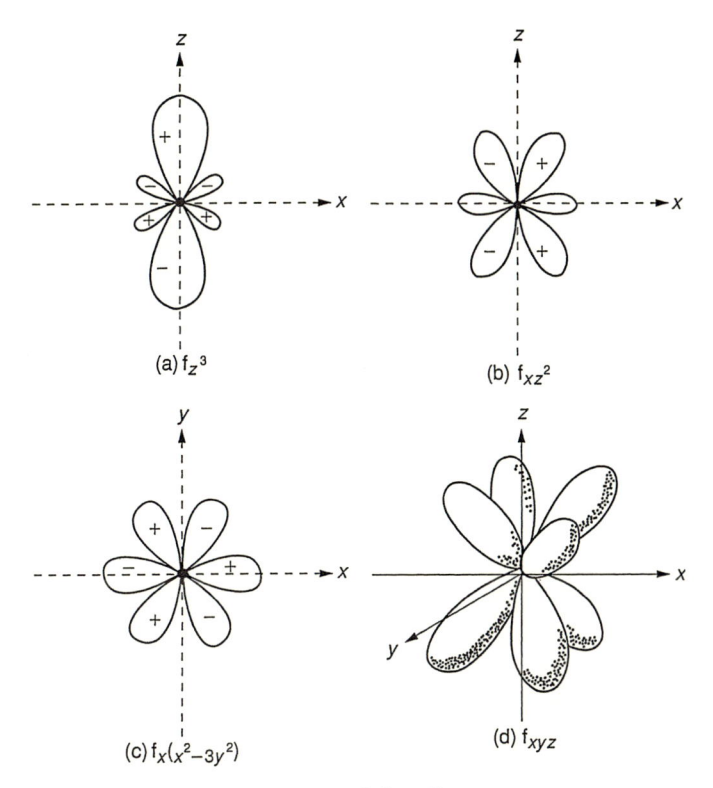

(a) f_{z^3}

(b) f_{xz^2}

(c) $f_{x(x^2-3y^2)}$

(d) f_{xyz}

図7.1 f軌道の形[1]

f_{x^3}とf_{y^3}は (a) のf_{z^3}と同型で，それぞれx軸およびy軸方向に存在する．f_{yz^2}は (b) のf_{xz^2}と同型で，z軸周りに90°回転することにより得られる．$f_{y(3x^2-y^2)}$は (c) の$f_{x(x^2-3y^2)}$と同型で，z軸周りに90°時計回りに回転して得られる．$f_{x(z^2-y^2)}$，$f_{y(z^2-y^2)}$，$f_{z(x^2-y^2)}$は (d) のf_{xyz}をそれぞれx，y，z軸周りに45°回転して得られる．

面でも関数値は0となる．4f電子は主量子数が5s，5p，5d，6s電子などより小さいため，後者よりはるかに核に近い位置にあり，一方，方位量子数が大きく収容すべき電子数が多いため，エネルギー的には高い位置にあるという，一種の逆転現象が起こっている．これが希土類元素の特異な物理化学的特徴を形成している．

7.2 希土類元素における相対論的効果

通常の量子化学では電子の速度は光の速度に比べて小さいので，光速を無限であると近似して計算が行われている．ところが電子の速度が光速に近くなる場合は，相対論を取り入れた計算が必要になる．特殊相対性理論では，速度 v で運動する粒子の質量 m は式（7.6）で表される．

$$m=\frac{m_0}{\sqrt{1-\left(\frac{v}{c}\right)^2}} \tag{7.6}$$

ここで，c は光速，m_0 は粒子の静止質量である．この関係を用いると1s殻の電子の質量は，ランタン（La）では $1.1\,m_0$，ルテチウム（Lu）では $1.17\,m_0$ となる．1s電子のボーア半径 a_0 は式（7.7）で表される．

$$a_0=\frac{\hbar^2}{mZe^2} \tag{7.7}$$

ここで，$\hbar=h/2\pi$（h はプランク定数），Z は原子番号，e は電子の電気量である．したがって，1s電子が周回する平均の半径は，相対論で求めた質量 m を用いて計算すると，非相対論的な場合に比べてLaで約9％，Luで15％収縮する．これが相対論的効果（relativistic effect）による軌道の収縮である．希土類中のそのほかの殻のs電子軌道も同様に収縮する．これは，これらの電子の速度が核付近では1s電子の速度と同程度であり，波動関数の内側部分の収縮により外側の裾の部分も収縮するからである．p電子軌道も同様に収縮する．重い原子では電子，特に内殻電子の核付近での速度が光速に近くなり，質量 m が大きくなるため，軌道の収縮が大きくなる．これが重原子に見られる相対論的効果である．図7.2に，6s電子における相対論による軌道の収縮割合を計算した結果を示す．図7.2の縦軸の収縮の割合は，相対論と非相対論で

7.2 希土類元素における相対論的効果

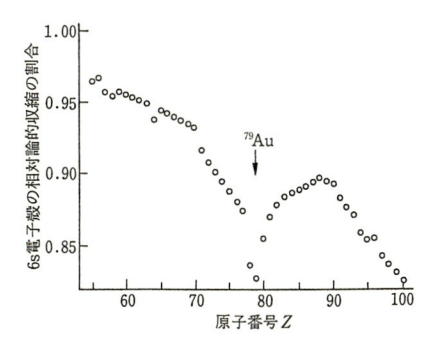

図 7.2 Cs（$Z=55$）から Fm（$Z=100$）までの元素の 6s 電子殻の相対論的収縮の割合[2,3]

計算した 6s 電子分布の平均値 $<r>_{rel}$ と $<r>_{non-rel}$ の比 $<r>_{rel}/<r>_{non-rel}$ で表されている．この図には，Z（原子番号）$=55$ のセシウム（Cs）から $Z=100$ のフェルミウム（Fm）までの結果が示されている．ランタニド（$Z=57\sim71$）の 6s 電子における軌道収縮は 4～7% 程度であることがわかる．図 7.2 によると，4f 電子が充填されるとともに 6s 電子軌道は相当収縮し，5d 電子が充填される（$Z=74\sim78$）と急激に収縮する．相対論的効果による金（[79]Au）の 6s 電子軌道の収縮は特に大きく，Au の安定性に寄与している[2,3]．

相対論的効果を考慮した計算では，独立した軌道角運動量 l やスピン角運動量 s に対する量子数を用いることは適当でなく，全角運動量に対する量子数 j（$=l+s$）を用いる，スピン-軌道相互作用の強い系の扱いをする必要が出てくる．したがって，エネルギーレベルは全角運動量を使って p 電子では $j=1/2, 3/2$ の状態が生じる．同様に f 電子では $j=5/2, 7/2$ の状態ができる．

d 電子や f 電子は速度が大きくなる核付近での存在確率は低い．したがって，これらの電子に対する相対論的効果は直接的なものではなく，間接的なものである．すなわち，s 電子や p 電子が相対論的効果により収縮するとこれらの電子は核の陽電荷を有効に遮蔽するので，d 電子や f 電子は感じる陽電荷が減少し，より自由に原子の外側に広がって存在する．その結果，d 電子や f 電子は不安定化し，軌道エネルギーが上昇する．以上述べた相対論的効果が 4f 軌道のエネルギーレベルに及ぼす効果を模式的に示すと，図 7.3 のようになる．相対論的効果が物性に及ぼす影響についての詳細は，章末の参考書を参照していただきたい[4]．

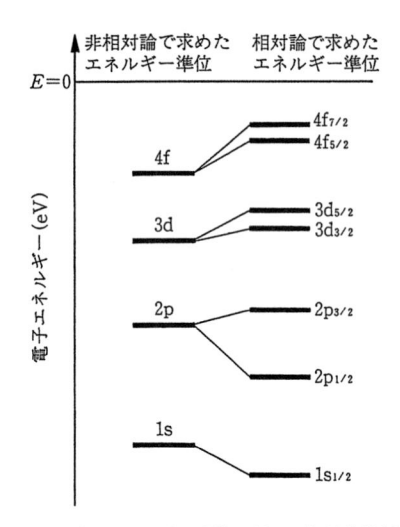

図 7.3　4f 電子エネルギー準位に対する相対論的効果[3,5]

7.3　希土類イオンのエネルギー準位

7.3.1　多電子原子の基底項

7.1 節では，一電子軌道としての 4f 軌道の形について述べた．ここでは多電子原子の電子間相互作用を考慮して生じるスペクトル項について述べる．

一電子軌道の場合には，角運動量を表すのに l, s, j の小文字の量子数を用いる．一方，多電子原子の場合には原子の量子状態を表すためにすべての電子の l, s, j という角運動量ベクトルを足し合わせて原子全体の角運動量を求め，その角運動量を表す量子数として大文字の L, S, J を使う．この 1 電子の角運動量の足し合わせ方にはラッセル-サンダース結合（Russell-Saunders coupling）と j-j 結合（j-j coupling）がある．ラッセル-サンダース結合は軌道角運動量同士やスピン角運動量同士の相互作用が相対的に重要である系に適用され，l のみ s のみをそれぞれまず足し合わせ（ベクトル合成），$\sum l_i = L$, $\sum s_i = S$ をそれぞれ原子全体の軌道角運動量，スピン角運動量とする．次にこれらを合成して $J = L + S$ を全角運動量（total angular momentum）とする．全軌道角運動量（total orbital angular momentum）L の大きさは $\sqrt{L(L+1)} \cdot h/(2\pi)$ で，全軌道角運動量を表す量子数 L の値は量子化されて

おり，そのとりうる値は，たとえば電子が2個で l_1 と l_2 を合成する場合は，以下の値となる．

$$L = l_1 + l_2, l_1 + l_2 - 1, l_1 + l_2 - 2, \cdots, |l_1 - l_2|$$

これは，合成されたベクトル $\boldsymbol{L}$ の値が量子化されていることに対応している．
同様に $\boldsymbol{S}$ の大きさは $\sqrt{S(S+1)} \cdot h/(2\pi)$ で，許される量子数 S の値は以下のようになる．

$$S = S_1 + S_2, S_1 + S_2 - 1, S_1 + S_2 - 2, \cdots, |S_1 - S_2| + 1, |S_1 - S_2|$$

電子が2個以上あるときは，軌道運動は互いに相互作用する．その一つは電子間の静電的反発であり，もう一つは軌道運動のために生じる磁場の中でラーモア歳差運動（Larmor precession）をすることによる．後者は，電子が $\boldsymbol{L}$ の周りをみそすり運動をすることに相当する．

最終的に全角運動量は $\boldsymbol{L}$ と $\boldsymbol{S}$ の和である $\boldsymbol{J}$ で表されるが，これも量子化されていて，とりうる値は，

$$\boldsymbol{J} = (\boldsymbol{L}+\boldsymbol{S}), (\boldsymbol{L}+\boldsymbol{S}-1), (\boldsymbol{L}+\boldsymbol{S}-2), \cdots, |\boldsymbol{L}-\boldsymbol{S}|$$

となる．

もう一つの軌道角運動量とスピン角運動量の結合様式である j-j 結合は，軌道とスピンの角運動量の相互作用が強い系に適用され，各電子の s と l がまず結合して $l+s=j$ を作り，この j が結合（$\sum j_i$）して J となるものである．j-j 結合は，原子番号が増すにつれてスピン-軌道結合作用が大きくなり無視できなくなる場合に適用される．しかし，92番元素のウラン（U）でも実際の結合の姿は j-j 結合とラッセル-サンダース結合の中間ぐらいであるので，希土類元素にも一応ラッセル-サンダース結合の扱いが適用されることが多い．

多電子原子のエネルギー状態は全軌道角運動量 $\boldsymbol{L}$ と全スピン角運動量（total spin angular momentum）$\boldsymbol{S}$ と全角運動量 $\boldsymbol{J}$ という3つの角運動量とその量子数 J を用いて $^{2S+1}L_J$ という記号で表記される項（term）で表される．全電子の軌道角運動量の量子数は大文字の L で表され，$L = 0, 1, 2, 3, 4, \cdots$ に対応して項はそれぞれ大文字の英文字で $S, P, D, F, G, \cdots$ という記号で表される．

$$L = 0, 1, 2, 3, 4, 5, 6, 7, 8, 9, \cdots$$
$$S, P, D, F, G, H, I, J, K, L, \cdots$$

ある特定の L と S の値に対して J のとりうる値は，
$$J=L+S, L+S-1, L+S-2, \cdots, |L-S|$$
である．ある多電子原子やイオンがとりうるエネルギー状態つまり項は，L，S，J の組み合わせで許される状態のみであり，それは $^{2S+1}L_J$ で表される．左肩の $2S+1$ はスピン多重度あるいは単に多重度と呼ばれ，スピン状態（不対電子の数）を示す．$S=0$ ならスピンは 0 で $2S+1=1$ で一重項と呼ばれ，$S=1$ ならスピン（$s=1/2$）は 2 個で $2S+1=3$ で三重項と呼ばれる．

多電子原子においてラッセル–サンダース結合を使うと，n 個の電子系の全スピン角運動量 S は，$S=s_1+s_2+\cdots+s_n, s_1+s_2+\cdots+s_n-1, s_1+s_2+\cdots+s_n-2, \cdots, 0$（全電子数が偶数の場合）または $1/2$（全電子数が奇数の場合）の値をとりうる．

また，全軌道角運動量 L は，$L=l_1+l_2+\cdots+l_n, l_1+l_2+\cdots+l_n-1, l_1+l_2+\cdots l_n-2, \cdots$ の値をとりうる．L の最小値は最大の l の値から他の l の値の和を差し引いた $L\geq 0$ の条件を満たす値となる．

一例として，$(2p)^1(3p)^1$ の電子配置では $l_1=1$，$l_2=1$ であるので，$L=2,1,0$，$S=1,0$ の値が可能となる．

$(2p)^1(3p)^1$ の電子配置から生じる項を考えることにしよう．この場合は主量子数が 2 つの電子で異なるので，パウリの原理（Pauli principle）は満たされており，l と s の値は 2 つの電子で独立にとることができる．$L=2$，$S=0$ の組からは $J=L+S=2$ のみが L と S の組み合わせとして生じ，$^1D_2$ 項となる．$L=2$，$S=1$ では $J=2+1$，$2+1-1$，$2-1$ の 3 通りの J 値が生じるので $^3D_3$，$^3D_2$，$^3D_1$ の 3 つの項となる．$L=1$，$S=0$ からは $^1P_1$ が，$L=1$，$S=1$ からは $^3P_2$，$^3P_1$，$^3P_0$ が，$L=0$，$S=0$ からは $^1S_0$ が，$L=0$，$S=1$ からは $^3S_1$ が生じる．全部で 10 個の項となる．この段階では各項の量子数はわかったがエネルギーの値は不明であるので，可能なエネルギーレベルの数はわかったがそれらの上下関係は不明である．

次に同一の主量子数 n と同一の方位量子数 l を持つ複数個の電子からなる多電子系を考えよう．この場合には，まずパウリの原理を考慮して，電子の磁気量子数 m_e とスピン量子数 m_s の可能な組み合わせを考えて全磁気量子数 M_L，M_S を計算する．

7.3 希土類イオンのエネルギー準位

$$M_L = m_{e1} + m_{e2} + m_{e3} + \cdots + m_{en}$$
$$M_S = m_{s1} + m_{s2} + m_{s3} + \cdots + m_{sn}$$

であり，M_L と M_S のとりうる値は，

$$M_L = L, L-1, L-2, \cdots, 0, \cdots, -L$$
$$M_S = S, S-1, S-2, \cdots, 0, \cdots, -S$$

である．

例として，$1s^2 2s^2 2p^2$ の電子配置を持つ炭素原子を考えてみよう．この場合，内側の閉殻の電子配置から生ずる項は必ず $^1S_0$ となるので配位子により分裂せず，通常スペクトルに関与する項を考えるときには考慮に入れなくてよい．最外殻の電子配置から生じるもののみを考えればよい．ここでは最外殻の $2p^2$ の電子配置について，これから生じる項を考えることにする．項は次の手順により求めることができる．

まず，パウリの原理を満たす可能な m_e と m_s の配置をすべて考える．p^2 については表 7.3 のようになる．全部で 15 通りの配置が可能である．前述の許される量子数の関係より $(2L+1)(2S+1)$ 通りの状態が可能であるから，$L=2$, $S=1$ で 15 通りとなり，確かに表 7.3 のようにして求めた許される電子配置の総数に対応している．この配置をもとに，次の手順に従って生じる項を見出していく．

まず，M_L の可能な値を探す．一般に $M_L = L_{max}, L_{max}-1, \cdots, 0, \cdots, -L_{max}+1, -L_{max}$ であり（L_{max} は，とりうる L の最大値），炭素原子の場合は $M_L = 2, 1, 0, -1, -2$ であることがわかる．

ある電子配置から生じる項と基底項を探すには，まず M_S の最大値とこれを与えている M_L の最大値を探す．なぜ M_S の最大値に注目するかはもう少し読

表 7.3　p^2 の可能な電子配置

m_l															
+1		↑↓			↓	↑	↓	↑			↑	↓	↑	↓	
0			↑↓		↓	↑			↑	↓	↑	↓			↑ ↓
−1	↑↓			↑	↓	↓			↑	↓			↑	↓	
M_S	0	0	0	0	0	0	0	0	0	1	−1	1	−1	1	−1
M_L	−2	0	2	−1	−1	0	0	1	1	−1	−1	0	0	1	1
ϕ	15	10	1	13	12	8	9	3	4	11	14	6	7	2	5

ϕ：配置番号．

み進めばわかっていただけると思う．表 7.3 において M_S の最大値は 1 でそのときの M_L の最大値は 1 である．したがって p^2 の電子配置からは，

$$L=1, \quad M_L=1, 0, -1$$
$$S=1, \quad M_S=1, 0, -1$$

の組み合わせ 9 通りが生じることがわかる．次に，表 7.3 の組み合わせ 9 通りに対応する配置を除き，残った配置からさらに可能な L，S を探すことになる．ところで上記 9 通りを表 7.3 から除くとき，$(M_L=1, M_S=0)$，$(M_L=0, M_S=0)$，$(M_L=-1, M_S=0)$ などは 2 通りの配置が表中にあるが，とりあえずどちらかを除いておく．今，仮に表 7.3 から配置番号 5, 7, 9, 10, 11, 12, 13, 14, 15 の 9 通りを除いたとしよう．次に，表中に残っているものの中から再び M_S の最大値とそのときの M_L の最大値を見つける．これは $M_S=0$，$M_L=2$ であることがわかる．この場合，$L=2$，$M_L=-2, -1, 0, 1, 2$ が可能であるので，配置番号 1, 3, 4, 6, 8 の 5 通りを仮に除く．すると表中には唯一 $M_S=0$，$M_L=0$ が残るので，$S=0$，$L=0$ に対応する項があることがわかる．つまり，$L=0$，$M_L=0$，$S=0$，$M_S=0$ の最後の 1 通りが見つかったことになる．以上の操作をまとめると，ある電子配置から生じるすべての項を求めるのは，次のような手順になる．

① パウリの原理を満たす可能な m_e と m_s の組み合わせ（電子配置）すべてを考える．

② この中で最大の M_S とこれを与えている M_L を探し，これから可能な L と S を知る．

③ ②で見つけた M_L と M_S の組み合わせを m_e, m_s の配置図から除き，残ったものについて再び②の操作を繰り返す．

④ ②と③の操作をすべての配置がなくなるまで繰り返す．

以上の結果，p^2 の 15 通りの組み合わせからは，$^3P_{2,1,0}$，$^1D_2$，$^1S_0$ が生じることがわかる．3 つ以上の電子を含む多電子系で同様に電子配置から項を求めるのは容易ではないが，基本的には同様の操作によれば可能である．

ある電子配置から生じた項のうちどれが基底項（つまり基底状態）になるかは，次のフントの規則（Hund's rule）によって決まる．

① スピン多重度の最も大きい項が基底項である．

7.3 希土類イオンのエネルギー準位

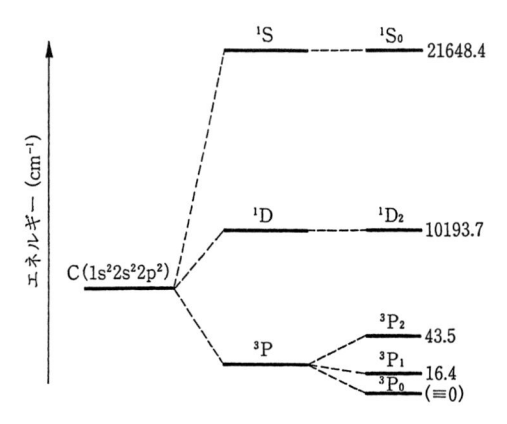

図7.4 炭素の $1s^2 2s^2 2p^2$ の電子配置から生じる項とエネルギー準位[6]
^3P, ^1D, ^1S などのラッセル-サンダース項は電子間反発により生じ，^3P の分裂はスピン-軌道結合により生じる J 値に基づく分裂である．

②同じ最大のスピン多重度を持つ項が複数ある場合は，より大きい L の項が安定である（つまり基底項になる）．

③同一の S と L を持つ項がある場合，電子が軌道の半分以下を占める場合は最小の J 値を持つ項が基底項である．また殻の半分以上を占める場合は最大の J 値を持つ項が基底項となる．

上記の規則は基底項を決めるためのルールであり，その上の項のエネルギーレベルの順序については何も述べていない．

ただ，③に関して，電子が半分以下の場合，最小の J 値を持つ項がエネルギー最低で，その上に J 値が大きくなる順に同一の S と L を持つ項のエネルギーは順次並ぶ．同様に，電子が殻の半分以上入っている場合は最大の J 値を持つ項がエネルギー最低で，その上に J 値が順次小さくなる項がエネルギーが上昇して並ぶ．

図7.4に，炭素原子の $1s^2 2s^2 2p^2$ の電子配置に対する項と相対エネルギーを示した．基底項より上の項のエネルギーレベルの順を決めることや各項のエネルギーを求めることは，これまで述べてきたような操作ではできない．それぞれの量子数に対応する軌道関数を用いた計算が必要である[6,7]．

図7.4の各項は $(2J+1)$ 重に縮重している．この縮重は磁場によりさらに分裂する．

表 7.4 f^2 の可能な電子配置[4]

7.3.2 f軌道から生じる項

p^2 の電子配置と同様にパウリの原理を考慮して f^2 の可能な電子配置を作ると，表7.4のようになる[4]．表中の組み合わせは全部で91通り（＝14!/2!(14−2)!）ある．

表より，M_S の最大値は1であり，このとき M_L の最大値は5であるから，

$$L=5, \quad M_L=5,4,3,2,1,0,-1,-2,-3,-4,-5$$
$$S=1, \quad M_S=1,0,-1$$

の 11×3＝33 通りの組み合わせに対応する項として $^3H_{6,5,4}$ が存在することがわかる．次にこれに対応する M_L, M_S の組み合わせを除き，残ったものの中で M_S の最大値は1であり，そのときの M_L の最大値は3であるので，

$$L=3, \quad M_L=3,2,1,0,-1,-2,-3$$
$$S=1, \quad M_S=1,0,-1$$

の組み合わせ 7×3＝21 通りが存在することがわかる．これに対する項は $^3F_{4,3,2}$ である．これに対する組み合わせを表7.4から除くと，残りの組み合わせで M_S の最大のものは $M_S=1$ で，M_L の最大のものは1であるので，

$$L=1, \quad M_L=1,0,-1$$
$$S=1, \quad M_S=1,0,-1$$

の組み合わせ 3×3＝9 通りが存在し，$^3P_{2,1,0}$ を与える．さらに，残った組み合わせの中では，M_S の最大値は0で M_L の最大値は6であるので

$$L=6, \quad M_L=6,5,4,3,2,1,0,-1,-2,-3,-4,-5,-6$$
$$S=0, \quad M_S=0$$

の組み合わせ 13×1＝13 通りがあることがわかる．これに対する項は $^1I_6$ である．さらに残りの組み合わせの中では M_S の最大値は0であり，そのときの M_L の最大値は4であるので，

$$L=4, \quad M_L=4,3,2,1,0,-1,-2,-3,-4$$
$$S=0, \quad M_S=0$$

の組み合わせ 9×1＝9 通りが $^1G_4$ 項を与える．このようにしてさらに M_S の最大値が0のとき，M_L 最大値が2で，5×1＝5 通りの組み合わせから $^1D_2$ 項が，次の操作で $M_S=0$, $M_L=0$ から $^1S_0$ 項が見つかり，すべての M_S, M_L の組が各項に対応させられて，全操作が終わる．

結局，f^2 の電子配置からは $^3H_{6,5,4}$（33 個の組み合わせが対応），$^3F_{4,3,2}$（21個），$^3P_{2,1,0}$（9 個），$^1I_6$（13 個），$^1G_4$（9 個），$^1D_2$（5 個），$^1S_0$（1 個）のスペクトル項が生じ，91 通りの組み合わせ（91＝33＋21＋9＋13＋9＋5＋1）すべてがいずれかの項に配属されたことになる．f^2 の電子配置の基底項はフントの規則により，$^3H_4$ である．

このような電子配置表の中に，同一の M_S と M_L を持つものが存在する場合は複雑である．これらは異なる項に属すので，それを考慮して上記のような操作で可能な項を見出していく．実際には，同一の M_S と M_L の異なる電子配置の一方がある項に属して他方が別の項に属すわけではなく，それらの各電子配置に対応する波動関数の線型結合でできる波動関数が実際の各項に対応する．このような理由で表 7.4 中の各電子配置と生じる項は必ずしも 1：1 に対応するわけではない．実際のエネルギー状態は項により表されているので，上記の操作はすべて項を見出すための方法と心得ておくべきである．M_S と M_L の各

表 7.5 f^n 電子配置から生じるラッセル-サンダース項[4]

電子配置	ラッセル-サンダース項
f, f^{13}	$^2\underline{F}$
f^2, f^{12}	$^1S, ^1D, ^1G, ^1I$ $^3P, ^3F, ^3\underline{H}$
f^3, f^{11}	$^2P, ^2D, ^2F, ^2G, ^2H, ^2I, ^2K, ^2L$ $^4S, ^4D, ^4F, ^4G, ^4\underline{I}$
f^4, f^{10}	$^1S, ^1D, ^1F, ^1G, ^1H, ^1I, ^1K, ^1L, ^1N$ $^3P, ^3D, ^3F, ^3G, ^3H, ^3I, ^3K, ^3L, ^3M$ $^5S, ^5D, ^5F, ^5G, ^5\underline{I}$
f^5, f^9	$^2P, ^2D, ^2F, ^2G, ^2H, ^2I, ^2K, ^2L, ^2M, ^2N, ^2O$ $^4S, ^4P, ^4D, ^4F, ^4G, ^4H, ^4I, ^4K, ^4L, ^4M$ $^6P, ^6F, ^6\underline{H}$
f^6, f^8	$^1S, ^1P, ^1D, ^1F, ^1G, ^1H, ^1I, ^1K, ^1L, ^1M, ^1N, ^1O$ $^3P, ^3D, ^3F, ^3G, ^3H, ^3I, ^3K, ^3L, ^3M, ^3N, ^3O$ $^5S, ^5P, ^5D, ^5F, ^5G, ^5H, ^5I, ^5K, ^5L$ $^7\underline{F}$
f^7	$^2S, ^2P, ^2D, ^2F, ^2G, ^2H, ^2I, ^2K, ^2L, ^2M, ^2N, ^2O, ^2Q$ $^4S, ^4P, ^4D, ^4F, ^4G, ^4H, ^4I, ^4K, ^4L, ^4M, ^4N$ $^6P, ^6D, ^6F, ^6G, ^6H, ^6I$ $^8\underline{S}$

基底項は下線つきで示してある．

7.3 希土類イオンのエネルギー準位

表 7.6 Ln^{3+} の 4f 電子数と基底項[1]

イオン	電子数	基底項	イオン	電子数	基底項
La^{3+}	f^0	$^1S_0$	Tb^{3+}	f^8	$^7F_6$
Ce^{3+}	f^1	$^2F_{5/2}$	Dy^{3+}	f^9	$^6H_{15/2}$
Pr^{3+}	f^2	$^3H_4$	Ho^{3+}	f^{10}	$^5I_8$
Nd^{3+}	f^3	$^4I_{9/2}$	Er^{3+}	f^{11}	$^4I_{15/2}$
Pm^{3+}	f^4	$^5I_4$	Tm^{3+}	f^{12}	$^3H_6$
Sm^{3+}	f^5	$^6H_{5/2}$	Yb^{3+}	f^{13}	$^2F_{7/2}$
Eu^{3+}	f^6	$^7F_0$	Lu^{3+}	f^{14}	$^1S_0$
Gd^{3+}	f^7	$^8S_{7/2}$			

組み合わせが各エネルギー状態に1:1で対応するわけではなく，それらの線型結合で合成される波動関数の示す状態が各項に対応するのである．また，このような波動関数を用いて各項のエネルギーは計算される．

結局，f^2 の電子配置からは7種類のラッセル-サンダース項（LS項）が生じ，J 準位の数（J 値）は合計13個になっている．表7.5に $f^1 \sim f^{14}$ の電子配置から生じる項のまとめを示した．以上のような方法により各電子配置に対する項を求め，フントの規則により決められるのは基底項のみであり，その上のエネルギー準位の順番は計算によらなければ決められない．

表7.5でわかるように f^n の電子配置と f^{14-n} の電子配置は同一の項のセットを与える．これは電子と正孔の数が同一なので負電荷と陽電荷を持つ粒子が同数存在する場合に相当し，基本的に同一の結果となっている．ただし，フントの規則により基底項の J 値は違ってくるし，その上の順番も異なる．表7.6には Ln^{3+} の基底項を J 値まで含めて示した．

7.3.3 希土類イオンのエネルギー準位

希土類原子（Ln）がイオン化して Ln^{3+} になるときには，エネルギーの高い5d軌道，6s軌道から電子がとられてキセノン殻に4f電子が加わった Ln^{3+} の電子配置（$4d^{10}4f^n5s^25p^6$）となる．4f電子はその外にある5s軌道や5p軌道により遮蔽されているので，配位子など隣接する原子の軌道との相互作用が無視できるほど小さく，f軌道に対する配位子の影響は一般の遷移金属に比べて相当小さいので，f-f遷移は線状のスペクトルを与える．f^n の電子配置に対して可能な電子状態の数（$^{2s+1}L_J$ のとりうる J の数まで考慮したすべての項の総

数，すなわち，可能な M_S と M_L の組み合わせの総数）はすでに前項で f^2 の電子配置について述べたように $14!/n!(14-n)!={}_{14}C_n$ 個である．これらのエネルギーを計算するには，下記のようにラッセル-サンダース相互作用とスピン-軌道結合を含めたハミルトニアンに基づいて固有値を計算すればよい．

$$H = H_0 + H_{LS} + H_j \qquad (7.8)$$
　　　　（軌道エネルギー）　（LS項）　（J準位）

ここで，H_0 は電子間相互作用のない場合の軌道電子のエネルギー，H_{LS} は電子間の静電相互作用によるエネルギー，H_j は軌道角運動量とスピン角運動量の相互作用によるエネルギーである．各エネルギーによる分裂の様子を，$4f^6$ について図 7.5 に示した．

図 7.5 に示すように，J の値で表される各項は最終的に結晶場により分裂する．

LS項のエネルギー分裂の大きさがスピン-軌道結合による分裂（式 (7.8) の H_j つまり J 準位の間隔）より大きい場合は LS 項間の混じり合いはほとんど起こらず，各 LS 項は独立している．この場合，ラッセル-サンダース結合の方法に従い，スピン-軌道結合の演算子 $\zeta L \cdot S$ を用いて J 値による分裂を計

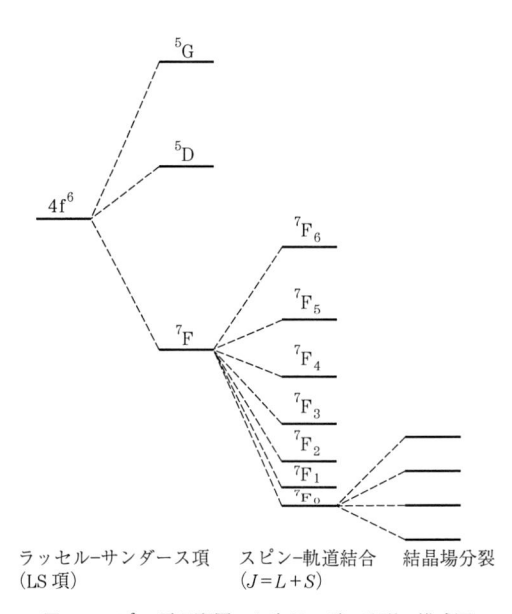

図 7.5　$4f^6$ の電子配置から生じる項の分裂の模式図

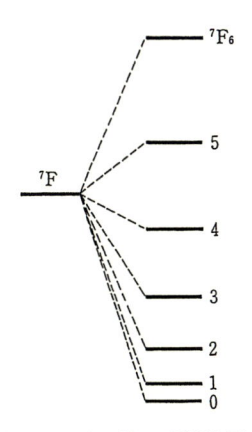

図 7.6 ^{7}F ($L=3$, $S=3$) 項のラッセル-サンダース近似を用いたスピン-軌道結合による分裂[4] ζ の値は Eu^{3+} の場合と同様，正の値と仮定した．

算することができる．各 LS 項の分裂は許される J 値によるエネルギー値

$$\frac{\zeta}{2\{J(J+1)-L(L+1)-S(S+1)\}} \tag{7.9}$$

に分裂する．ここで ζ はスピン-軌道結合定数といい，実験値との比較により求められる．2つの隣り合った J 準位間のエネルギー値は ζJ (J は2つのレベルのうち，大きいほうの値) で与えられるため，J 値による分裂は図7.6のように，ある規則的間隔となる．この間隔，つまり式 (7.9) は，ランデの間隔則 (Lande's interval rule) と呼ばれる．

図7.6では ^{7}F の LS 項がスピン-軌道結合により $J=0$ から $J=6$ まで分裂している様子を示した．準殻が半分以下しか詰まっていない場合は，ζ 値は正の値で，基底項は J が最小の値，つまり図7.6の場合では $J=0$ となる．逆に半分以上詰まっているときは ζ は負の値となり，基底項は J が最大の値となるので，図7.6とは上下が逆の分裂パターンとなる．なお，いずれの場合も各 J 準位は $(2J+1)$ 重に縮重しており，これは磁場をかけると $(2J+1)$ 個の等間隔な準位に分裂する．なお，LS 項の分裂幅が小さい場合，スピン-軌道結合により，異なる LS 項からも同一の J 値と M_J 値を持つ項があると，互いに混じり合いを生じることがある．

以上の計算により，各 Ln^{3+} のエネルギー項を計算したものを，図7.7に示した[8,9]．この種のダイアグラムはしばしば報告者の名前をとってディーケの

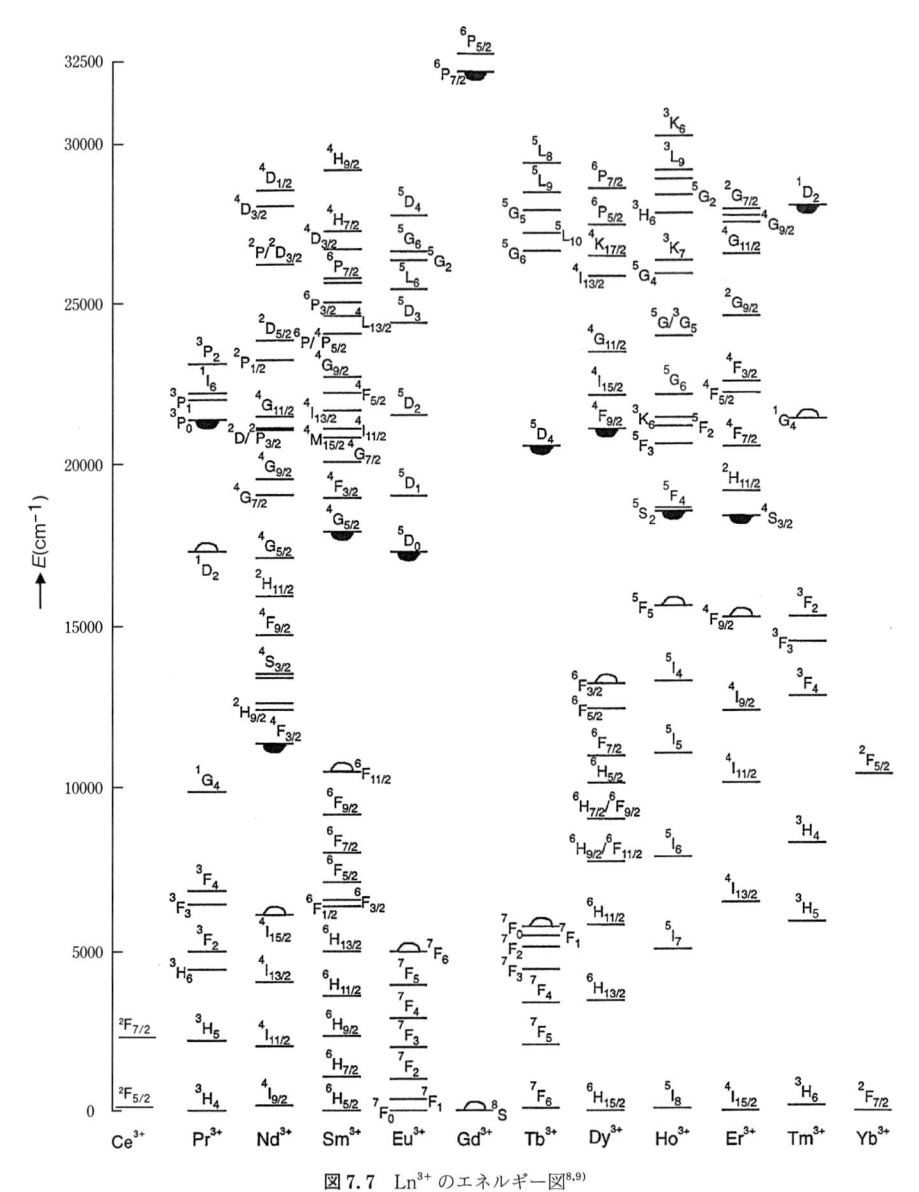

図 7.7 Ln^{3+} のエネルギー図[8,9]

▼は励起ラッセル-サンダース項中の最低エネルギー項を，△は基底ラッセル-サンダース項中の最高エネルギー項を示す．

エネルギーダイアグラム (Dieke diagram) と呼ばれる[10]．

ディーケのエネルギーダイアグラムは今日でも f-f 遷移を説明するのに十分有効であるが，その後，希土類元素の発光材料への応用が広がるにつれ，さらに計算の改良[11~13]やより上の励起レベルの計算[14,15]が試みられている．

すでに述べたように $4f^n$ と $4f^{14-n}$ の電子配置では，同じ LS 項を与えるが，J 準位への分裂は上下逆転している．重希土では原子番号の増加とともに LS 項の分裂は大きくなる．また，$|\zeta|$ は原子番号とともに増加する．重希土の $|\zeta|$ は大きく，たとえば $Pr^{3+}(4f^2)$ では ζ は約 744 cm^{-1} であるが，$Yb^{3+}(4f^{13})$ では約 3000 cm^{-1} である．ζ の値の大きさや，ζ の正負により J 準位が上下逆転することを図 7.7 の $Eu^{3+}(4f^6)$ と $Tb^{3+}(4f^8)$ の比較，あるいは $Pr^{3+}(4f^2)$ と $Tm^{3+}(4f^{12})$ の比較で読み取ってほしい．

引 用 文 献

1) S. Cotton, *Lanthanide and Actinide Chemistry*, John Wiley & Sons (2006).
2) P. Pyykkö, *Chem. Rev.*, **88**, 563 (1988).
3) P. Pyykkö and J.-P. Desclaux, *Acc. Chem. Res.*, **12**, 276 (1979).
4) 足立吟也編著，希土類の科学，化学同人 (1999).
5) M. S. Banna, *J. Chem. Education*, **62**, 197 (1985).
6) R. L. DeKock and H. B. Gray, *Chemical Structure and Bonding*, The Benjamin/Cummings Pub. (1980).
7) D. サットン著，伊藤 翼・広田文彦訳，遷移金属の電子スペクトル，培風館 (1971).
8) S. Hüfner, *Systematics and Properties of the Lanthanides*, S. P. Sinha ed., Reidel (1983).
9) M. P. O. Wolbers, F. C. J. M. van Veggel, B. H. M. Snellink-Ruël, J. W. Hofstraat, F. A. J. Geurts and D. N. Reinhoudt, *J. Chem. Soc., Perkin Trans.*, **2**, 2141 (1998).
10) G. H. Dieke and H. M. Crosswhite, *Appl. Optics*, **2**, 675 (1963).
11) K. Ogasawara, S. Watanabe, Y. Sakai, H. Toyoshima, T. Ishii, M. G. Brik and I. Tanaka, *Jpn. J. Appl. Phys.*, **43**, L611 (2004).
12) K. Ogasawara, S. Watanabe, H. Toyoshima, T. Ishii, M. G. Brik, H. Ikeno and I. Tanaka, *J. Solid State Chem.*, **178**, 412 (2005).
13) K. Ogasawara, S. Watanabe, T. Ishii and M. G. Brik, *Jpn. J. Appl. Phys.*, **44**, 7488 (2005).
14) A. Meijerink and R. T. Wegh, *Mater. Sci. Forum*, **11**, 315 (1999).
15) B. G. Wybourne and L. Smentek, *Optical Spectroscopy of Lanthanides, Magnetic and Hyperfine Interactions*, CRC Press (2007).

8
希土類イオンの電子スペクトル

8.1 希土類イオンの配位子場理論

　結晶場理論や配位子場理論についてはすでに優れた成書があるが[1,2]，それらはほとんど 3d 遷移金属化合物に関するものであり，4f 電子の希土類に関する配位子場の取り扱いを含んだものは少ない．4f 電子の配位子場理論の詳細については引用文献を参考にしていただきたい[3〜7]．4f 電子の扱いは基本的には 3d 化合物と同じように，第 7 章で求めた各エネルギー項が配位子場の中で，場の対称性に従ってどのように分裂するかを考えればよいはずである．しかしここで問題になるのは，3d 電子と 4f 電子の錯体の違いである．3d 電子では配位場分裂は主として正四面体，正八面体，平面四角形の配位子場での各項の分裂パターンを計算しておけば，それを利用して多くの錯体のスペクトルが理解できた．一度各配位構造についての計算をしておけば，配位構造は多くの場合上記 3 種のどれかであるので，配位子場の強さを変えるだけでその計算結果が利用できた．4f 電子は，5s 電子，5p 電子に遮蔽されていて配位子との相互作用が弱く，配位子との相互作用は静電的性格が強いので，4f 軌道の配位子による分裂がエネルギー的安定化をもたらし配位構造を決めるというよりは，静電的要因や配位子の構造で錯体の配位構造が決められることが多い．金属の 4f 軌道の向きが配位構造の決定に大きく関与しないので配位構造は多様である．希土類イオンは，通常 8〜9 配位が最も安定な配位数であるが，そのほかにも 6 配位から 12 配位まで多様な配位数をとり，しばしば歪んだ配位構造をとる．希土類の錯体は対称性の低い多様な配位子場を形成するため，従来の 3d 遷移金属イオンについて導かれている各項の典型的配位構造による分裂パターンを用いるやり方は一部の希土類錯体には適用できるが，多くの希土類

錯体に適用することはできない．また，スピン-軌道相互作用が強く，4f軌道以外に5d軌道，6s軌道が時に遷移に関与するので，許容遷移のルールがそのまま成立しない場合があり，電子スペクトルでは電気双極子以外に磁気双極子遷移も観測にかかってくる．しかし一方，4f電子は5s電子，5p電子に遮蔽されているため配位子との相互作用が弱く，配位子場の影響は3d遷移金属化合物に比べてはるかに小さいという事実がある．つまり希土類イオンでは，3d遷移金属イオンに見られるほど配位子場分裂は重要ではない．実際，LnF_3のようなハロゲン化物の結晶のスペクトル（吸収・蛍光）はガス状のイオンのそれに非常によく似ており，線幅の狭いピークを示す．結晶場による分裂は高々100 cm^{-1}程度と見積もられる．

配位子場分裂の計算の具体的な方法は引用文献を参考にしていただきたいが[3~7]，4f^{1}電子配置に対する分裂は定性的には3d^{1}電子配置のときと同様に，一電子軌道が配位子の配置により静電的に安定化するか不安定化するかを考えれば分裂のパターンが予想できるはずである．たとえば正八面体中のCe^{3+}(4f^1)またはPr^{4+}(4f^1)の結晶場分裂は一電子系であるので，図7.1の軌道の方向を八面体の中で考えればよい．f_{xyz}は配位子の方向から外れているので，配位子により安定化するであろう．逆に，f_{z^3}，f_{x^3}，f_{y^3}は配位子の方向を向いているので，不安定化するであろう．残りの3つの軌道はこれらの軌道の中間の安定化を受けるであろう．以上より，4f軌道は正八面体の配位子場により3組に分裂し，そのエネルギーの順番と縮重の数はエネルギーの上から三重，三重，一重縮重となる．この様子が図8.1 (a) の計算結果に現れている．しかし実際には4f遷移金属イオンの場合，結晶場は弱く，それよりスピン-軌道相互作用による分裂のほうが大きい．そこで，スピン-軌道相互作用のみ，および両者を考慮した分裂パターンを計算すると，図8.1 (b) と (c) のような結果になり，(b) が実際のスペクトルに近いとわかった．このことから，希土類の4f軌道の電子状態は結晶場とスピン-軌道相互作用を両方考慮する必要がある．また，図8.1より4f電子では結晶場よりスピン-軌道相互作用のほうが大きな摂動を与えることがわかる．2電子系のPr^{3+}(4f^2)でも同様な計算が行われている（図8.2）．ここでもスピン-軌道相互作用のほうが結晶場による影響よりはるかに大きいことがわかる．

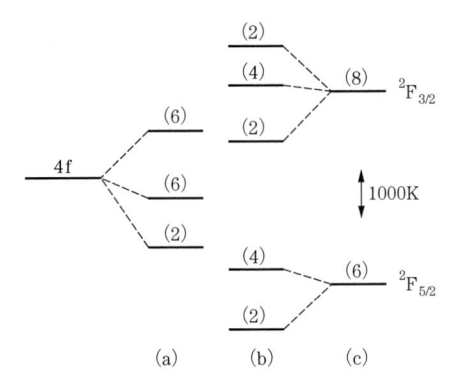

図 8.1 正八面体的に陰イオンが配位した Ce^{3+} または Pr^{4+} のエネルギー準位[4]
( )内はスピンも含めた縮重度．(a) 結晶場のみ，(b) 結晶場とスピン-軌道相互作用，(c) スピン-軌道相互作用のみを考慮した計算結果．

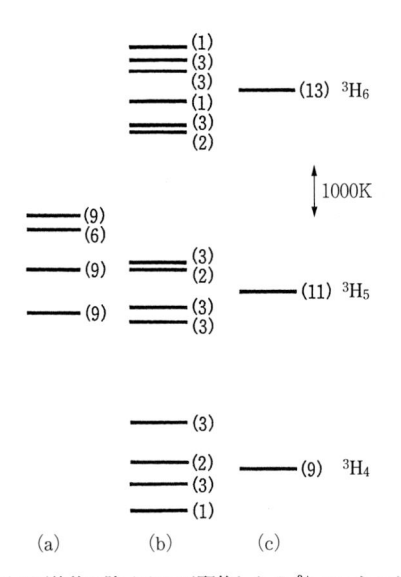

図 8.2 正八面体的に陰イオンが配位した Pr^{3+} のエネルギー準位[4]
( )内はスピンも含めた縮重度．(a) 結晶場のみ，(b) 結晶場とスピン-軌道相互作用，(c) スピン-軌道相互作用のみを考慮した計算結果．

8.2 希土類イオンのスペクトルの特徴

8.2.1 スペクトルの線幅

希土類イオンのf-f遷移による吸光や発光（蛍光，燐光）の特徴は，スペクトルの線幅が狭く，原子線のような鋭い線スペクトルを与えることである．これは，4fイオンと結晶場との相互作用が弱いため，電子-フォノン結合によるエネルギー遷移の広幅化（ブロードニング）が起こらないためである．

スペクトルのピーク幅は，図8.3のように，配位座標によるポテンシャル図を用いて説明できる．図8.3は，ポテンシャルエネルギーEを2原子分子の原子間距離Rの関数として表したもので，RがR_0のときポテンシャルは最小値を与える．つまりR_0は基底状態における2原子間の平均距離である．放物線に近似したポテンシャル曲線は，

$$E = \frac{1}{2}k(R-R_0)^2 \tag{8.1}$$

で表され，量子化された振動レベルは，

$$E_v = \left(v+\frac{1}{2}\right)h\nu, \quad v=0,1,2,\cdots \tag{8.2}$$

で与えられる．$v=0$の状態では$R=R_0$で最大の存在確率を持つ．それより上

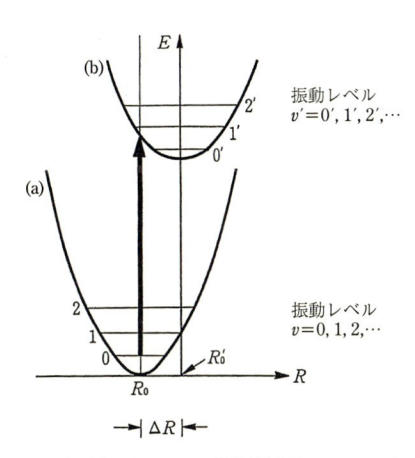

図8.3 配位座標系を用いた放物線近似のエネルギー曲線
R_0，R_0'は，基底状態（a）および励起状態（b）の平衡距離である．

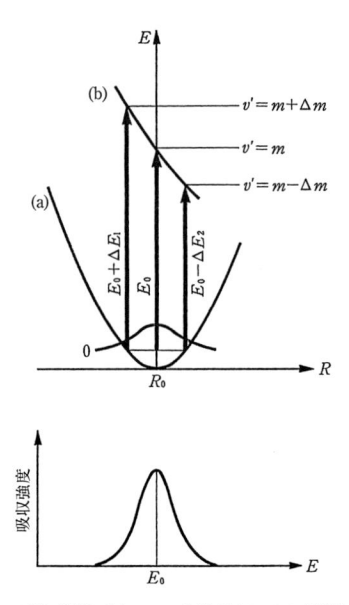

図 8.4 基底状態 (a) → 励起状態 (b) への光学吸収により観測される吸収スペクトル[4]

の振動レベル ($v=1, 2, \cdots$) では放物線上に最大確率がある．この存在確率の関係は励起状態のポテンシャル曲線にも当てはまる．一般に励起状態では結合が弱いので励起状態の平均距離を R_0' とすると $R_0' > R_0$ である．基底状態から励起状態への光の吸収あるいはその逆の光の放出（発光）は電子遷移であり，この際ほとんど原子が移動して結合距離を変えることなく図8.3中の (a) の状態から (b) のポテンシャル状態に移る（フランク-コンドンの原理，Frank-Condon principle）（図中で垂直の太線で示された遷移）．一般にこの遷移はほとんど R_0 の位置から起こるので，図8.4のように $v'=m$ のところで一番強く吸収が起こり，$v'=m+\Delta m$ や $v'=m-\Delta m$ での吸収はそれほど強くない．そこで吸収スペクトルは図8.4の下のスペクトルのような形になる．図8.4のポテンシャル曲線は希土類イオンと配位子との間に相互作用がある場合の曲線であるが，配位子との相互作用が弱い場合は (a) と (b) のカーブは最小の R 値をほとんど同一にする（図8.5 (a)）．この場合は吸収および発光スペクトルの線幅が狭いことが理解されよう．これらの図により，配位子との相互作用が弱くイオン結合性の強い希土類イオンの錯体では，吸光，発光いずれのスペク

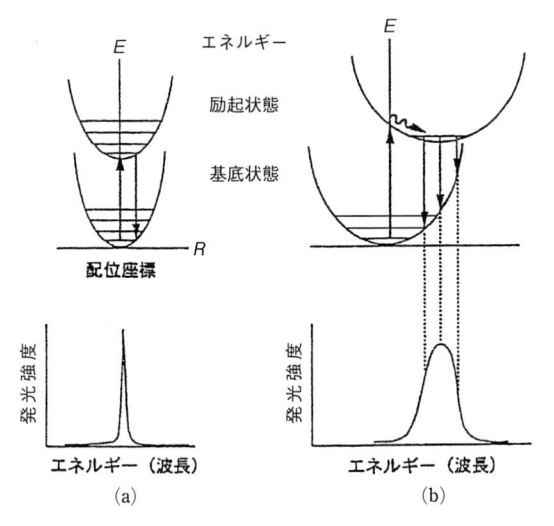

図 8.5 希土類イオンの吸光と発光
(a) 隣接原子との相互作用がない場合,(b) ある場合.

トルにおいてもしばしば線幅が広がらずに鋭いスペクトル線が観測されることがわかる.図8.5 (b) のように希土類イオンと配位子の間にある程度相互作用がある場合は,図からわかるように吸光・発光ともスペクトル線幅が広がり,発光極大波長は吸収極大波長より長くなる.

8.2.2 選択律とスペクトル強度

まず,希土類イオンの電子遷移の選択律(selection rule)や遷移確率(transition probability)の説明に入る前に,一般のイオンの場合について述べる.電子遷移の機構には,電気双極子,磁気双極子,電気四極子などのメカニズムがある.一般には電気双極子による遷移強度が強く,吸光・発光スペクトルで支配的であるので,以下には主として電気双極子による電子遷移とスペクトル強度について述べる.図8.3で基底状態((a)で示されるカーブ)の $v=0$ の振動状態から励起状態 (b) の $v=v'$ の振動状態への電気双極子に基づく光学遷移確率(optical transition probability)は,

$$<\Phi_b|\mathrm{er}|\Phi_a><\chi_{v'}\chi_o> \tag{8.3}$$

の値に比例する.ここで,Φ_b と Φ_a はそれぞれ励起状態と基底状態の電子波

動関数，er は電気双極子（electric dipole）の演算子，χ は振動の波動関数で下つきの v' と o はそれぞれ励起状態と基底状態の振動の量子数で，第2項 $<\chi_{v'}\chi_o>$ は振動の波動関数の重なりを表している．式（8.3）の第1項は遷移の強度を，第2項は吸収スペクトルの形を決める．$\Delta R = R'-R=0$ のときは第2項が $v=0$ で $v'=0$ のときのみ値を持つので，1本の幅のない線スペクトルになる．$\Delta R \neq 0$ のときは幅のある吸収スペクトルとなり，ΔR が大きくなるほど吸収ピークの幅も広がることは前項でも図示したとおりである．温度を上げると基底状態で $v>0$ の振動レベルをとるようになるので吸収のスペクトル幅は広がる．

$<\Phi_b|\mathrm{er}|\Phi_a>$ により決まる遷移強度（transition intensity）は，$<\Psi_b|\mathrm{er}|\Psi_a>$ の行列要素を計算して求める．行列要素が 0 となる b と a の間の遷移は禁制遷移（forbidden transition）である．電子遷移（electronic transition）における禁制遷移は，以下のような場合が該当する．

① スピン多重度の異なる状態間の遷移（スピン選択律，spin selection rule）．

② 同一のパリティー（parity）（gerade，ungerade など）を持つ状態間の遷移（パリティー選択律，parity selection rule）．これにはラポルト禁制（Laporte's rule）などの存在が該当する．

ただし，パリティー選択律は電気双極子遷移の場合にのみ適用される．

実際は，これらの選択律が破られ，禁制遷移でも弱い光学遷移が見られることがある．これはスピン-軌道相互作用，電子状態-振動状態の結合（振動-電子相互作用，振電相互作用）などの存在による．

遷移強度は無次元の値である振動子強度（oscillator strength）I_os により表される．I_os は吸収スペクトルから式（8.4）により実験的に求められる．

$$I_\mathrm{os} = \frac{10^3 \, mc^2 \ln 10}{N_\mathrm{A} \pi e^2} \int \varepsilon(\nu) \mathrm{d}\nu \qquad (8.4)$$

ここで $\varepsilon(\nu)$ は，モル吸収係数（molar extinction coefficient），N_A はアボガドロ数，ν は波数，m は電子の質量，c は光の速度である．I_os は理論的には電気双極子，磁気双極子，あるいは電気四極子の遷移モーメントの2乗に比例する．つまり，式（8.3）の2乗に比例する．

8.2 希土類イオンのスペクトルの特徴

2つの状態,すなわち,(L, S, J) と (L', S', J') の間の電気双極子遷移（electric dipole transition）における許容遷移（allowed transition）は以下の条件を満たすものである.

$$\Delta L = \pm 1, \quad \Delta S = 0, \quad \Delta J = \pm 1$$

既に述べたようにパリティーが変化する（gerade (g) $\rightleftarrows$ ungerade (u)）ことが許容遷移として必要で，その他は禁制遷移である．電気双極子遷移のほかに，磁気双極子遷移（magnetic dipole transition），電気四極子遷移（electric quadrupole transition），磁気四極子遷移（magnetic quadrupole transition）など，およびこれらの組み合わせによる遷移もあるが，これらの強度は非常に弱い．上記の選択律は原子番号が増すにつれ，次第に厳密に成り立たなくなる．これは軌道の混じり合いが起こりラッセル-サンダース結合の考え方が成り立たなくなるためで，希土類元素のように原子番号の大きい元素については，上記の選択律からかなり外れたスペクトル強度が見られることが多い.

以上が一般の中程度の原子番号のイオンの場合の遷移確率と選択律であった．希土類の 4f 電子ではその特殊性によりスペクトルに特異なスペクトルの形状と強度が見られる．4f 電子は配位子との相互作用が希薄であり，その遷移は線幅の狭いスペクトルになることが多いが，このようなスペクトルの遷移は同じパリティー間の遷移と考えられるものがあり，電気双極子遷移として考えると許容遷移の条件に合わない．磁気双極子遷移が一部関与していることが考えられる．磁気双極子の選択律は $\Delta J = \pm 1, 0$（ただし，$J = 0 \rightleftarrows J' = 0$ は禁制）で同じパリティー間（u $\rightleftarrows$ u, g $\rightleftarrows$ g）が許容である．しかしまた，希土類イオンが反転対称を持たない環境にいるときや歪んだ環境のときには $4f^n$ 状態に別のパリティー状態の $4f^{n-1}5d$ 状態が一部混じって，エネルギー的には大きな変化が見られなくても，遷移強度がかなり強くなり，線幅の狭いスペクトル（吸光，発光）が観測される．これは奇と偶のパリティーのわずかな混じり合いにより電気双極子遷移が可能となり，強度のかなり大きい遷移として観測されることによる．これとは対照的に配置間の遷移 $4f^n \rightarrow 4f^{n-1}5d$ の遷移では配位子と中心金属の 5d 軌道の結合の共有結合性により，5d 振電相互作用の寄与が入るため，線幅の広いスペクトルが観察される.

結晶場により異なる J 値の混じり合いがある場合は，$\Delta J = \pm 1, 0$ の選択律

は厳密に当てはまらなくなる．$4f^n$ 状態に別のパリティーの $4f^{n-1}5d$ が混入した場合の電気双極子遷移の選択律によるスペクトルの解釈は重要であり，これに関してはジャッド-オーフェルト理論（Judd-Ofelt theory）が使われている．この理論によれば，電気双極子遷移の大きさを遷移前後の波動関数 Ψ_a, Ψ_b とジャッド-オーフェルト強度パラメーター Ω を用いて計算できる．Ω の値は吸収スペクトルから求めることができるので，吸収スペクトルから求めた Ω の値を用いて発光スペクトルの強度を半経験的に求めることができる．以下にジャッド-オーフェルト理論の骨子を簡単に述べるが，その詳細については引用文献を参考にしていただきたい[4,7~10]．

ジャッド-オーフェルト理論によると，$4f^n$ 状態間の電気双極子遷移の選択律は，

① ラッセル-サンダース近似が近似的に用いられる場合は，

$$\Delta J \leq 6, \quad \Delta S = 0, \quad \Delta L \leq 6$$

② 偶数の 4f 電子からなる希土類イオンでは，

$$\begin{cases} J=0 \rightleftarrows J'=0 \text{ は禁制遷移} \\ J=0 \rightleftarrows J'=\text{奇数のとき弱い遷移} \\ J=0 \rightleftarrows J'=2,4,6 \text{ のとき強い遷移} \end{cases}$$

となる．しかし，これはラッセル-サンダース結合近似を仮定して出された結果であって，実際には希土類イオンではスピン-軌道結合がかなり大きく働くため，励起状態と基底状態の混じり合いが起こる．その結果，希土類イオンのスペクトルでは，本来極めて弱いはずの四極子遷移に基づく吸光や発光さえ見られることがある．しかし実際には，多くの場合の遷移は電気双極子と磁気双極子のいずれかを考えれば十分である．ラッセル-サンダース結合近似が不適当な場合にはラッセル-サンダース項（LS 項）の混じり合いが起こり，実際に意味を持つのは J 値のみになる．つまり希土類イオンのエネルギー準位は LS 項が混合している．また，そのスペクトルは，磁気双極子遷移の選択律とジャッド-オーフェルトの電気双極子遷移に関する選択律によって，主として支配されている．

さらにスペクトルを支配するもう一つの重要な因子として，希土類イオンの置かれた配位環境の対称性がある．イオンの置かれた場の対称性について，こ

こで簡単に述べておこう．詳細は文献を参照していただきたい[4]．3+の希土類イオン（Ln^{3+}）が反転対称の場に置かれている場合は，奇の項が混入できない均一の場が関与するので磁気双極子による遷移のみが許容となり，通常は非常に弱い遷移強度が見られる．しかし反転対称の場の場合でも，電気双極子による相当強い遷移が観測されることがしばしばある．これは Ln^{3+} がわずかに歪んだ結晶場に存在する傾向があるためと考えられている．一方，反転対称でない場に Ln^{3+} が存在する場合は異なったパリティーの状態が混入できるので $4f^n$ 状態に $4f^{n-1}5d$ 状態が混入し，電気双極子による遷移が許容となり，かなり強い遷移が見られる．以上が対称性が光学遷移に及ぼすおおよその影響であるが，より具体的にそれぞれの対称場で遷移が何本のスペクトル線としてどの程度の強度で観測されるかということについては，文献を参照いただきたい[4]．また，9.2.4項では発光の場合のジャッド-オーフェルト理論を考慮した典型的配位子場での分裂パターンを，具体的な錯体を例にとって述べている．

8.3　希土類イオンの吸収スペクトル

表 2.1 に示したように，Ln^{3+} にはきれいな色のついたものが多い．これらは f-f 遷移が可視部に存在するためである．f-f 遷移は，前節で見たように電気双極子のみならず磁気双極子機構によりかなり強く観測される．特にこれは発光スペクトルにおいてそうである．

f^0, f^{14} の電子配置を持つ La^{3+} と Lu^{3+} には，当然ながら f-f 遷移によるスペクトルは観測されない．また，f^1 の Ce^{3+} と f^{13} の Yb^{3+} も同一の L 値の項しかないため（図 7.7 参照），$\Delta L=\pm 1$ の条件を満たせず f-f 遷移は基本的に期待できない．ただし，Ce^{3+} の $^2F_{5/2}$ から $^2F_{7/2}$ への遷移が 2000 cm^{-1} の少し上の赤外領域にスペクトル幅の広いバンドとして見える．一方，Ce^{3+} や Yb^{3+} では他の多くの希土類イオンと同様に $4f^n$ から $4f^{n-1}5d^1$ に基づくスペクトル幅の広い吸収が紫外部に見える．Eu^{3+} や Yb^{3+} などいくつかのイオンは可視部に吸収を持たず無色であるが，Pr^{3+}，Nd^{3+}，Er^{3+} の 3 個のイオンの化合物は常に色がついている．図 8.6 に，$PrCl_3$ の水溶液の吸収スペクトルを示した．このように Ln^{3+} の無機化合物の水溶液の f-f 吸収スペクトルは気体イオンのスペクトルと似ており線幅が狭い．表 8.1 には，いくつかの希土類水和イオンの吸収ス

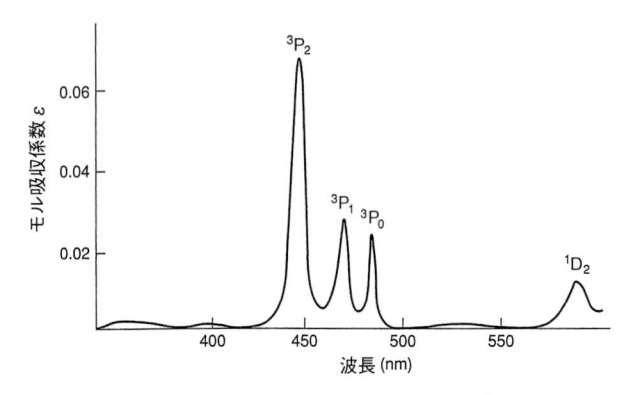

図 8.6 PrCl$_3$ 水溶液の吸収スペクトル[11]

表 8.1 希土類水和イオンの吸収スペクトル

イオン	λ_{max} (nm)	ε_{max} (mol^{-1} l cm^{-1})	文献
Eu^{3+}	393	3	12)
Tb^{3+}	308	0.3	12)
Dy^{3+}	350.6	2.40	13)
	364.5	2.00	
Ho^{3+}	536.5	4.42	13)
	640.3	3.17	
	451.4	3.94	
	450.5	3.92	
	241.1	3.52	
	287.6	3.37	
Er^{3+}	523.3	3.10	13)
	378.4	5.25	
	255.2	6.45	

ペクトルの特性をまとめた.

　希土類イオンは Ln^{2+} の酸化状態も存在するが，一般に不安定である．Ln^{2+} は CaF$_2$ の結晶中に Ln^{3+} をドープし，γ線照射して作る．Ln^{2+} のエネルギーレベルは Ln^{3+} の対応するレベルよりレベル間のエネルギー差が小さく，Ln^{3+} とは異なる色をしている.

　希土類の錯体は配位数が様々であり，f-f 遷移が環境の影響を強く受けないので，電子スペクトルは一般的には d-d 遷移のように配位構造を推定する手

段にならない．しかし，錯体によってはスペクトルの線幅が広がっていたり，通常微弱な遷移の強度が強くなっているものがあり，前者では配位子との電荷移動型相互作用，後者では希土類イオンの置かれている場の対称性の変化が考えられる．

引用文献

1) D. J. Newman and B. K. C. Ng eds., *Crystal Field Handbook*, Cambridge University Press (2007).
2) B. N. Figgis and M. A. Hitchman, *Ligand Field Theory and Its Applications*, Wiley-VCH (1999).
3) C. Görller-Walrand and K. Binnemans, *Handbook on the Physics and Chemistry of Rare Earths*, Vol. 25, K. A. Gschneidner, Jr., J.-C. G. Bünzli and V. K. Pecharsky eds., Chap. 167, Elsevier (1998).
4) 足立吟也編著，希土類の科学，第8章，化学同人 (1999).
5) C. Görller-Walrand and K. Binnemans, *Handbook on the Physics and Chemistry of Rare Earths*, Vol. 23, K. A. Gschneidner, Jr., J.-C. G. Bünzli and V. K. Pecharsky eds., Chap. 155, Elsevier (1996).
6) D. Garcia and M. Faucher, *Handbook on the Physics and Chemistry of Rare Earths*, Vol. 21, K. A. Gschneidner, Jr., J.-C. G. Bünzli and V. K. Pecharsky eds., Chap. 144, Elsevier (1995).
7) B. G. Wybourne and L. Smentek, *Optical Spectroscopy of Lanthanides, Magnetic and Hyperfine Interactions*, CRC Press (2007).
8) K. Ogasawara, S. Watanabe, H. Toyoshima and M. G. Brik, *Handbook on the Physics and Chemistry of Rare Earths*, Vol. 37, K. A. Gschneidner, Jr., J.-C. G. Bünzli and V. K. Pecharsky eds., Chap. 231, Elsevier (2006).
9) G. W. Burdick and M. F. Reid, *Handbook on the Physics and Chemistry of Rare Earths*, Vol. 37, K. A. Gschneidner, Jr., J.-C. G. Bünzli and V. K. Pecharsky eds., Chap. 232, Elsevier (2006).
10) B. Keller, K. Bukietyńska and B. J.-Trzebiatowska, *Chem. Phys. Lett.*, **92**, 541 (1982).
11) S. Cotton, *Lanthanide and Actinide Chemistry*, Chap. 5, Wiley (2006).
12) B. Alpha, V. Balzani, J.-M. Lehn, S. Perathoner and N. Sabbatini, *Angew. Chem. Int. Ed. Engl.*, **26**, 1266 (1987).
13) K. Jørgensen, *Acta Chem. Scand.*, **11**, 981 (1957).

9
希土類イオンの発光

　希土類イオンの発光は寿命（lifetime）の長いものが多く，これらは実質的に燐光（phosphorescence）と呼ぶべきものであるが，錯体の燐光を蛍光（fluorescence）と呼んでいる論文や総説も多い．両者を合わせて発光（ルミネセンス，luminescence）という．燐光と蛍光の違いは発光機構によるものであるが（前者は三重項から基底項への遷移で禁制遷移，後者は一重項励起状態から基底項への遷移で許容遷移），希土類イオンの場合，その発光機構から発光（あるいはルミネセンス）と呼ばれる．両者の区別は時に曖昧で，習慣として，10^{-9}～10^{-3} s（秒）程度の発光寿命を蛍光，それより長い発光寿命を燐光というようである．

9.1 蛍光・燐光の物理化学

　本節ではまず発光（蛍光・燐光）一般について，発光の機構や励起効率，寿命などの物理化学的側面を，有機蛍光性化合物を例にとって説明する．希土類錯体の発光については9.2節で述べる．

9.1.1 励起と発光

　蛍光性有機化合物の励起と蛍光あるいは燐光とは，以下のような機構により起こる．

　励起光（照射光）を蛍光物質に照射することにより，物質が光のエネルギーを吸収して基底一重項状態 S_0 から励起一重項状態 S_1 に励起され，励起状態の寿命は長くないので自然にもとの S_0 に戻るときに一部のエネルギーが光として放出され蛍光として観測される（図9.1）．また，表9.1には図9.1中の各現象や状態のおおよその速度あるいは寿命をまとめた．

9.1 蛍光・燐光の物理化学

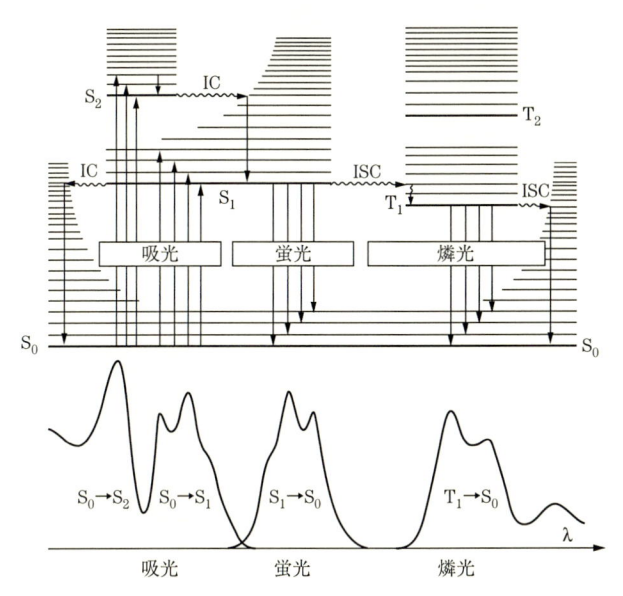

図9.1 吸光・蛍光・燐光のメカニズムとそれぞれのスペクトルの相対的波長位置およびスペクトル形状の特徴

エネルギーレベルは振動レベルを含む電子エネルギーレベルを示す．IC：internal conversion, ISC：intersystem crossing（系間交差）．

表9.1 吸光・蛍光・燐光に関与する現象のタイムスケール

吸光の速度	10^{-15} s
振動緩和の速度	$10^{-12} \sim 10^{-10}$ s
励起状態 S_1 の寿命（蛍光寿命）	$10^{-10} \sim 10^{-7}$ s
IC の速度	$10^{-11} \sim 10^{-9}$ s
三重項状態 T_1 の寿命（燐光寿命）	$10^{-6} \sim 1$ s
ISC の速度	$10^{-9} \sim 10^{-7}$ s

IC：internal conversion, ISC：intersystem crossing（系間交差）．

図9.1中のIC（internal conversion）は，2つのスピン多重度が同一で異なる電子状態，たとえば一重項同士の S_n から S_m への非放射失活遷移をいう．溶液中ではこの遷移により分子は S_n の振動レベルから S_m の励起振動レベルに遷移し，その後すぐに振動緩和が起こり，S_m の最低振動レベルに遷移する．この際，余分の振動エネルギーは周囲の溶媒などとの衝突により他の分子に受け渡される．励起が S_0 から S_1 へであればこのような過程で分子は S_1 の最低

振動レベルになり，そこから S_0 に緩和する．S_1 から S_0 に戻る過程，緩和（relaxation）では蛍光として発光して緩和する過程と，周囲に熱としてエネルギーを放出して緩和する過程が競争的に働く．多くの物質では緩和は S_1 からの発光としてではなく格子振動としてエネルギーを熱的に放出（熱的緩和（thermal relaxation），振動緩和（vibrational relaxation），格子緩和（lattice relaxation）などといわれる）して S_0 に戻るので，強い蛍光とはならない．蛍光性化合物では S_0 に戻るとき熱的緩和でなく特に光としてエネルギーを放出する確率が高いので蛍光が強く観察される．

一方，図9.1にはもう一つの緩和過程である ISC（intersystem crossing, 系間交差）が示されている．これは一重項状態 S_1 から三重項状態 T_1 への遷移のように異なる多重度の電子状態間の遷移である．このような遷移は禁制遷移であるから起こりにくいと考えられるが，両者の振動レベルを含むエネルギーレベルが同一あるいは近傍にあると起こりやすく（$10^{-7} \sim 10^{-9}$ s の速度），時に S_1 の他の失活過程，蛍光放射や S_1 から S_0 への IC などと十分競争的に起こる．また，スピン-軌道結合の大きい原子を含む系ではスピン禁制は破られやすく ISC が見られる．

9.1.2 励起状態の寿命と量子収率

S_1（あるいは T_1）は徐々にエネルギーを失って S_0 に戻るが，この時間を（蛍光・燐光）励起状態の寿命という．寿命は励起状態の失活（deactivation, エネルギーを失って下のエネルギーレベルに戻ること）に要する時間として定義される．失活には図9.2のようにいくつかの過程があるが，各過程の速度定数を以下のように定義する．なお，ここでは希薄溶液を考え，分子間の相互作用（分子同士の衝突など）による失活は考えないとする．

k_r^S：蛍光を伴う $S_1 \to S_0$ 過程の速度定数

k_{ic}^S：IC 過程による無放射的 $S_1 \to S_0$ 過程の速度定数

k_{ISC}：ISC 過程による無放射的 $S_1 \to T_1$ 過程の速度定数

後者の2つの無放射過程を合わせて全体の無放射過程の速度定数 k_{nr}^S は，$k_{nr}^S = k_{ic}^S + k_{ISC}$ となる．蛍光を伴う過程と無放射過程の両方により S_1 の失活の速度定数 k^S は $k^S = k_r^S + k_{nr}^S$ となる．

9.1 蛍光・燐光の物理化学

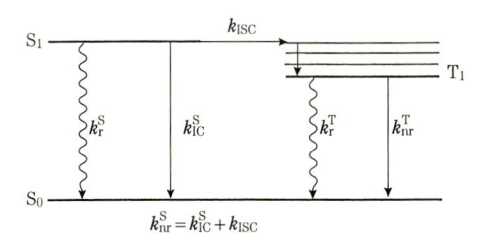

図 9.2 励起状態 S_1 の失活過程
波線は光の放射を伴う遷移.

T_1 からの失活の場合は，以下の速度定数を使用する．

k_r^T：燐光を伴う $T_1 \to S_0$ 過程の速度定数

k_{nr}^T：ISC 過程による無放射失活 $T_1 \to S_0$ の速度定数

蛍光性分子 A の濃度を $[A]$ (mol l^{-1}) のように表記するとすれば，A はパルス状の励起光を $t=0$ に受けて一部が S_1 になるが次第に S_0 に戻る．その際の A の S_1 の濃度 $[^1A^*]$ は，次の式に従って減衰する．

$$-\frac{d[^1A^*]}{dt} = (k_r^S + k_{nr}^S)[^1A^*] \tag{9.1}$$

式 (9.1) を積分し，$t=0$ での $^1A^*$ の濃度を $[^1A^*]_0$ で表すと，次の濃度式が得られる．

$$[^1A^*] = [^1A^*]_0 \exp\left(-\frac{t}{\tau_S}\right) \tag{9.2}$$

ここで，τ_S は S_1 の寿命であり，式 (9.3) で表される．

$$\tau_S = \frac{1}{k^S} = \frac{1}{k_r^S + k_{nr}^S} \tag{9.3}$$

蛍光強度は式 (9.4) に従って単位時間 (s) に単位体積 (l) の溶液から放射される光子 (photon) (mol あるいはアインシュタイン単位，1 einstein = 1 mol の光子) の量で表される．

$$A^* \xrightarrow{k_r^S} A + \text{photon} \tag{9.4}$$

蛍光強度 I_F は $[^1A^*]$ に比例し，そのときの比例定数は k_r^S であるので，蛍光強度は式 (9.5) となる．

$$I_F(t) = k_r^S[^1A^*] = k_r^S[^1A^*]_0 \exp\left(-\frac{t}{\tau_S}\right) \tag{9.5}$$

S_1 から S_0 への失活が蛍光の放出のみによるのであれば S_1 の寿命は $1/k_r^S$ で表され,これは無放射過程も含む失活による寿命である自然寿命(natural lifetime) τ_s に対して放射寿命(radiative lifetime)といい,τ_r で表される.

$$\tau_r = \frac{1}{k_r^S} \tag{9.6}$$

均一溶液における蛍光や燐光の寿命は励起波長にあまり依存しない.また,多くの場合,S_1 の上の振動レベルから最低振動レベルまで熱的緩和により失活した後,最低 S_1 レベルから S_0 への発光が起こる.

以上の数式でわかるように S_1 の失活曲線(しばしば減衰曲線(decay curve)と呼ばれる)は図9.3のようになる.ここで最初の $\tau/100$ のうちでは変化が速すぎて正確な測定ができない.また,最後のほうの 10τ 以上の時間ではほとんど変化がない.その間の真ん中の時間領域では蛍光強度の時間変化を測定することが可能で,周囲の分子との相互作用などにより蛍光強度と寿命が大きく変わるので,このことを利用して他分子との相互作用の解析などに蛍光強度の時間変化や寿命の変化が使われる.図9.3でわかるように,蛍光寿命 τ は蛍光強度が最初の強度 I_0 の $1/e$ になるのに必要な時間(e は自然対数の底で2.718)であるので,パルス光を励起源として十分に時間分解能の高い測定シ

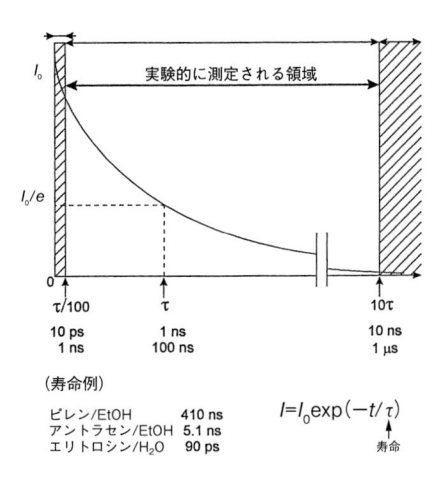

図9.3 パルス励起光照射後の蛍光の減衰曲線
斜線部分の時間は実験的に変化が読み取れない($\tau/100$ まで)か,変化が小さすぎて強度が弱くほぼ一定(10τ)の領域.I_0 は $t=0$ での蛍光強度.τ は $I=I_0/e$ になる時間 t に相当する.

ステムで図 9.3 のような蛍光の減衰曲線を測定すればそれから寿命が求められる．このようにして求められる寿命は S_1 の無放射過程と蛍光放射過程の両方による失活を含んだもので，自然寿命といわれるものであり τ_S に相当する．もし S_1 の失活が蛍光放射のみによるのであれば，実験的に求められる寿命は τ_r ($=1/k_r^S$) で表される放射寿命になるが，一般的にはこのようなケースはまれである．

S_1 から一部の分子は T_1 へ無放射的に移行し，その後，発光を伴って S_0 に戻ることもある．この場合は，先ほどの S_1 の減衰と同様に，T_1 はエクスポネンシャル (exponential) 的に τ_T の寿命で減衰していく．

$$\tau_T = \frac{1}{k_r^T + k_{nr}^T} = \frac{1}{k^T} \tag{9.7}$$

ここで，k^T は T_1 の失活の速度定数である．

蛍光量子収率 (fluorescence quantum yield) Φ_F は，励起された分子のうち蛍光を発して S_0 に戻る分子の割合を示す数値で，式 (9.8) のように定義される．蛍光収率は 0〜1 の間の値であるが，％の値で示すこともある．

$$\Phi_F = \frac{k_r^S}{k_r^S + k_{nr}^S} = k_r^S \tau_S \tag{9.8}$$

あるいは別の表現をするなら蛍光量子収率は，吸収された光子の数 N_{abs} に対する蛍光として放射される光子の数（減衰時間すべてにわたる）N_f の比であり，式 (9.9) で表される．

$$\Phi_F = \frac{N_f}{N_{abs}} \tag{9.9}$$

式 (9.5) を使うと，$I_F(t)$ と吸収された光子の濃度の比は式 (9.10) で表される．

$$\frac{I_F(t)}{[^1A^*]_0} = k_r^S \exp\left(-\frac{t}{\tau_S}\right) \tag{9.10}$$

減衰の時間全体について式 (9.10) を積分すると，Φ_F が式 (9.11) のように得られる．

$$\frac{1}{[^1A^*]_0} \int_0^\infty I_F(t) \mathrm{d}t = k_r^S \tau_S = \Phi_F \tag{9.11}$$

ISC の量子収率 Φ_{ISC} と燐光の量子収率 Φ_P は，以下の式で与えられる．

$$\Phi_{\mathrm{ISC}} = \frac{k_{\mathrm{ISC}}}{k_{\mathrm{r}}^{\mathrm{S}} + k_{\mathrm{nr}}^{\mathrm{S}}} = k_{\mathrm{ISC}} \tau_{\mathrm{S}} \tag{9.12}$$

$$\Phi_{\mathrm{P}} = \frac{k_{\mathrm{r}}^{\mathrm{T}}}{k_{\mathrm{r}}^{\mathrm{T}} + k_{\mathrm{nr}}^{\mathrm{T}}} \Phi_{\mathrm{ISC}} \tag{9.13}$$

また，蛍光量子収率は蛍光寿命を使うと，次のようにも表される．

$$\Phi_{\mathrm{F}} = \frac{\tau_{\mathrm{S}}}{\tau_{\mathrm{r}}} \tag{9.14}$$

蛍光収率が求まれば，放射および無放射過程による失活の速度定数は，以下のように計算できる．

$$k_{\mathrm{r}}^{\mathrm{S}} = \frac{\Phi_{\mathrm{F}}}{\tau_{\mathrm{S}}} \tag{9.15}$$

$$k_{\mathrm{nr}}^{\mathrm{S}} = \frac{1}{\tau_{\mathrm{S}}} (1 - \Phi_{\mathrm{F}}) \tag{9.16}$$

蛍光収率の実験的測定法については，引用文献なども参考にしていただきたい[1,13]．

9.1.3 蛍光スペクトルと励起スペクトル

蛍光を特徴づけるスペクトルには，蛍光スペクトルと励起スペクトルがある．蛍光スペクトルは一定の波長で励起して，蛍光波長側を走査してスペクトルを得るものである．一方，励起スペクトルは蛍光測定する波長を一定にして（通常，蛍光極大波長），励起波長を走査してスペクトルを得るものである．

以下に，定常光を照射した場合の定常状態でのスペクトルの蛍光強度を，蛍光収率などを用いて波長の関数として記述する．ある蛍光波長 λ_{F} での吸収された光子1個あたりの蛍光強度を $F(\lambda_{\mathrm{F}})$ とすると，

$$\int F(\lambda_{\mathrm{F}}) \mathrm{d}\lambda_{\mathrm{F}} = \Phi_{\mathrm{F}} \tag{9.17}$$

この $F(\lambda_{\mathrm{F}})$ を波長に対してプロットすれば，各波長でのモル吸光係数を考慮しない蛍光（燐光，発光）スペクトルが得られる．$F(\lambda_{\mathrm{F}})$ は S_1 の最低振動レベルから S_0 の各振動レベル（それぞれが少しずつ異なる蛍光波長を持つ）へ遷移する確率を示す．

実際のスペクトル測定で実験的に得られる蛍光強度 $I_{\mathrm{F}}(\lambda_{\mathrm{F}})$ は $F(\lambda_{\mathrm{F}})$ と波長 λ_{E} で吸収される光子の数に比例する．今，この吸収される光子の代わりに励

起波長 λ_E で吸収される励起光の強度を $I_\mathrm{A}(\lambda_\mathrm{E})$ とすると，励起波長 λ_E のときの蛍光波長 λ_F での蛍光強度 $I_\mathrm{F}(\lambda_\mathrm{E},\lambda_\mathrm{F})$ は，

$$I_\mathrm{F}(\lambda_\mathrm{E},\lambda_\mathrm{F}) = kF(\lambda_\mathrm{F})\,I_\mathrm{A}(\lambda_\mathrm{E}) \tag{9.18}$$

ここで，$I_\mathrm{A}(\lambda_\mathrm{E})$ は励起光の強度 $I_0(\lambda_\mathrm{E})$ と透過光の強度 $I_\mathrm{T}(\lambda_\mathrm{E})$ の差として求められる．式 (9.18) の k は装置の特性や実験条件により決まってくる比例定数である．$I_\mathrm{T}(\lambda_\mathrm{E})$ はランベルト-ベールの法則（Lambert-Beer law）に従うので，

$$I_\mathrm{T}(\lambda_\mathrm{E}) = I_0(\lambda_\mathrm{E})\exp[-2.3\varepsilon(\lambda_\mathrm{E})\,lc] \tag{9.19}$$

ここで，$\varepsilon(\lambda_\mathrm{E})$ は波長 λ_E でのモル吸光係数（molar extinction coefficient, $\mathrm{mol^{-1}\,l\,cm^{-1}}$），$I_0(\lambda_\mathrm{E})$ は入射光の強度，l は試料の光路長（cm），c は試料の濃度（$\mathrm{mol\,l^{-1}}$）である．式 (9.18)，(9.19) と $I_\mathrm{A}(\lambda_\mathrm{E}) = I_0(\lambda_\mathrm{E}) - I_\mathrm{T}(\lambda_\mathrm{E})$ の関係より，

$$I_\mathrm{F}(\lambda_\mathrm{E},\lambda_\mathrm{F}) = kF(\lambda_\mathrm{F})\,I_0(\lambda_\mathrm{E})\{1-\exp[-2.3\varepsilon(\lambda_\mathrm{E})\,lc]\} \tag{9.20}$$

となる．この $I_\mathrm{F}(\lambda_\mathrm{E},\lambda_\mathrm{F})$ がスペクトル測定により求められる値であるが，一般には k の値がわからないので，実験で測定された $I_\mathrm{F}(\lambda_\mathrm{E},\lambda_\mathrm{F})$ は相対的な値として表示される．

希薄溶液の場合は，蛍光強度の計算に以下のような近似が成り立つ．そうでない濃厚溶液の強度計算では誤差が大きくなる（計算値と測定値の差は，試料溶液の吸光度が 10^{-3} では 0.1%，10^{-2} では 1.1%，0.05 では 5.5% 程度になる）．一般の近似式 $1-\exp[-2.3\varepsilon(\lambda_\mathrm{E})\,lc] = 2.3\varepsilon(\lambda_\mathrm{E})\,lc - (1/2)(2.3\varepsilon(\lambda_\mathrm{E})\,lc)^2 + \cdots$ を使うと，

$$I_\mathrm{F}(\lambda_\mathrm{E},\lambda_\mathrm{F}) \cong kF(\lambda_\mathrm{F})\,I_0(\lambda_\mathrm{E})(2.3\varepsilon(\lambda_\mathrm{E})\,lc) = 2.3kF(\lambda_\mathrm{F})\,I_0(\lambda_\mathrm{E})\,A(\lambda_\mathrm{E}) \tag{9.21}$$

と表すことができる．ここで，$A(\lambda_\mathrm{E})$ は吸光度（absorbance）である．式 (9.21) は希薄溶液では，蛍光強度が濃度に比例することを示している．これが蛍光測定が定量分析に使われる根拠である．

一方，濃厚溶液ではこの近似式が成立しなくなることに加えて，内部フィルター効果（inner-filter effect：9.1.4 項参照）のため，上記の理論強度からの外れが大きくなる．

多くの蛍光物質の励起スペクトルあるいは吸収スペクトルと蛍光スペクトルは，図 9.4 や図 9.5 でわかるように，互いにほぼ鏡像のような関係にある．ま

た，吸収スペクトルと励起スペクトルはほぼ等しい．つまり，蛍光の量子収率は幅の広い吸収バンドの波長に大きくは依存しないことが多い．式 (9.21) において励起光の強度の波長依存性がないとすると，蛍光強度は $A(\lambda_E)$ に比例する．これは吸収スペクトルの強度と形を決めているので，すなわち吸収スペクトルと励起スペクトルはほぼ等しくなるのである．

励起スペクトルと蛍光スペクトルが鏡像のようになる理由は，図 9.6 に示さ

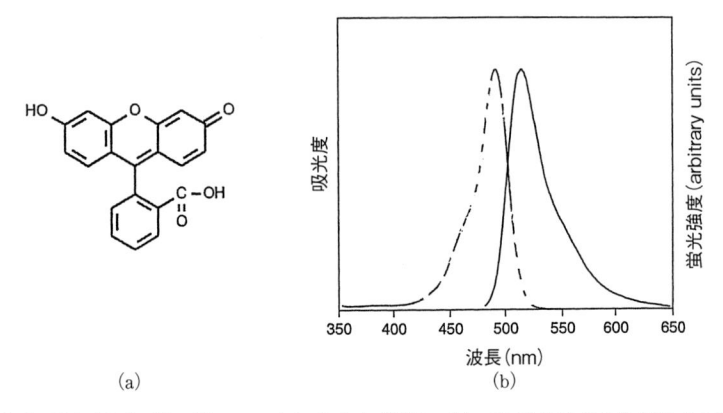

図 9.4 フルオレセイン (fluorescein) の (a) 構造と (b) pH 9.0 における吸収スペクトル（点線）および蛍光スペクトル（実線）

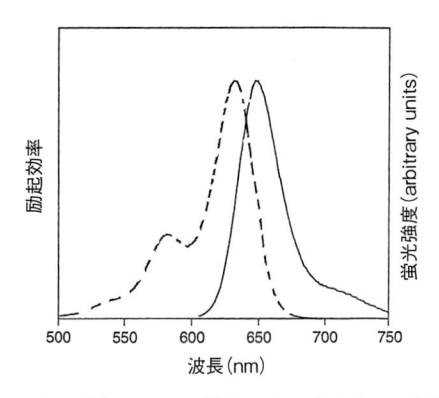

図 9.5 Alexa Fluor 633 をヤギ抗マウス IgG 抗体にラベルしたものの水溶液 pH 7.2 での励起スペクトル（点線）と蛍光スペクトル（実線）
Alexa Fluor® は，Invitrogen 社の商品名で，「633」は励起極大波長を示す．フルオレセインの誘導体である．

れている．実際には励起スペクトルと蛍光スペクトルの中央での重なりは図 9.6 よりもっと広いことが多い．これは，S_0 のポテンシャル曲線と S_1 のポテンシャル曲線の極小値が分子座標に関してずれていることが多く，いわゆるフランク-コンドンの原理（8.1 節参照）により S_1 と S_0 の間の遷移確率が最も高い振動レベルが 0-0 でなく n-0（n は 1 以上の整数）間であることによる．なお，図 9.6 で発光がすべて S_1 の最低振動レベルから起こっているのは，S_0 から S_1 への励起は S_1 の $n \neq 0$ の振動レベルへも多数起こるが，それらの振動励起レベルは熱的失活過程により S_1 の $n = 0$ のレベルに容易に遷移するからである．

図 9.6 では振動バンドが模式的に示されているが，室温における溶液の吸収や蛍光スペクトルは振動バンドの幅が広がってこのような振動構造は観測できないのが普通である．分解能の高い分光器で低温にして溶液を凍らせると観測される．

蛍光収率を実験的に求めるのに，これまで述べてきた蛍光の強度式を使って行うこと（絶対法）は不可能ではないが特殊な装置を必要とし，難しい．それ

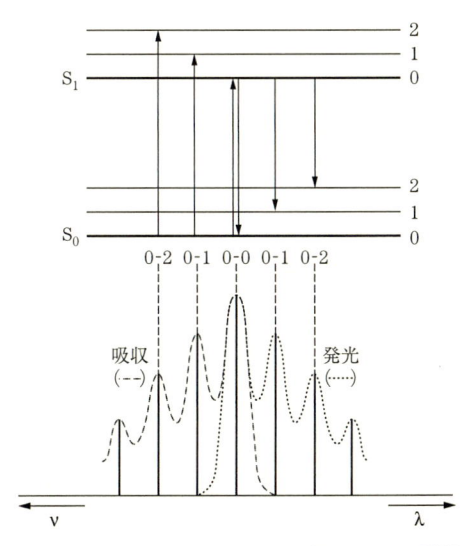

図 9.6 吸収スペクトルと発光スペクトルにおける振動バンドの関係を示す模式図[12]
吸収スペクトルと発光スペクトルが中央を中心にしてほぼ鏡像の関係になっている．

表 9.2 蛍光収率決定に標準として用いられる化合物

波長 (nm)*	化合物	温度 (°C)	溶媒	量子収率 Φ_F	文献
270～300	ベンゼン	20	シクロヘキサン	0.05±0.02	2)
300～380	トリプトファン	25	H$_2$O (pH 7.2)	0.14±0.02	3)
300～400	ナフタレン	20	シクロヘキサン	0.23±0.02	4)
315～480	2-アミノピリジン	20	0.1 mol l^{-1} H$_2$SO$_4$	0.60±0.05	5)
360～480	アントラセン	20	エタノール	0.27±0.03	2,6)
400～500	9,10-ジフェニルアントラセン	20	シクロヘキサン	0.90±0.02	7,8)
400～600	硫酸キニーネ水和物	20	0.5 mol l^{-1} H$_2$SO$_4$	0.546	6,8)
600～650	ローダミン101	20	エタノール	1.0±0.02	9)
				0.92±0.02	10)
600～650	クレシルバイオレット	20	メタノール	0.54±0.03	11)

* その化合物の蛍光波長を示す.

は強度に関係する装置定数を決定しなければならないことや，蛍光は全方位に出るので積分球などによりすべての蛍光強度を積算しなければならないなどの理由による．通常は蛍光収率のわかっている標準物質との強度の比較により決定する（相対法）．表 9.2 に，標準物質として用いられる代表的有機化合物の蛍光収率と物理化学的特性をまとめた．

　蛍光収率を実験的に正確に求めることは相対法でも難しい．なるべく正確に求めるためには，励起波長と蛍光波長が標準物質と測定物質でなるべく近いように標準物質を選ぶ．測定は標準物質，測定物質いずれも希薄溶液（A（吸光度）< 0.05）にする．両物質の測定はなるべく同一の条件で行う．標準物質の蛍光収率が正確に報告されている波長，溶媒，pH，温度などで測定する．測定物質もなるべくこれらの条件にそろえる．溶媒が pH も含めて同一であればよいが，異なるときは次式により溶媒の屈折率 n を用いて補正する．

$$\frac{\Phi_F}{\Phi_{FR}} = \frac{n^2}{n_R^2} \times \frac{\int_0^\infty F(\lambda_F) d\lambda_F}{\int_0^\infty F_R(\lambda_F) d\lambda_F} \tag{9.22}$$

ここで，下つきの R は標準物質である．屈折率を用いる補正が必要な理由は，放出される蛍光が溶媒の液面で屈折されることによる．屈折後に検出器の一定の露光面に入る蛍光の光束（flux）は，屈折率の 2 乗の逆数に比例する．式(9.22) はまた，式(9.20) の関係を使って，

$$\frac{\Phi_{\mathrm{F}}}{\Phi_{\mathrm{FR}}} = \frac{n^2}{n_{\mathrm{R}}^2} \times \frac{\int_0^\infty I_{\mathrm{F}}(\lambda_{\mathrm{E}}, \lambda_{\mathrm{F}})\,\mathrm{d}\lambda_{\mathrm{F}}}{\int_0^\infty I_{\mathrm{FR}}(\lambda_{\mathrm{E}}, \lambda_{\mathrm{F}})\,\mathrm{d}\lambda_{\mathrm{F}}} \times \frac{1 - 10^{-A_{\mathrm{R}}(\lambda_{\mathrm{E}})}}{1 - 10^{-A(\lambda_{\mathrm{E}})}} \quad (9.23)$$

のように書き表せる．これで実験的に得られる吸光度と蛍光強度の積分値および屈折率から測定物質の量子収率が求められる．また，励起光や蛍光の波長が標準物質と測定物質で異なっても式（9.23）は有効であるが，その場合は第2項に $I_0(\lambda_{\mathrm{E}})/I_0(\lambda_{\mathrm{ER}})$ を掛けておく．また，I_{F} や I_{FR} は検出器の感度の波長依存性を補正することが望ましい．このように十分な注意を払って測定しても，得られる蛍光収率は少なくとも5〜10％程度，より一般的にはそれ以上の誤差を含んでいることを覚悟しておかなければならない．これは標準物質の効率に既に誤差があることや，検出器の波長による修正の際の誤差，励起光の波長における吸光度の誤差，その他の多くの誤差による．

蛍光スペクトルの特徴を表す用語にストークスシフト（Stokes shift）がある．これは吸収スペクトルの吸収極大と発光スペクトルの発光極大のエネルギー差を波数で表したものと定義されるが，実際には波長の差として表示されていることも多い（図9.7）．

表9.3に，参考のために代表的な有機蛍光物質の寿命と蛍光収率などをまとめた．

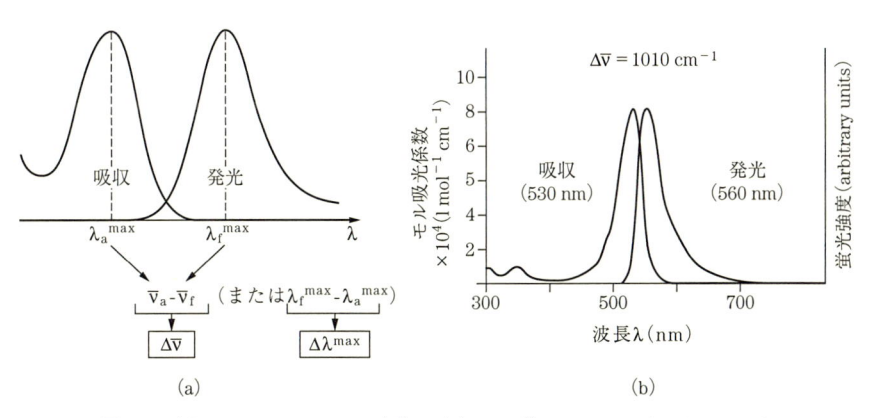

図 9.7 （a）ストークスシフトの定義と（b）ローダミン6Gのストークスシフト

表 9.3　芳香族炭化水素の量子収率と寿命[12]

化合物	構造	化合物（温度：K）	Φ_F	τ_S(ns)	Φ_{ISC}	Φ_P	τ_T(ns)
ベンゼン		エタノール (293)	0.04	31			
		EPA (77)				0.17	7.0
ナフタレン		エタノール (293)	0.21	2.7	0.79		
		シクロヘキサン (293)	0.19	96			
		EPA (77)				0.06	2.6
アントラセン		エタノール (293)	0.27	5.1	0.72		
		シクロヘキサン (293)	0.30	5.24			0.09
		EPA (77)					
ペリレン		n-ヘキサン	0.98		0.02		
		シクロヘキサン (293)	0.78	6			
ピレン		エタノール (293)	0.65	410	0.35		
		シクロヘキサン (293)	0.65	450			
フェナントレン		エタノール (293)	0.13		0.85		
		n-ヘプタン (293)	0.16	0.60			
		EPA (77)				0.31	3.3
		ポリマーフィルム	0.12		0.88		0.11

EPA：エタノール，イソペンタン，ジエチルエーテルの混合物 (2:5:5 v/v/v).
Φ_F：蛍光の量子収率，τ_S：蛍光寿命，Φ_{ISC}：系間交差 (ISC) の量子収率．
Φ_P：燐光の量子収率，τ_T：燐光寿命．

9.1.4　内部フィルター効果と偏光の影響

　内部フィルター効果（inner-filter effect）と偏光は，いずれも正確に発光スペクトルを測定するときに考慮しなければならない因子である．これらの因子はスペクトルの誤差の原因となるので，測定条件を選択するときに配慮しなければならない．

　内部フィルター効果は，濃度が高い溶液で顕著になる．蛍光強度を濃度の関数としてプロットすると，希薄溶液では蛍光強度と濃度の間には直線の比例関係が見られるが，ある程度以上の濃度になると検量線は次第に曲折し，直線関係で予想されるより蛍光強度が減少しだす．これを濃度消光（concentration quenching），あるいは内部フィルター効果といい，特に蛍光波長が励起スペクトルと重なっている領域の波長で起きやすい．これは蛍光のエネルギーが再

度励起に使われるためで，放射エネルギーのエネルギー移動に相当するが，必ずしもエネルギーがいったん光として放射されるわけではなく，他のメカニズムでもエネルギー移動が起こる．このような分子間のエネルギー移動では，再度他方の分子から蛍光が出るので強度が変わらないかのように考えられるが，蛍光収率は1.0以下であり，また，1方向の蛍光を吸収して全方向に蛍光を出すので，内部フィルター効果により蛍光は減衰する．自己の分子によるこのような蛍光の減衰を自己吸収（self-absorption）ともいう．この自己吸収の起こりやすさの度合は波長によって異なるので，自己吸収があると発光スペクトルの相対的蛍光強度が波長に依存して減少してくる．極端な場合はスペクトルの形に変化が見られる．

一般に，励起スペクトルや蛍光スペクトルあるいは蛍光量子収率の測定などのときには，内部フィルター効果の無視できる希薄溶液（おおよそ $A<0.05$）を用いるべきである．

偏光の影響は溶液試料の通常の測定の場合あまり意識されないが，以下のように蛍光量子収率の測定や蛍光スペクトルを正確に測定するときには，考慮しなければならない問題である．

一般に，分光器の透過効率は光の偏光方向に依存しているので，分光器を出た励起光は等方的ではなく強度は方向により偏在している（図9.8）．つまり，試料に入射する励起光は偏光している．事実，偏光子を試料と検出器側の分光器の間に置くと，偏光子の向きにより多少異なる蛍光スペクトルが得られる．

試料からは等方的な量子収率で蛍光が放射されるが，既に励起光が偏光しているので試料からの蛍光も偏光している．試料では x, y, z 方向の蛍光強度，I_x, I_y, I_z の3成分の蛍光が出るが，検出器に入るのは I_x+I_y 成分のみであり，これは全体の強度 $I_x+I_y+I_z$ に比例しない．全体の強度に比例する蛍光強度を得るには，図9.8（a）のように励起側を垂直に，蛍光側をマジックアングル（54.7°）にセットした偏光子を入れる．あるいは，その逆に偏光子を入れる（図9.8（b））．いずれの方法でも，励起光の偏光の影響を取り除いたスペクトルが得られる[13]．

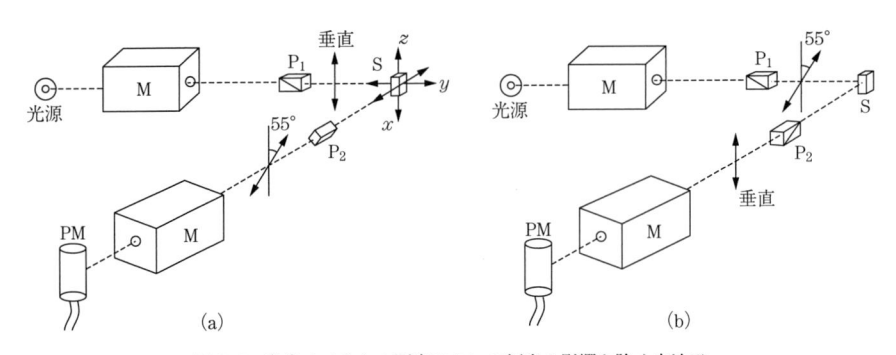

図 9.8 蛍光スペクトル測定において偏光の影響を除く方法[13]
M：分光器，P_1, P_2：偏光子，S：試料，PM：光電子増倍管．(a) と (b) では P_1 と P_2 の傾き角が異なる．

9.2 希土類錯体の発光

9.2.1 希土類錯体発光の機構

　希土類イオンのうち，特に Tb^{3+} およびそのほかの数種のイオンの無機塩は，水溶液中で弱い蛍光を持つことが知られているが，さらにある種の配位子（β-ジケトンや o-フェナントロリン（phen）およびその他の含窒素芳香族配位子）を結合した錯体は強い蛍光（正確には燐光，あるいは発光）を発することが知られている．この発光は昔は微量の希土類イオンの蛍光分析に使われていた．希土類イオンのうちでも特に Sm^{3+}, Eu^{3+}, Tb^{3+}, Dy^{3+} のある種の錯体は水溶液中でも強い発光を可視部に持つことが知られている．一例として，Eu^{3+} の 4,4′-ビス(1″,1″,1″,2″,2″,3″,3″-ヘプタフルオロ-4″,6″-ヘキサンジオン-6″-イル）クロロスルホ-o-ターフェニル（BHHCT）錯体および N,N,N',N'-[2,6-ビス(3′-アミノメチル-1′-ピラゾリル)-4-フェニルピリジン] テトラキスアセタト（PTBT）錯体の構造と励起および発光スペクトルを図 9.9, 9.10 に示した．

　これらの発光は，図 9.11 に示すように配位子の芳香環部分が紫外光を吸収し，そのエネルギーが中心の希土類イオン（図 9.11 では Eu^{3+}）に受け渡されて，最終的に希土類イオンに特有の波長の発光が観測される．このような機構であるので，こうした配位子の効果をアンテナ効果（antenna effect），配位子の中の光を吸収する芳香環部分をアンテナあるいは増感部位という．

9.2 希土類錯体の発光

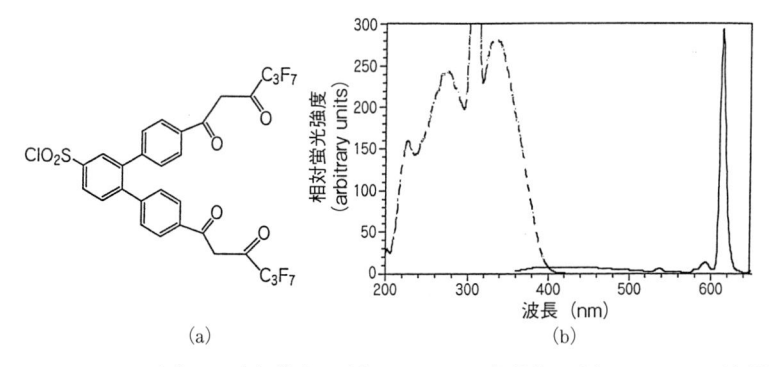

図 9.9 BHHCT 配位子の (a) 構造と (b) BHHCT-Eu^{3+} 錯体の励起スペクトル (点線) および発光スペクトル (実線)[14]
励起スペクトルの 310 nm 付近の強いピークは発光の 2 次光. 水溶液での測定.

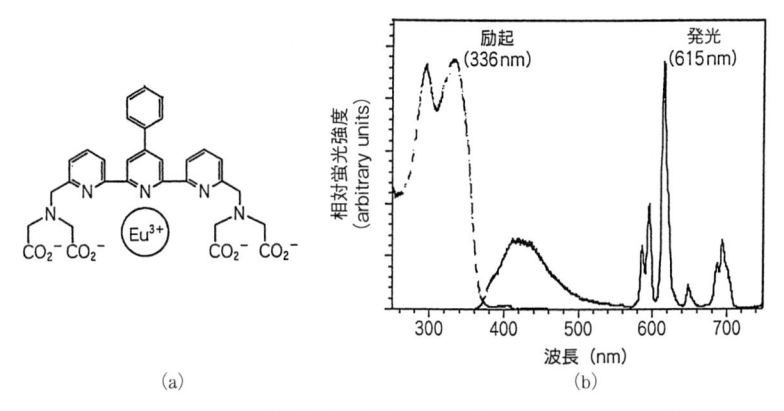

図 9.10 PTBT-Eu^{3+} 錯体の (a) 構造と (b) その水溶液の励起スペクトル (点線) および発光スペクトル (実線)[16]

図 9.11 を説明すると,紫外部に強い π-π^* 吸収を持つ配位子の芳香環部分が紫外光を吸収して基底状態 S_0 から励起状態 S_1 となり,さらに ISC によりエネルギーは配位子の三重項状態 T_1 を経て希土類イオンの励起項 ^5D_J 状態に受け渡される.$^5D_J (j \neq 0)$ は非放射的に(熱的に)エネルギーを失って $^5D_0$ 状態となり,ここから下の ^7F_j の各項に遷移して発光が起こる.このようなメカニズムでの発光であるので,希土類錯体の発光は中央の希土類イオンの種類により,その発光波長が決まる.図 9.9,9.10 でわかるように配位子が異なっても発光スペクトルは中心金属が同一であれば大きくは変化しない.一方,励起

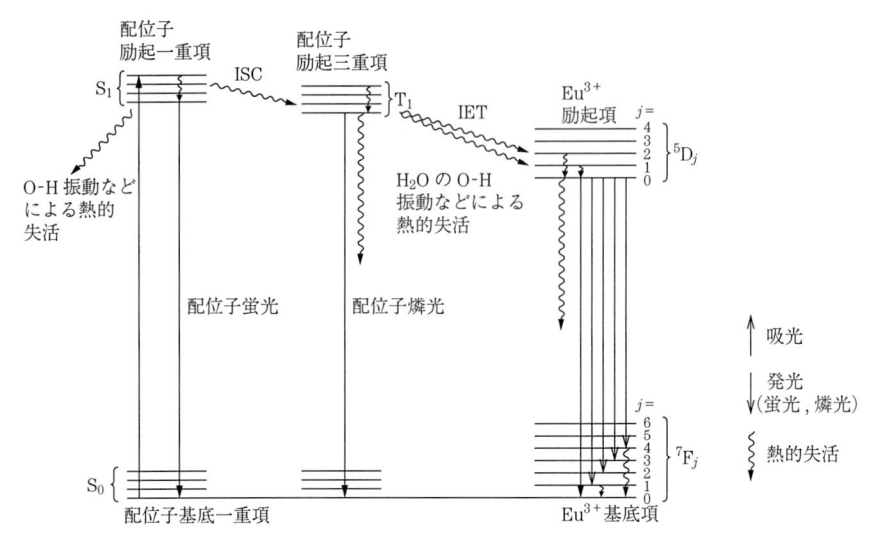

図 9.11 Eu^{3+} 錯体の発光のメカニズム
ISC：intersystem crossing（系間交差），IET：intramolecular energy transfer（分子内エネルギー移動）．

スペクトルや吸収スペクトルは主として配位子により決まる．また，発光スペクトルは配位子から希土類イオンへの分子内エネルギー移動の結果，主として希土類イオンの性格の発光であるので，イオン線のようにスペクトルの線幅が狭い．通常，発光線の半値幅（full width at half maximum, FWHM）は，10 nm 程度である．図 9.12 には Eu^{3+} および Tb^{3+} の DTPA-cs 124 錯体の発光線の帰属を示した．図 9.11 の発光メカニズムと比較すると発光線の帰属が理解されよう．

希土類蛍光錯体は，共通した構造的特徴を持っている．まず，配位子は芳香環部分を持っており，この部分が励起光を吸収するために必要である．水溶液中で使用する場合には水による消光を除くため，なるべくキレート性の配位子で希土類イオンの 8 配位座ないし 9 配位座すべてを配位し，水の配位を防ぐことが望まれる．吸収したエネルギーの熱的失活を防ぐために，芳香環は希土類イオンに配位しているか，そうでなければなるべく希土類イオンに近い位置にあるのがよい．

第 7 章で希土類イオンのエネルギーレベルがどのようにして計算できるかを

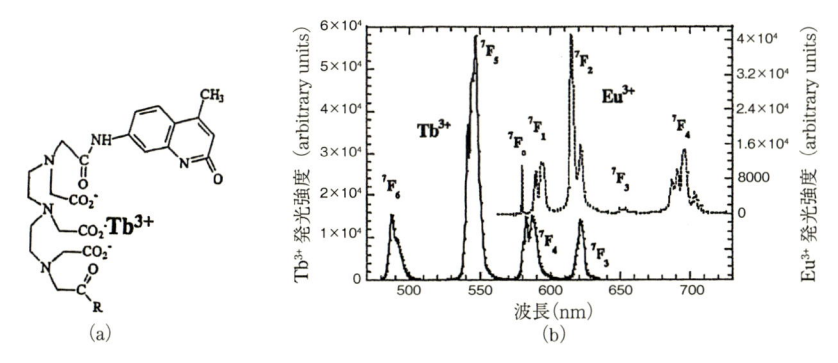

図 9.12 (a) DTPA-cs124-Tb^{3+} 錯体の構造と，(b) Tb^{3+} および Eu^{3+} 錯体の発光線の帰属[15]

解説し，その結果として各希土類イオンのエネルギーレベルを項の表記とともに図 7.7 に記載した．このエネルギーレベルを見ると，なぜある希土類イオンは可視部に発光があり，別のイオンは近赤外部にあるかがわかるのはもちろんであるが，そのほかになぜ特に Eu^{3+} と Tb^{3+} の化合物や錯体が強い発光を可視部に持つかがわかる．つまり，図 7.7 を見ると，この 2 つのイオンのみが上の励起項と下の基底項がエネルギー的にはっきり分離しており，各ラッセル-サンダース項（LS 項）のスピン-軌道結合による分裂から生じる J 値を含む項が，励起 LS 項と基底 LS 項の間で上下入れ子になり，混在した関係になっていない．Eu^{3+} では ^5D_J はすべてエネルギー的に ^7F_J の上にあり，両者で上下の混在した関係になっていないばかりか，励起 LS 項中の最低エネルギー項と基底 LS 項中の最高エネルギー項の間にある程度のエネルギー差がある．Tb^{3+} でも ^5D_J と ^7F_J の関係は同様である．このような場合，吸収された励起エネルギーは比較的エネルギー差の小さい励起項の J 値の異なる項間を熱的に失活しながら少しずつエネルギーを放出して，最終的に Eu^{3+} では $^5D_0$ に，Tb^{3+} では $^5D_4$ になる．この過程は通常すみやかに起こる．この先は，その下のエネルギーレベル（基底項）がエネルギーが離れているため，すぐに熱的失活により基底項に移ることはない．ここでいったんエネルギーの放出はゆっくりになり，次第に基底項（Eu^{3+} では ^7F_j($j=0\sim4$) だが，その中でも $j=0,1,2$ が通常比較的強い．$j=4$ もある程度の強度がある場合がある．Tb^{3+} では ^7F_j($j=0\sim6$) だが，$j=5$ が最も強い）に戻る．このような機構で発光するので，希

土類錯体はストークスシフトが大きい，蛍光寿命が長い，発光線の線幅が狭いなどの特徴を持っている．

ほかの希土類イオンでも同様の発光メカニズムは可能だが，図7.7を見るとわかるように，異なるLS項由来のレベルが入り混じっており，エネルギー的に近いところにほかのLS項由来のレベルが多数存在するため，容易に熱的にエネルギー放出が起こり，蛍光が強くならない．一方，$Gd^{3+}(4f^7)$ではLS項は1つであり励起項は存在するが$4f^65d$の電子配置の混じり合いにより生じるものでエネルギーは30000 cm^{-1}以上離れている．この5d軌道を考慮した励起項のエネルギーは配位子の三重項のエネルギーより上になるので，配位子から中心金属イオンへのエネルギー移動が起こらず，発光が起きない．このように，図7.7を見るとエネルギーレベルのパターンにより発光のしやすさが理解でき，なぜEu^{3+}，Tb^{3+}，Sm^{3+}，Dy^{3+}に特に発光の強い錯体があるのかがわかる．また，Yb^{3+}，Nd^{3+}，Er^{3+}では近赤外域に発光が見られることも，エネルギーレベルからわかるであろう．

希土類錯体の励起は通常300～380 nmあたりの領域で行われ，多くの場合，Eu^{3+}とTb^{3+}が配位子からのエネルギーを受け取るレベルは，それぞれ約17200 cm^{-1}と20400 cm^{-1}程度である．したがって，配位子の三重項レベルは，おおよその目安として22000 cm^{-1}以上であることが必要であろう．これより低いと希土類イオンと配位子の間の熱平衡により希土類イオンから配位子へのエネルギーの逆供与が起こり，発光は弱くなると予想される．逆供与を防ぐには，希土類イオンの励起項より配位子の三重項レベルが2000 cm^{-1}程度以上高いことが必要とされる．しかし，後者があまり高すぎると配位子から希土類イオンへのエネルギー移動効率が落ちる．

希土類錯体のスペクトルが有機の蛍光性化合物のそれと大きく異なる点は，励起極大波長と発光極大波長が大きく離れており（ストークスシフトが大きい：図9.9, 9.10参照），両スペクトルに重なりがない．これは蛍光物質を分析の測定対象とする場合，大きな長所である．なぜなら，両波長が近く励起スペクトルと発光スペクトルの重なりがあると，発光検出の際，励起光が一部検出系に入りやすく，バックグラウンドの原因となる．また，このような励起光によるバックグラウンドを完全に除去しようとすると，発光スペクトルのう

ち，励起光と重なりのない部分のみを選択して検出することになり，発光スペクトルの長波長側のみを検出に使わざるをえないので，定量分析に使用する際には感度が落ちる．さらに図 9.9 と図 9.10 の比較で注意してほしい点がある．図 9.10 には有機物としての配位子の幅広い蛍光が 410 nm を中心として半値幅 80 nm 程度のスペクトルとして観測されている．このような配位子のみの蛍光は図 9.9 では見られない．これはおそらく BHHCT 錯体においては配位子から中心金属イオンへのエネルギー移動効率が高いのであろうと考えられるが（蛍光収率は BHHCT 錯体が 27% 程度，PTBT 錯体は数%），図 9.11 に示した吸収エネルギーの緩和過程（配位子の蛍光，配位子の燐光，熱的失活など）がそれぞれどのような割合で起こるかを実験的に決めることは簡単ではないので，正確な理由はわからない．

希土類錯体の発光メカニズムが図 9.12 のようなものであるため，希土類錯体の励起スペクトルは多くの場合，配位子の吸収スペクトルにほぼ近い．また，発光波長は中心イオンに主として依存し，配位子が異なっても中心金属の種類が同一であれば，発光極大波長は大きくは変わらない（Sm^{3+} : 643 nm，Eu^{3+} : 615 nm，Tb^{3+} : 545 nm，Dy^{3+} : 574 nm 付近）．ただし，既に述べたように，イオンが置かれた配位子場の対称性に発光線の本数や相対強度が依存するため，同一イオンの錯体でも配位子が異なると発光線の相対強度と分裂パターンが異なる．この様子が図 9.9，9.10，9.12 の Eu^{3+} 錯体のスペクトルの比較でわかるであろう．Tb^{3+} 錯体ではこのような錯体による変化ははるかに小さい．

以上のような機構で希土類錯体は発光するので，有機の蛍光化合物と異なり，濃度消光が起こりにくく広い濃度領域で直線の検量線が得られる，また，酸素分子による消光が少ないなどの優れた特徴がある．濃度消光が起こりにくいのは，ストークスシフトが大きいためである．酸素分子による消光は有機化合物の蛍光や燐光でしばしば見られる現象であるが，これが希土類錯体で全く見られないか，あってもわずかであるのは，配位子の三重項の寿命が短いためであろう．消光については 9.3.2 項で述べる．

9.2.2 希土類錯体の発光寿命と発光収率

代表的希土類錯体の発光寿命と発光収率を表 9.4 にまとめた．希土類錯体の

表 9.4 希土類錯体の発光特性

化合物	λ_{ex} (nm)	λ_{em} (nm)	τ (μs)	$\varepsilon \cdot \phi$ (mol^{-1} l cm^{-1})	ϕ	ε (mol^{-1} l cm^{-1})	溶媒・温度・測定条件など	文献
1	339	613	1300	3900			ホウ酸緩衝液 (pH 8.5, 室温)	16)
2	339	545	260	1500			〃	16)
3	293	613	1210	1970			〃	16)
4	293	545	530	1900			〃	16)
5	335	616	1020	2800	0.091	3.1×10^4	0.05 mol l^{-1} ホウ酸緩衝液 (pH 9.1, 室温)	17)
6	325	620	1350	1200	0.13	9290	〃	18)
7	325	543	2680	9290	1.0	9290	〃	18)
8	370	613	710		0.85		蒸着フィルム (300K)	19〜21)
9	370	613	260		0.23		〃	19〜21)
10	370	613	670		0.65		〃	19)
11	370	613	280		0.22		〃	19)
12	255		1590		1.5×10^{-3}		水溶液 (298K)	22)
13	255		4130		0.44		〃	22)
14	340				0.21		〃	23)
15	348				0.36		〃	23)
16	348				0.16		〃	23)
17	348				0.40		〃	23)
18	304	615	340	500	0.02	25000	水溶液 (300K)	24,26)
19	304	542	330	870	0.03	29000	〃	24,26)
20	304		460	3000	0.15	20000	〃	24)
21	306		400	1530	0.09	17000	〃	24)
22	304		390	3400	0.20	20000	〃	24)
23	311		500	1230	0.05	24500	〃	24)
24	311		1500	7550	0.37	20400	〃	24)
25	273		650	0.22	0.0002	1100	〃	24)
26	273		1500	220	0.20	1100	〃	24)
27	354			17400	0.61	28500	Millipore Water (室温)	25)
28	361			1410	0.06	23500	〃	25)
29	347			300	0.01	30000	〃	25)
30	347			900	0.03	30000	〃	25)
31	350			15800	0.59	26800	〃	25)
32	270*	615	1300	1600	0.13	12300	ホウ酸緩衝液 (pH 8.6)	27)
33	270*	545	2750	6720	0.60	11200	〃	27)
34	267*	615	1380	178	0.02	8900	〃	27)
35	267*	545	2820	4340	0.51	8500	〃	27)
36	280*	615	1350	3630	0.16	22700	〃	27)
37	273*	545	2650	21700	0.95	22800	〃	27)
38	280*	615	1280	2710	0.11	24600	〃	27)
39	280*	545	2280	12700	0.56	22600	〃	27)
40	260	618	700		0.25		メタノール (室温)	31)
41	260	547	2010		1.0		〃	31)
42	402	614	480		0.52		トルエン (室温)	32)
43	380	615	370		0.014		H$_2$O (室温)	33)

9.2 希土類錯体の発光

表 9.4 (続き)

化合物	λ_{ex} (nm)	λ_{em} (nm)	τ (μs)	$\varepsilon\cdot\phi$ (mol^{-1} l cm^{-1})	ϕ	ε (mol^{-1} l cm^{-1})	溶媒・温度・測定条件など	文献
44	380	615	380		0.011		H$_2$O (室温)	33)
45	316		1.66(3)×10^3		0.008	716	アセトニトリル中 (298K), ϕは [Ln(terpy)$_3$]$^{3+}$ の ϕ=1 に対する相対値	45)
46	314		1.96(3)×10^3		0.011	352	〃	45)
47	322		1.11(2)×10^3		0.10	704	〃	45)
48	319		1.58(2)×10^3		0.73	234	〃	45)
49	330	615	1.27×10^3		0.26		ジクロロメタン中 (10^{-5} mol l^{-1}), すべての値±5%の誤差	46)
50	330	615	1.08×10^3		0.29		〃	46)
51	330	615	0.38×10^3		0.034		〃	46)
52	330	615	0.93×10^3		0.10		〃	46)
53	330	615	0.71×10^3		0.062		〃	46)

値が空白のものは報告されていない．各化合物の構造は図 9.13 に示されている．
λ_{ex}：励起極大波長．これが不明のものは吸収極大波長が示されている．その際は数値の右肩に * をつけた．
λ_{em}：発光極大波長．これを記載していない文献では λ_{em} の値を表中に記載していないが，それぞれの錯体の最も発光が強い波長（Eu^{3+} では 615 nm 付近，Tb^{3+} では 545 nm 付近）で寿命を測定した．
τ：蛍光寿命，ϕ：蛍光収率．
ε：λ_{ex} でのモル吸光係数だが，λ_{ex} が不明のものは表中の吸収極大波長での ε を載せた．
ϕ は 15〜30% の誤差を含む．

発光寿命は通常の有機物の蛍光物質が数 ns（ナノ秒）〜数十 ns であるのに対して極めて長く，1 ms（ミリ秒）以上のものが多くある．これは，f 電子が環境から遮蔽されており配位子との相互作用が弱いため，通常の有機物や d 電子の金属錯体では配位子や溶媒の振動運動と連動して起こる励起状態の熱的緩和（つまり，励起状態が熱的に失活して基底状態に遷移すること）が起こりにくいことによる．希土類イオンの f-f 遷移でスピン禁制にも触れた遷移が起こるのは，このような f 電子の高度に遮蔽された環境と大きなスピン-軌道相互作用によるものである．希土類以外の化合物には見られない大きな特徴となっている．また，希土類イオンの f 電子ではこのような振動レベルを介した熱的緩和が起こりにくいという特殊性により，希土類錯体には強い発光性を示すものがあり，それらの発光収率は相当高い．このような蛍光性希土類錯体の代表的なものの構造を，図 9.13 にまとめた．

1 : R = H, Ln = Eu$^{3+16)}$
2 : R = H, Ln = Tb$^{3+16)}$
3 : R = Ph, Ln = Eu$^{3+16)}$
4 : R = Ph, Ln = Tb$^{3+16)}$

5$^{17)}$

6 : Ln = Eu$^{3+18)}$
7 : Ln = Tb$^{3+18)}$

8 : Eu(tta)$_3$(DBSO)$_3$$^{19)}$
  tta : tenoyltrifluoro acetonate
  L^1 = DBSO (dibenzylsulfoxide)
9 : Eu(tta)$_3$(H$_2$O)$_2$$^{19)}$

10 : L^2 = 1,10-phenanthroline$^{20)}$
     N-oxide
11 : H$_2$O$^{22)}$

12 : Ln = Eu$^{3+22)}$
13 : Ln = Tb$^{3+22)}$

14 : Ln = Eu$^{3+23)}$
15 : Ln = Tb$^{3+23)}$

16 : Ln = Eu$^{3+23)}$
17 : Ln = Tb$^{3+23)}$

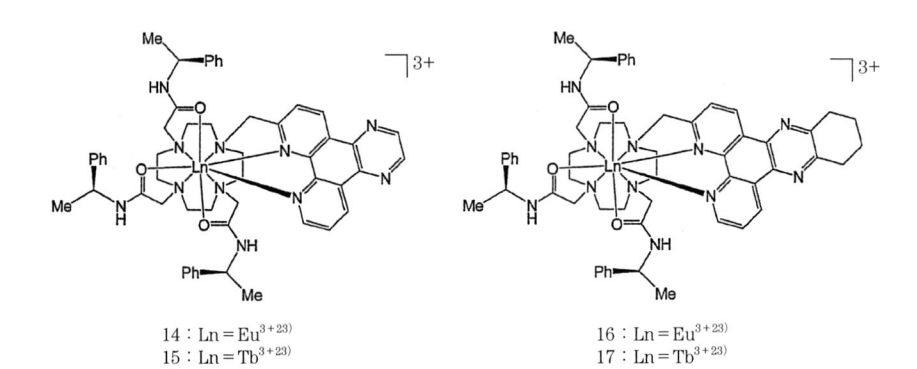

図 9.13　代表的希土類蛍光錯体および配位子

9.2 希土類錯体の発光

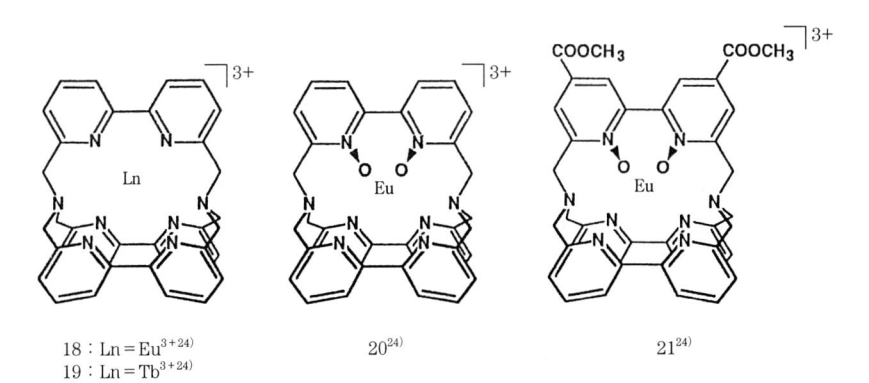

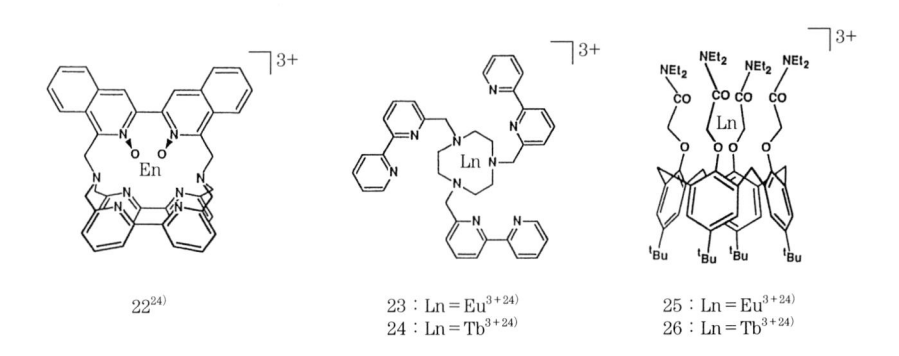

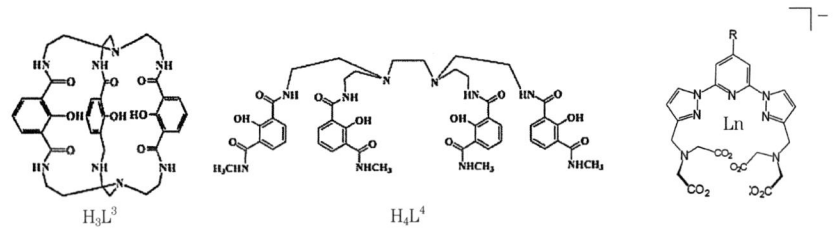

18：Ln = Eu$^{3+24)}$
19：Ln = Tb$^{3+24)}$

20$^{24)}$

21$^{24)}$

22$^{24)}$

23：Ln = Eu$^{3+24)}$
24：Ln = Tb$^{3+24)}$

25：Ln = Eu$^{3+24)}$
26：Ln = Tb$^{3+24)}$

H$_3$L^3

H$_4$L^4

27：[Tb(H$_2$L^3)$_2$]$^{+25)}$
28：[Eu(H$_2$L^3)$_2$]$^{+25)}$
29：[Sm(H$_2$L^3)$_2$]$^{+25)}$
30：[Dy(H$_2$L^3)$_2$]$^{+25)}$

31：[Tb(H$_2$L^4)]$^{+25)}$

32：R = H,　Ln = Eu$^{27)}$
33：R = H,　Ln = Tb$^{27)}$
34：R = OMe,　Ln = Eu$^{27)}$
35：R = OMe,　Ln = Tb$^{27)}$
36：R = CONH$_2$,　Ln = Eu$^{27)}$
37：R = CONH$_2$,　Ln = Tb$^{27)}$
38：R = CN,　Ln = Eu$^{27)}$
39：R = CN,　Ln = Tb$^{27)}$

図 9.13　（続き）

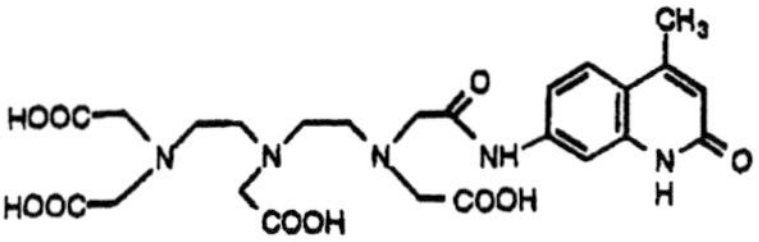

DTPA-cs124[28]

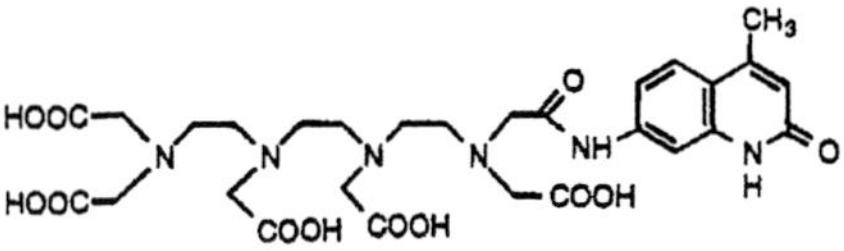

TTHA-cs124[28]

DTPA-cs124a[29]:
$R_1 = H$, $R_2 = CH_2COOH$,
$R_3 = H$, $R_4 = H$
DTPA-cs124b[29]:
$R_1 = H$, $R_2 = CH_2OCH_3$,
$R_3 = H$, $R_4 = H$
DTPA-cs124c[29]:
$R_1 = H$, $R_2 = COOEt$, $R_3 = H$,
$R_4 = CH_3$
DTPA-cs124-6-SO_3H[29]:
$R_1 = 6$-SO_3H, $R_2 = CH_3$, $R_3 = H$,
$R_4 = H$

DTPA-cs124-5-COOH[29]:
$R_1 = 5$-COOH, $R_2 = CH_3$, $R_3 = H$,
$R_4 = H$
DTPA-cs124-5-CH_2OH[29]:
$R_1 = 5$-CH_2OH, $R_2 = CH_3$, $R_3 = H$,
$R_4 = H$
DTPA-cs124-1-CH_2COOH[29]:
$R_1 = H$, $R_2 = CH_3$, $R_3 = CH_2COOH$,
$R_4 = H$
DTPA-cs124-8(6)-CH_3[29]:
$R_1 = 8(6)$-CH_3, $R_2 = CH_3$,
$R_3 = H$, $R_4 = H$

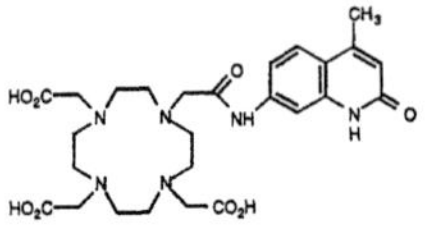

DOTA-cs124[28]

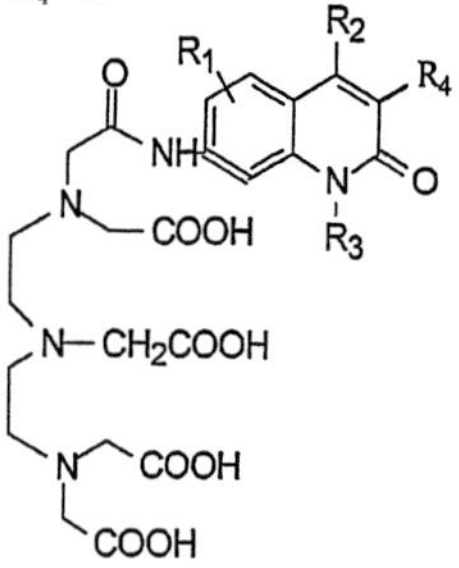

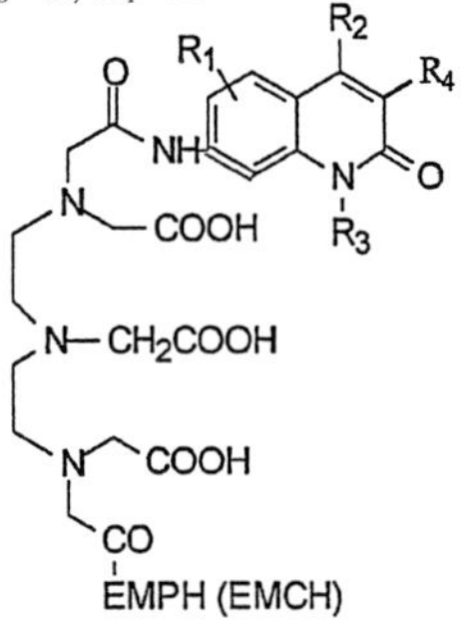

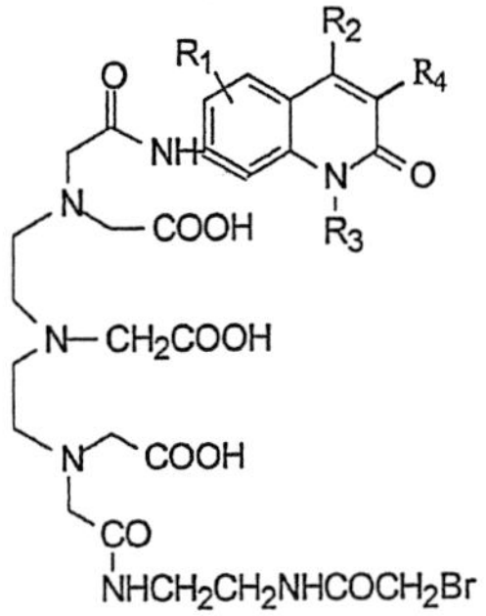

EMPH (EMCH)

DTPA-cs124-8-CH_3EDA-Br[29]:
$R_1 = 8$-CH_3, $R_2 = CH_3$, $R_3 = H$

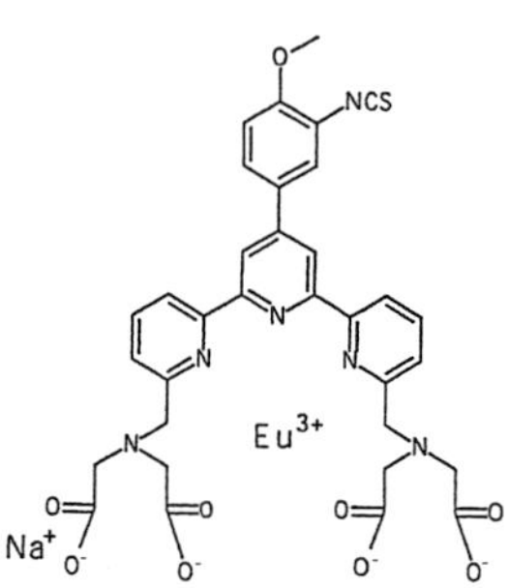

EMPH[29]: β-マレイミドプロピオン酸
ヒドラジド
EMCH[29]: N-ε-マレイミドカプロン酸
ヒドラジド

TMT[28]

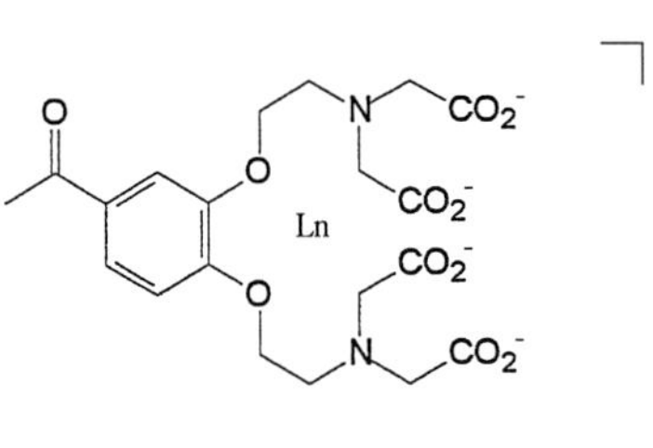

40: $Ln = Eu$[31]
41: $Ln = Tb$[31]

図 9.13 (続き)

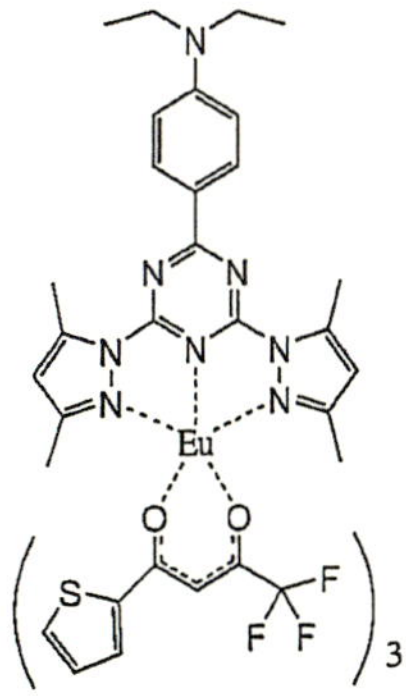

9.2 希土類錯体の発光

42[32)]

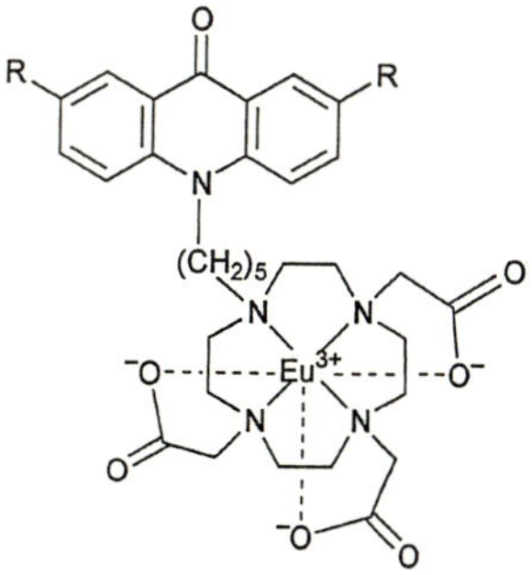

43：R = H[33)]
44：R = Br[33)]

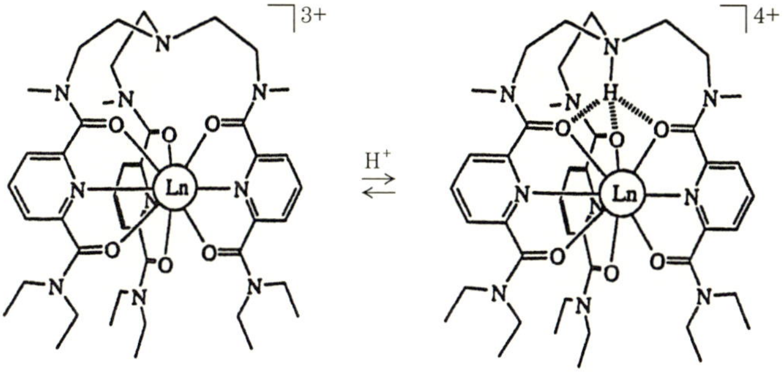

45：Ln = Eu[45)]
46：Ln = Tb[45)]

47：Ln = Eu[45)]
48：Ln = Tb[45)]

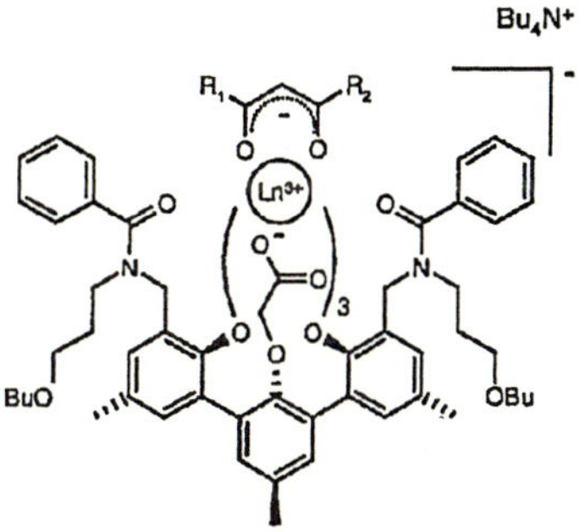

49：[Eu]hfa[46)]：$R_1 = R_2 = CF_3$
50：[Eu]bfa[46)]：$R_1 = CF_3$, $P_2 = Ph$
51：[Eu]dbm[46)]：$R_1 = R_2 = Ph$

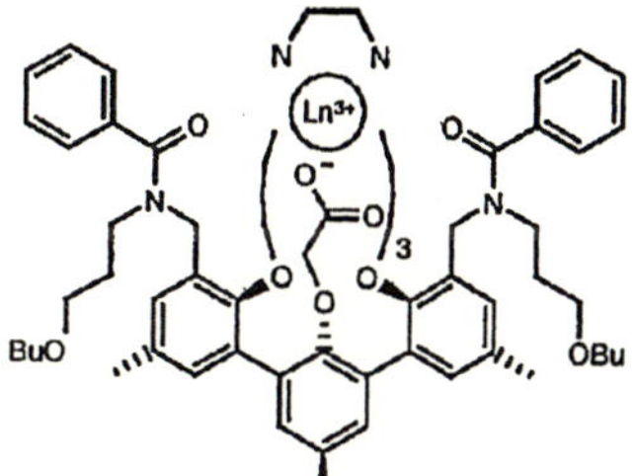

52：[Eu]phen[46)]：

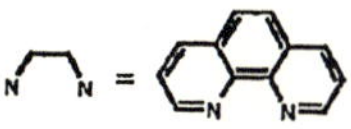

53：[Eu]aza[46)]：

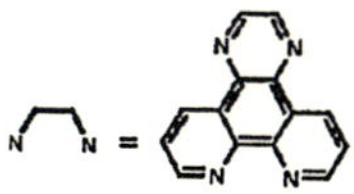

図 9.13　（続き）

希土類錯体は，1つの波長で吸収された光子に対して複数の波長で線幅の狭いピークプロファイルを持った複数の発光線が出るので，その異なる波長でのすべての発光強度を足し合わせたものに対して蛍光量子収率を計算する．そのため，表9.2にまとめた有機蛍光化合物を蛍光量子収率の標準にして希土類錯体の蛍光収率を求めることは一部で行われてはいるが本当は適切ではない．単に励起光と蛍光の波長が希土類錯体とほぼ一致する有機の標準化合物がないという意味だけでなく，上記のようなスペクトル的特徴が有機物と希土類錯体では違いすぎるためである．理想的には，測定したい希土類イオンそれぞれについて同一の希土類イオンの標準錯体があればよいが，現在このような標準と認められる希土類錯体あるいは希土類化合物は存在しない．それでも蛍光収率の求められているいくつかの希土類錯体が仮の標準として用いられている．そのほかに何とか量子収率を出す方法として，有機の標準物質で比較的希土類錯体に蛍光波長範囲が近い硫酸キニーネを標準として用いるとか，波長が比較的希土類錯体と近く寿命も有機物よりは長いルテニウム錯体 $Ru(bpy)_3^{3+}$（bpy はビピリジン）を標準とするなどが報告されているが，まだ十分信頼性の高い標準物質も測定法も確立していない．表9.4の値はそのような状況下で報告されたものである．

　以上のような問題点とは別に，有機物質に比べて希土類錯体の蛍光寿命や量子収率を論じるときに特に問題になることがある．その一つは，錯体の安定性である．有機物でも蛍光収率や蛍光寿命は溶媒や共存物の影響を受けて変化するが，希土類錯体の場合は錯体によってはその影響がかなり大きい場合が多いことを知っておかなければならない．これは錯体の安定性による．たとえば安定度定数の大きい（$\log K \geq 20$）Eu^{3+} 錯体では緩衝液の種類により蛍光強度の変動が少ないが，安定度定数の低い錯体では緩衝液の種類の違いだけで蛍光強度が100％から数％に落ちることがある．これは主としていわゆる水による消光作用（quenching effect：9.3.2項参照）で，安定度定数が十分高くない錯体では配位子の一部が水と置換すると蛍光強度が落ちることによる．あるいは緩衝液などの場合は緩衝物質による置換反応およびそれに伴う消光も起こるであろう．水による置換反応の結果，錯体の対称性が変化し，スペクトルパターンが変化することが考えられる（9.2.4項参照）．消光作用はすべての発光線

に同等に作用するわけではなく，複数の発光線の相対強度が多少変化したり分裂パターンが微妙に変化することが考えられる．また，各発光線の偏光の度合が，消光や蛍光寿命，蛍光収率に影響する．このように，発光線の相対蛍光強度や分裂パターンが変われば蛍光寿命や蛍光収率も変化する．このような事情があるので，標準とする希土類錯体と測定対象の希土類錯体の測定条件は，有機の蛍光物質の場合以上に十分注意して検討するべきである．標準の希土類錯体を用いて測定対象の希土類錯体の蛍光収率を求める際には，溶媒や緩衝剤の選択や，どの波長範囲のスペクトル線を測定するかなどに注意しなくてはならない．さらに注意を要することは，錯体の水との置換反応などが徐々に起こることがあり，完全な熱平衡に達していないことに気づかず測定をしてしまう，また，このような系では温度の影響が予想外に大きいなど，通常の金属錯体や有機蛍光物質とは大きく異なることがある．これまでは発光収率を相対法で求めることについて述べてきたが，絶対法で求めた例もある．しかし絶対法でも上記のような多くの過程を含むため，これまでの報告値が必ずしも信頼性が十分高いものではないことがいわれている．最近ではさらに光音響法を用いる新しい方法が報告されている[59]．また，温度の影響を利用して発光測定を温度センサーに利用した例もある[60]．

注意すべき点の2点目は，希土類の複数の発光ピークの相対強度が錯体により変わることである．配位子のタイプが変われば相対強度が大きく変わるが，似たような配位子でも相対強度が相当に変わることがある．これはそれぞれの波長での遷移確率が錯体により異なることによるが，特に配位子が大きく異なると希土類イオン周囲の対称性が異なり，スペクトル全体のパターンが大きく

表 9.5 DTPA-cs124，TTHA-cs124，DOTA-cs124 の Eu^{3+} 錯体および Tb^{3+} 錯体の蛍光特性[28]

化合物	τ (μs)[a]	蛍光相対強度[b]	化合物	τ (μs)[a]	蛍光相対強度[c]
DTPA-cs124-Eu^{3+}	620	1.00	DTPA-cs124-Tb^{3+}	1550	1.0
TTPA-cs124-Eu^{3+}	1190	2.67	TTPA-cs124-Tb^{3+}	2100	1.1
DOTA-cs124-Eu^{3+}	620	0.66	DOTA-cs124-Tb^{3+}	1540	1.1

配位子の構造は図 9.13 を参照のこと．また，表中のデータはすべて水溶液中のもの．
[a] 極大蛍光波長での蛍光寿命．
[b] 570〜730 nm での積分強度に対する値．
[c] すべての波長での発光強度の和に対する値．

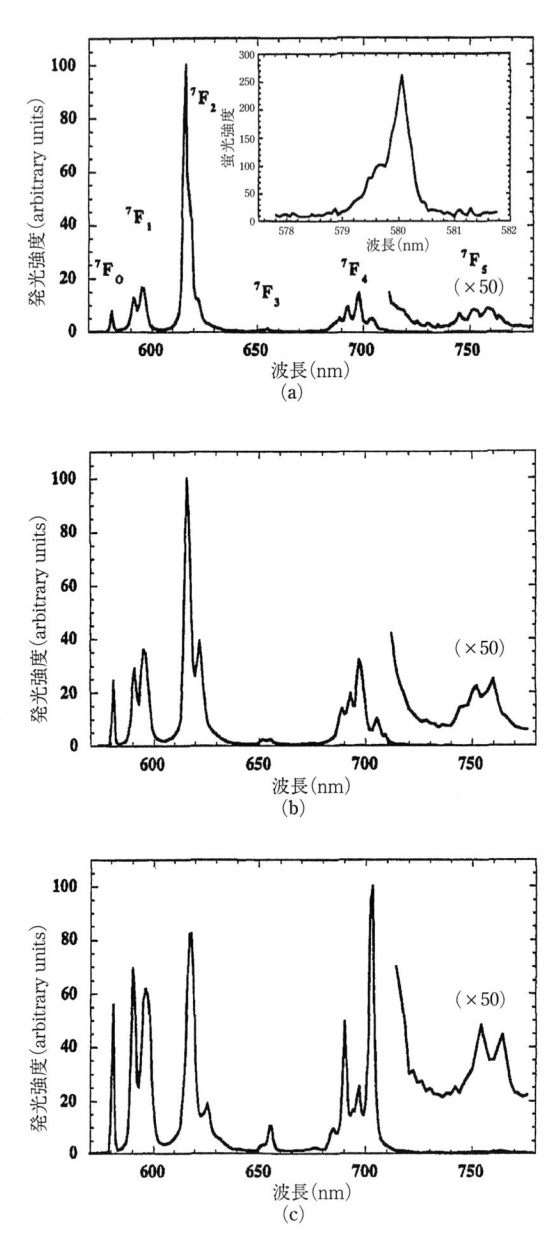

図 9.14 Eu^{3+} の (a) TTHA-cs124, (b) DTPA-cs124, (c) DOTA-cs124 錯体の発光スペクトル[28] D_2O トリスバッファー pH 8.0 中で測定. 発光ピークは $^5D_0 \to {}^7F_J$. (a) の挿入図は, 578~582 nm 部分の高分解能測定図.

9.2 希土類錯体の発光

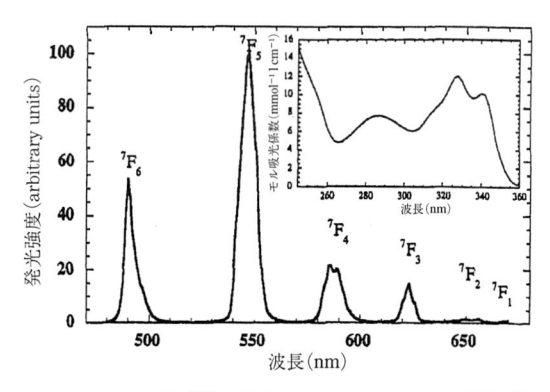

図 9.15 TTHA-cs124-Tb^{3+} 錯体の発光スペクトルとピークの帰属 ($^5D_4 \rightarrow {}^7F_J$)[28] DTPA-cs124-Tb^{3+}, DOTA-cs124-Tb^{3+} もほぼ同一の発光スペクトルを示す. D_2O トリスバファー pH 8.0 中で測定. 挿入図は吸収スペクトルで励起スペクトルとほぼ同一.

異なることが多い. 図 9.9 と図 9.10 のスペクトルを比べると, いずれも Eu^{3+} の錯体であるが配位子のタイプが違うため, スペクトルの形が全体で大きく異なる. また, 図 9.9 では配位子の蛍光はほとんど出ていないが, 図 9.10 では 410 nm を中心として線幅の広い配位子の蛍光が出ている. このようなスペクトルパターンの違いをどのようにして扱うかが問題である. 希土類錯体としての蛍光収率を見たければむしろ配位子の蛍光は除いて考えるべきであろう. また, 蛍光収率の測定には基本的にすべての希土類イオンに基づく発光ピークを測定しなければならないが, 実際には標準とする希土類錯体と測定対象の希土類錯体が似たようなスペクトルパターンを示す場合には, 複数ピークの相対強度を標準物質と測定対象物質で同一と見なして, 両者について最も強い発光線の強度のみを測定してその比から蛍光収率を求めている報告もある. このほうが, 可視から近赤外領域にまで広い範囲でスペクトル線が存在する場合, 検出器の検出効率の波長依存性による誤差などを招きにくいということもある.

表 9.5 には, DTPA-cs 124, TTHA-cs 124, DOTA-cs 124 (構造はいずれも図 9.13 参照) の Eu^{3+} 錯体および Tb^{3+} 錯体の水溶液中での相対蛍光強度と蛍光寿命をまとめた[28].

また, 図 9.14, 9.15 には, これらの Eu^{3+} 錯体および Tb^{3+} 錯体の発光スペクトルを示した. Eu^{3+} 錯体では配位子によりスペクトルパターンが相当変化している. これらのスペクトルは D_2O 中のものであり, H_2O 中では様子が異

なると考えられるが，特に 700 nm 付近の発光が DOTA-cs 124 で 615 nm 付近の発光より強く，この錯体が他の 2 つの錯体に比べて発光中心で近似的に対称心を持つ構造であるためと考えられる[28]．対応する Tb^{3+} 錯体の 3 種には，このような配位子による違いが見られない（図 9.15）．

9.2.3 希土類錯体における励起エネルギーの発光と失活の過程

　希土類錯体の発光の主たる機構については既に 9.2.1 項で述べたが，実際に錯体が励起光を吸収した後に起きる現象は，周囲の溶媒や共存物，酸素分子などとの相互作用による消光過程や他の分子へのエネルギー移動，場合によっては電子移動などをも含んで複雑である．また最近，希土類錯体の新しい発光過程も実験的に検証されているので，それらを含めて現在考えられる励起光吸収後の現象を，図 9.16（a）にまとめてみた．

　図 9.16（a）で中央の上から下に書かれた中央の下向きルートは 9.2.1 項で述べた主たる発光過程である．このうちそれぞれのステップの寿命や反応速度をすべて測定することは簡単ではないが，大まかにいうと [^{3}L-Ln] から [L-Ln^{*ex}] への過程，つまり配位子の三重項状態から希土類イオンへのエネルギー移動およびその後の Ln^{*ex} が Ln^{*0} になる過程，つまり希土類イオンの励起項中の励起 LS 項から基底 LS 項への遷移は，他のステップに比べ，一般に速いと考えられる．一方，Ln^{*0} が基底状態 Ln に戻る過程は禁制遷移であるのでゆっくりであり，これらの遷移に関与する励起状態は寿命が長く，発光と同時に他の分子との間でエネルギー移動や電子移動などの消光に結びつく反応を起こしやすい．

　図 9.16（a）の上のほうから説明していくと，まず配位子の一重項状態 [^{1}L-Ln] は一部 [L-Ln] に戻って配位子の蛍光 $h\nu_L^1$ が出る．この配位子の蛍光放出反応では，並行して [^{1}L-Ln] と他の分子とのエネルギー移動反応や電子移動反応あるいは中心金属イオンへの電荷移動反応が起こり，それらは消光作用として配位子の蛍光強度を弱める．図 9.16（a）で [^{1}L-Ln] から右に向かうルートは最近報告されたもので，4-N,N-ジエチルアニリニル-2,6-ビスピラゾリルトリアジン骨格を配位子とする Eu^{3+} 錯体で，配位子の三重項状態を経ないで一重項励起状態から直接中心金属イオンにエネルギー移動が起こ

9.2 希土類錯体の発光

(a)

(b)

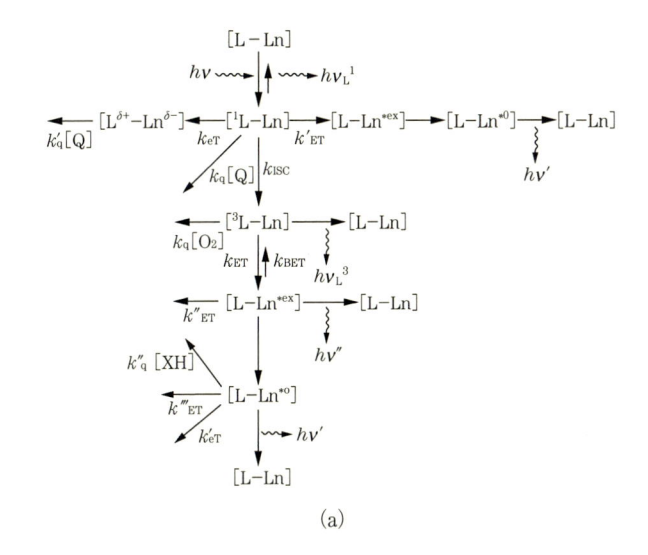

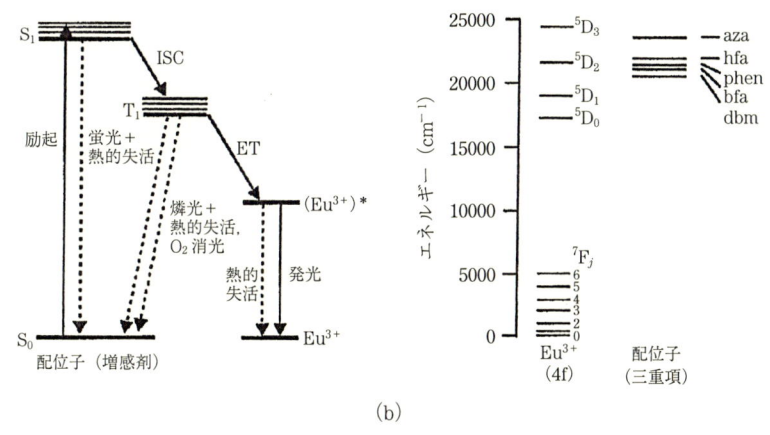

図 9.16 (a) 希土類錯体における励起・発光・失活の過程．[L–Ln] 基底状態の錯体，^{1}L，^{3}L はそれぞれ配位子の励起一重項および励起三重項状態，Ln^{*ex}，Ln^{*0} はそれぞれ希土類イオンの励起項中の励起 LS 項および励起項中の基底 LS 項，反応速度定数 k の下つきの eT，ET，BET，ISC，q はそれぞれ電子移動，エネルギー移動，逆エネルギー移動，系間交差，消光の意味，[Q] は消光剤，[O_2] は酸素分子，[XH] は O–H，N–H，C–H など水素と他元素との共有結合を持ち，消光作用のある化合物．$h\nu$ は励起光，$h\nu_L^1$ は配位子の蛍光，$h\nu_L^3$ は配位子の燐光，$h\nu'$ および $h\nu''$ は錯体の発光．
(b) 左図の実線は Eu^{3+} 錯体の発光増感のルート，点線は競争的に起こる失活ルートの代表的なもの．右図は Eu^{3+} のエネルギーレベルと配位子の三重項レベルの関係[46]．ヘキサフルオロアセチルアセトナト (hfa : 22000 cm^{-1})，ベンゾイルトリフルオロアセチルアセトナト (bfa : 21400 cm^{-1})，ジベンゾイルメタン (dbm : 20600 cm^{-1})，o-フェナントロリン (phen : 21480 cm^{-1})，テトラアザトリフェニレン (aza : 23800 cm^{-1})．

り，最終的に希土類イオンは発光している．このメカニズムは配位子の S_1 からの蛍光（430 nm）の減衰速度と希土類イオン Eu^{3+} の $^5D_1 \rightarrow {}^7F_3$ の発光 585 nm の立ち上がり速度がほぼ一致していることから結論づけられた[32]．この発光は，非プロトン性の有機溶媒中で観測されたもので，水溶液のような極性溶媒中では様子が異なることが予想されるが，報告はない．[^{1}L-Ln] から左に向かうルートは配位子から金属イオンへの電荷移動で，特に希土類の中で 2+ の酸化状態が比較的安定である Eu^{3+} と Yb^{3+} の場合にこのような電荷移動が起こる可能性がある．図 9.16(a) では配位子の励起と電荷移動を別のステップとして記載したが，励起が電荷移動を含んでいることが多い．このような電荷移動が進むと金属イオンが還元されるので，希土類の蛍光は見られなくなる．

次に，[^{3}L-Ln] からの過程を考える．この状態は三重項酸素による消光を受けやすい．しかし，発光性希土類錯体では多くの場合，酸素分子との反応より ISC による中心金属へのエネルギー移動が主として起こるようである．実際，多くの発光性希土類錯体は酸素の存在により蛍光強度がほとんど変化しない．配位子と金属イオンのエネルギー移動は，両者のエネルギー差が小さいと効率よく移動するが，エネルギー差が小さすぎると平衡により金属イオンから配位子へのエネルギーの逆移動が起こり，蛍光が減少する．[^{3}L-Ln] から右に行く過程は，配位子の燐光に相当する．多くの場合，これは低温にしないと観測されない．なお，[L-Ln*^{ex}] から [L-Ln*^{0}] への移動は，通常，熱的緩和によりすみやかに起こる．Gd^{3+} は励起項が高く（図 7.7），Gd^{3+} 錯体は Eu^{3+} 錯体や Tb^{3+} 錯体のようなメカニズムで金属イオンの発光は起こらないが，配位子から金属イオンへのエネルギー移動が起きないので低温（通常，液体窒素温度程度）にすると配位子の燐光が観測される．このことを利用して多くの配位子の三重項のエネルギーが求められている[34,35]．図 9.16 (b) に，いくつかの配位子の三重項のエネルギーと Eu^{3+} のエネルギーレベルの関係を図示した．

次の [L-Ln*^{ex}] は通常，すみやかに [L-Ln*^{0}] に移行する．しかし一部の Eu^{3+} 錯体では [L-Ln*^{ex}] から右に行く過程として，トルエン中で Eu^{3+} の $^5D_1$ から基底項の ^7F_J ($j=3,2,1$) への遷移が，585 nm，555 nm，535 nm に観測されている[32]．また，[L-Ln*^{ex}] から左に行く過程として，DNA に標識した

9.2 希土類錯体の発光

Eu^{3+} 錯体の $^5D_1$ あるいは $^5D_2$ から市販の色素 Alexa Fluor 546 へのエネルギー移動が，FRET（9.2.4項参照）として観測され，特定の DNA 塩基配列の検出に応用されている[36]．この事実および前記の 4-N,N-ジエチルアニリニル-2,6-ビスピラゾリルトリアジンの Eu^{3+} 錯体の発光機構を考えると少なくともある種の配位子では，Eu^{3+} の $^5D_1$ や $^5D_2$ は考えられていた以上に長い寿命を持つらしいことがわかる．

次に，[L-Ln*^{0}] を考えると，この状態は比較的寿命が長いので，並行してエネルギーや電子の移動反応が起こりやすい．また，水およびそのほかの X-H 結合を持つ化合物による消光も起きる．この機構は水の O-H 結合の振動エネルギーの3倍音が希土類イオンの遷移エネルギーに近いことによる（図 9.17）．図 9.17 では励起状態の Tb^{3+} はおそらく O-H の4倍音（19000 cm^{-1}）

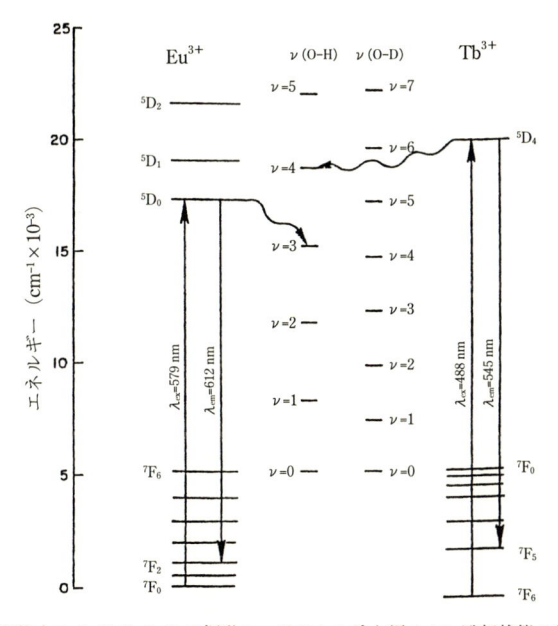

図 9.17 配位水の O-H や O-D の振動モードによる希土類イオン励起状態の失活の機構
この図では可視部のレーザー励起により希土類イオンを直接励起する場合を示したが，希土類錯体の紫外光励起の場合でも同様のメカニズムで失活が起こる．図中の下向きの矢印は強度最大の発光線のみを示しているが，実際はそのほかにも数本の発光線がある．Tb^{3+} のエネルギーレベルは $^7F_0$ が振動レベルのゼロ点に一致するように全体をずらせてあるので，Eu^{3+} と Tb^{3+} の相対的位置の関係は，実際とはずれている．

を励起して自らは失活するので発光強度は弱くなり，結局 Tb^{3+} の励起エネルギーは配位水の熱エネルギーとして放出される．通常の水を重水に変えると倍音数が増すので，消光は抑えられ一般に発光が強くなる．O-H 結合のみならず，N-H，C-H などの振動エネルギーレベルは消光に働くので，配位子中の水素原子を重水素に変えると消光は抑えられる．希土類イオンは水を安定に配位し，また，配位水とバルクの水の置換反応の速度が速いので，水による消光はかなり大きく，問題である．

TTHA-cs124-Tb^{3+} 錯体（構造は図9.13参照）は図9.18に示すように単一のエクスポネンシャルの発光減衰曲線を持つ．これから寿命 τ が求まるが，H_2O 中および D_2O 中の寿命から次のホロック（Horrocks）とスドニック（Sudnick）の式（9.24）によって配位水の数 N が求められる[28,37~39]．

$$N = K(\tau_{H_2O}^{-1} - \tau_{D_2O}^{-1}) \tag{9.24}$$

K の値は，Eu^{3+} では 1.05，Tb^{3+} では 4.2 である．

減衰曲線が単一のエクスポネンシャルになることは，Tb^{3+} の単一の遷移（この場合，$^5D_4$ レベルから $^7F_5$ への遷移）のみが発光に関与していることを示す．しかし既に 9.1.2 項で述べたように，発光の減衰から求められる反応速度定数は放射的速度定数と非放射的速度定数の和であるので，このような測定によってすぐに放射的速度定数が出るわけではない．また，錯体とその測定条件

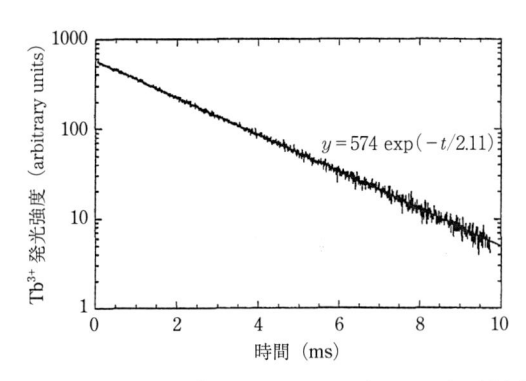

図 9.18 TTHA-cs124-Tb^{3+} の 546 nm での発光の H_2O 中の減衰曲線[27]
データは 2 μs 間隔で測定し，単一のエクスポネンシャルの発光減衰曲線との一致は $r^2=0.999$ であった．他の Tb^{3+} の発光波長（図 9.15 参照）で求めた蛍光寿命も 5% 以内の誤差で一致した．図中の式は縦軸を y，横軸を t として実験値より最小二乗法で求められた式．

表 9.6 Tb^{3+} 錯体の H_2O および D_2O 中の蛍光寿命と配位水の数[28]

Tb^{3+} 錯体	τ_{H_2O} (ms)	τ_{D_2O} (ms)	τ_{H_2O}/τ_{D_2O}	配位水の数
DTPA-cs124	1.55	2.63	0.59	1.1
TTHA-cs124	2.10	2.37	0.89	0.2
DOTA-cs124	1.54	2.61	0.59	1.1
TETA-cs124	2.05	2.30	0.89	0.22

によってはいくつかの成分が減衰曲線に見られることもある．表 9.6 にはいくつかの Tb^{3+} 錯体の水の数を寿命とともにまとめた．水の数が整数にならないのは，±20%程度の誤差があるということである．

さらに，改良された式（9.25）と式（9.26）では，O-D と N-D の振動による消光は無視できると考えて，水の数 N を計算している[40,41]．

$$N^{Eu} = 1.2[(k_{H_2O} - k_{D_2O}) - (0.25 + 0.07x)] \tag{9.25}$$

$$N^{Tb} = 5[(k_{H_2O} - k_{D_2O}) - 0.06] \tag{9.26}$$

ここで x は，酸素に結合したアミド NH 基の数である．$k=\tau^{-1}$ の関係を使えば式（9.25）と式（9.26）中で k_{H_2O} は $\tau_{H_2O}^{-1}$ に，k_{D_2O} は $\tau_{D_2O}^{-1}$ に置き換えて使用できる．

9.2.4 希土類錯体の発光スペクトル解析

これまで述べてきたように，希土類の中でも Eu^{3+} と Tb^{3+} の錯体はとりわけ強い発光をする．その発光線は Eu^{3+} では $^5D_0 \rightarrow {}^7F_J (J=4〜0)$ で，各発光線の強度比は錯体の対称性によるが，多くの場合 $J=2$ が最も強く，$J=0, 1, 4$ なども中程度あるいは弱く観察されることが多い．一方，$J=2$ の発光が弱い場合もまれにあるが，これは錯体の対称性が高い場合である．Tb^{3+} 錯体では $^5D_4 \rightarrow {}^7F_J (J=0〜6)$ の遷移が観測され，$J=5$ が最も強い．Eu^{3+} 錯体の発光ピークの相対強度は錯体によって相当変化するが，Tb^{3+} の変化はそれに比べると少ない．いずれの錯体においても各発光線のピーク位置は希土類イオンに特有であるからほとんど同一であるが，それでも錯体によって数十 cm^{-1} 程度は異なる．

$^{2S+1}L_J$ で表される励起項と基底項の間の遷移に基づく発光線は，錯体中で希

土類イオンの置かれた配位子場の対称性によっていくつかの線に分裂する．Eu^{3+} の各遷移の代表的対称性における分裂の数とそれぞれの縮退度を表9.7に示した．この表によりたとえば D_3 対称に Eu^{3+} が置かれたときその $^5D_0 \to {}^7F_1$ の発光線は1本の非縮退の一重線（A_2）と1本の二重縮退の線（E）に分裂することがわかる．

これらの分裂による各スペクトル線の強度の特徴と対称性の関係を，表9.8と表9.9にまとめた．一般に電気双極子による遷移が強く観測され，磁気双極子による遷移は弱い．Eu^{3+} ではジャッド-オーフェルトの理論によると電気双極子遷移により，$^5D_0 \to {}^7F_J$ の各遷移のうち $J=2,4,6$ の遷移が観測されると予想されている．しかし希土類イオンでは電気双極子遷移と磁気双極子遷移がほぼ同等の強度で観測されることも多く，表9.8のように Eu^{3+} では $J=$ 偶数で主として電気双極子機構により吸収や発光が見られるほか，$J=$ 奇数で磁気双極子機構による吸収や発光が観測される．表9.7～9.9は，複数の代表的構造の錯体の発光スペクトルをまとめたもので，これを参考にすれば発光スペクトルのパターンから希土類イオンの配位構造がある程度推定できる．

表9.7 Eu^{3+} の $^5D_0 \to {}^7F_J$ 遷移の代表的対称場における分裂様式[42]

対称場	$^7F_0$	$^7F_1$	$^7F_2$	$^7F_3$	$^7F_4$
	ED	MD	ED	ED	ED
I_h	—	T_{1g}	—	—	—
O_h	—	T_{1g}	—	T_{1g}	—
T_d	—	T_1	T_2	T_1	T_2
D_{4h}	—	$A_{2g}+E_g$	E_g	$A_{2g}+E_g$	—
D_{4d}	—	A_2+E_3	E_1	A_2+E_3	B_2+E_1
D_{2d}	—	A_2+E	B_2+E	A_2+2E	B_2+2E
D_{3h}	—	$A_2'+E''$	E'	$A_2'+E''$	$A_2''+2E'$
D_{3d}	—	$A_{2g}+E_g$	$A_{1g}+E_g$	—	—
D_3	—	A_2+E	$2E$	$2A_2+2E$	A_2+3E
C_{3v}	A_1	A_2+E	A_1+2E	A_1+2E	$2A_1+3E$
C_3	A	$A+E$	$A+2E$	$3A+2E$	$3A+3E$
C_{2v}	A_1	$A_2+B_1+B_2$	$2A_1+B_1+B_2$	$A_1+2B_1+2B_2$	$3A_1+2B_1+2B_2$
C_2	A	$A+2B$	$3A+2B$	$3A+4B$	$5A+4B$
C_1	A	$3A$	$5A$	$7A$	$9A$
C_s	A'	$A'+2A''$	$3A'+2A''$	$3A'+4A''$	$5A'+4A''$

ED：electric dipole transition（電気双極子遷移），MD：magnetic dipole transition（磁気双極子遷移）．
AおよびBは非縮退，Eは二重縮退，Tは三重縮退したレベル．

9.2 希土類錯体の発光　　　　　　　　　　　　　　151

表 9.8 Eu^{3+} の各 $^5D_0 \to {}^7F_J$ 遷移の特徴[42]

J	主たる機構	波長 (nm)	強度	特徴
0	ED	577～581	極弱	高対称場で消滅（禁制）
1	MD	585～600	強	対称性によらずほぼ一定強度
2	ED	610～625	極弱～大強	対称心上で消滅，対称性に超鋭敏
3	ED	640～655	極弱	禁制
4	ED	680～710	中～強	対称性に依存して変動

ED：電気双極子遷移，MD：磁気双極子遷移．

表 9.9 Tb^{3+} の $^5D_4 \to {}^7F_J$ 遷移の特徴[42]

J	波長 (nm)	強度	特徴
6	480～505	中～強	対称性に依存して変動
5	535～555	強～大強	プローブに向く
4	580～600	中～強	対称性に依存して変動
3	615～625	中	
2	640～655	弱	対称性に依存して変動

　既に 8.2.2 項で述べたジャッド-オーフェルト理論による電気双極子遷移の許容遷移の条件と表 9.8 のまとめを比べてみてほしい．表 9.8 のまとめはジャッド-オーフェルト理論に合うところもあるが，強度が配位子場によりかなり変動し，必ずしもジャッド-オーフェルト理論の予想に合わないものもある．$^5D_0 \to {}^7F_0$ の遷移は禁制であるが，対称性の歪みや項の混じり合いにより多少観測される．励起項も基底項も $J=0$ であるからこの遷移は配位子場で分裂するはずがない．したがって，もしこのバンドが分裂していたら，それは 2 種以上の化学種が存在していることを示している．配位子場による分裂を見る例として，図 9.19 に [Eu(NO$_3$)$_3$(15-crown-5)] の励起スペクトルと発光スペクトルを示した．

　この錯体は 5 配位の大環状配位子と 3 個の二座配位の NO_3^- により全体で 11 配位の構造である．$^5D_0 \to {}^7F_0$ の発光が鋭い 1 本線として見られるので，Eu^{3+} は 1 種類の配位部位にいることがわかる．また，本来電気双極子遷移では禁制のはずの $J=0$ から $J'=0$ の遷移が見えているので対称性があまり高くなく，特に金属が対称心上ではないことがわかる．また，$^5D_0 \to {}^7F_1$ の遷移は観測されるとすれば磁気双極子遷移によるが，その強度は環境にあまり依存しない．この遷移が図 9.19 では 1 本の二重線と 1 本の一重線に見えており，表

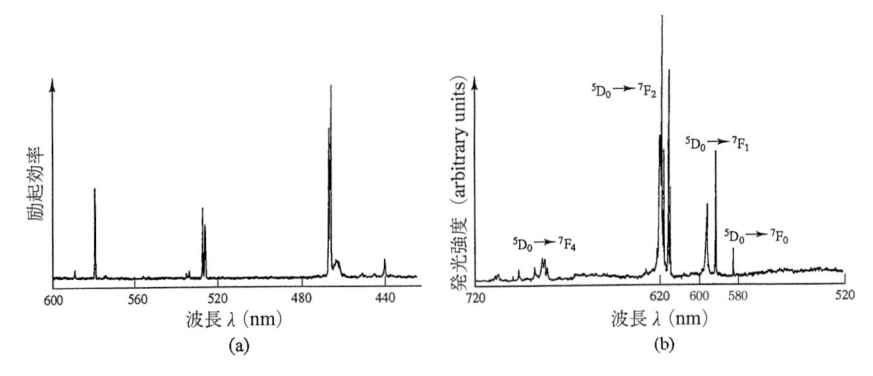

図 9.19 [Eu(NO$_3$)$_3$(15-crown-5)] の (a) 励起スペクトル (λ=618 nm で観測，77K) と (b) 発光スペクトル ($\lambda_{\rm exc}$=397.7 nm, 77K)[43]

9.7 に照らして考えると，この化合物の X 線構造解析の結果でわかった近似的に五角形の対称性に矛盾しない分裂パターンをしている．もし対称性がさらに低下すればこの二重線はさらに 2 本の一重線に分裂するであろう．続いて $^5D_0 \to {}^7F_2$ の遷移であるが，これは基本的に電気双極子遷移であり，もし金属イオンが対称心上にあれば発光強度は 0 であり，またこの強度は環境に強く依存してほとんど 0 から大強度まで変化するはずである．このクラウンエーテル錯体での $^5D_0 \to {}^7F_2$ の発光はかなり強いので，Eu^{3+} の配位部位の対称性（サイトシンメトリー，site symmetry）はかなり低いことがうかがわれる．

もう一つの例として，[Eu(terpy)$_3$](ClO$_4$)$_3$ (terpy はトリピリジン) の発光スペクトルを図 9.20 に示した．この錯体では，D_3 のサイトシンメトリーの中心に Eu^{3+} が存在することが予想される．

まずこのスペクトルでは $^5D_0 \to {}^7F_0$ の発光は消えており，サイトシンメトリーの高いことが考えられる．$^5D_0 \to {}^7F_1$ の遷移は 1 本の一重線と約 0.4 nm でわずかに分裂した二重線になっており，表 9.7 の D_3 の分裂パターンと一致する．$^5D_0 \to {}^7F_2$ の発光は 2 つの二重線であり，表 9.7 の D_3 の分裂パターンどおりである．$D_0 \to {}^7F_3$ の発光は禁制なので存在しない．$D_0 \to {}^7F_4$ の発光は，3 組のわずかに分裂した二重線と 1 本の一重線である．もし対称性が完全に D_3 であればこの二重線はいずれも分裂せずに観測されるはずであるが，実際の構造は D_3 よりわずかに対称性が低くなっているものと思われる．以上のようにこ

9.2 希土類錯体の発光

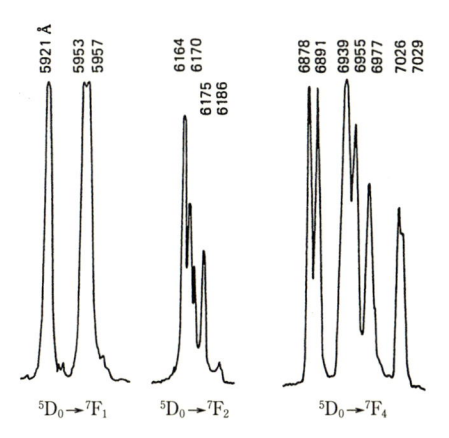

図 9.20 [Eu(terpy)$_3$](ClO$_4$)$_3$ の発光スペクトル[44]

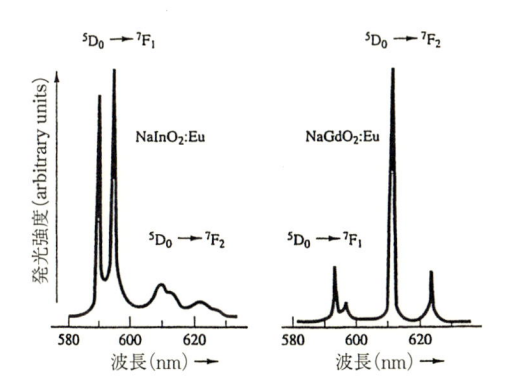

図 9.21 NaInO$_2$ および NaGdO$_2$ 中の Eu^{3+} の発光スペクトル[47]

の錯体は表9.7の分裂パターンをよく反映している．またこのスペクトルと他の錯体のスペクトルの比較により，表9.8に書いてあるように D$_0$ → ^{7}F$_4$ の発光パターンは配位環境を鋭敏に反映することがわかる．

配位部位の対称性により強度が大きく変わるもう一つの例が，図9.21に示されている．この図中の2種の化合物はいずれも NaCl 型の結晶構造をしているが，NaInO$_2$ 中では Eu^{3+} は対称心上にあるため，^{5}D$_0$ → ^{7}F$_2$ の遷移は観測されない．その代わり 590 nm 付近の ^{5}D$_0$ → ^{7}F$_1$ が2本線として観測される．表9.7によると多くの対称性でこの遷移が2本に分裂することが理解される．一

方，NaGdO$_2$ 中では Eu^{3+} は対称心上にないので $^5D_0 \rightarrow {}^7F_1$ は弱く，$^5D_0 \rightarrow {}^7F_2$ が 610 nm に強く観測される．このようなちょっとした対称性の違いで色調がはっきりと変わるので，この種の物質はルミネセンス（発光）材料として使われる．

さらに，配位子場の影響とジャッド-オーフェルト理論の適用性を見る研究が，Eu^{3+} の水和イオン，Eu^{3+} と 2,6-ピリジンジカルボン酸（DPA）の 1:1 および 1:3 錯体の発光スペクトルの比較をすることにより行われた[48]．これらのスペクトルを図 9.22 に示した．一般に，$^5D_0 \rightarrow {}^7F_1$ の強度は磁気双極子遷移によるものでその遷移確率は錯体によらずほぼ一定であるので，図 9.22 の 3 つのスペクトルではすべてこの遷移を同一の強度にそろえた強度スケールで

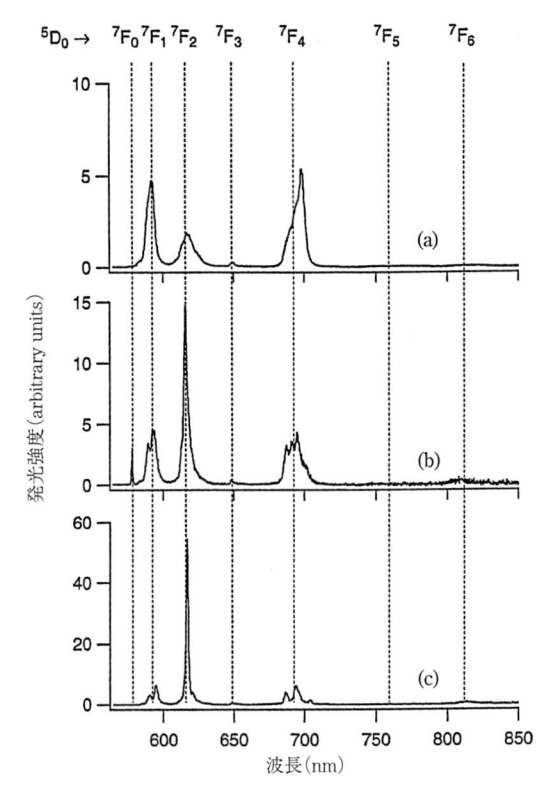

図 9.22 (a) Eu^{3+} の水和イオン，(b) Eu(DPA)$^+$，(c) Eu(DPA)$_3{}^{3-}$ の水溶液の発光スペクトル[48] $^5D_0 \rightarrow {}^7F_1$ の強度をすべて同一にしたスケールで表示している（本文参照）．

スペクトル表示されている．なお，図9.22（a）はEu^{3+}の水和イオンのスペクトルであるが，このような場合，強く光吸収する配位子はないもののイオンの吸収バンドを励起すれば発光が見られる．たとえば395 nm（$^7F_0 \to {}^5L_6$）や464 nm（$^7F_0 \to {}^5D_2$）など，いずれでも同一の発光スペクトルが得られる．また，いずれの励起波長でも同一の寿命が得られたので，最初に^5D_Jのどのレベルが励起されようと，観測されるEu^{3+}の励起レベルの寿命は$^5D_0$のものであり，最初の励起が起こるレベルには影響されない．つまり，$^5D_J (J>0)$から$^5D_0$への失活が熱的にすみやかに起こることがわかる．

$^5D_0 \to {}^7F_2$の強度が錯体により大きく変化しており，この遷移がEu^{3+}の配位子場分裂で超鋭敏（hypersensitive）といわれるゆえんである（表9.8参照）．$^5D_0$から$^7F_0$や$^7F_3$への遷移は弱い．特に後者の遷移は弱い．これらの遷移がなぜ観測されるのかは，ジャッド-オーフェルト理論では説明できない．磁気双極子機構によっても十分説明できない．より詳細な考察によると，これらの強度は配位子場の高次の摂動により$^5D_0 \to {}^7F_2$の強度の一部を借りているためと説明されている．スペクトルの強度測定と蛍光寿命の測定，また電気双極子モーメントの計算などを用いて発光線の相対強度を表す分岐比（branching ratio），ジャッド-オーフェルト理論のパラメーター，蛍光寿命などが計算され，いずれも測定値や過去に吸収スペクトルから求められた値に矛盾しない値が得られた[48]．吸収スペクトルを用いてジャッド-オーフェルト理論の相対強度を示すパラメーターを計算する方法も報告されている[49]．

別の例として，図9.23のEu^{3+}錯体においてはビスピラゾリルトリアジン配位子がトルエン中400 nmの励起光でEu^{3+}の発光を可能としている．この波長ではβ-ジケトン配位子は光を吸収せず，発光に寄与しないので，観測されるスペクトルはビスピラゾリルトリアジンからEu^{3+}へのエネルギー移動によっている．パルス励起後の各波長での時間分解蛍光測定より，配位子の励起状態S_1からの蛍光（430 nm）の減衰曲線の減衰速度とEu^{3+}の弱い発光線（$^5D_1 \to {}^7F_3$, 585 nm）の上昇速度がほぼ一致する（〜1.8 ns）ことから，配位子のS_1からEu^{3+}の$^5D_1$にエネルギー移動が起こり，$^5D_1$から$^7F_3$へ遷移が起こって発光していることが示唆されている[32]．77Kでの測定によると，525 nmの配位子の燐光の減衰速度（3.9 s）はEu^{3+}の$^5D_0 \to {}^7F_2$（614 nm）の減衰速度

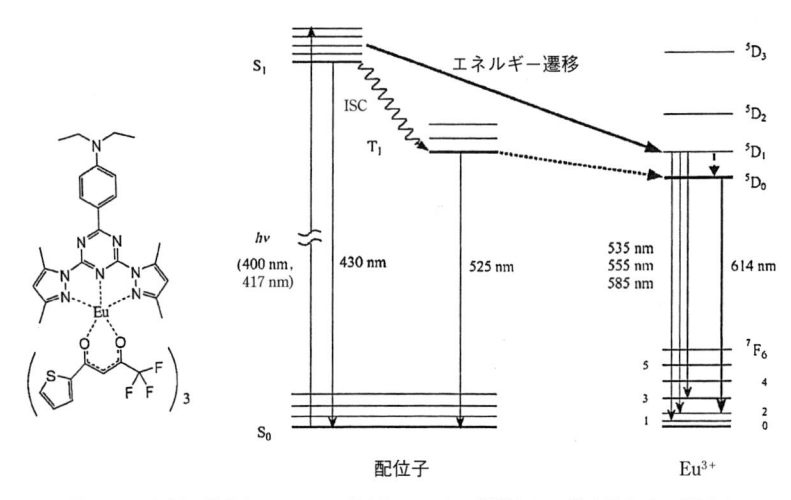

図 9.23 左図の錯体を 417 nm で励起したときに観測される発光線とその帰属[32] この錯体では T_1 から ^5D_J へのエネルギー移動は起こっていない．ISC：intersystem crossing（系間交差）．

(0.65 ms) よりかなり長いので，配位子の三重項状態 T_1 から $^5D_0$ へのエネルギー移動は起こっていないことがわかった．つまり，この 614 nm の発光は，配位子の S_1 からのエネルギー移動によっている．このような S_1 から Eu^{3+} へのエネルギー移動はこの配位子の S_1 が従来の配位子のそれより低いために起きたのではないかと考えられる．事実この配位子の T_1 のエネルギーは，他の代表的配位子（図 9.16 (b) 参照）のそれより明らかに低いので，Eu^{3+} にエネルギー移動することは非常に不利であろう．

9.3 蛍光エネルギー移動と光誘起電子移動

9.3.1 蛍光エネルギー移動の機構

発光強度は，これまでにも述べてきたように，周囲の環境により変動することが多い．これは，発光が f 電子の遷移である希土類錯体のみならず有機物の蛍光性化合物でも広く見られる現象である．強度が変動する理由は，蛍光物質 D（donor，ドナー，供与体）の蛍光が周辺物質 A（acceptor，アクセプター，受容体）に再吸収されて，A が励起される過程（放射的エネルギー移動過程，radiative energy transfer）が下記のようにできるか，

9.3 蛍光エネルギー移動と光誘起電子移動

$$D^* \rightarrow D + h\nu$$
$$A + h\nu \rightarrow A^*$$

あるいはDの励起状態のエネルギーが周辺物質Aの振動エネルギーレベルを介して周辺物質に受け渡されて，蛍光物質Dが非放射的に基底状態に戻る過程（非放射的エネルギー移動過程，non-radiative energy transfer）が下記のように起きるからである．

$$D^* + A \rightarrow D + A^*$$

この現象は，特に周辺物質が蛍光物質の励起状態のエネルギーに近い励起エネルギー状態を持っているときに起こりやすい．当然このようなエネルギー移動の結果，蛍光物質Dの蛍光強度は減少し，Aが蛍光物質である場合はその蛍光強度が増大する．またDの蛍光寿命は，エネルギー移動が放射的過程である場合はAが存在しないときに比べて変化しないが，非放射的過程では短くなる．またDの蛍光スペクトルは，放射的過程では変化しないが，非放射的過程ではAの吸収スペクトルと重なる波長部分が変化する．

エネルギー移動の様子を図9.24に模式的に示した．一般にこのようなエネルギーのドナー（D）からアクセプター（A）への非放射的なエネルギー移動を励起エネルギー移動（excitation（またはelectronic）energy transfer，

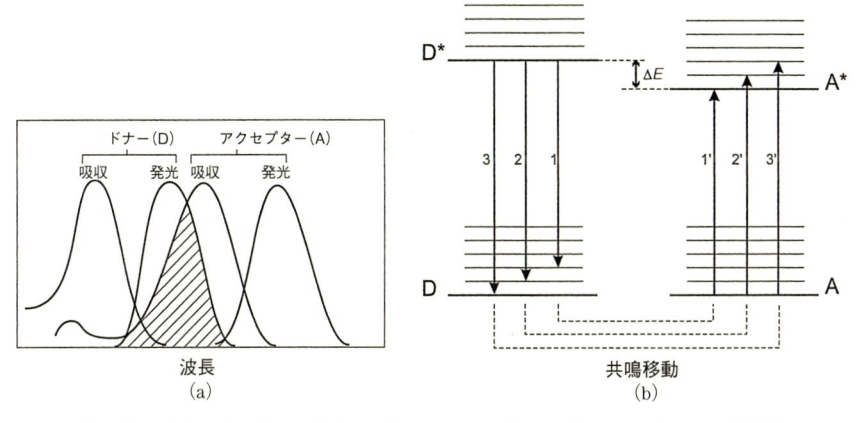

図9.24 (a) エネルギーのドナー（D）とアクセプター（A）のスペクトルの関係[12] 斜線のような重なり（integral overlap）があるため，エネルギーの共鳴移動が起こる．(b) 振動レベルを介した共鳴移動の機構．

EET）あるいは共鳴エネルギー移動（resonance energy transfer, RET）というが，そのうちでも特に D が蛍光物質であるときに蛍光共鳴エネルギー移動（fluorescence resonance energy transfer, FRET）という．D および A がいずれも蛍光性物質の場合は FRET により D の蛍光強度は減少（あるいは極端な場合は蛍光が消滅）し，A の蛍光強度は増加（あるいは 0 から蛍光がみられるようになる）するので，FRET は 2 分子の会合を検出したり，2 分子間の距離を測定するのに応用できる．バイオテクノロジーやバイオアッセイでは蛍光物質を蛍光ラベルとして蛋白質などにあらかじめ結合しておき，異なる蛋白質間や蛋白質とその特異的結合物質であるリガンド（配位子），蛋白質と核酸などの間の会合や結合を A の蛍光として検出する．また，これらの 2 分子間の距離を測定するのに FRET は広く使われている重要な手法である．これらのバイオアッセイへの応用については後の第 13 章で述べるが，ここではまずエネルギー移動の基本について，特にバイオアッセイに必要な観点から一般的に述べる．さらに詳細は，引用文献を参考にしていただきたい[50~52]．

エネルギー移動はいくつかのメカニズムにより起こる．その機構を図 9.25 にまとめた．一重項-一重項エネルギー移動（singlet-singlet energy transfer, $^1D^* + {}^1A \rightarrow {}^1D + {}^1A^*$）のときには双極子-双極子相互作用（dipole-dipole interaction, 双極子相互作用ともいう）と軌道の重なりによる交換作用による両機構が可能であるが，三重項状態 T_1 では双極子-双極子相互作用が小さくなると考えられるので，三重項-一重項エネルギー移動（triplet-singlet energy

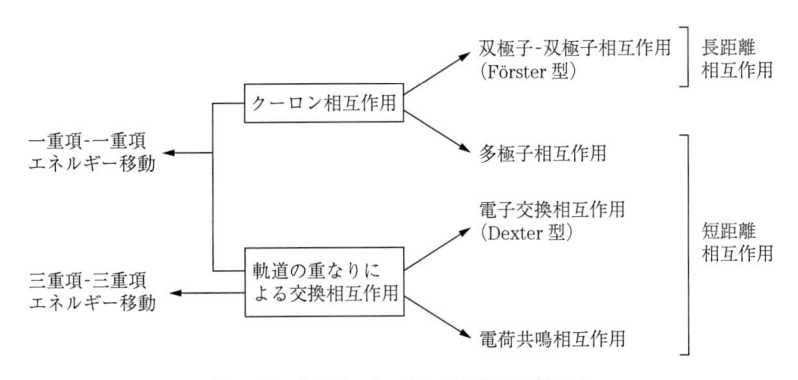

図 9.25 分子間エネルギー移動機構の種類[12]

transfer, $^3D^*+{}^1A \to {}^1D+{}^3A^*$) はほとんど軌道の重なりによる機構で，エネルギー移動が起こるとされる．

エネルギー移動の機構は大きく分けるとクーロン相互作用（Coulombic interaction）と分子間の軌道の重なり（intermolecular orbital overlap）による交換相互作用（exchange interaction）に分類できるが，両者が働いていることもしばしばある．クーロン相互作用には，双極子-双極子相互作用に基づき相互作用のエネルギーが大きいため，比較的長距離の相互作用まで観察できるFörster機構と，相互作用が弱く短距離の相互作用しか見られない多極子相互作用がある．一方，軌道の重なりによる機構の中には軌道の重なりを介した電子交換相互作用によるもの（Dexter機構）と，電荷移動を伴う両軌道の共鳴すなわち電荷共鳴相互作用（charge resonance interaction）によるものがあるが，いずれも軌道の重なりが起こらないと働かないため，Förster機構に比べて短距離でしか相互作用が起きない．また，この機構によるエネルギー移動は短距離でしか検出できない．

このような相互作用のすべては，量子化学におけるDとAのクーロン積分と交換積分の和として計算される．クーロン相互作用は励起状態S_1にあったDの電子が基底状態S_0に戻る際，S_0のAの電子が励起されることに対応する（図9.26 (a)）．一方，交換積分に対応するのは図9.25の軌道の重なり機構によるエネルギー移動で，図9.26 (b) のようにDとAで2個の電子が交換される機構である．この機構では軌道の重なりが必要なので，当然クーロン相互作用に比べて短距離でしか相互作用が観測されない．

DとAの間の許容遷移では，クーロン相互作用の寄与が短距離であろうと長距離であろうと圧倒的に大きい．クーロン相互作用によるエネルギー移動でS_1のDがS_0に戻る際にAが励起される．クーロン相互作用では主としてD$\to D^*$およびA$\to A^*$の遷移に対する遷移双極子モーメントM_DとM_Aの間の双極子-双極子相互作用が支配的になる．M_DとM_Aの2乗はそれぞれの遷移の振動子強度に比例する．一方，交換相互作用ではDとA上の2個の電子の交換が起こってAが励起される．この際には，電子波動関数とスピン波動関数の対称性が許す交換が起こる．

一方，三重項を含む禁制遷移（$^3D^*+{}^1A \to {}^1D+{}^3A^*$）では$D^*$においては$T_1$

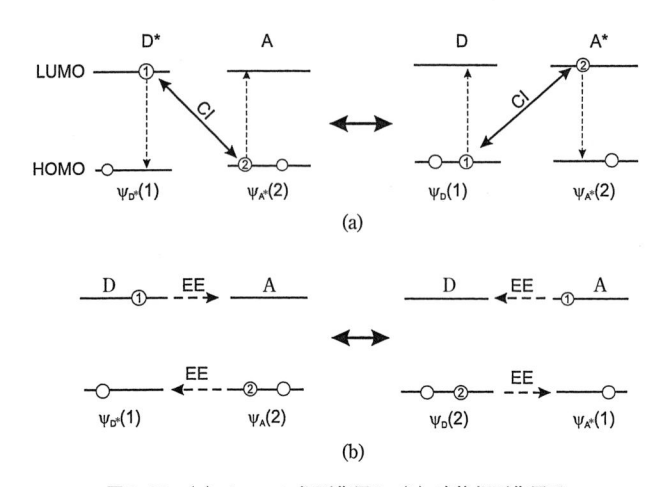

図 9.26 (a) クーロン相互作用と (b) 交換相互作用[12]
CI：Coulombic interaction（クーロン相互作用），EE：electron exchange（交換相互作用）．

→ S_0 の遷移であり，A においては $S_0 \to T_1$ の遷移であるが，クーロン相互作用は無視できるほど小さく，軌道の重なり機構が支配的になり，これは短距離でしか有効に働かない（<10 Å）．また，この禁制遷移においても遠距離（80～100 Å）ではクーロン相互作用が弱いが働く．以下にはエネルギー移動の代表例としてクーロン相互作用による Förster タイプのエネルギー移動および交換相互作用の Dexter タイプのエネルギー移動について説明する．

長距離における双極子-双極子相互作用による Förster タイプのエネルギー移動では，古典力学と量子力学に基づきエネルギー移動の速度定数 k_T^{dd} は次のように求められている[50]．

$$k_T^{dd} = k_D \left[\frac{R_0}{r}\right]^6 = \frac{1}{\tau_D^0}\left[\frac{R_0}{r}\right]^6 \tag{9.27}$$

ここで，k_D は D の蛍光放射の速度定数，τ_D^0 はエネルギー移動がないときの蛍光寿命，r は D と A の距離（D の蛍光寿命の間，距離は変わらないと仮定している），R_0 は臨界距離あるいは Förster 半径（Förster radius）というもので，この距離で D の S_1 の自発的失活の速度 k_D とエネルギー移動の速度 k_T が等しくなる．この式においてエネルギー移動の速度は距離 r の 6 乗に反比例することに注目してほしい．R_0^6 は実験データから次のように導かれる．

$$R_0^6 = \frac{9000(\ln 10)\,\chi^2 \Phi_\mathrm{D}^0}{128\pi^5 N_\mathrm{A} n^4} \int_0^\infty I_\mathrm{D}(\lambda)\,\varepsilon_\mathrm{A}(\lambda)\,\lambda^4 \mathrm{d}\lambda \tag{9.28}$$

ここで，χ^2 は配向因子（orientational factor），Φ_D^0 はエネルギー移動がないときの D の蛍光量子収率，n は D と A のスペクトルの重なりがある波長領域での溶媒の平均の屈折率，$I_\mathrm{D}(\lambda)$ は $\int I_\mathrm{D}(\lambda)\mathrm{d}\lambda = 1$ となるように規格化された D の蛍光スペクトル強度，$\varepsilon_\mathrm{A}(\lambda)$ は A のモル吸光係数，N_A はアボガドロ数である．したがって R_0 を Å，λ を nm，$\varepsilon_\mathrm{A}(\lambda)$ を $\mathrm{mol}^{-1}\mathrm{l}\,\mathrm{cm}^{-1}$ で表すと，R_0 は式 (9.29) で表される．

$$R_0 = 0.2108 \left[\chi^2 \Phi_\mathrm{D}^0 n^{-4} \int_0^\infty I_\mathrm{D}(\lambda)\,\varepsilon_\mathrm{A}(\lambda)\,\lambda^4 \mathrm{d}\lambda \right]^{1/6} \tag{9.29}$$

有機蛍光物質を D と A に用いたときの R_0 は，通常 15～60 Å の範囲である．
一方，配向因子 χ^2 は D と A の遷移モーメントの配向により，次のように表される．

$$\chi^2 = \cos\theta_\mathrm{DA} - 3\cos\theta_\mathrm{D}\cos\theta_\mathrm{A} = \sin\theta_\mathrm{D}\sin\theta_\mathrm{A}\cos\phi - 2\cos\theta_\mathrm{D}\cos\theta_\mathrm{A} \tag{9.30}$$

式 (9.30) 中の値の定義は図 9.27 に示してある．図 9.27 中の M_D と M_A はそれぞれ D → D* と A → A* の遷移に対する遷移双極子モーメントである．θ_DA は D と A の遷移モーメント M がなす角度，θ_D と θ_A は D と A の遷移モーメント M が距離ベクトル r とそれぞれなす角度，ϕ は距離ベクトル r の中心を通り r に垂直な面への遷移モーメントの投影のなす角度である．

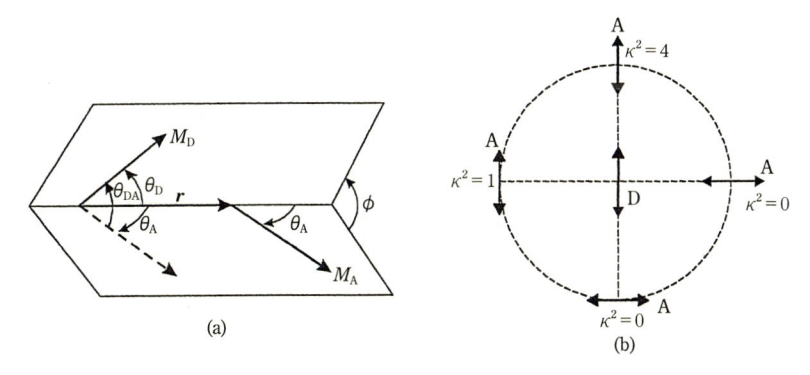

図 9.27 (a) 配向因子 χ^2 の定義と (b) エネルギーのドナー（D）およびアクセプター（A）の向きによる χ^2 の値の例[12]

x^2 は 0〜4 の値をとりうる．0 は D と A が垂直のとき，4 は遷移モーメントが同一線上のときである．遷移モーメントが平行のときは x^2 は 1 である．相互作用する 2 分子が D の寿命よりずっと速く回転しているときは，等方的平均化により，x^2 は 2/3 となる．固体のような媒体中で静的に多数の A が 1 つの D の周りに距離的および配向的にランダムに配置している（static isotropic average）ときは，x^2 の平均値は 0.476 となる．

エネルギーの移動効率 Φ_T は，次のように定義される．

$$\Phi_T = \frac{k_T^{dd}}{k_D + k_T^{dd}} = \frac{k_T^{dd}}{\frac{1}{\tau_D^0} + k_T^{dd}} \tag{9.31}$$

これに前出の式（9.27）を入れると，Φ_T は r/R_0 と次のように関連づけられる．

$$\Phi_T = \frac{1}{1 + \left(\frac{r}{R_0}\right)^6} \tag{9.32}$$

この式より，D と A の距離が Förster 半径に等しいときには移動効率は 50％ になることがわかる．また，この式を用いて移動効率がわかれば r が求められることになるが，これらの式を用いるとき R_0 は r とあまりかけ離れた値でないことが必要である．なお，R_0 は式（9.29）から求めることができる．また，その具体的方法については式（13.10）を参考にしていただきたい．Φ_T はまた，次の式からも求められるので，蛍光寿命の測定から r が求まることになる．

$$\Phi_T = 1 - \frac{\tau_D}{\tau_D^0} \tag{9.33}$$

ここで，τ_D^0 と τ_D はそれぞれ，A が存在しないときと存在するときの D の励起状態の寿命である．Förster の式は D と A の距離を測定する方法として，特に蛋白質や核酸などの生体高分子の分野で広く用いられている．バイオテクノロジーにおけるエネルギー移動のより一般的な応用については，後に第 13 章で紹介する．

Dexter の交換機構では電子の交換によりエネルギー移動が起こるが，この相互作用は弱く短距離の場合に限られる．この場合のエネルギー移動速度 k_T^{ex}

は，次式のように距離 r のエクスポネンシャルに依存する．

$$k_\mathrm{T}^\mathrm{ex} = \frac{2\pi}{h} KJ' \exp\left(-\frac{2r}{L}\right) \tag{9.34}$$

ここで，L は平均ボーア半径，K は定数である．J' は重なり積分で，

$$J' = \int_0^\infty I_\mathrm{D}(\lambda)\,\varepsilon_\mathrm{A}(\lambda)\,\mathrm{d}\lambda \tag{9.35}$$

で表される．ここで，$I_\mathrm{D}(\lambda)$ や $\varepsilon_\mathrm{A}(\lambda)$ は，下記の規格化の条件を満たさなければならない．

$$\int_0^\infty I_\mathrm{D}(\lambda)\,\mathrm{d}\lambda = \int_0^\infty \varepsilon_\mathrm{A}(\lambda)\,\mathrm{d}\lambda = 1 \tag{9.36}$$

K は実験的に分光学的データと関連づけられない定数なので，交換機構を実験的に数値化することは困難である．

ここで，エネルギー移動における遷移の許容性について述べておこう．双極子-双極子相互作用の機構の場合は，以下のようなエネルギー移動が許容である．式 (9.27) で求められるエネルギー移動の速度が 0 でないためには式 (9.28) の R_0 が 0 でないことが必要である．そのためには式 (9.28) 中の積分強度が 0 でない，つまり D の蛍光スペクトルと A の吸収スペクトルに重なりがあることが必要である．また，式 (9.28) から，エネルギー移動が起こることは D の振動子強度には依存しないが，A の振動子強度には依存することがわかる．以上より，一般に双極子-双極子相互作用でエネルギー移動が起こるためには，A の吸光による励起は許容であり，その吸収スペクトルと D の蛍光スペクトルに重なりがあることが前提となるが，このほかにスピンによる制限が入ってくると考えられる．詳細は文献を参照していただきたい[51]．

9.3.2 消 光

蛍光エネルギー移動によりエネルギーのドナー (D) の蛍光が減少あるいは消滅し，エネルギーのアクセプター (A) の蛍光が増強あるいは発現する．このようなエネルギー移動の結果，D の蛍光は消光されたという．このうち特に A の蛍光の増加を観察する場合をバイオアッセイでは FRET と呼び，一方の分子には D が，他方の分子には A が標識されている場合に両分子が会合あるいは接近してエネルギー移動が起こり，A の蛍光が増大する．この A の蛍光

を検出することにより2分子の接近や会合を検出するのに用いることが多い．一方，Dの蛍光の減少を観察して2分子の接近を知ることもできる．このような蛍光の減少は消光（quenching）と一般に呼ばれるが，消光という現象はDとAの相互作用のみならず，励起状態の蛍光性分子F^*が，特定のAのみならず周囲に存在する分子Q（quencher，消光剤）や共存物，溶媒などにより蛍光の減少や消滅を受けることをいう．消光の機構は単なるエネルギー移動のみならず，FからQへ電子，プロトン（H^+）などがすみやかに移動することによってFの発光スペクトルが変化することによっても起こる．消光の機構を大別すると，パルス照射により時間の関数として消光が観測される動的消光（dynamic quenching）と，時間によらない静的消光（static quenching）がある．

動的消光で有名なのは，シュテルン-フォルマーの速度論（Stern-Volmer kinetics）に従うものである．

図9.28に示すように，この機構では励起状態F^*は一部はそのまま通常の減衰速度定数k_Fにより基底状態Fに戻り蛍光を発するが，一部は周囲のQとある種の中間生成物FQを作り，これが光の放射を伴わない過程で基底状態F+Qに戻る．つまり分子が中間生成物を形成する動的過程によりFの消光が起こるのである．励起種の生成の速度定数をk_qとすると，パルス光で照射後の励起種F^*の濃度の時間変化は，次式で表される．

$$\frac{d[F^*]}{dt} = -(k_F + k_q[Q])[F^*]$$

$$= -\left(\frac{1}{\tau_0} + k_q[Q]\right)[F^*] \quad (9.37)$$

ここで，τ_0はQが存在しないときのF^*の蛍光寿命である．式（9.37）を$t=$

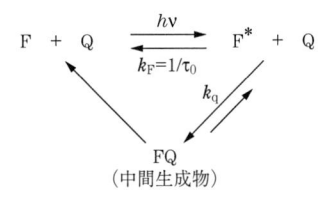

```
        hν
F + Q  ⇌  F* + Q
      k_F=1/τ_0
           ↘ k_q ↙
              FQ
           （中間生成物）
```

図9.28 蛍光物質Fの消光物質Qによる動的消光機構
FQは非放射的にFとQの基底状態に戻る．τ_0はF^*の寿命，k_Fおよびk_qはそれぞれの反応の速度定数．

9.3 蛍光エネルギー移動と光誘起電子移動

0 での F^* の濃度を $[F^*]_0$ として積分すると，$[F^*]$ は，次式のようになる．

$$[F^*] = [F^*]_0 \exp\left\{-\left(\frac{1}{\tau_0} + k_q[Q]\right)t\right\} \tag{9.38}$$

蛍光強度 $I(t)$ は $[F^*]$ に比例するので，次式のように表される．

$$I(t) = k_r[F^*]$$
$$= k_r[F^*]_0 \exp\left\{-\left(\frac{1}{\tau_0} + k_q[Q]\right)t\right\}$$
$$= I(0) \exp\left\{-\left(\frac{1}{\tau_0} + k_q[Q]\right)t\right\} \tag{9.39}$$

ここで，$I(0)$ は $t=0$ での蛍光強度，k_r は F^* が蛍光を発して減少する速度定数であり，蛍光強度 $I(t)$ はエクスポネンシャル的に減衰する．また，そのときの減衰を表す定数 τ は次式で表される．

$$\tau = \frac{1}{\frac{1}{\tau_0} + k_q[Q]} = \frac{\tau_0}{1 + k_q \tau_0 [Q]} \tag{9.40}$$

したがって，τ_0/τ は次のように k_q，$[Q]$ で表される．

$$\frac{\tau_0}{\tau} = 1 + k_q \tau_0 [Q] \tag{9.41}$$

F^* の蛍光時間分解測定をして τ_0 と τ を求め，蛍光の減衰曲線が単一のエクスポネンシャル曲線に乗ることを確かめることにより，上の式より k_q が求められる．Q が存在するときの F の蛍光量子収率 Φ は次のようになる．ここで k_{nr} は，非放射的失活の速度定数である．

$$\Phi = \frac{k_r}{k_r + k_{nr} + k_q[Q]} = \frac{k_r}{\frac{1}{\tau_0} + k_q[Q]} \tag{9.42}$$

Q が存在しないときの蛍光収率 Φ_0 は，次式で表される．

$$\Phi_0 = k_r \tau_0 \tag{9.43}$$

式 (9.42) と式 (9.43) から，以下のシュテルン-フォルマーの式が導かれる．

$$\frac{\Phi_0}{\Phi} = \frac{I_0}{I} = 1 + k_q \tau_0 [Q] = 1 + K_{SV}[Q] \tag{9.44}$$

ここで，I_0 と I は Q が存在しないときと存在するときの定常状態での蛍光強度であり，$K_{SV} = k_q \tau_0$ はシュテルン-フォルマー定数といわれる．I_0/I を Q の濃度に対してプロット（シュテルン-フォルマープロット）し，直線が得られ

れば，その傾きから k_{SV} が，さらに k_q が得られる．

　一方の静的消光とは，FとQの相互作用の結果，蛍光強度が時間によらない一定の消光となる場合をいう．その一つのメカニズムでは，QがFに対して過剰に存在してFの周囲にQによる消光有効半球（effective quenching sphere）ができ，そのため定常的に消光が起こっているケースである．前節で述べた振動モードなどを介して溶液中に共存する物質により受ける消光の多くがこれに相当する．もう一つは，FとQの会合により新たに非蛍光性あるいは蛍光がFより弱い分子FQが生成し，一定の濃度で存在する場合である．具体的にはpHの変化により塩基性のFがプロトン付加して消光することもある．また共存金属イオンのFへの配位により蛍光が減少することもある．緩衝剤がFとの弱い相互作用により消光剤として働くこともあろう．いずれの場合もFに対してQが存在するために消光は時間に依存しない静的な現象として観測される．

　消光現象はFRETの結果として起こるものであるが，FRETとして，つまりAの蛍光増大として観測される以上に，消光現象は広く見られるようである．FRETの蛍光としては見られないか見えても極めて弱い場合でも振動レベルがエネルギーの受け渡しに関与して消光あるいは蛍光の減衰が起こっているものと考えられる．このような例を次項で紹介する．

9.3.3　希土類錯体における FRET と消光

　これまでの項で述べてきたエネルギー移動や消光の理論は，有機蛍光分子を念頭に置いて立てられたものである．これらの蛍光は主として芳香族分子のπ–π*遷移によるもので，これらの軌道は平面性の分子の上下に平面と平行に位置している．一方，希土類錯体の蛍光はf–f遷移であり，これらの軌道は分子のみならず希土類イオンの内側に存在し，有機分子のように蛍光に関係する軌道が平面的でもない．このような場合でも有機分子に用いられるようなエネルギー移動の理論と実験は当てはまるのであろうか．まず，エネルギー移動の機構を考えてみると，DとAの軌道の重なりを介した交換機構はf軌道が内側に存在し，配位子との相互作用が少ないため起こりにくいであろう．エネルギー移動は有機分子同士の場合よりも一層，双極子–双極子相互作用による機

9.3 蛍光エネルギー移動と光誘起電子移動

構,つまり Förster 機構に依存することが考えられる.

実際には,希土類蛍光錯体と有機蛍光分子の間にも FRET は観測される.図 9.29 は BPTA-Tb^{3+} 錯体と有機蛍光分子 Cy3 の間の FRET を示している[53].

図 9.30 に,Cy3 の吸収および蛍光スペクトルと BPTA-Tb^{3+} 錯体の発光スペクトルをそれぞれ載せた.Cy3 の構造は,図 9.31 に載せてある.希土類錯体の励起光は紫外光(約 325 nm)で,この波長では Cy3 は励起されない.BPTA-Tb^{3+} 錯体の発光スペクトルと Cy3 の吸収スペクトルがちょうど重なる関係にあり,図 9.29(a)に示したような DNA 二本鎖が生成して BPTA-

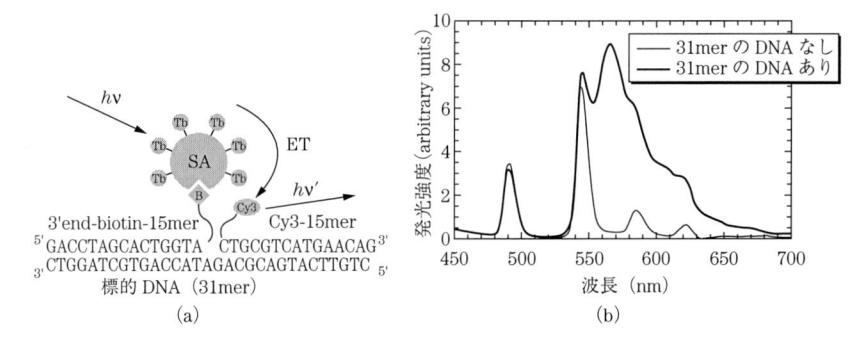

図 9.29 BPTA-Tb^{3+} 錯体(図 9.13 の 7)と Cy3 の間の FRET(565 nm 付近のバンド)[53] BPTA-Tb^{3+} 錯体と Cy3 は別のオリゴ DNA にラベルされている.両者に相補的な塩基配列をもつ標的 DNA(31 mer)が存在すると,(a)のような二本鎖が形成され,FRET が見える(b).

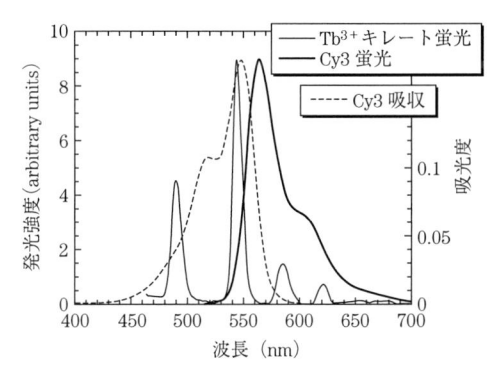

図 9.30 BPTA-Tb^{3+} 錯体の発光スペクトルと Cy3 の吸収および蛍光スペクトル

図 9.31 Cy3 の構造

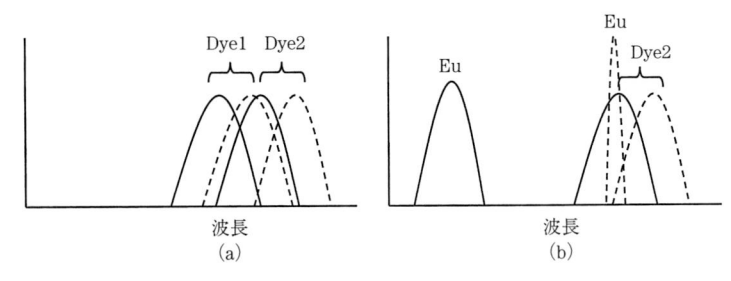

図 9.32 (a) 有機色素→有機色素間の FRET と (b) 希土類錯体→有機色素間の FRET における励起スペクトル (実線) と蛍光スペクトル (点線) の関係

Tb^{3+} 錯体と Cy3 が近づいたときのみ FRET が 565 nm 付近に観測される。このような二本鎖は相補的な塩基配列の DNA が溶液中に存在するときのみ生成するので、この FRET 測定は核酸の特定の塩基配列を検出するのに利用されている。このような FRET のバイオアッセイへの応用は、後ほどまた第 13 章で紹介する。

　FRET は、2 種の有機色素の間でも広く観測されるが、有機色素は図 9.32 のように励起スペクトル、蛍光スペクトルともに幅広く、またストークスシフトが小さいため、FRET の観測波長で励起光や Dye1 (つまり D) の蛍光が弱いバックグラウンド光として検出されやすい。FRET に必要なスペクトルの重なりがあるが、励起光がなるべく入らないような測定波長を選ぶと、測定光量が少なくなるため、感度が落ちる。またこのような注意を払っても完全には励起光や Dye1 の蛍光から来るバックグラウンドを除去はできない。この点、図 9.32 でわかるように希土類錯体から有機色素への FRET では励起光の波長

が離れていることと，希土類錯体の発光線の線幅が狭いのでDye2の蛍光スペクトルとの重なりが少なく，FRETを測定する波長でのバックグラウンド光を格段に低くできる．このように，FRETのDとして希土類錯体を用いることのメリットは大きい．また，希土類錯体の発光寿命が長いため，Aである有機色素の蛍光寿命も長くなる．錯体と色素によるが，大体1 ms程度の寿命の希土類錯体を用いると有機色素の寿命は数十μs程度になる．これを利用して有機色素の時間分解測定をすると，これも高感度化につながりそうである．実際は図9.30のスペクトルでわかるように，Tb^{3+}錯体とCy3の組み合わせでは，Cy3の極大波長である565 nmには弱いがTb^{3+}錯体の発光ピークが尾を引いており，このほうが寿命が長いので時間分解測定をしてもバックグラウンドを除去できない．同様のことはEu^{3+}錯体とCy5との間のFRETの応用でも見られる[54]．Eu^{3+}錯体の例として，TMT-Eu^{3+}（図9.13参照）とCy5のスペクトルが図9.33に載せてある．この場合，FRET測定波長の670 nm付近ではBPTA-Tb^{3+}とCy3の場合よりも希土類錯体の発光スペクトルは平坦に近いが，それでもやはりバックグラウンドへの希土類錯体の発光の寄与は0ではない．また，このようなスペクトルを見ると，Eu^{3+}錯体をFRETに用いる場合は655 nm付近の$^5D_0 \rightarrow {}^7F_3$の発光がなるべく0に近い錯体を用いることが，高感度を得るために重要であることがわかる．

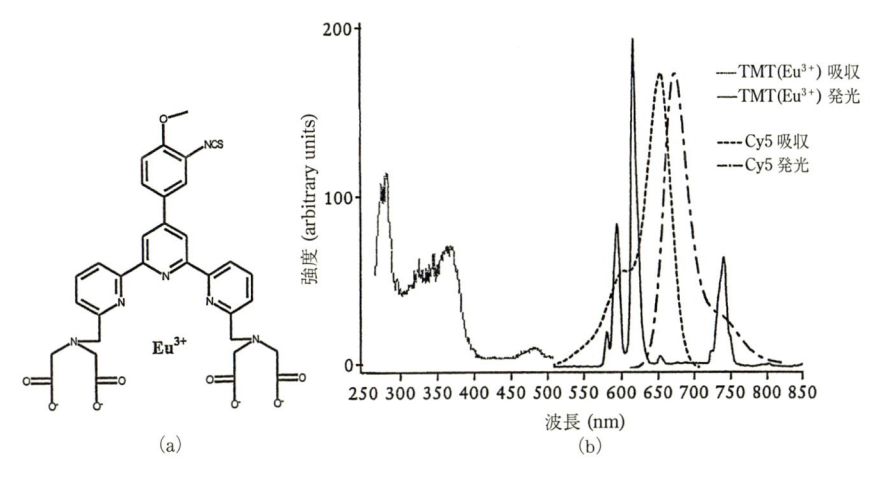

図9.33　(a) TMT-Eu^{3+}の構造と　(b) TMT-Eu^{3+}およびCy5の吸収，発光スペクトル[55]

このような問題があるが，それでも先に述べたような励起波長とFRETの測定波長が離れていて測定波長でのバックグラウンド光が有機色素のみをDとAにしたときより格段に低いために希土類錯体と有機色素の間のFRETは，一般に高感度になる．希土類錯体からのエネルギーのAとしてはCy3，Cy5以外にも希土類錯体とスペクトルの重なりが見られる多くの有機色素が用いられている．さらに最近，上記のバックグラウンドの問題を極力抑えて有機色素のAの蛍光を時間分解測定する例が報告されたが，これについては，13.4.2項でアンチストークスシフトFRETとして述べている．

FRETのもう一つの大事な応用は，Dにラベルした有機色素あるいは希土類ラベルと，Aにラベルした有機色素間のFRETを用いて，2分子間の距離が溶液中で測定できることである．これは特に生命科学の研究に使われる重要な手段となっている．すでに式 (9.32) で述べたように，2分子間の距離はFRETのエネルギー移動効率 Φ_T の測定とFörster距離 R_0 から求められる．遷移確率 Φ_T は寿命の長い希土類錯体からのFRETでは有機色素からのFRETの場合より大きくなり，また，図9.32で見たように希土類からのFRETを用いると測定波長でのバックグラウンドが少ないので，微弱なシグナルまで測定でき，FRETが長距離まで測定できる．また，R_0 の値も長くなる[57]．このように，希土類錯体を用いると有機色素同士の場合より長距離までFRETが観察される．したがって，より長距離の測定ができることになる．典型的な例でいうと，有機色素同士では最大60Å程度までしか測定できないが，希土類錯体を用いると，90Å程度まで測定可能になる[58]．FRETを用いる生体高分子の会合の検出と2分子間の距離の測定についてはさらに具体的な応用例と測定，計算の方法を第13章で説明している．

発光性の希土類錯体に別の希土類イオンを添加すると両者の間のエネルギー移動で希土類錯体の蛍光増強が起こることが報告されている．β-ジケトン系の配位子の Eu^{3+} 錯体に過剰のフリーの β-ジケトンと Y^{3+}，La^{3+}，Gd^{3+} などその錯体が発光性でないイオンを加え，さらに界面活性剤を加えて水溶液中でミセル状態にすると，Eu^{3+} の発光の増強が見られる．ミセルでないと増強が起こらないのでミセル中で非発光性の Y^{3+}，La^{3+}，Gd^{3+} などの錯体の配位子から Eu^{3+} 錯体へのエネルギー移動が起こるのだろうと考えられている[55~57]．

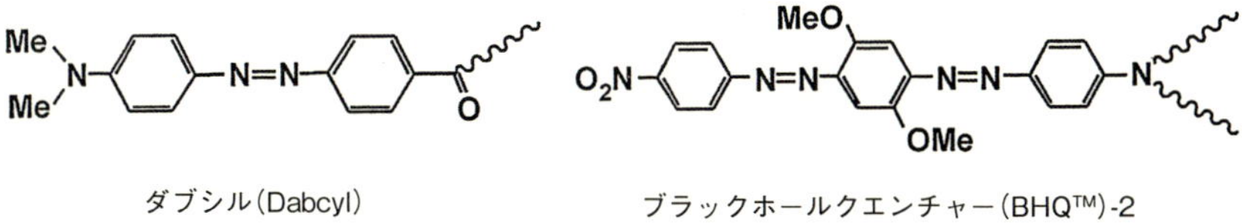

9.3 蛍光エネルギー移動と光誘起電子移動　　171

ダブシル(Dabcyl)　　　　　ブラックホールクエンチャー(BHQ™)-2

図 9.34 代表的消光剤の構造

実用的に便利な方法であるが現象の物理化学的研究はあまり行われていない．

消光を利用するバイオアッセイも多数ある．この際用いられる代表的消光剤は，図 9.34 に示すようなもので，これらは可視部の広い波長領域に対して消光剤として作用する．消光剤は蛍光物質からの蛍光を強く吸収するが，これを光としてではなく熱として放射するため，蛍光物質の蛍光が減少するだけで，自身は無発光である．これらの消光剤も生体分子にラベルできるようにラベル基をもつものが市販されているので，2 分子の会合の検出に使用できる．これらの消光剤の吸収スペクトルは必ずしも可視部全域に吸収があるわけではないが，蛍光物質の蛍光スペクトルとの重なりが必ずしも大きくなくても，広い波長領域の蛍光物質に消光剤として働く．これらの消光剤の光異性化や励起状態での分子平面性の崩れなどが関与しているのではないかと考えられる．BHQ には BHQ-1，BHQ-2，BHQ-3 があり，吸収波長が異なるので，蛍光波長に合わせて選択して使用する．

9.3.4 光誘起電子移動による蛍光の消滅

光誘起電子移動（photoinduced electron transfer, PET）は，図 9.35 のように光の照射により，D と A の 2 分子間に酸化あるいは還元が起こることを意味する．

PET とは，蛍光分子に限らず適当な酸化還元電位の関係にある D と A の 2 分子間で光照射により電子の移動が起こることを一般に意味し，光合成での光電荷分離など生体系で重要な役割を担っている．本来はこのような異なる分子間の光酸化還元反応を意味しているが，図 9.35 のように一方の分子が蛍光分子の場合には PET により蛍光や発光の消滅が起こるので，PET という言葉を光照射による電荷移動と蛍光の消滅や生成のように意味して使用する場合も

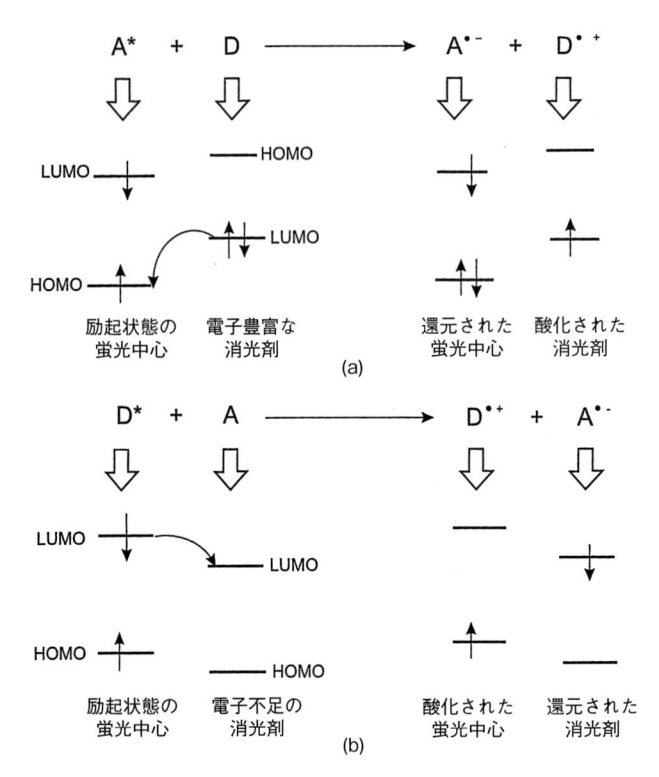

図9.35 蛍光分子の関与する (a) 還元型および (b) 酸化型の光誘起電子移動と蛍光の消滅[12] 右肩の * は光を吸収して励起した状態を示す．

ある．しかし本来は単に光照射による電子移動を意味するものである．また，PET のほかに光誘起電荷移動（photoinduced charge transfer, PCT）といわれることも多い．PET により蛍光の on/off あるいは強弱の変化が起こるため，この機構は第12章で述べるように蛍光センサーに利用される．図9.35 (a) では，A の光吸収後 D から A へ電子移動が起き A の蛍光が消光される．このような光電子移動は D の LUMO が A の HOMO の少し上にあるために起こる．一方，図9.35 (b) では D の光吸収後 D から A に電子移動が起こって D が消光されている．この場合も電子移動が効率よく起こるためには D の LUMO が A の LUMO の少し上にある必要がある．

分子内で光誘起電荷移動が起こり，しばしば励起状態 S_1 では基底状態 S_0 よ

9.3 蛍光エネルギー移動と光誘起電子移動

- LE（locally excited, 局所的励起）状態
- 平面的
- 部分的電荷移動

- TICT（twisted intramolecular charge transfer, ねじれ構造の電荷移動）状態
- ねじれ
- 完全電荷移動

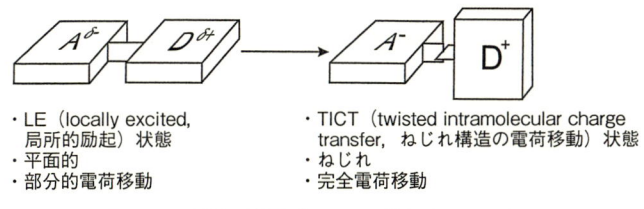

図 9.36 光誘起電荷移動とそれに伴う分子のねじれ[12]

り双極子モーメントの大きい電荷分布状態となる．PETやPCTとほぼ同一の概念であるが，光による電荷移動が同一分子内で起こるときに光誘起分子内電荷移動（photoinduced intramolecular charge transfer, ICT）という言葉も使われる．この場合，特に分子内ということを強調するのには理由がある．たとえば，図9.36のように，1つの分子内に電子を押し出す部分Dと電子を引っ張る部分Aがある場合，光励起により部分的電荷移動が起こり，局所的励起状態（locally excited state, LE状態）が引き起こされる．この状態はフランク-コンドン状態であり，S_1ではあるが原子の位置や溶媒和の状態は熱平衡に達していない（図9.36左）．S_1はS_0より双極子モーメントの大きい状態であるので，極性溶媒の中ではしばらく遅れて溶媒が最も熱的に安定な状態に溶媒和する．この最も安定な溶媒和の状態は溶媒の極性により異なる．その結果，図9.37のように極性溶媒中で蛍光スペクトルの発光極大には吸収極大よりかなりレッドシフトがみられ，また時間分解測定をすると溶媒和状態の変化に伴って時間とともに蛍光波長がレッドシフトする．図9.37上の図のF'の過程で発光して生じるTICT状態の下のエネルギー状態はさらに少しずつ熱的に緩和して真の基底状態に戻る．また，図9.38の4-N,N-ジメチルアミノベンゾニトリル（DMABN）はS_0でアミノ基部分はベンゼン環と共平面であるが，S_1では図9.36に示すようにLE状態を経た後，安定な溶媒和状態になるとともに分子がねじれてアミノ基とベンゼン環との間の共役は崩れ，ねじれ構造の電荷移動状態（twisted intramolecular charge transfer, TICT状態）になる．このねじれはほぼ直角であり共役が切れるので，電荷分離が完全になる．このような状態では蛍光波長は長波長にシフトする．図9.38に見られるように極性の溶媒テトラヒドロフラン（THF）中では2つの蛍光波長が見ら

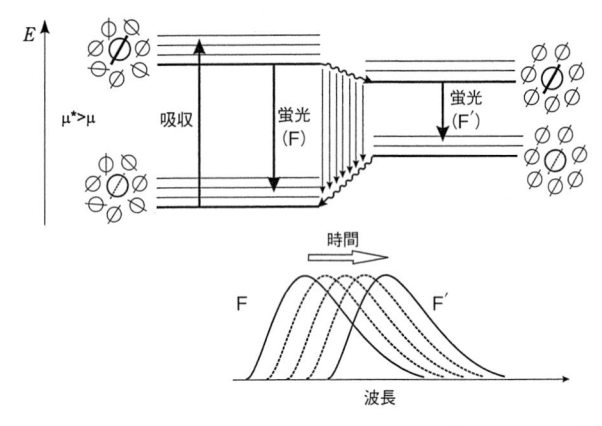

図 9.37 蛍光分子の光誘起電荷移動による溶媒和状態の変化のため，励起後の蛍光スペクトルは時間とともにレッドシフトしている[13]
μ^*：励起状態の双極子モーメント，μ：基底状態の双極子モーメント．

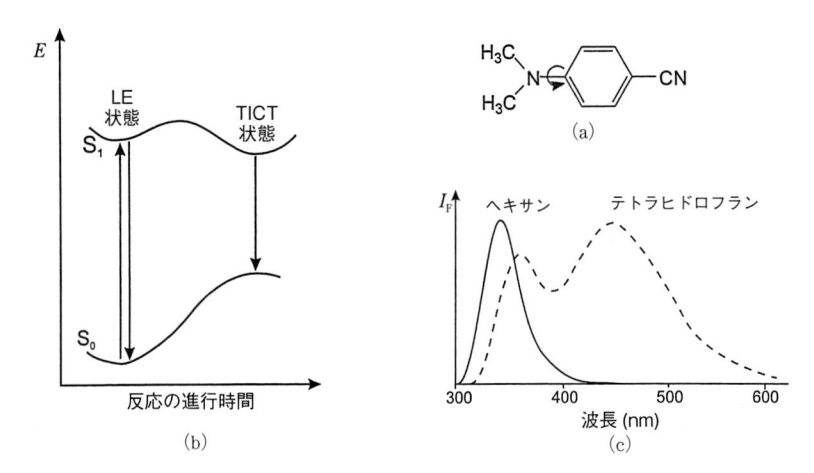

図 9.38 (a) DMABN の構造と光誘起電子移動に伴う分子のねじれ，(b) LE（局所的励起）状態と TICT（ねじれ構造の電荷移動）状態の模式図，(c) 溶媒の極性による蛍光スペクトルの変化[13]

れるが，非極性溶媒であるヘキサン中では双極子モーメントの大きい TICT 状態は安定でなく，LE 状態での蛍光が主として見られる．

このような光誘起による共役系の開裂は有機分子だけでなく希土類錯体の配位子においても起こっているものと思われるが，これに関係する研究は見当た

らない．希土類錯体の発光には配位子の三重項が関与しているが，おそらく分子のねじれが起これば三重項の分布に影響するものと考えられる．このような観点から，希土類錯体の発光メカニズムを研究することも必要と思われる．

引用文献

1) D. F. Eaton, *J. Photochem. Photobiol.*, **2B**, 523 (1988).
2) W. R. Dawson and M. W. Windsor, *J. Phys. Chem.*, **72**, 3251 (1968).
3) E. P. Kirby and R. F. Steiner, *J. Phys. Chem.*, **74**, 4480 (1970).
4) I. B. Berlman, *Handbook of Fluorescence Spectra of Aromatic Molecules*, Academic Press (1965).
5) R. Rusakowicz and A. C. Testa, *J. Phys. Chem.*, **72**, 2680 (1968).
6) W. H. Melhuish, *J. Phys. Chem.*, **65**, 229 (1961).
7) S. Hamai and F. Hirayama, *J. Phys. Chem.*, **87**, 83 (1983).
8) S. R. Meech and D. Phillips, *J. Photochem.*, **23**, 193 (1983).
9) T. Karstens and K. Kobs, *J. Phys. Chem.*, **84**, 1871 (1980).
10) J. Arden-Jacob, Jr., N. J. Marx and K. H. Drexhage, *J. Fluorescence*, **7**(Suppl.), 91S (1997).
11) D. Magde, J. H. Brannon, T. L. Cramers and J. Olmsted, III, *J. Phys. Chem.*, **83**, 696 (1979).
12) B. Valeur, *Molecular Fluorescence*, Chap. 3, Wiley-VCH (2002).
13) B. Valeur, *Molecular Fluorescence*, Chap. 6, Wiley-VCH (2002).
14) J. Yuan, K. Matsumoto and H. Kimura, *Anal. Chem.*, **70**, 596 (1998).
15) P. R. Selvin, *Ann. Rev. Biophys. Biomol. Struct.*, **31**, 275 (2002).
16) V.-M. Mukkala, M. Helenius, I. Hemmilä, J. Kankare and H. Takalo, *Helv. Chim. Acta*, **76**, 1361 (1993).
17) T. Nishioka, J. Yuan, Y. Yamamoto, K. Sumitomo, Z. Wang, K. Hashino, C. Hosoya, K. Ikawa, G. Wang and K. Matsumoto, *Inorg. Chem.*, **45**, 4088 (2006).
18) J. Yuan, G. Wang, K. Majima and K. Matsumoto, *Anal. Chem.*, **73**, 1869 (2001).
19) G. F. de Sá, O. L. Malta, D. de Mello Donegá, A. M. Simas, R. L. Longo, P. A. Santa-Cruz and E. F. da Silva, Jr., *Coord. Chem. Rev.*, **196**, 165 (2000).
20) O. L. Malta, H. F. Brito, J. F. S. Menezes, F. R. Gonçalves e Silva, S. Alves, Jr., F. S. Farias, Jr. and A. V. M. de Andrade, *J. Lumin.*, **75**, 255 (1997).
21) O. L. Malta, H. F. Brito, J. F. S. Menezes, F. R. Gonçalves e Silva, C. de Mello Donegá and S. Alves, Jr., *Chem. Phys. Lett.*, **282**, 233 (1998).
22) K. Senanayake, A. L. Thompson, J. A. K. Howard, M. Botta and D. Parker, *J. Chem. Soc., Dalton Trans.*, **5423** (2006).
23) R. A. Poole, G. Bobba, M. J. Cann, J.-C. Frias, D. Parker and R. D. Peacock, *Org. Biomol. Chem.*, **3**, 1013 (2005).

24) N. Sabbatini and M. Guardigli, *Coord. Chem. Rev.*, **123**, 201 (1993).
25) S. Petoud, S. M. Cohen, J.-C. G. Bünzli and K. N. Raymond, *J. Am. Chem. Soc.*, **125**, 13324 (2003).
26) B. Alpha, V. Balzani, J.-M. Lehn, S. Perathoner and N. Sabbatini, *Angew. Chem. Int. Ed. Engl.*, **26**, 1266 (1987).
27) E. Brunet, O. Juanes and J.-C. Rodriguez-Ubis, *Photochem. Photobiol. Sci.*, **1**, 613 (2003).
28) M. Li and P. R. Selvin, *J. Am. Chem. Soc.*, **117**, 8132 (1995).
29) P. Ge and P. R. Selvin, *Bioconjugate Chem.*, **15**, 1088 (2004).
30) A. K. Saha, K. Kross, E. D. Kioszewski, D. A. Upson, J. L. Toner, R. A. Snow, C. D. V. Black and V. C. Desai, *J. Am. Chem. Soc.*, **115**, 11032 (1993).
31) J. C. Rodriguez-Ubis, M. T. Alonso, O. Juanes, R. Sedano and E. Brunet, *J. Lumin.*, **79**, 121 (1998).
32) C. Yang, L.-M. Fu, Y. Wang, J.-P. Zhang, B.-S. Zou and L.-L. Gui, *Angew. Chem. Int. Ed.*, **43**, 5010 (2004).
33) A. Dadabhoy, S. Faulkner and P. G. Sammes, *J. Chem. Soc., Perkin Trans.*, **2**, 2359 (2000).
34) M. Latva, H. Takalo, V.-M. Mukkala, C. Matachescu, J. C. Rodriguez-Ubis and J. Kankare, *J. Lumin.*, **75**, 149 (1997).
35) D. Parker, P. K. Senanayake and J. A. G. Williams, *J. Chem. Soc., Perkin Trans.*, **2**, 2129 (1998).
36) V. Laitala and I. Hemmilä, *Anal. Chem.*, **77**, 1483 (2005).
37) J.-C. G. Bünzli, *Lanthanide Probes in Life, Chemical and Earth Sciences, Theory and Practice*, J.-C. G. Bünzli and G. R. Choppin eds., p. 219, Elsevier (1989).
38) W. D. Horrocks, Jr. and D. R. Sudnick, *J. Am. Chem. Soc.*, **101**, 334 (1979).
39) W. D. Horrocks, Jr., G. F. Schmidt, D. R. Sudnick, C. Kittrell and R. A. Bernheim, *J. Am. Chem. Soc.*, **99**, 2378 (1977).
40) A. Beeby, I. M. Clarkson, R. S. Dickins, S. Faulkner, D. Parker, L. Royle, A. S. de Sousa, J. A. G. Williams and M. Woods, *J. Chem. Soc., Perkin Trans.*, **2**, 493 (1999).
41) D. Parker, R. S. Dickins, H. Puschmann, C. Crossland and J. A. K. Howard, *Chem. Rev.*, **102**, 1977 (2002).
42) S. Cotton, *Lanthanide and Actinide Chemistry*, Chap. 5, John Wiley & Sons (2006).
43) J.-C. G. Bünzli, B. Klein, G. Chapuis and K. J. Schenk, *Inorg. Chem.*, **21**, 808 (1982).
44) D. A. Durham, G. H. Frost and F. A. Hart, *J. Inorg. Nucl. Chem.*, **31**, 833 (1969).
45) F. Renaud, C. Piguet, G. Bernardinelli, J.-C. G. Bünzli and G. Hopfgartner, *J. Am. Chem. Soc.*, **121**, 9326 (1999).
46) S. I. Klink, G. A. Hebbink, L. Grave, P. G. B. Oude Alink and F. C. J. M. van Veggel, *J. Phys. Chem.*, **106A**, 3681 (2002).
47) B. Blasse and A. Bril, *J. Chem. Phys.*, **45**, 3327 (1966).
48) M. H. V. Werts, R. T. F. Jukes and J. W. Verhoeven, *Phys. Chem. Chem. Phys.*, **4**, 1542 (2002).
49) K. Binnemans, K. Van Herck and C. Görller-Walrand, *Chem. Phys. Lett.*, **266**,

297 (1997).
50) Von Th. Förster, *Ann. Phys.*, **2**, 55 (1948).
51) B. Valeur, *Molecular Fluorescence*, Chap. 4, Wiley-VCH (2002).
52) D. L. Dexter, *J. Chem. Phys.*, **21**, 836 (1953).
53) S. Sueda, J. Yuan and K. Matsumoto, *Bioconjugate Chem.*, **13**, 200 (2002).
54) S. Sueda, J. Yuan and K. Matsumoto, *Bioconjugate Chem.*, **11**, 827 (2000).
55) S. G. Jones, D. Y. Lee, J. F. Wright, C. N. Jones, M. L. Teear, S. J. Gregory and D. D. Burns, *J. Fluorescence*, **11**, 13 (2001).
56) Y.-Y. Xu, I. Hemmila, V.-M. Mukkala and S. Holttinen, *Analyst*, **116**, 1155 (1991).
57) Y. Xiang and Z.-H. Lan, *Anal. Chem.*, **61**, 1063 (1989).
58) P. R. Selvin, *Meth. Enzymol.*, **246**, 300 (1995).
59) Y. Yang, J. Li, X. Liu, S. Zhang, K. Driesen, P. Nockemann and K. Binnemans, *Chem. Phys. Chem.*, **9**, 600 (2008).
60) P. R. Kolodner, K. G. Hampel and P. L. Gammel, US Patent 5971610.

10
希土類化合物の磁性

10.1 磁気モーメントと磁化率

　La^{3+}, Lu^{3+}, Y^{3+} を除いて，3＋の希土類イオン（Ln^{3+}）はすべて常磁性である．この常磁性の性質はすべて基底項で決まり，励起項はエネルギー的に基底項から相当離れているので普通は磁性に関与しない．励起項と基底項が d 電子の遷移金属イオンと異なって離れているのは，f 電子のスピン-軌道相互作用が大きいためである．したがって，熱的に励起項に励起されにくく基底項のみが磁性に関与する．f 電子は $5s^2$ や $5p^6$ の電子により遮蔽されており，配位子との相互作用が希薄なため，磁性という観点で見ると化合物や錯体中の希土類イオンは自由イオンに近い性質を示す．つまり，電子スペクトルのときと同様に希土類錯体の磁性を測定しても，3d 電子の錯体のように配位子場に基づく錯体の構造（八面体配位，四面体配位，平面四配位など）に関する情報は得られない．

　有効磁気モーメント（effective magnetic moment）μ_{eff} は一般に，J 値により μ_B（ボーア磁子）単位で以下のように表される．

$$\mu_{\text{eff}} = g_J \sqrt{J(J+1)} \tag{10.1}$$

ここで，ランデの g 因子（Lande's g-factor）g_J は，次式で定義される．

$$g_J = \frac{[S(S+1) - L(L+1) + 3J(J+1)]}{2J(J+1)} \tag{10.2}$$

すなわち，

$$g_J = \frac{3}{2} + \frac{[S(S+1) - L(L+1)]}{2J(J+1)} \tag{10.3}$$

つまり，希土類錯体の場合は 3d 遷移金属錯体に見られるようなスピン-オン

リーの有効磁気モーメントの近似式 $\mu_{SO}=\sqrt{n(n+2)}=\sqrt{4S(S+1)}$ (n は不対電子の数) は成立せず,軌道角運動量の寄与は無視できない.これも 3d 電子と 4f 電子の違いであり,3d 軌道は配位子との相互作用により軌道角運動量の磁気モーメントへの寄与が相当消滅しているのに対し,配位子との相互作用がほとんどない 4f 軌道では軌道角運動量の寄与が無視できない.

一般に,後半の希土類イオン(重希土)の磁気モーメントは前半のもの(軽希土)より大きいが,これは基底項が前者では $J=L+S$ であるのに対し後者では $J=L-S$ であることによる.一例として,Ho(phen)$_2$(NO$_3$)$_3$ (phen は o-フェナントロリン) の磁気モーメントを求めてみよう.Ho^{3+} は 4f^{10} であるので,$S=2$,$2S+1=5$,$L=6$(つまり I 状態),$J=8$ となり,基底項 $^{2S+1}L_J$ は $^5I_8$ である.これらの値を用いると $g_J=3/2+[2(2+1)-6(6+1)]/2\times 8(8+1)$ $=3/2-36/144$ となり,$g_J=5/4$ となる.したがって,$\mu_{\text{eff}}=g_J\sqrt{J(J+1)}=$ $5/4\sqrt{8(8+1)}=10.60\ \mu_B$ となる.

表 10.1 にこのような方法で計算された Ln^{3+} の μ_{eff} と,Ln(phen)$_2$(NO$_3$)$_3$ やその他の希土類錯体の実測の μ_{eff} がまとめられている.希土類錯体では 4f 電子に対する配位子の影響が小さいので,中心金属イオンが同一であれば錯体の種類により磁気モーメントの大きさがほとんど変わらない.

表 10.1 で Eu^{3+} と Sm^{3+} では計算値と実測値の違いが大きい.これらのイオンでは比較的低いところに励起項が存在し(図 7.7 参照),この寄与が混じるからである.Van Vleck は,励起項の寄与を考慮することにより,実測により近い値が得られることを示した.たとえば,Eu^{3+} においては磁気モーメントが基底項の $^7F_0$ のみで決まるのであれば 0 となり,反磁性のはずであるが,励起項の $^7F_1$ や $^7F_2$ の寄与があるため 0 にはならない.Van Vleck は励起項の分布をボルツマン因子(Boltzmann factor)$\exp(-\Delta E/kT)$ で見積もり計算すると,室温における磁気モーメントは 3.5 μ_B 程度になることを示した.同様に Sm^{3+} の場合は基底項の $^6H_{5/2}$ のみであれば 0.85 μ_B であるが励起項 $^6H_{7/2}$ の寄与を考慮すると 1.6 μ_B となる.

磁化率 χ_m は,次式で表される.

$$\chi_m=\frac{[N_A g^2 \beta^2 J(J+1)]}{3kT} \tag{10.4}$$

表10.1 希土類錯体の磁気モーメント[1,2]

Ln^{3+}	f電子の数	基底項	計算値 μ_{eff} (μ_B)	実測値 μ_{eff} (μ_B) (室温)			
				$Ln(phen)_2(NO_3)_3$	$Ln(C_5H_5)_3$	$Ln_2(SO_4)_3 \cdot 8H_2O$	$Ln(dpm)_3$
La^{3+}	0	$^1S_0$	0	0	0	0	0
Ce^{3+}	1	$^2F_{5/2}$	2.54	2.46	2.46	2.39	—
Pr^{3+}	2	$^3H_4$	3.58	3.48	3.61	3.62	3.65
Nd^{3+}	3	$^4I_{9/2}$	3.68	3.44	3.63	3.62	3.6
Pm^{3+}	4	$^5I_4$	2.83	—	—	—	—
Sm^{3+}	5	$^6H_{5/2}$	0.85	1.64	1.54	1.54	2.05
Eu^{3+}	6	$^7F_0$	0	3.36	3.74	3.61	3.5
Gd^{3+}	7	$^8S_{7/2}$	7.94	7.97	7.98	7.95	7.7
Tb^{3+}	8	$^7F_6$	9.72	9.81	8.9	9.6	9.6
Dy^{3+}	9	$^6H_{15/2}$	10.63	10.6	10.0	10.5	10.3
Ho^{3+}	10	$^5I_8$	10.60	10.7	10.2	10.5	10.0
Er^{3+}	11	$^4I_{15/2}$	9.59	9.46	9.45	9.55	9.3
Tm^{3+}	12	$^3H_6$	7.57	7.51	7.1	7.2	7.2
Yb^{3+}	13	$^2F_{7/2}$	4.53	4.47	4.0	4.4	4.3
Lu^{3+}	14	$^1S_0$	0	0	0	0	0

ここで，N_A はアボガドロ数（$=6.022\times10^{23}$ mol^{-1}），g は g 因子（g-factor），β はボーア磁子（$=9.274\times10^{-24}$ J・T^{-1}），k はボルツマン定数（$=1.381\times10^{-23}$ J・K^{-1}）である．

低い対称性の結晶や配位子場では，磁化率は異方性を示すが，粉末試料では異方性ははっきり観察されない．希土類イオンの化合物では，ゼロ磁場分裂（zero-field splitting）のため低温でキュリー則（Curie's law）から外れた挙動が見られる．

　希土類イオンや錯体の磁気モーメントは，イオンの環境や配位子による影響をほとんど受けない．しかし，酸化状態によって大きく変わるので，イオンの酸化状態を知るのに磁化率や磁気モーメントの測定は有効である．たとえば，Eu^{3+} では $\mu_{eff}=3.5\ \mu_B$，Eu^{2+} では $\mu_{eff}=7.9\ \mu_B$，Ce^{3+} では $\mu_{eff}=2.5\ \mu_B$，Ce^{4+} は反磁性，Yb^{3+} では $\mu_{eff}=4.5\ \mu_B$，Yb^{2+} は反磁性である．

10.2　E　S　R

　ESR（electron spin resonance，電子スピン共鳴）は，EPR（electron paramagnetic resonance，電子常磁性共鳴）ともいい，不対電子を持つ化合物のマイクロ波領域の吸収を測定して，化合物のエネルギー状態や結合の性質，対

称性などを知る分光学である．希土類イオンは多数の不対電子を持っており，ESR シグナルが期待される．しかし実際は，非常に速い緩和時間のために，低温でのみ（しばしば 4.2K）観察される．唯一電子配置が f^7 で基底項 $^8S_{7/2}$ の Gd^{3+} は，室温でシグナルが観測されるので，生体系の蛋白質の Ca^{2+} 結合部位に置換させて蛋白質の結合構造を調べるプローブとして使われる．磁場がないとき，自由イオン，あるいは立方対称の Gd^{3+} は，スピン間の相互作用がなければ図 10.1 (a) のように基底項の M_J によるレベルは縮退しており，1 つのエネルギーレベルしか存在しない．磁場をかけると等間隔の 8 個のレベルに分裂するので，シグナルは 1 本の吸収線となる．実際にはスピン結合の結果，図 10.1 (b) のようにゼロ磁場分裂が生じ，基底項は 4 つのクラマーの二重項（Kramer's doublet）$M_J=\pm 1/2$，$\pm 3/2$，$\pm 5/2$，$\pm 7/2$ になる．立方対称の場合，磁場の中ではこれらの二重項はすべて分裂して電磁波の照射により $\Delta M_J=\pm 1$ に従った遷移が 7 本の吸収線として観察される．軸対称の場合は各

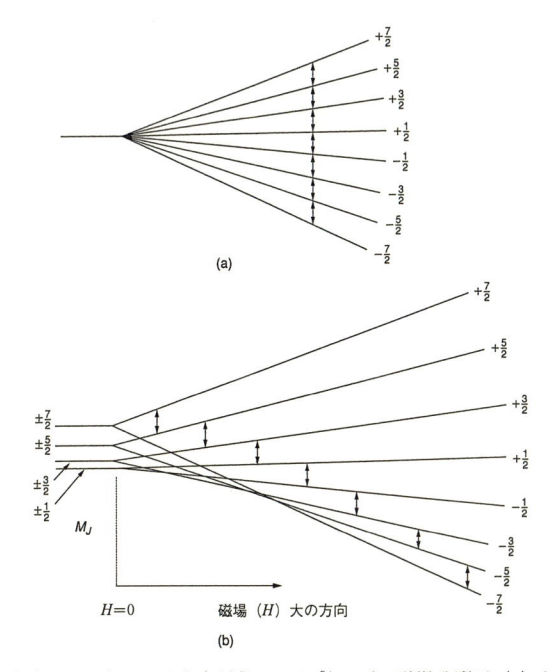

図 10.1 自由イオンあるいは立方対称での Gd^{3+} のゼロ磁場分裂が（a）ない場合と（b）ある場合の分裂パターン[2]

線がさらに2本に分裂する（軸方向と赤道面方向）ので14本となる．ゼロ磁場分裂が大きくなるほど，ESR の遷移は高磁場と低磁場に分かれて観測されるようになる（g 値が2以上と2付近のものになる）．より低い対称性の場では遷移の数はさらに増える．興味ある軸対称の例として三角両錐（trigonal bipyramid）型の $Gd[N(SiMe_3)_2]_3$（溶媒分子が軸位に配位）では，強い軸対称性のため，$g_\perp=8$, $g_\parallel=2$ の g 値を示すが，これらは同様に S 基底項で軸対称の Fe^{3+} ($g_\perp=6$, $g_\parallel=2$) や八面体配位で t_{2g} 軌道が半分詰まっている Cr^{3+} ($g_\perp=4$, $g_\parallel=2$) と驚くほど似ている．

ある種の Gd^{3+} 錯体は，次章で述べるように MRI のコントラスト試薬（造影剤）として使われている．その配位水の交換速度はコントラスト試薬の性能を決める重要な因子である．Gd^{3+} の ESR は配位水の ^{17}O の NMR とともに配位水の交換速度を測定する重要な手段として研究されている．いずれの方法においても縦の緩和時間 T_1 の測定が行われ，水の交換速度と関連づけられている[3~5]．

引 用 文 献

1) S. Cotton, *Lanthanides & Actinides*, Macmillan Education (1991).
2) S. Cotton, *Lanthanide and Actinide Chemistry*, John Wiley & Sons (2006).
3) J. P. André, H. R. Maecke, É. Tóth and A. A. Merbach, *J. Biol. Inorg. Chem.*, **4**, 341 (1999).
4) S. K. Sur and R. G. Bryant, *J. Phys. Chem.*, **99**, 6301 (1995).
5) R. V. Southwood-Jones, W. L. Earl, K. E. Newman and A. E. Merbach, *J. Chem. Phys.*, **73**, 5909 (1980).

11
希土類錯体の NMR

11.1 NMR シフト試薬

　希土類イオンのほとんどは常磁性であるため，希土類イオンを含む化合物のプロトン NMR (^{1}H NMR) は，シグナルのピーク幅が広がっているか全く見られないか，あるいは通常とは大きくかけ離れたところにシグナルが存在するため解析が難しく，初期には希土類錯体の NMR (nuclear magnetic resonance) における応用が構造解析の有用な方法になるとは考えられなかった．しかし，1969 年に Hinckley が，非極性溶媒中でコレステロールの ^{1}H NMR を測定するときに [Eu(dpm)$_3$(py)$_2$] (dpm(dipivaloylmethanate) = R^{1}COCHCOR^2, R^1=R^2=Me$_3$C) を加えるとピークが多少広幅化するがスペクトルが全体的に低磁場シフトし，特にヒドロキシル基（OH 基）近辺のプロトンの低磁場シフトが大きいため希土類錯体を添加しない状態では重なっていたコレステロールのプロトンシグナルを分離して観測できることを見出して以来，希土類錯体のシフト試薬 (shift reagent) としての機能が開発され，広く用いられるようになった．希土類錯体を共存させると測定対象分子のシグナルが極端には広幅化せず適当にシフトし，そのシフトの度合が分子中のそれぞれの観測される核（多くの場合，プロトン）により異なるため，もとは重なっていた測定対象分子のシグナルの重なりが解け，帰属ができるようになる．つまり，周波数の低い小型の NMR 装置で大型の装置で測定するような高い分離が得られるのである．シフトの度合は測定核と希土類イオンの距離に依存する．このようなシフト試薬としての機能はどのような希土類錯体でもよいわけではなく，シフト範囲が適当であることやピークの広幅化が過度でないことなどの条件が必要で，トリス β-ジケトン錯体が特に適している．先ほどの錯体はピリジン (py)

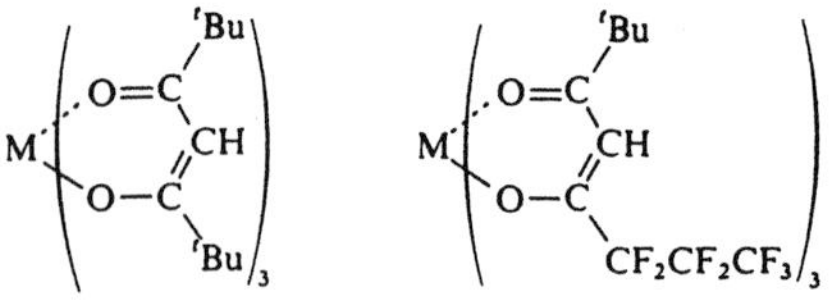

図 11.1 代表的シフト試薬（Ln＝Eu または Pr）
(a) Ln(dpm)$_3$, (b) Ln(fod)$_3$.

も含んでいたがこれは本質的に必要ではなく, [Ln(dpm)$_3$] 型の dpm あるいはそのほかの β-ジケトンを配位子とする Eu^{3+} あるいは Pr^{3+} の錯体が広く利用されている. Eu^{3+} 錯体は概して低磁場シフトを起こすのに対して, Pr^{3+} 錯体は高磁場シフトを引き起こす. 図 11.1 に代表的な希土類錯体を示した.

これらの希土類のトリス β-ジケトン錯体がシフト試薬として用いられるのは, CCl$_4$ や CDCl$_3$ に可溶で, 多くの有機化合物と付加体（アダクト）を生成しやすいことによる. このため, ジケトンはあまりかさ高いものではなく, また, 錯体は適当に有機溶媒に溶けるものである必要がある. 測定対象分子が希土類イオンに配位して希土類イオンの常磁性によりそのシグナルがシフトするため, ピークの重なりを分離して観測できる. 錯体の違いによりシフトの方向や程度が異なるので, 同一測定対象に複数のシフト試薬を使用してスペクトルの解析を行うこともある. 一例として, 図 11.2 に n-ヘキサノールに Eu(fod)$_3$ と Pr(fod)$_3$ を加えて測定した 220 MHz ^{1}H NMR スペクトルを示した.

通常のスペクトルでは α-および β-メチレンとメチル基のシグナルが分離して見えるだけであるが, シフト試薬を加えるとすべてのメチレン基の多重線が分離して見える. また, Eu(fod)$_3$ では 0.42 ppm, Pr(fod)$_3$ では 0.7 に t-ブチル基のプロトンが見えている.

シフト試薬は可逆的にアルコールやその他の塩基性化合物を配位して錯体を作る. したがって, 溶液中には配位していないアルコールと錯体のアルコールが共存している. その平衡は一般に NMR の時間スケールより速いため, 観測される化学シフト（ケミカルシフト, chemical shift）は, 配位していないものと配位しているものとの加重平均の値になる. 加えたシフト試薬の量があまり多くないときは基質の化学シフトのシフト量は, アルコールとシフト試薬

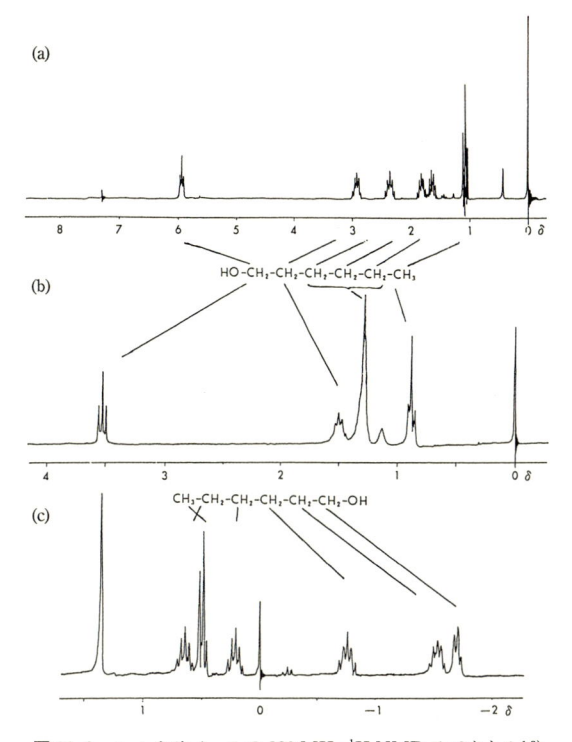

図 11.2 n-ヘキサノールの 220 MHz ^{1}H NMR スペクトル[1,2]
(b) 25 μl の n-ヘキサノールを 0.5 ml CDCl$_3$ に溶かした (0.2×10^{-3} mol l^{-1}), (a) (b) の溶液に Eu(fod)$_3$ 14 mg (1.3×10^{-5} mol l^{-1}) を加えた後, (c) (b) の溶液に Pr(fod)$_3$ 30 mg (2.9×10^{-5} mol l^{-1}) を加えた後.

のモル比に比例する．しかしシフト試薬の量が十分多くなると，もはや化学シフト値は変化しなくなる．

今日では高周波数の NMR 装置が普及し，ピーク分離がよくなったため，上述のような分解能を上げるためのシフト試薬の役割は以前ほど求められなくなった．しかし，図 11.3 (a) のようなキラルなカンファー部位を持つ配位子 tfc (trifluoroacetyl camphorato) のシフト試薬は，測定対象のラセミ体に加えると，生成する付加体は 2 つのジアステレオマーになり，それぞれは異なるところにピークを示すため，その強度比により光学異性体それぞれの相対比や光学純度 ee (enantiomeric excess) を求めるのに使用される．図 11.3 (b) は l-フェニルエチルアミンに [Yb(tfc)$_3$] を加えた CDCl$_3$ 溶液の ^{1}H NMR

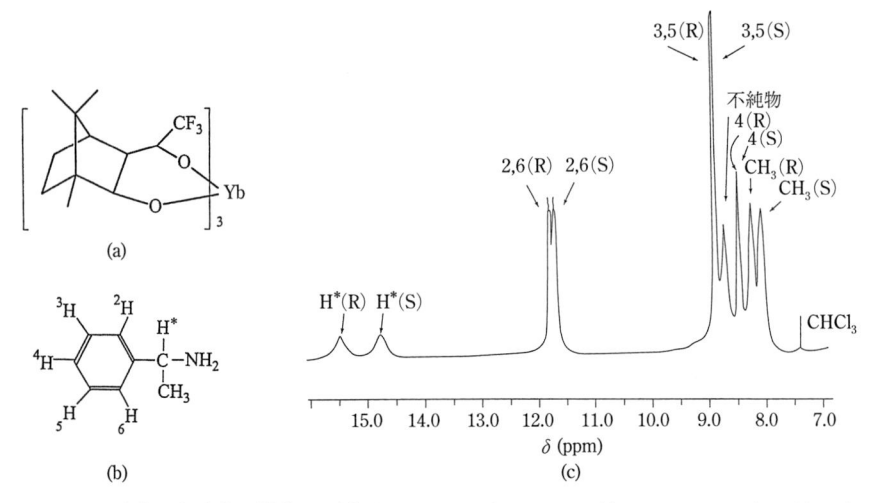

図11.3 (a)［Yb(tfc)₃］の構造と，(b) *l*-フェニルエチルアミン，(c) *l*-フェニルエチルアミンを［Yb(tfc)₃］に加えた CDCl₃ 溶液の ¹H NMR スペクトル[2]

　スペクトルである．2つの異性体がそれぞれ別のピークとして観測される．不斉炭素に結合している H* は付加体中で次に述べる Yb^{3+} との方向性の関係によりピークが大きく広幅化している．
　このような希土類イオンの常磁性による NMR シフトはどのような機構で起こるのであろうか．これは，共鳴核と不対 f 電子の作る磁場の相互作用による．このような相互作用は空間を通した双極子-双極子相互作用によるか，あるいは結合を通して f 電子の電荷密度分布が非局在化し共鳴核に及ぼす相互作用，コンタクト相互作用（contact interaction）による．通常，双極子-双極子相互作用のほうが大きい．基本的にはランタン（La），ガドリニウム（Gd），ルテチウム（Lu）を除くすべての希土類イオンのあらゆる錯体が，立方対称の構造を持っていない限り常磁性シフト（paramagnetic shift）を示す．La と Lu は不対 f 電子を持たない．Gd^{3+} は $4f^7$ の電子配置で基底項が球対称なので方向性がなく，以下の説明でわかるように，シフトを示さない．
　常磁性シフトの原因として最も寄与が大きいのは，双極子-双極子相互作用で，この作用は初期にはシュードコンタクト相互作用（擬コンタクト相互作用，pseudocontact interaction）ともいわれた．この相互作用によるシフト

ΔH_d はシュードコンタクトシフト（擬コンタクトシフト，pseudocontact shift）といわれ，付加体の幾何学的分子構造により決まり，下記のような式で表される[3]．

$$\frac{\Delta H_\mathrm{d}}{H} = \frac{K_1(3\cos^2\theta - 1) + K_2\sin^2\theta\cos^2\phi}{r^3} \tag{11.1}$$

これが希土類錯体がシフト試薬として機能することを示す．希土類イオンを中心とする分子中の各観測核の幾何学的位置と化学シフトのシフト量の関係である．式（11.1）で，K_1 と K_2 は $A<F_n^m>$ の関数，r, θ, ϕ は問題としている核の極座標で，希土類イオンを原点として分子の磁場の主軸に対して座標を定義している．A は定数で，それぞれの希土類イオンによって決まっており，文献などに値が記載されている[3]．F_n^m は結晶場の F パラメーターで，配位子の性質と対称性により決まってくる[3]．この関係式によると，1つの核は r, θ, ϕ の3つの未知のパラメーターを持っているが，測定から得られる値は ΔH_d のみであるからコンピューターによりシミュレーションをして構造を決めることができる．もちろん，シミュレーションでは解が1つでないが，構造についての化学的考察を加味して構造を決めていく．このような双極子-双極子相互作用は，次のように理解される．測定対象の分子はNMRの磁場の中で回転運動をしている．分子の回転の結果，平均として磁場を減らすような方向に希土類イオンの磁気モーメントが生じる．希土類イオンの分子中のプロトンは，自分の位置が希土類イオンの磁気モーメントの延長方向にあるか，それともそれに垂直の方向にあるかにより，感じる磁気モーメントの向きが逆になる．立方対称の錯体では，分子の回転の結果，結局平均としてシフトは0となる．それ以外の錯体ではその構造により常磁性シフトが起こる．これが分子の構造と常磁性シフトの関係である．

　上の式からわかるように，構造が基本的に同一の一連の希土類錯体に対して双極子シフト（dipole shift）のみが働いているときは，常磁性シフトの値は定数 A に比例する．上の式の中の常磁性シフトの値はしばしば常磁性錯体を加えたときの化学シフト値と，反磁性の La^{3+} 錯体のときの値，あるいは La^{3+} 錯体と Lu^{3+} 錯体の平均値との差として測定される．しかしこのような方法は厳密には正しくない．それは双極子-双極子相互作用のほかに結合を通して不

対 f 電子が観測核のほうに非局在することによるコンタクトシフト（contact shift）ΔH_c が存在するからである．コンタクトシフトは次式のように超微細結合定数（hyperfine coupling constant）a と希土類イオンのスピンの期待値 $<S_z>$ で表され，これには分子の構造に関する情報は直接は入ってこない．

$$\frac{\Delta H_c}{H} = a<S_z> \qquad (11.2)$$

結局，トータルの常磁性シフト ΔH_{total} は，

$$\Delta H_{total} = \Delta H_d + \Delta H_c \qquad (11.3)$$

で表されることになる．

　それでは，実験的に得られる ΔH_{total} から分子の構造情報を得るために ΔH_d を求める方法はあるのであろうか．1つの方法として考えられるのは，同型の Gd^{3+} 錯体のコンタクトシフトを用いる方法である．Gd^{3+} の基底項は $^8S_{7/2}$ で等方的なので，双極子シフトは0である．これから Gd^{3+} 錯体の超微細結合定数 a が求まる．同型の希土類イオンの錯体すべてでこの a の値が一定であるとすると，各希土類錯体のコンタクトシフトの値 ΔH_c はそのイオンに適当な $<S_z>$ の値を用いることにより計算できる．しかし，実際には Gd^{3+} の緩和時間が長いためにシグナルの広幅化が強く起こり，Gd^{3+} 錯体の場合シグナルが観測できないことが多い．そこで第二の方法として，同型の2つの異なる希土類イオンの錯体を測定し，その比較から，a を一定と仮定し，A と $<S_z>$ は各イオンに求められている値を用いて，2つの同型の常磁性希土類を測定することにより a の値と式（11.1）中の構造に関する共通の構造式の値を計算することができる．これより ΔH_c と ΔH_d が求められる．また，仮に a の値がより多くの希土類錯体で一定であるとし，コンピューターシミュレーションにより観測値にほぼ一致する化学シフトの計算値がそれらの錯体に得られるのであれば，それらの錯体は同型の構造であり，これらの錯体で a の値はほぼ一定であることがわかる．このように，コンピューター計算により多くのパラメーター（この中には構造に関するパラメーター r, θ, ϕ を含む）を仮定してシフト値を計算することにより ΔH_d が得られ，構造パラメーターが求められる．これは NMR の常磁性シフトを利用して分子の構造決定ができることを示している．この原理は多くの有機化合物のみならず，蛋白質などの生体高

分子の構造決定にも利用されている．このような蛋白質の構造決定には，希土類イオンが生体高分子中の Ca^{2+} の位置に置換することを利用する以外に，他の常磁性金属イオン（蛋白質中に本来含まれる Fe^{2+}，Fe^{3+} など）によるシフトを利用することもある．

11.2　希土類錯体が及ぼす縦緩和への影響

常磁性シフトに劣らず希土類イオンが測定対象核の NMR に及ぼすもう一つの目覚ましい影響は，縦の緩和時間（latitudinal relaxation time）T_1 である．これも双極子-双極子相互作用の結果生じるので，r^{-6} に比例する（r は希土類イオンと観測核の距離）．常磁性の希土類イオンの近くに存在する反磁性の測定核の縦緩和（latitudinal relaxation）は，次の式で表される．

$$\frac{1}{T_1}=\frac{4}{3}\left(\frac{\mu_0}{4\pi}\right)^2\gamma_1^2\mu^2\beta^2\tau_e r^{-6} \tag{11.4}$$

ここで，$1/T_1$ は縦の緩和速度（latitudinal relaxation rate），γ_1 は測定核の磁気回転比（gyromagnetic ratio）あるいは g 因子，μ は磁気モーメント（magnetic moment），μ_0 は真空の透磁率（vacuum magnetic permeability, 1.2566×10^{-6} m・kg s^{-2} A^{-2}），β はボーア磁子で $9.2740154(31)\times10^{-24}$ J・T^{-1}，τ_e は電子スピン緩和時間（electron spin relaxation time），r は観測核と希土類イオンの距離である．ここで重要なことは，1 つの分子中におけるすべての観測核（多くの場合，これは複数のプロトン）の緩和速度に影響するのは，希土類イオンと各プロトンとの距離のみであるということである．したがって，希土類イオンからの距離 r を決定した後，常磁性シフトのときのように多くの構造を仮定し，コンピューターシミュレーションにより分子の構造決定ができる．

11.3　MRI コントラスト試薬

11.3.1　MRI の原理

MRI は，magnetic resonance imaging（核磁気共鳴画像）の略で，人間の体内に多量に（約 60%）存在する水の ^{1}H NMR を測定する．測定は生きた人間を巨大な磁場中に置き，フーリエ変換 NMR（Fourier transform NMR,

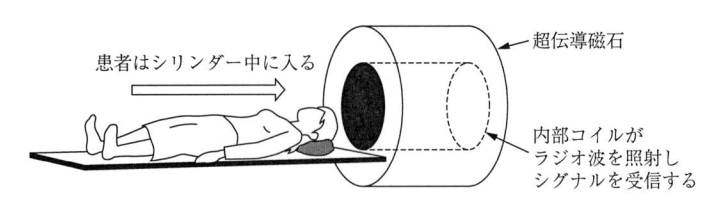

図 11.4 MRI 装置の全体像

FT-NMR）で行う．プロトンの共鳴周波数や緩和時間，ひいてはシグナル強度が人体の部位や組織（脂肪層，筋肉，骨など）により異なり，これがシグナル強度の部位特異的コントラストをもたらす．また，水分含量も組織により異なるので，シグナルのコントラストが見られる．NMR のシグナル強度を人体の各部位で測定して体の内部での強度分布をコンピュータートモグラフィー（computed tomography）で三次元画像化し，診断に供する．MRI は特に脳や脊髄の損傷や病変の診断に用いられる[4]．MRI では，図11.4 のように人間は寝た状態でシリンダー状の超伝導磁石の中に入り，NMR シグナルが測定される．磁石中のパルスラジオ波照射用コイルからラジオ波を人間に照射し，別のラジオ波シグナル検出用コイルによりシグナル（ラジオ波，エコー）を測定する．このエコーは測定核が存在する部位により周波数が異なり，それから三次元の画像が合成できる．

MRI の超伝導磁石には，図 11.5 のように磁場の強さに勾配がつけてある．試料（人体）中のプロトンが感じる外部磁場 H_0 は，したがって，場所により異なる．NMR ではシグナルとして観察される共鳴周波数は外部磁場の強さに比例するので，同一のシグナルを示すべきプロトン（つまり磁気的に等価なプロトン，ここでは人体中の水のプロトン）でもその存在する部位が異なれば外部磁場の大きさが異なるので，シグナルの共鳴周波数は異なる．つまり，シグナルの周波数がそのプロトンの勾配磁場中の場所に関する情報を与える．

人間を三次元の勾配磁場中に置き，広範なスペクトルを含むパルスラジオ波を照射すると，人体中のプロトンは励起され，次いで各プロトンはそれぞれの場所に特有の周波数のラジオ波を放出して緩和し，基底状態に戻る．この放出波を測定し，コンピュータートモグラフィーで解析することにより，人体中の水の分布が三次元画像として得られる．実際には人体を多数の微小体積の単位

11.3 MRIコントラスト試薬

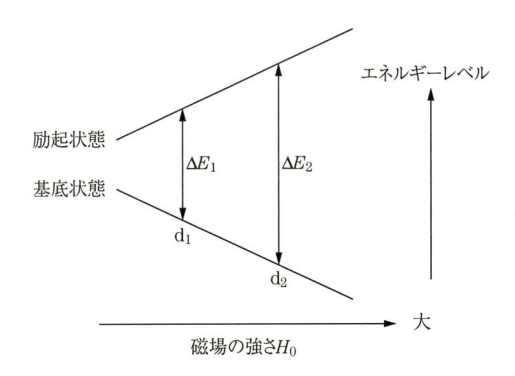

図 11.5 MRIのシリンダー磁石にかけられている勾配磁場

図11.4の磁石の左から右へと磁場が強くなっている。本来同一のシグナルであるべき1と2のプロトンは，磁場中でd_1とd_2の異なる場所に存在すると，共鳴周波数のエネルギーは異なる．したがって周波数から場所の情報が得られる．

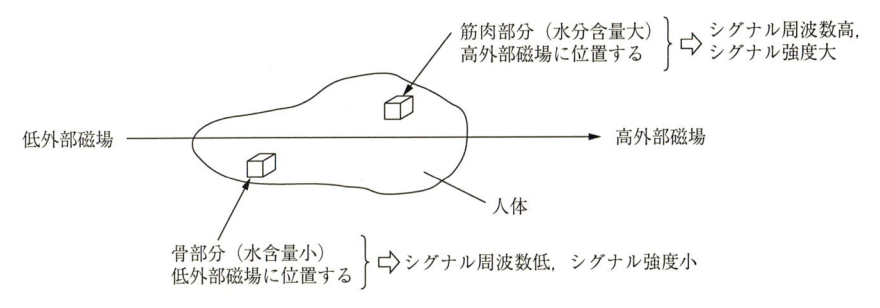

図 11.6 勾配外部磁場中に人体を置いたときに，微小体積単位の組成と位置により筋肉と骨が区別して観測できる原理図

に分けてそれぞれからのシグナル強度を収集する．たとえば人間の脳は，1 mm×1 mm×5 mmの直方体を1単位とすると，65000個の単位から成り立っている．MRIに必要な特定のパルスシークエンスを照射してそれぞれのパルスの後に決められた時間だけシグナルを測定することにより，空間分解能1 mm程度で画像が得られる．図11.6に測定の概念図を示した．

MRIの画像のコントラストは，このような微小測定単位の示すシグナル強度Iが単位により異なることから生じる．シグナル強度は各単位の水のプロトン濃度［H］に依存するが，それだけではなく，観測しているプロトン核の周囲の環境に応じて変化する緩和速度にも依存する．緩和とは，励起状態のエ

ネルギーを何らかの機構で他に受け渡し,自身が基底状態に戻ることである.緩和の機構には縦緩和と横緩和 (longitudinal relaxation) がある.前者は励起状態の核から周囲の物質へエネルギーが移動することによる緩和で,縦緩和の時間を T_1 とすると,縦緩和の速度はその逆数で表される.緩和のもう一つの機構,横緩和は周囲の基底状態のプロトンにエネルギーを受け渡し,基底状態と励起状態が2つのプロトンで交換される機構で起こる.横緩和の時間は T_2 で,横の緩和速度 (longitudinal relaxation rate) は $1/T_2$ で表される.MRI のシグナル強度に影響するもう一つの考慮しなければならない問題は,測定核を含む水分子が測定時間中に対象としている微小単位から周囲の単位へ移動,あるいは逆に周囲の単位から水分子の流入が起こることである.この効果は $H\nu$ で表される.MRI の測定においては,最適な2つのパラメーター P と S を選択することによりイメージを最適化できる.前者は照射するパルスの繰り返し時間,後者は測定対象から出るシグナルの測定時間,つまりスピンエコー時間である.これらのパラメーターを用いるとシグナル強度 I は近似的にプロトンの濃度 [H] を用いて,次のような式で表される.

$$I = [\text{H}] H\nu \left[\exp\left(-\frac{S}{T_2}\right) \left\{1 - \left(-\frac{P}{T_1}\right)\right\} \right] \quad (11.5)$$

シグナル強度 I は $1/T_1$ が増すに従って増加し,$1/T_2$ が増すに従って減少する.しかし,ほとんどの組織においては T_1 に比べて T_2 の値は小さいので,強度に及ぼす寄与は T_1 のほうが大きい.たとえば,脳の putamen(果核)組織では,T_1 は 747 ms で,T_2 は 71 ms である.1.4 T(テスラ)の磁場(これは NMR の 60 MHz に対応する)では各種の組織中での T_1 は 200〜500 ms の値である.測定者は,パルスシークエンスの選択により $1/T_2$ より $1/T_1$ の変化の影響を強調する場合(T_1 に重みをかける場合)と,その逆の場合(T_2 に重みをかける場合)の2通りの測定方法を選択できる.

11.3.2 コントラスト試薬の機能と原理

MRI は基本的に体内の水のプロトンのシグナルがその環境に応じた強度を示すことを利用するものであるから,そのままでも観測できる.しかし,診断に広く応用するにはよりよいコントラスト画像が望まれる.そのためには

11.3.1項で述べた各微小単位のシグナル強度 I を，何らかの方法でより一層変化幅の大きいものにすればよいわけである．I の式（11.5）を見ると，I の値に影響を及ぼすものに T_1 と T_2 がある．測定溶液に溶解あるいはコロイド状で共存する常磁性化合物は，測定核の T_1 と T_2 に大きな影響を及ぼし，MRI の強度を変化させる．もし常磁性化合物で特定の組織や人体の部位に行く性質のあるものがあれば，それは MRI 画像のコントラストを上げる効果があろう．このような目的で開発された常磁性化合物は，MRI コントラスト試薬（contrast reagent，あるいは造影剤とも）と呼ばれる．

MRI コントラスト試薬として現在使用されているものに，Gd^{3+} の錯体がある．これは，$1/T_1$ と $1/T_2$ の両方をほぼ同等に増加させる効果を持っており，通常シグナル強度に対する寄与は T_1 のほうが大きいので，T_1 に重みをかける測定法で最良の画像が得られている．これに対して常磁性酸化鉄の微粒子は $1/T_2$ に対する影響が大きいので，通常 T_2 に重みをかける測定法とともに使用される．不対電子を持つ化合物でも有機のラジカルなどは不安定で体内で分解したり望ましくない反応をするので使用されない．Gd^{3+} 錯体を患者の体内に注射したときの MRI の効果を注射しないときの画像と比較して図 11.7 に示した．

常磁性化合物の中でもなぜ特に Gd^{3+} の錯体が MRI コントラスト試薬として適しているのか，その理由を考える前に，より一般的にコントラスト試薬が持つべき必要条件を考えると，以下のようなものとなるであろう．

① 大きな磁気モーメントを持つ．これは，測定核に明瞭な影響を及ぼすために必要である．

② 電子スピン緩和時間が長い．これは，シグナル強度を大きくすることにつながる．

③ 人体の中に注入するのであるから，血清と同等の浸透圧濃度を持つ．浸透圧（osmotic pressure）が人体の体液と大きく異なるとショック状態（いわゆる浸透圧衝撃，osmotic shock）を引き起こすことがある．

④ 人体への毒性が低く，測定後すみやかにすべて体外に排出される．

⑤ 少量の溶液を注射するので，水に対する溶解度が高い必要がある．

⑥ 内圏に配位水を持ち，配位水分子とバルクとして存在する周囲の水分子

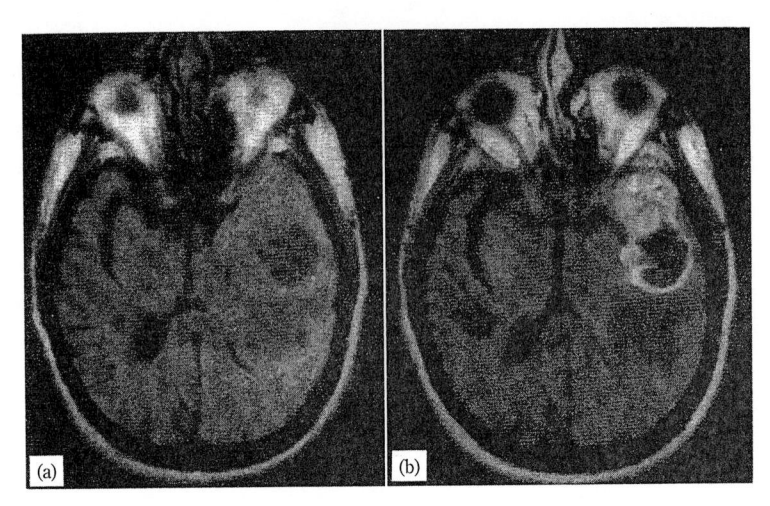

図 11.7 脳腫瘍の患者の脳の T_1 に重みをかけた MRI 像
Gd^{3+} コントラスト試薬を (a) 投与前と (b) 投与後. 右上部の腫瘍が (b) ではよりはっきり見える.

との間の交換速度が速い.交換速度はプロトンの緩和より速く,プロトンのシグナル強度に影響を及ぼす必要がある.

⑦ ある程度かさ高い分子で,回転相関時間が長い.

などである.多くの遷移金属イオンは不対電子を複数持っているが,Gd^{3+} は不対電子を7個持ち,その数はあらゆる遷移金属,希土類金属の中で最大である.したがって,Gd^{3+} の磁気モーメントも大きい.またその基底項は $S=7/2$ で磁気的性質は等方的である.さらに Gd^{3+} は比較的長い電子スピンの緩和時間($\sim 10^{-9}$ s)を持ち,これは希土類の他のイオンより明らかに長い(たとえば,Dy^{3+},Eu^{3+},Yb^{3+} などでは $\sim 10^{-13}$ s).このような状況は核スピンの緩和に好都合である.

常磁性イオンが水分子のプロトンの緩和時間に影響を及ぼす機構は複雑であるが,コントラスト試薬として優れた機能を期待する上でまず第一に考えられることは,磁気モーメントがなるべく大きく,かつ測定するプロトンとの距離がなるべく近い常磁性イオンが,プロトンの緩和時間に大きな影響を及ぼすであろうということである.なるべく大きな磁気モーメントという意味では,不対電子を7個持つ Gd^{3+} は他の遷移金属イオン,たとえば不対電子を5個持つ

Mn^{2+} や Fe^{3+} より,明らかに有利である.また,プロトンとの距離が短いほうがよいので,配位水(内圏水)を持った錯体が望ましいと予想される.しかし,水溶液中では同時に外圏にも水分子が存在して配位水と水素結合などの相互作用をしている.また,溶媒としての水は配位子のカルボキシル基やアミノ基などの極性基と水素結合を形成する.このようにして常磁性イオンの周りには各種の水分子が存在し,それに伴い異なるプロトンの存在状態ができる.

一般に配位している水分子はバルクとしての溶媒の水と交換している.常磁性錯体と溶媒の溶存状態により,水の交換速度が観測しているプロトンの緩和速度に比べて相当遅ければ,常磁性イオンがバルクの水に及ぼす影響は小さい.したがって,速度論的に不活性な水分子を持つ錯体はコントラスト試薬として適さない.このように,コントラスト試薬をデザインするときには,その常磁性錯体が人体に毒性を持たないことはもとより,配位水分子の交換速度と水分子のプロトンの緩和速度が適切な関係にあるように配位子を選ぶ必要がある.

ある常磁性金属錯体 ML が,プロトンの T_1 および T_2 に及ぼす効果の大きさを示す指標として,緩和能(relaxivity)r_i($i=1,2$;1と2は T の下つき数字に対応)が用いられる.r_i は観測される緩和速度 $1/T_{i0}$($i=1,2$)と常磁性金属錯体の濃度 [ML] に依存する.ところで,観測される緩和速度は2つの成分からなっており,下記のような式で表される.

$$\frac{1}{T_{i0}} = \frac{1}{T_{iP}} - \frac{1}{T_{iD}}, \quad i=1,2 \tag{11.6}$$

ここで,$1/T_{iP}$ は常磁性金属錯体が存在するときの緩和速度,$1/T_{iD}$ は存在しないときの緩和速度,つまり反磁性の寄与である.この2つの成分のうち $1/T_{iP}$ のみが錯体の濃度に依存する.一方,観測値 $1/T_{i0}$ は錯体の濃度 [ML] と次式のように関係づけられる.

$$\frac{1}{T_{i0}} = r_i[\mathrm{ML}] + \frac{1}{T_{iD}}, \quad i=1,2 \tag{11.7}$$

錯体の濃度を変えて $1/T_{i0}$ を測定すれば濃度との間に直線関係が得られる.その切片は $1/T_{iD}$ であり,直線の傾きが r_i である.r_i が大きい常磁性錯体は濃度により観測される緩和速度,つまりシグナル強度が大きく変わるので,コ

ントラスト試薬として優れている．錯体の濃度［ML］の単位は，溶液ではmmol l^{-1}，柔らかい組織では mmol kg^{-1} であるので，r_i の単位は，溶液では l mmol^{-1} s^{-1} であり，組織では kg mmol^{-1} s^{-1} である．

　r_i は T_{iP} に依存する量であるので，r_i は T_{iP} に影響する多くの因子により影響を受ける．これらの因子としては，温度，溶液の粘度，磁場の強さと使用される周波数，常磁性金属イオンの磁気モーメント，常磁性金属イオンについている水の数 q，金属イオンと水のプロトンの距離 r，システムの分子運動に関するダイナミクスなどがある．このシステムのダイナミクスは，いくつかの相関時間（correlation time）により記述される．すなわち，金属錯体の回転運動による相関時間 τ_R，水分子が金属イオンに束縛されている時間に関係する相関時間 τ_M，溶質-溶媒の衝突による相関時間 τ_V などである．さらに不対電子による相関時間も考慮しなければならない．磁場中の不対電子はプロトンと同じようにラーモア歳差運動をしており，挙動も基本的に同一である．ただ，同一の磁場ではプロトンよりも電子のラーモア周波数は少し高い．電子スピンの縦緩和および横緩和の時間は励起状態の電子スピンと関連し，したがって電子スピンの両緩和時間はプロトンの T_{iP} に影響するので，電子スピンに関しても相関時間が存在する．上記の多くの相関時間は，配位子の性質や錯体の構造により決まってくる．したがって，コントラスト試薬のデザインは，これらの因子を考慮して行われる．

　T_{iP} を理論的に導くことは，現象の理解のみならず優れたコントラスト試薬を開発する上で重要であるが，理論は現在でもまだ発展途上にある．$1/T_{iP}$ に寄与する成分は，空間を通した双極子-双極子相互作用による成分と結合を介したスカラー成分とである．双極子による成分は r^6 の逆数に比例するので，金属イオンとプロトンの距離が少し長くなると双極子-双極子相互作用の影響は急速に小さくなる．双極子-双極子相互作用はそのほかに，電子スピンの縦緩和時間や，各種の相関時間に影響される．一方，スカラー成分は電子スピンの縦緩和時間とスピン-核超微細結合定数に依存している．

　常磁性金属イオンに配位している水分子の T_{iP} の理論式としては，ソロモン-ブレンベルゲン-モーガン式（Solomon-Bloembergen-Morgan equation）がある（SBM理論）．この理論では，各種の相関時間とプロトンやスピンのラ

11.3 MRIコントラスト試薬

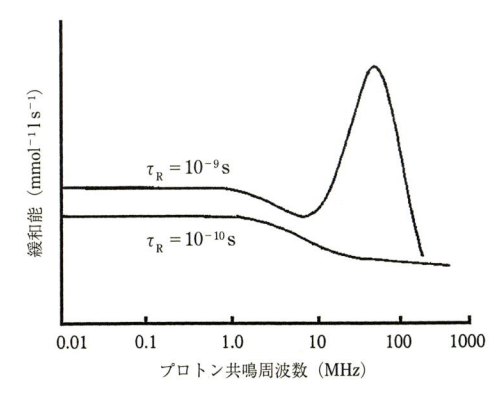

図11.8 回転相関時間が 10^{-9} s と 10^{-10} s の場合のプロトン共鳴周波数に対する緩和能 r_1 の計算値の依存性[4]

ーモア周波数（これは磁場の大きさにより計算できる）との相互影響を考慮して，周波数による緩和能の変化をシミュレーションしている．この理論モデルで水溶液中の金属錯体分子の典型的な回転相関時間として，10^{-10} s を仮定し，r_1 の周波数に対する変化を計算すると，r_1 は周波数 0.01~5 MHz の間ではほぼ一定であるが，周波数 5~10 MHz では減少し，それ以上では再びほぼ一定になっている．これより大きな配位子に配位している高分子金属錯体で，よりゆっくりと回転するものでは回転相関時間が長く 10^{-9} s 程度で，r_1 の計算値は 80 MHz 付近で大きな極大値を示す（図11.8）．

金属イオンに配位している水の数 q と配位水の交換速度 k_{ex} は，T_{iP} に影響する因子で，金属イオンの種類と配位子の選択により容易に変化させることができる．配位圏をすべて水以外の配位子で覆うことは錯体の安定性を増すが，$q=0$（q は配位している水分子の数）になり緩和時間に望ましくない影響を与える．また，水分子の金属イオン上での滞在時間 τ_M が T_{iP} よりもはるかに長ければ r_1 は低い値になってしまう．このような理由で速度論的に安定な常磁性イオン Cr^{3+} の錯体は，配位水のプロトンの特殊な速い交換機構がない限り，一般的にはコントラスト試薬として不向きである．Mn^{2+} や Gd^{3+} はそれぞれちょうど半分 d 電子や f 電子が詰まったイオンで，結晶場による安定化エネルギーがないため水の交換は速く，τ_M は圧倒的に T_{iP} より小さい．[Gd-$(H_2O)_8$]$^{3+}$ の水中での配位水の交換速度 k_{ex} は 8.3×10^8 s^{-1} で，τ_M は約 10^{-9} s

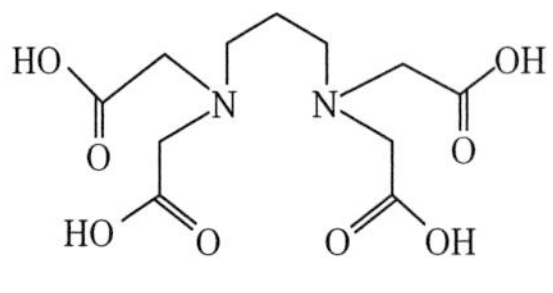

H₄PDTA [structure]

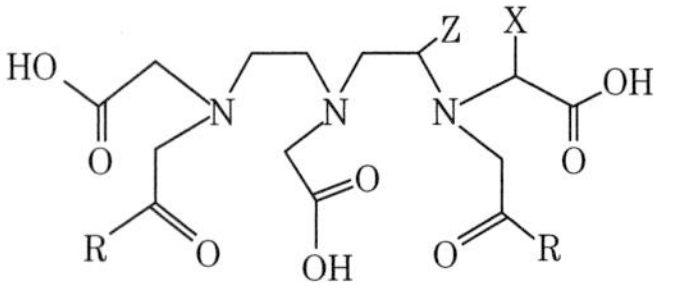

- H_5DTPA： $R=OH, X=Z=H$
- H_5BOPTA： $R=OH, X=CH_2OCH_2C_6H_5, Z=H$
- H_5DTPA-EOB： $R=OH, X=H, Z=CH_2C_6H_4$-4-OC_2H_5
- H_3DTPA-BMA： $R=NHCH_3, X=Z=H$
- H_3DTPA-BMEA：$R=N(CH_3)CH_2CH_2OCH_3, X=Z=H$

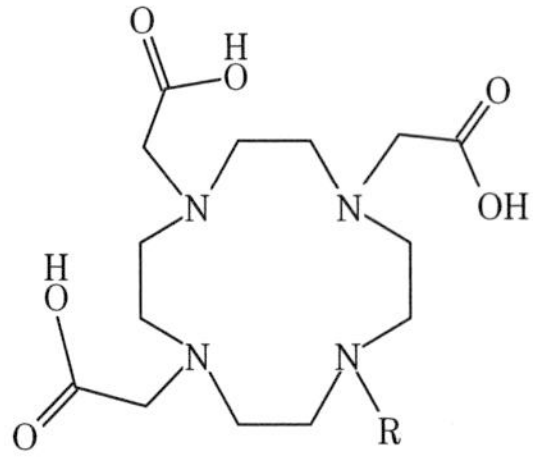

- H_4DOTA： $R=CH_2CO_2H$
- H_3DO3A-HP： $R=CH_2CH(CH_3)OH$
- H_3DO3A-BUTROL：$R=$ [structure with OH, OH]

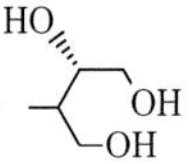

図 11.9 コントラスト試薬に関連する配位子

表 11.1 緩和能 r_1 と各因子の関係[4]

錯体	[Gd(dtpa)(H₂O)]²⁻	[Mn(edta)(H₂O)]²⁻	[Cr(edta)]⁻
μ_{eff}^2	63	35	15
$k_{ex}(s^{-1})$	4.1×10^6	4.4×10^8	1.0
r_H(pm)	249	216	200
r_1(mmol⁻¹ l s⁻¹)*	3.8	2.9	0.2

* 20°Cでの測定値．
k_{ex}：配位水の交換速度，r_H：金属と配位水のプロトンの距離．

となる．これはCr^{3+}のk_{ex}の値である約$10^{-6}\,s^{-1}$に比べて極めて交換が速い．金属イオンを多座配位子の錯体にすると，配位水の交換速度は遅くなる．PDTA（プロピレンジアミン四酢酸）やDTPA（ジエチレントリアミン-N,N,N',N'',N''-五酢酸：図11.9）のGd^{3+}の錯体である[Gd(pdta)(H₂O)]⁻や[Gd(dtpa)(H₂O)]²⁻では，k_{ex}はそれぞれ$1.0\times10^8\,s^{-1}$および$4.1\times10^6\,s^{-1}$で，後者はτ_Mが$10^{-6}\sim10^{-7}\,s$に相当する．この値はMRIに利用できる程度の値である．Mn^{2+}の錯体[Mn(edta)(H₂O)]²⁻はGd^{3+}の錯体より配位水の交換速度が速く，金属イオンと配位水の距離が短いが（表11.1），Mn^{2+}はd^5の

電子配置の磁気モーメントであるためにトータルの機能として f^7 の電子配置の Gd^{3+} 錯体に劣る．Cr^{3+} 錯体は d^3 の電子配置であり安定な錯体なので，磁気モーメントの大きさでも配位水の交換速度の点でも劣る．

可能な配位部位がすべて水以外の配位子で覆われていて水分子が直接金属イオンに接していない場合でも，外圏の水のプロトンが金属イオンの緩和能や緩和時間に影響する．外圏の水が T_1 に及ぼす効果は，水分子の拡散係数，錯体の拡散係数，錯体の濃度，水分子が金属イオンに近寄れる最近接距離などによる．計算によると Gd^{3+} の水和イオンの緩和能に対する外圏水の寄与は約 10% で，これは 40°C，20 MHz において約 $1\,\mathrm{mmol^{-1}\,l\,s^{-1}}$ になる．

これまでの話では，主として T_1 を短くして緩和能を大きくし，シグナル強度を増大させていた．しかし常磁性化合物を使って T_2 を減少させてシグナル強度を増大させる方法も試みられている．この目的には Fe_2O_3 の微粒子が使われるが，これは比較的多量に必要なので患者に負担が大きい．水に可溶な錯体を使って同様に T_2 を減少させることが考えられている．たとえば Dy^{3+} は 5 個の不対電子しか持たないが，軌道運動の寄与が大きいのでスピン-オンリーの磁気モーメントの近似式で予想される磁気モーメント 5.9 μ_B より大きい磁気モーメント 10.5 μ_B を持っている．Dy^{3+} は電子スピン緩和時間が短いので T_1 にはほとんど影響しないが，T_2 には影響を及ぼす．したがって，T_2 コントラスト試薬として期待が持てる．しかし現在のところ，診断に用いるツールとしての効果は，より安くかつこの分野ではるかに確立している Gd^{3+} 錯体と同等程度である．

11.3.3 コントラスト試薬の構造と性能

コントラスト試薬としての機能に必要な条件はすでに前項で述べた．このうち磁気モーメントの大きさ，配位水の交換速度の速さなどの点で Gd^{3+} は他の常磁性金属イオンよりはるかに優れている．Mn^{2+} はイオン半径が小さく，電子スピンの緩和時間が長い点では Gd^{3+} より有利であるが，心臓に毒性を示すため，使用に向かない．以上の理由で現在コントラスト試薬として用いられている金属錯体は圧倒的に Gd^{3+} の錯体が多く，そのほか，前項で述べた T_2 を変化させる Fe^{3+} 酸化物の微粒子などがある．

コントラスト試薬は，比較的高い投与量レベル（0.1〜0.3 mmol kg^{-1}）で使用されるので，毒性の低いものでなければならない．Gd^{3+} の水和イオンは毒性があるが（半数致死用量 LD$_{50}$＝〜0.1 mmol kg^{-1}），これはおそらくこの金属イオンが体内の生体高分子と反応（配位反応その他）するためであろう．適当な配位子を結合させて安定な錯体とすることにより Gd^{3+} の毒性を下げることができる．安定な錯体にするためには九座配位のキレート配位子が有利であるが，一方，コントラスト試薬として機能させるにはバルクの水と速く交換する水分子を配位していなければならないので，九座配位ですべての配位座をふさいでしまうことは機能の低下につながる．配位座の数を減らして水分子を配位子として持てば毒性が出る可能性がある．この2つの相反する因子をうまく両立させた配位子を設計する必要がある．配位水分子の数を増やせば機能の面で有利であるが，安定性が低下するので，通常1個の水分子を配位した構造が用いられる．

錯体に要求される高い水溶性と安定性から配位子はポリアミンカルボキシレート類が考慮の対象となった．当然 EDTA 錯体 [Gd(edta)(H$_2$O)$_3$]$^-$ がまず

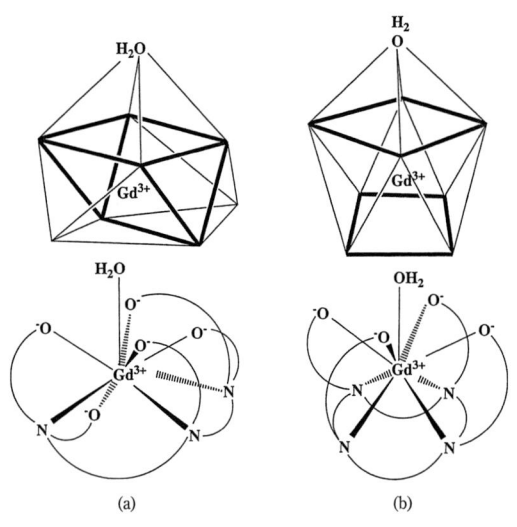

図 11.10 (a) [Gd(dtpa)(H$_2$O)]$^{2-}$ と (b) [Gd(dota)(H$_2$O)] の構造 (a) は歪んだ tricapped trigonal prism 型，(b) は capped square antiprism 型の配位構造をしている．

検討された．この錯体は高い安定性（安定度定数 $\log K = 17.3$）を持つが動物試験で相当な毒性を示し，また水溶液中で徐々に金属イオンを放出することがわかった．その他のポリアミンカルボキシレート類として，図11.9のH_5DTPA およびその誘導体や H_4DOTA などが検討された．これらは八座配位の配位子として Gd^{3+} と 1：1 錯体を作る．Gd^{3+} の DTPA 錯体は基本的に tricapped trigonal prism 型の構造（図11.10）をしており，1つの頂点に1個の水分子を配位し，コントラスト試薬として使用されている．

DTPA の骨格と配位部位は EDTA（エチレンジアミン-N,N,N',N'-四酢酸）に似ているが，EDTA は最大6座の配位子で，1：1錯体では配位部位を飽和（通常，8配位または9配位）させることができず，安定性がはるかに劣った．DTPA 錯体は EDTA 錯体より安定であるために EDTA 錯体のような毒性は見られず，実用に適したものとなった．図11.9の配位子のうち，DTPA およびその誘導体はいずれも Gd^{3+} と tricapped trigonal prism 型の錯体を生成し，それらの錯体の安定度定数 $\log K$ は高い（表11.2）．錯体の安定性を示すもう一つの指標は，酸による解離速度 k_{obs} である．これは $\log K$ が錯体の熱力学的安定性を示すのに対して，速度論的安定性，つまり金属イオンが錯体から抜け出る速度の大小で安定性を表している．

表11.2 によると Gd^{3+} の EDTA 錯体は DTPA 錯体に比べて，$\log K$ で安定性が数桁劣るのに加え，k_{obs} の値でも4桁程度金属が抜け出やすい．

もう一つのコントラスト試薬として使用されているものに，図11.9で示されている DOTA の基本骨格を持つ一群の配位子の Gd^{3+} 錯体がある．DOTA

表11.2 いくつかのポリアミンカルボキシレート錯体の安定性[4]

錯体[a]	$[Gd(edta)(H_2O)_3]^-$	$[Gd(dtpa)(H_2O)]^{2-}$	$[Gd(dota)(H_2O)]^-$	$[Gd(dtpa\text{-}bma)(H_2O)]$	$[Gd(do3a\text{-}hp)(H_2O)_2]$
$\log K$	17.3	22.4	25.8	16.9	21.8
$k_{obs}(10^3 \text{s}^{-1})$[b]	14×10^3	1.2	0.021	>20	0.064
錯体[c]	$[Yb(dtpa)(H_2O)]^{2-}$	$[Pb(edta)(H_2O)_3]^{2-}$	$[Bi(dtpa)(H_2O)]^{2-}$	$[Gd(do3a\text{-}butrol)(H_2O)_2]$	
$\log K$	22.6	18.1	27.8	23.8	

$\log K$：安定度定数，k_{obs}：解離速度．
[a] N-methylglucammonium（NMG$^+$）が対イオン．
[b] 0.1 mol l^{-1} の酸中での金属イオン解離速度．
[c] Na$^+$ が対イオン．

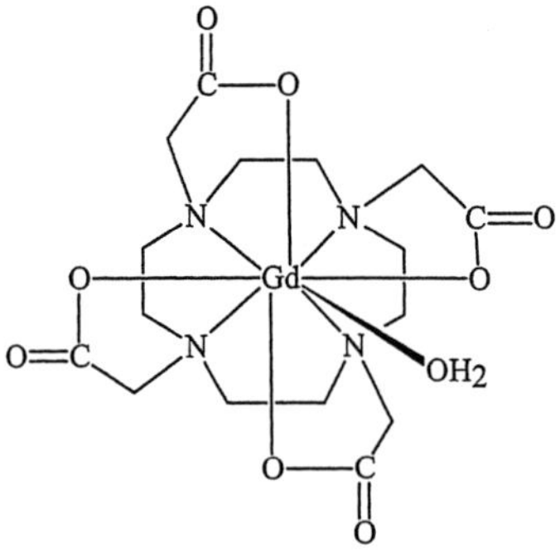

[Gd(dota)(H₂O)]⁻

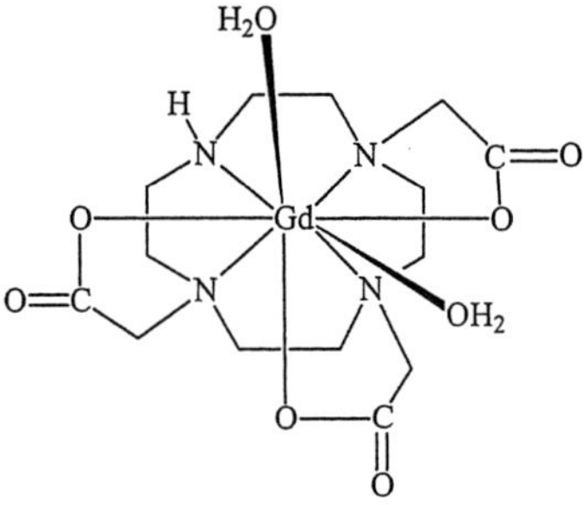

[Gd(do3a)(H₂O)₂]

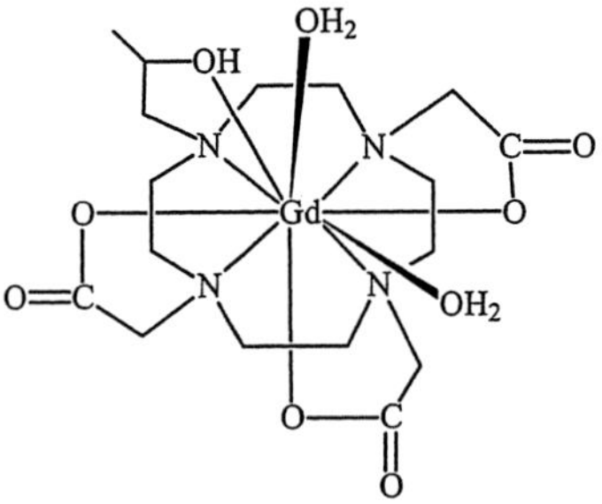

[Gd(hp-do3a)(H₂O)₂]

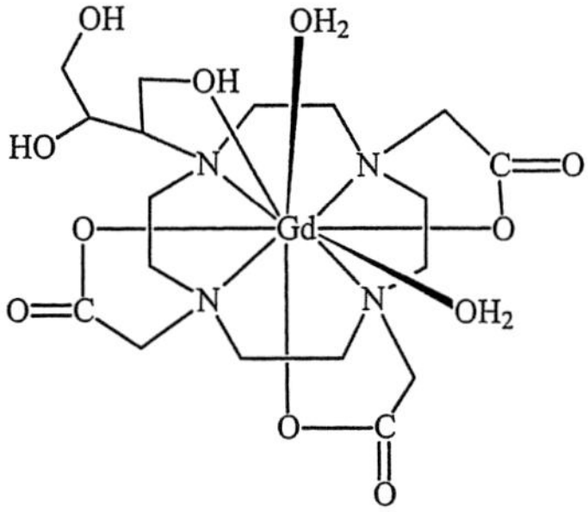

[Gd(do3a-butrol)(H₂O)₂]

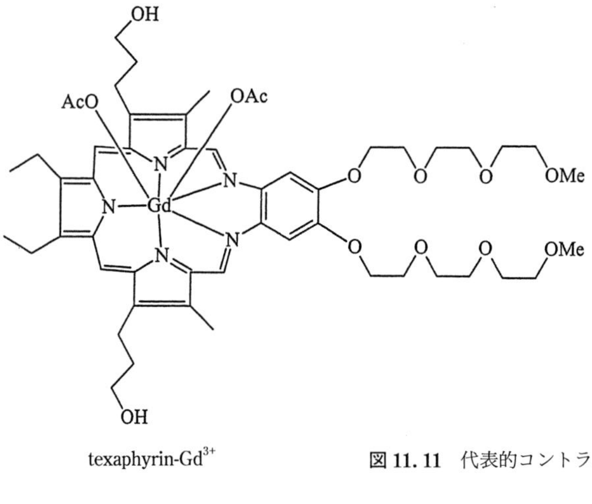

texaphyrin-Gd³⁺

図 11.11　代表的コントラスト試薬およびその関連錯体

およびその誘導体とポルフィリン関連の Gd^{3+} 錯体の構造を図 11.11 に示した．なお，図 11.11 の最後に載せた錯体 texaphyrin-Gd^{3+} は，窒素原子がポルフィリンより 1 つ多い環状構造をしていて，一般に texaphyrin と呼ばれる一群の化合物の一つである．腫瘍部位に集まって光照射により活性酸素種を発生するため，治療効果がある上，MRI で腫瘍部位を観測できる．

図 11.11 の配位子はテトラアザ環の 3 つの窒素には DOTA と同様にカルボキシル基を入れておき，残り 1 つの窒素に各種の置換基を入れている．それにより錯体全体の電荷や水の数，錯体の安定性を変化させることができる．DTPA 錯体とは異なり，DOTA およびその誘導体の錯体はいずれも mono-capped square antiprism 型（図 11.10 (b) 参照）で，1 個ないし 2 個の水分子を配位している．DOTA を骨格とする錯体群は，$\log K$ が高い上に，DTPA を骨格とする錯体群に比べて金属イオンの抜け出る速度が遅いという特徴を持っている（表 11.2 参照）．DOTA のような配位子は，錯体中では 4 つのカルボキシル基が 4 個の窒素の作る平面に対してすべて同じ側に存在するのに対し，配位していない状態ではもっとエントロピー的に有利なランダムあるいは上下混じった方向を向くであろうから，金属イオンの脱離に伴う配位子の構造変化が大きく，それが錯体の高い安定性と遅い解離速度の原因になっているように思われる．

結晶場による安定化効果があまりない希土類イオンでは，金属のイオン半径の差が錯体の安定性に寄与する割合が高いであろうと考えられる．単純に予想すると，イオン半径の小さいイオンのほうが同一の配位子に関しては大きな $\log K$ を示すと予想される．しかし，Gd^{3+}（イオン半径 93.8 pm）と Yb^{3+}（同 86.8 pm）で $\log K$ の値に大きな変化はない（表 11.2）．DTPA のような大きなキレート配位子では，配位子自身の本来の構造における配位原子の向きや構造の柔軟性と構造変化の容易さの度合が，錯体の安定性に大きな寄与を及ぼすようである．イオン半径が大きく（103 pm），最外殻が p 電子である Bi^{3+} の DTPA 錯体は，はるかに高い $\log K$ を持っている．これは，配位子の構造とそれに適合するイオン半径の組み合わせが安定な錯体を作ることを示していると考えられる．また，前述の DTPA 群と DOPA 群の Gd^{3+} 錯体における $\log K$ と k_{obs} の基本的な違いも，希土類錯体のように配位子との結合がイオン

結合的性格の強いものでは，配位子本来の構造と構造上の柔軟性および錯体中での配位子の構造が配位子のみの構造からどの程度変化しているかが，錯体の熱力学的および速度論的安定性に大きく寄与していることを示している．

　希土類錯体の構造は，結晶構造として固体構造がわかっているものがあるが，溶液中で同一の構造を持つかどうかはわからない．コントラスト試薬としての機能を評価する上で，溶液中での構造，特に配位水の構造と数を知ることは重要である．水溶液中での希土類錯体の配位水の数を知る最も一般的な方法は，希土類錯体の発光寿命測定法である．発光が配位水により消光を受けることを利用して，発光の寿命の解析により配位数を求める．測定と解析の具体的な方法については，既に9.2.3項で述べたのでここでは述べない．都合が悪いことに，Gd^{3+}の錯体や化合物は発光を持たない．しかし，周期表上Gd^{3+}の隣のEu^{3+}やTb^{3+}の錯体は強い発光を持つので，同型のこれら錯体の発光を測定して水の数を求め，それらからGd^{3+}の数を類推している．この方法で求めたDTPA錯体やDOTA錯体の配位水の数は，おおよそ1.0〜1.3の間であり，固体の構造と大きく違わない．また，^{17}O NMR測定によってもほぼ同程度の値が得られている．

　NMRは溶液中の構造のダイナミクスに関する情報を与えてくれる．$[Eu(dtpa)(H_2O)]^{2-}$錯体の^1H NMRによると，同一分子中で配位しているカルボキシレートはその配位部位を互いに入れ替えており，その速度は$360\ s^{-1}$である．Eu^{3+}とGd^{3+}はイオン半径が近いので同型のGd^{3+}錯体でも同程度の交換速度であろうと推測される．同様の交換速度はDOTA錯体では約10倍遅いようでHP-DO3A錯体ではその速度は$20〜120\ s^{-1}$である．このようにカルボキシル基の交換は，水の交換より相当遅い[5]．

　現在では，コントラスト試薬は脳，血流，肝臓など特定の組織に対してそれぞれ異なる化合物が使用されている．このうちでも特に初期から開発されたのは，脳のコントラスト試薬である．脳には生命維持に重要な神経回路が存在するため，身体から脳に入るところに脳関門（blood brain barrier, BBB）というものが存在して，異物が血流に乗って脳の組織に入らないようにしている．したがって金属錯体はこのBBBに阻まれて通常脳に入りにくい．ところが脳の腫瘍では，細胞増殖が活発で，それに必要な血流を得るために通常の組織以

11.3 MRI コントラスト試薬

上に細胞への血流を多くする機構が存在している．このような正常細胞と腫瘍細胞の違いがあるために，コントラスト試薬が腫瘍に集まることになる．その結果，脳の腫瘍が正常部分に比べてはっきりと観測されるようになる（図11.7参照）．そのほかにも，いくつかの組織に特異的に集積する錯体が開発されている．この分野は，今後もより多くの目的に合った錯体が開発されるであろう．現在のところ，実用化されている錯体のほとんどは，細胞外の体液や血

表11.3 市販のコントラスト試薬

名称	販売会社[a]	分子式	配位子
AngioMark® (Vasovist® に改称) (gadophostriamine trisodium)	Mallinckrodt/Tyco Healthcare	$Na_3[Gd(MS\text{-}325)(H_2O)]$	MS-325[b]
Dotarem® (gadoterate meglumide)	Guerbet	$(NMG)[Gd(dota)(H_2O)]$	H_4DOTA
Eovist® (Primovist® に改称) (gadoxetic acid disodium)	Schering	$Na_2[Gd(dtpa\text{-}eob)(H_2O)]$	$DTPA\text{-}H_5EOB$
Gadovist® (gadobutrol)	Schering	$[Gd(do3a\text{-}butrol)(H_2O)]$	$DO3A\text{-}H_3BUTROL$
Magnevist® (gadopentetate dimeglumide)	Schering	$(NMG)_2[Gd(dtpa)(H_2O)]$	H_5DTPA
Multihance® (gadobenate dimeglumide)	Bracco	$(NMG)_2[Gd(bopta)(H_2O)]$	H_5BOPTA
Omniscan® (gadodiamide)	GE Healthcare (旧 Nycomed-Amersham)	$[Gd(dtpa\text{-}bma)(H_2O)]$	$DTPA\text{-}H_3BMA$
OptiMARK® (gadoversetamide)	Mallinckrodt/Tyco Healthcare	$[Gd(dtpa\text{-}bmea)(H_2O)]$	$DTPA\text{-}H_3BMEA$
Prohance® (gadoteridol)	Bracco	$[Gd(hp\text{-}do3a)(H_2O)]$	$HP\text{-}H_3DO3A$
Lumenhance®	Bracco	$MnCl_2$	
Teslascan®	GE Healthcare (旧 Nycomed-Amersham)	$Na_3[Mn(Hdpdp)]$	DPDP[c]

[a] 買収や統合などにより変わっている可能性がある．[b] 下図左，[c] 同図右．

MS-325

$Mn(dpdp)^{4-}$

液中に存在し，細胞内には入らない．しかし，今後特定の組織への集積性を持つ錯体の開発を目指すなら，細胞内に入る錯体も考慮されるであろう．

コントラスト試薬として使用されるためには，体内に適当な時間滞在し，その後体外に完全に排泄される必要がある．表 11.3 には，現在市販されているコントラスト試薬がまとめてある．

表 11.3 の試薬のうち，Magnevist®，Prohance®，Gadovist® などは，体内

表 11.4　代表的 MRI コントラスト試薬の物理化学的および生物学的特性[4]

錯体[a]	Gd(hp-do3a)	Gd(dtpa-bma)	Gd(dtpa)$^{2-}$	Gd(dota)$^{-}$
$\log K$	23.8	17.1	22.2	25.3
$\log K^{*b}$	17.1	14.9	17.8	18.3
r(Gd⋯H) (pm)	250	242	249	246
回転相関時間 $\tau_R (s^{-1})$[c]	57	53	55	63
配位水の交換速度 (s^{-1})	2.86×10^6	0.45×10^6	3.3×10^6	4.10×10^6
緩和能 $r_1 (mmol^{-1} l\,s^{-1})$	3.7	3.8	3.8	3.5
重量浸透圧濃度 (37°C)[d]				
0.5 mol l^{-1} 溶液 (Osmol kg^{-1})	0.63	0.65	1.96	1.35
1.0 mol l^{-1} 溶液 (Osmol kg^{-1})	1.91	1.90	5.85	4.02
粘度 (37°C)				
0.5 mol l^{-1} 溶液 (cP)	1.3	1.4	2.9	2.0
1.0 mol l^{-1} 溶液 (cP)	3.9	3.9	>30	11.3
解離時間 $t_{1/2}$ (min)[e]	約 180	約 0.5	10	$>4 \times 10^5$
LD$_{50}$ (mmol kg^{-1})[f]	12	15	6	11
Gd^{3+} 放出反応[g]				
Cu^{2+} 25 mmol l^{-1} (%)	<1	35	25	<1
Zn^{2+} 25 mmol l^{-1} (%)	<1	25	21	<1
体内残留 Gd 総量[h]				
1 日後 (%)	2	2	2	2
7 日後 (%)	0.05	1	0.2	0.1
14 日後 (%)	0.03	1	0.1	0.05

[a] 各化合物は 1 分子の水を配位していると考えられるが，分子式中には示していない．
[b] pH 7.4 での条件安定度定数．
[c] 分子の回転に対する相関時間．
[d] 溶液中に存在する浸透圧に寄与するすべての化学種のモル濃度の和．
[e] pH 1 でのおおよその金属イオン解離の半減期．
[f] 齧歯類 (ネズミ類) に対する半数致死用量．
[g] Cu^{2+} または Zn^{2+} を pH 7 の 66 mmol l^{-1} リン酸緩衝溶液に加えたときに 22°C で 10 分間に解離する Gd^{3+} の割合．
[h] 放射性核種を含む錯体を 0.4 mmol kg^{-1} 体重の割合でマウスに静脈注射した後の残留 Gd^{3+} の割合．

で同等の挙動を示す．すなわち，これらの錯体は静脈に注射後すみやかに血管から細胞間の体液に入る．血漿での半減期は15分である．そして腎臓を介して排泄されるが，その半減期は約90分である．いずれの化合物も注射後24時間以内に90％以上が尿中に排泄される．Omniscan® も挙動が Magnevist® に似ているが，排泄の半減期は70分である．表11.4はこれらの市販されている化合物のうち代表的な4種について，その物理化学的および生物学的性質をまとめた．このほか，MRIコントラスト試薬の詳細については総説が出ているので，参考にしていただきたい[6~8]．

引用文献

1) R. J. アブラハム・J. フィッシャー・P. ロフタス著，竹内敬人訳，^{1}H および ^{13}C NMR 概説，化学同人 (1993).
2) T. Viswanathan and A. Toland, *J. Chem. Educ.*, **72**, 945 (1995).
3) B. Bleaney, *J. Magn. Reson.*, 8, 91 (1972).
4) C. J. Jones and J. R. Thornback, *Medicinal Applications of Coordination Chemistry*, RSC Publishing (2005).
5) D. Parker, R. S. Dickins, H. Puschmann, C. Crossland and J. A. K. Howard, *Chem. Rev.*, **102**, 1977 (2002).
6) P. Caravan, J. J. Ellison, T. J. McMurry and R. B. Lauffer, *Chem. Rev.*, **99**, 2293 (1999).
7) L. Thunus and R. Lejeune, *Coord. Chem. Rev.*, **184**, 125 (1999).
8) S. Aime, M. Botta, M. Fasano and E. Terreno, *Chem. Soc. Rev.*, **27**, 19 (1998).

12
センサー機能を持つ希土類蛍光錯体

12.1 センサー機能の原理

　センサー機能とは，ある種の希土類蛍光錯体がその環境中にある特定の因子，たとえばpHや酸素濃度，あるいは特定の中性分子や金属イオン濃度などに応じて発光強度を変化させる機能で，発光強度を測定することによりこれらの濃度を測定するものである．もちろん，希土類錯体を用いる場合，発光以外にESRやNMRのシグナルを使うこともセンサー機能であるが，これについては既に第10章や第11章で述べているので，ここでは発光の利用を説明する．ただ，最後の12.2.3項には円二色性の利用も解説している．

　発光性希土類錯体をセンサーに使うことのメリットは，錯体であるために以下に述べるように特定の測定対象成分と特異的に反応してシグナル変化を起こす化合物を設計しやすいという点に加えて，希土類錯体の発光の寿命が特異的に長いことを利用して発光の時間分解測定を行うと，共存物から来るバックグラウンド蛍光を除去できるため，通常の蛍光分析より高感度が得られるという大きな特徴による（図13.13参照）．図12.1には，Zn^{2+} と有機蛍光色素であるローダミン6Gの共存下で，ピリジンおよびキノリンを増感グループとする配位子の Eu^{3+} 錯体の発光スペクトルを測定したものを示した．Zn^{2+} の濃度に応じて発光強度が変化し，この錯体のセンサー機能が理解できると同時に，時間分解をかけない普通の蛍光スペクトル測定と時間分解測定のスペクトルの比較から時間分解測定では Eu^{3+} の発光のみが観測され，バックグラウンドを擬似的に作る目的で加えた共存物のローダミンや錯体の配位子の芳香環部分からの蛍光は寿命が短いので遅延時間をとった時間分解測定では観測されないことがわかる．時間分解測定の原理については，さらに13.3節で解説している．

12.1 センサー機能の原理

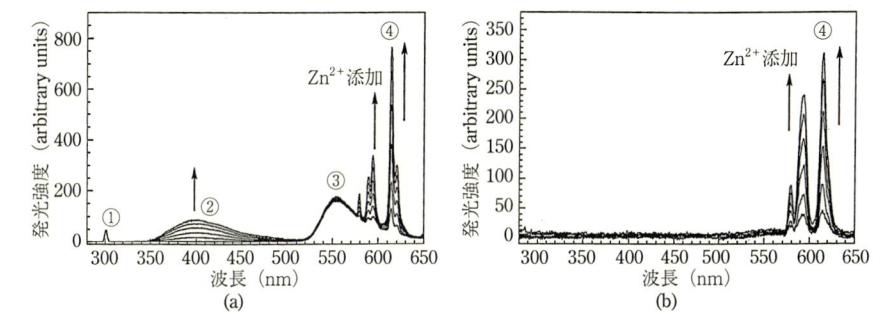

図12.1 Zn^{2+} センサーの錯体 [Eu.7] の Zn^{2+} とローダミン6G共存下の発光スペクトル[20] (a) 時間分解なし，(b) 時間分解測定，[Eu.7]=50 μmol l^{-1}，Zn^{2+} は 0，0.2，0.4，0.6，0.8，1.0 当量添加．λ_{exc}=300 nm，[ローダミン6G]=1 μmol l^{-1}，pH 7.4，100 mmol l^{-1} HEPES 緩衝液，22°C，遅延時間 0.05 ms，ゲート時間 1.00 ms．①励起光の散乱光，②配位子のキノリングループの蛍光，③ローダミン6Gの蛍光，④長寿命の [Eu.7] の発光．

発光強度が変動するためには，9.3節で述べた希土類錯体の発光メカニズム（図9.11参照）のうち，①配位子の光吸収に関与する芳香環部分の一重項励起状態，②配位子の芳香環の三重項状態，③希土類イオンの励起項のいずれかが環境から来る因子により存在確率が変化するか，基底状態に戻る速度に変化が現れ，発光強度や発光寿命などが変化することを利用する．以下に，3種のメカニズムそれぞれについて具体的に機構を説明していこう．

12.1.1 配位子の一重項励起状態の変化による蛍光変化

光を吸収して生じた配位子の一重項励起状態は，自身の寿命 τ，言い換えると失活の速度 k_{tot} ($\tau=1/k_{tot}=1/(k_{em}+k_{et}+k_{ct}+k_q[Q])$) に基づく配位子の発光 k_{em}，酸素分子や溶媒，緩衝液などの共存分子との衝突による分子間あるい

は分子内の電子移動 k_{et} や電荷移動 k_{ct}、あるいは消光剤との衝突 $k_q[Q]$ などにより、基底状態に戻る速度 k_{em}、k_{et}、k_{ct}、$k_q[Q]$ が変化する。その結果、系間交差（ISC）過程による無放射的 $S_1 \rightarrow T_1$ 過程の速度定数 k_{ISC} の値が変化し、結果として錯体中の希土類イオンの発光強度が変化する。あるいはプロトン（H^+）や金属イオンなどが光を吸収する芳香環部分に可逆的に結合することにより、一重項のエネルギーが変化し、結果として錯体の希土類イオンの発光スペクトルのパターンが変化したり、励起スペクトルが変化したりする。このような希土類錯体の発光の強度やスペクトル変化はその原因となった pH や金属イオン濃度などのセンサーとして応用できる。

このようなセンサー機能は蛍光性有機化合物でも同様の機構で起こり、たとえば有機系の色素である N-アルキルキノリニウムや N-アルキルアクリジニウム（図 12.2）のような電子不足の色素ではハロゲン化物イオンとの衝突により一重項励起状態が失活し、その蛍光が弱くなる。

この現象は、ハロゲン化物イオンから色素の励起状態に電子が移動しやすいほど顕著に観測される。したがって、有機色素においてはハロゲン化物イオンの影響の大きさはハロゲンの酸化されやすさに依存し、$I^- > Br^- > Cl^-$ の順になる。また、これらの色素を増感剤として持つ希土類錯体においても同様の傾向が錯体の発光に現れる。分子間の電子移動や分子内の電荷移動に伴う活性化自由エネルギー ΔG_{et} は、近似的に光誘起電子移動過程（photoinduced electron transfer process）の式に基づき、下記のように表される。

$$\Delta G_{et} = nF\left([E_{ox} - E_{red}] - E_s - \frac{e^2}{\varepsilon_r}\right) \tag{12.1}$$

式中の $E_{ox} - E_{red}$ は電子供与体（ここでは配位子の芳香環やその窒素原子上の

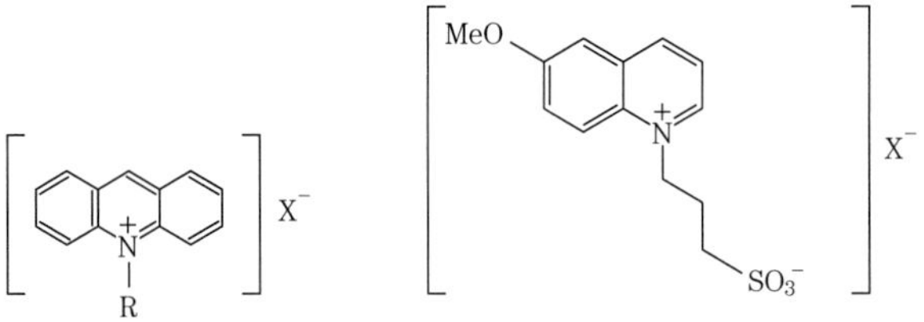

図 12.2 有機色素 N-アルキルキノリニウム（右）と N-アルキルアクリジニウム（左）の構造

孤立電子対，あるいは色素間の電子移動の場合は電子豊富な芳香族など）の酸化電位と電子受容体（3+の希土類イオン（Ln^{3+}），あるいは色素間の電子移動の場合は電子不足の芳香族など）の還元電位の差，E_s は一重項励起状態のエネルギー，e^2/ε_r は供与体（ドナー）と受容体（アクセプター）の間の静電的相互作用によるエネルギーで，両者間の電子移動により生成するラジカルイオン対に関連している<0.2 eV 程度の小さい値である．今，フェナントリジン（$E_s=3.54$ eV，$E_{red}=-2.12$ V）の三級アルキルアミン（$E_{ox}=\sim1.15$ V）による消光を考えよう．この際の電子移動の自由エネルギー変化は，-41 kJ mol^{-1} と計算される．三級アミンをプロトン付加すると，E_{ox} は少なくとも 1.5 V 上昇するので電子移動は妨げられ，フェナントリジンの蛍光は強くなる．

 Eu^{3+} 錯体では一般に E_{red} は水中でおおよそ $-1.0\sim-1.4$ V（vs. NHE）の範囲であり，これは主として金属イオンの還元ポテンシャルである．やや還元傾向は落ちるが Yb^{3+} 錯体も同様の値である．図 12.3 の Eu^{3+} 錯体でも増感グループのフェナントリジンの励起状態から Eu^{3+} への電荷移動はプロトン付加あるいは金属の配位により抑制される．プロトンが付加していない状態では配位子のフェナントリジンの E_{ox} はおよそ 1.1 V であり，電荷移動に十分有利な自由エネルギー差（-1.5 eV）がある．一方，プロトン付加により配位子の E_{ox} は 2.6 V 以上に上昇し，Eu^{3+} への電荷移動は妨げられる．そこで Eu^{3+} の消光につながる電荷移動が抑えられたので，励起状態からの系間交差が相対的に有利になり，希土類イオンの発光が強くなる[1]．

 このように，プロトンや金属イオンの色素中心への配位は励起状態のエネル

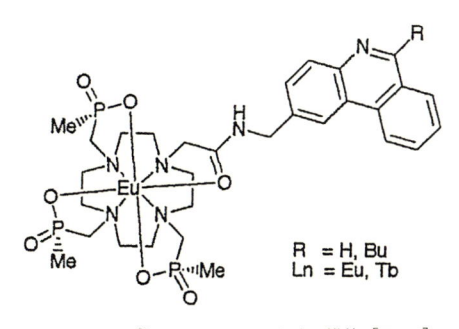

図 12.3 Eu^{3+} のフェナントリジン錯体 [Eu.1]

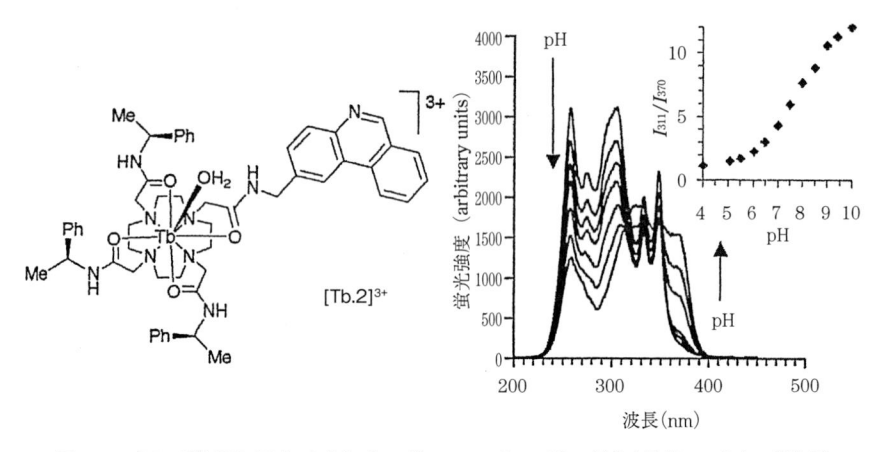

図12.4 $[Tb.2]^{3+}(CF_3SO_3)_3$ を含むゾル–ゲルフィルムのpHに対する励起スペクトル変化[2,3] 右肩の図はpHに対して311 nmと370 nmでの強度比 I_{311}/I_{370} をプロットしたもの（$I=0.1\,mol\,l^{-1}$ NaCl, $\lambda_{em}=548\,nm$).

ギーを変化させる．図12.4のTb^{3+}錯体中のフェナントリジンの励起状態のエネルギーはプロトン付加により約27 kJ mol^{-1}下がり，酸化電位はそれに伴い上昇する．また，励起スペクトルのバンドは波長の最長端が30 nmほどブルーシフトする．その結果，pHに依存する励起スペクトルが観察され，370 nm付近ではpHの上昇により励起バンドが上昇する．また，pHの上昇により250～310 nmあたりの励起バンドは減少するので，この異なる挙動をする2領域の波長のスペクトル強度の比を使ってpHのレシオ測定（ratio measurement）ができる．レシオ測定とは，2つの異なる波長（多くの場合，一方はpHの増大に対して強度増加し，他方は減少する波長を選ぶ．あるいは他方はあまり変化しない波長でもよい）の強度比（レシオ）で検量線を作成することにより感度を上げ，錯体の濃度や分布の試料間でのバラツキによる定量結果への影響を取り除く方法である．溶液のpHを測定するのであればこのような錯体濃度の試料間のバラツキは問題ないが，後に第13章で述べるように顕微鏡のイメージングなどで細胞や生体組織切片中のpH変化を見るときなどは，組織の部位により錯体の分布濃度が異なり，蛍光強度がそのままではpHの変化に比例しない．このような場合，レシオ測定により測定の信頼性が格段に上がる[2,3]．

12.1.2 三重項励起状態の失活による蛍光変化

前項で述べたようにプロトン付加や金属イオンの配位は配位子の励起状態のエネルギーレベルを下げるが，同時に多くの場合，配位子の三重項状態のエネルギーレベル T_1 も下げ，それに伴って希土類イオンの蛍光の変化が観測される．このような変化は，T_1 が希土類イオンのエネルギー受容レベルの 1500 cm^{-1} 以内に下がってきたとき顕著に見られる．図 12.4 の $[Tb.2]^{3+}$ や関連の中性のトリホスフィン錯体ではフェナントリジンの T_1 はプロトン付加により 22300 cm^{-1} から 21300 cm^{-1} に下がる．このレベルからエネルギーを受け取る Tb^{3+} の $^5D_4$ へのエネルギーギャップは 900 cm^{-1} であり，この程度のエネルギーギャップでは Tb^{3+} から T_1 への熱的励起による逆エネルギー移動がかなり顕著になる．その結果，T_1 の見かけの寿命は長くなり，酸素分子との衝突による消光が見られるようになる．したがってこのような Tb^{3+} 錯体の蛍光強度や蛍光寿命は pH や酸素濃度に鋭敏に依存する．対応する Eu^{3+} 錯体では pH の効果は逆であり，蛍光強度や蛍光寿命はプロトン付加により減少する．N-メチル化された Tb^{3+} 錯体では，pH が 2～10 の範囲で pH による蛍光変化はない．一方，T_1 はプロトン付加の場合と同様に下がっているので，酸素による消光を受ける．したがって酸素センサーとして機能する．その際のシュテルン-フォルマー定数の逆数 K_{SV}^{-1} は，40～50 mmHg 程度の値である[4]．

プロトンや金属イオンの配位がなくても，もともと配位子の三重項から Ln^{3+} へのエネルギー移動の速度が遅ければ（$10^5 s^{-1}$ 以下），三重項から Ln^{3+} へのエネルギー移動は酸素分子の衝突による三重項の消光と競争的になり（具体的には水中の酸素濃度（～0.29 mmol l^{-1}，298K）において消光の速度定数 k_q は～10^9 mol^{-1} l^{-1} s^{-1} 程度に相当），このような場合，酸素濃度の変化により T_1 の蛍光寿命は大きく変化しない．このような場合とは，エネルギーのドナーつまり配位子の芳香環部分とアクセプターつまり Ln^{3+} が，空間的に離れているか[5,6]，あるいは T_1 と Ln^{3+} がエネルギー的に離れていてエネルギー移動の効率が高くない（軌道の重なり積分が小さい）場合である．あるいは，もう一つの機構として Yb^{3+} の場合のように軌道の重なりによる金属イオンへの電子移動が起こる場合も考えられている[7,8]．

12.1.3 希土類イオンの励起レベル失活による蛍光変化

Ln^{3+} の励起状態は，X–H（X=O, C, N など）などの共有結合が近くに存在し，その伸縮振動の倍音のエネルギーが励起状態のエネルギーと近いかほぼ一致すると振動エネルギーへのエネルギー移動が起こり失活する．これは熱的失活である．特に Ln^{3+} に水が配位すると顕著な消光が起こることは既に述べたとおりである．そこで，何らかの配位子となる分子がこの水を置換すると発光強度や寿命の増大が見られるので，この配位子のセンサーとして錯体が機能し，レシオ測定もできる．この原理でたとえば HCO_3^-，$H_3CCH(OH)COO^-$，$HOOCCH_2C(OH)(COOH)CH_2COO^-$，$H_2PO_4^-$，DNA などが水分子を 2 個配位したジアクア希土類錯体へ配位することを利用して測定されている[9~11]．これらの例については 12.2.2 項でさらに述べている．別の例として，pH の変化により希土類錯体の配位子であるスルホンアミドの窒素原子が可逆的に Ln^{3+} に配位するため pH のセンサーとして機能する例もある[12]．

Eu^{3+} 錯体から有機色素のブロモチモールブルーへの FRET 効率が pH に依存することを利用した例もある．ブロモチモールブルーは，塩基性の溶液中では Eu^{3+} 錯体から FRET によりエネルギーを受け取るため，Eu^{3+} の $^5D_0$ の蛍光寿命が短くなり，蛍光強度は減少する．酸性中ではプロトンがブロモチモールブルーに付加し，もはや FRET は起こらないため，このような蛍光寿命や強度の減少は見られない．このようにして，pH センサーとして機能する[13]．

最後に，分子間の非放射的電荷移動相互作用により Ln^{3+} の励起項が失活され消光する例を述べよう．この現象は，図 12.5 の錯体のように Ln^{3+} に電子不足のヘテロ芳香環が配位しているときなどに見られる．この場合，以下に述べるように，配位子の芳香環部分が有名な DNA のインターカレーター（intercalator, 隣接塩基対間に平行に入る）であり，DNA を加えると蛍光寿命と蛍光強度が減少する．たとえば図 12.5 のような配位子のアミド部分のキラリティーに基づくキラルな Eu^{3+} あるいは Tb^{3+} 錯体 $[Ln.3]^{3+}$（$\phi^{Eu}=21\%$，$\phi^{Tb}=40\%$，いずれも水中）は，二本鎖 DNA が共存するとテトラアザトリフェニレン部分が DNA にインターカレートして DNA の塩基対部分と電荷移動型の相互作用をし，電子がテトラアザトリフェニレン部分に移動する．その結果，この芳香環の吸収バンドははっきりとした淡色効果（hypochromism）を

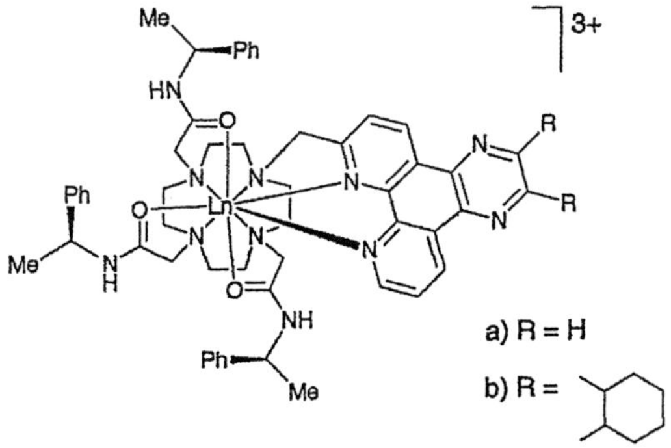

12.1 センサー機能の原理

図12.5 Ln^{3+} のテトラアザトリフェニレン錯体 $[Ln.3]^{3+}$

示し，また，吸収位置がレッドシフトする[14]．

デオキシアデニン（dA）とデオキシチミン（dT）が交互に並んだ配列のDNAであるpoly(dAdT)を加えたときのΛ型 $[Eu.3]^{3+}$ 錯体の発光スペクトルの変化を図12.6に示した．DNAの添加により $\Delta J=1$ のバンドはピークの分解が向上する．$\Delta J=2$ と $\Delta J=4$ のバンドは強度が減少するが，特に681 nmの減少は目覚ましく，一方，687 nmの減少は小さい．そこでDNA量に対して681/687 nmの強度比をプロットすると，図12.6（b）のような曲線が得られ，変化は錯体あたり塩基対数が2倍のところで飽和する．同様に吸収スペクトルにおける340 nmの吸収強度減少率をプロットすると，やはり2倍で飽和する．このような変化はインターカレーターに特有のものであり，DNAとの相互作用がインターカレーション（intercalation）であることを示している．

この配位子の Gd^{3+} 錯体の77Kにおける燐光測定から，DNAが存在しても三重項のエネルギーレベル24000 cm^{-1}（4：1 MeOH-EtOH中）に変化はないことがわかった（このエネルギーレベルは，Eu^{3+} の17200 cm^{-1} や Tb^{3+} の20400 cm^{-1} よりかなり高い）．したがってこのDNAによる発光強度変化の機構は，配位子の一重項や三重項の消光ではなく希土類イオンの励起状態の失活によると考えられる．現在のところ，Ln^{3+} に結合している含窒素芳香環の分極率がDNA塩基対との電荷移動的相互作用で変化し，金属-配位子間電荷移動（metal to ligand charge transfer, MLCT）のような機構で希土類イオンと配位子との間で電荷移動が起こることが金属イオンの励起状態を失活させるメ

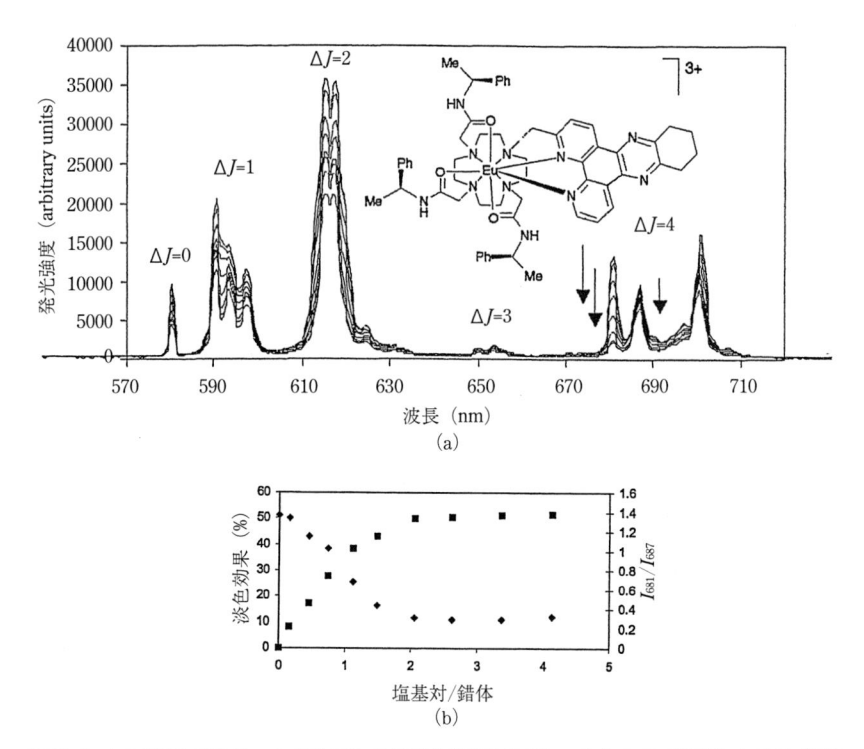

図 12.6 (a) DNA である poly(dAdT) の濃度を増加させていったときの (RRR)-Λ 型 Eu^{3+} 錯体 ([Ln.3]$^{3+}$) の発光スペクトル変化，(b) スペクトルは錯体あたり 2 塩基対の添加で飽和状態となる (λ_{exc}=345 nm, pH 7.4, 10 mmol l^{-1} NaCl, 10 mmol l^{-1} HEPES)[14)]
つまり芳香環からなるインターカレーターは DNA の塩基対間に最大 1 つおきにまで入るという"neighbor exclusion principle"に合致する。Λ-[En.3] に対して 0~5 倍当量 poly(dAdT) を加えたときの淡色効果 (681 nm の強度減少率，■) と 681/687 nm の強度比 (◆) の変化。λ_{exc}=350 nm。

カニズムではないかと考えられている[15)]。この過程により，図 12.5 のように Eu^{3+} の場合には ΔJ=4 の発光線の顕著な変化として観測される[14)]。また，poly(dGdC) のほうが poly(dAdT) より変化が大きい。希土類イオンの励起状態の失活がからんでいるので，錯体の発光寿命が DNA の存在により短くなる。また，溶存酸素の存在がこのような寿命の変動に影響しないことも配位子の三重項が関与しないことを示唆しており，上記のようなメカニズムに矛盾しない。このような挙動は monocapped square antiprism 型の錯体でも見られるものであり，軸位の窒素配位芳香環配位子の分極率変化によるものであると説明されている[15)]。

12.2 センサー機能を持つ希土類蛍光錯体

12.2.1 pHセンサー

pHに応じて希土類錯体の蛍光強度が変化するメカニズムは図12.7のように近似的に光誘起電子移動（PET, 9.3.4項参照）の概念を用いて分類することができる．

図12.7には，2つのタイプのPETが描かれている．アミノ基は酸化されやすいため，PETにより配位子の増感部位を部分的に還元して増感部位の励起エネルギーレベルを上げ，励起状態の消光剤として機能することが多い．同図(a)では希土類イオンに直接配位していない配位子中のアミノ基が増感部位の励起状態を消光させる方向に働くため，通常は蛍光が弱い．しかしアミノ基のプロトン付加により配位子の増感部位への電子移動（ET）が起こらなくなり，増感部位の励起エネルギーが上がって希土類イオンに受け渡されるようになり，発光が回復する．つまり，プロトン付加の有無により発光の強弱を生じpHセンサーとして機能するものである．(b)では希土類イオンに直接配位している窒素原子（多くの場合，含窒素芳香環の窒素原子）のプロトン付加によるPETのon/offがセンサー機能のメカニズムになっている．アミノ基があればすべての錯体が消光するというわけではない．あくまで，アミノ基のエネルギーレベルと増感部位のエネルギーレベルの上下関係と，どの程度電子移動に適当なエネルギー差であるかで，発光するか消光するかは決まる．一般にセ

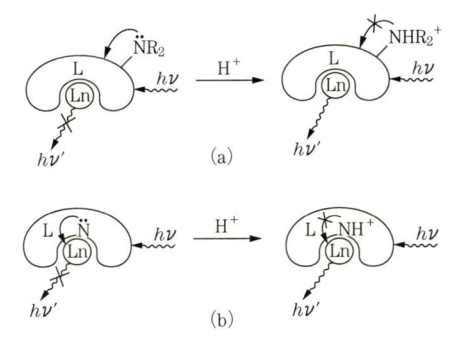

図12.7 光誘起電子移動に基づく希土類錯体の蛍光消光とプロトン付加による発光の増大の概念図 (a) 配位子Lのアミノ基が配位に関与しない場合，(b) 配位子Lの窒素原子が配位に関与する場合．

ンサー機能は多くの場合,(a)のメカニズムで起こっており,(b)のメカニズムは希土類イオンのアミンによる還元的ステップを含むため,還元されやすい Eu^{3+} と Yb^{3+} でまれにこの機構が関与していると考えられる場合があるが,金属に既に配位している窒素であるのでプロトン付加は起こりにくく,通常はこの機構は起こりにくい.ここではプロトン付加を例にとり,PET の on/off を述べているがプロトン以外に他の金属イオンのアミノ基への配位でも同様に発光強度の変化が可能である.また,アミノ基に限らず特定の物質と相互作用する官能基と増感部位との間に電荷移動が可能であればセンサーができることを図 12.7 は示している.

図 12.8 の Tb^{3+} 錯体 $[Tb.4]^+$ および $[Tb.5]^+$ は,いずれも図 12.7(a)の機構で pH センサーとして働くものである.フェニル基上のアミノ基からトリピリジンへの電子移動によりそのままでは発光が弱い.アミノ基のプロトン付加により量子収率は 16 倍増加する.アミノ基の塩基性の違いにより,センサーとして働く pH 領域が $[Tb.5]^+$ のほうが,pH で 2 ほど低い.同じ配位子の Eu^{3+} 錯体は,酸性溶液では Tb^{3+} 錯体より相当蛍光収率が低く,プロトン付加による発光強度変化が少ない.

フェナントリジンをアンテナとした図 12.8 の DOTA 誘導体の $[Eu.6]$ 錯体では,ヘテロ環のプロトン付加により一重項励起状態のエネルギーが変化するため,吸収スペクトルが約 30 nm レッドシフトし(図 12.9(a)),それに伴い励起スペクトルが変化する[2,16].

プロトン付加により Eu^{3+} の発光の量子収率は 3 倍増加する.これはヘテロ

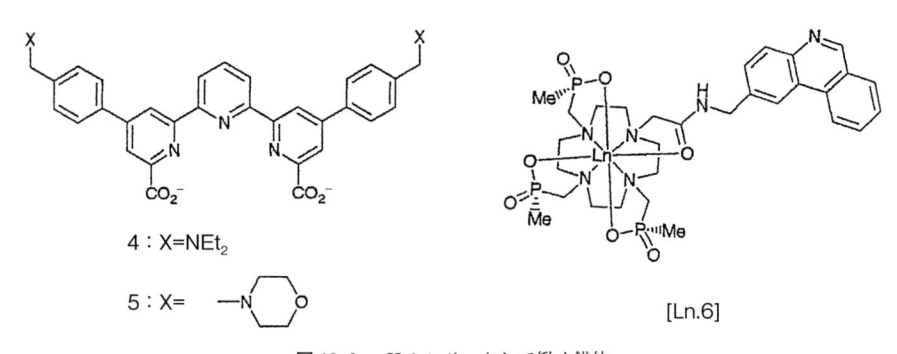

4 : X=NEt₂

5 : X= (morpholine)

[Ln.6]

図 12.8 pH センサーとして働く錯体

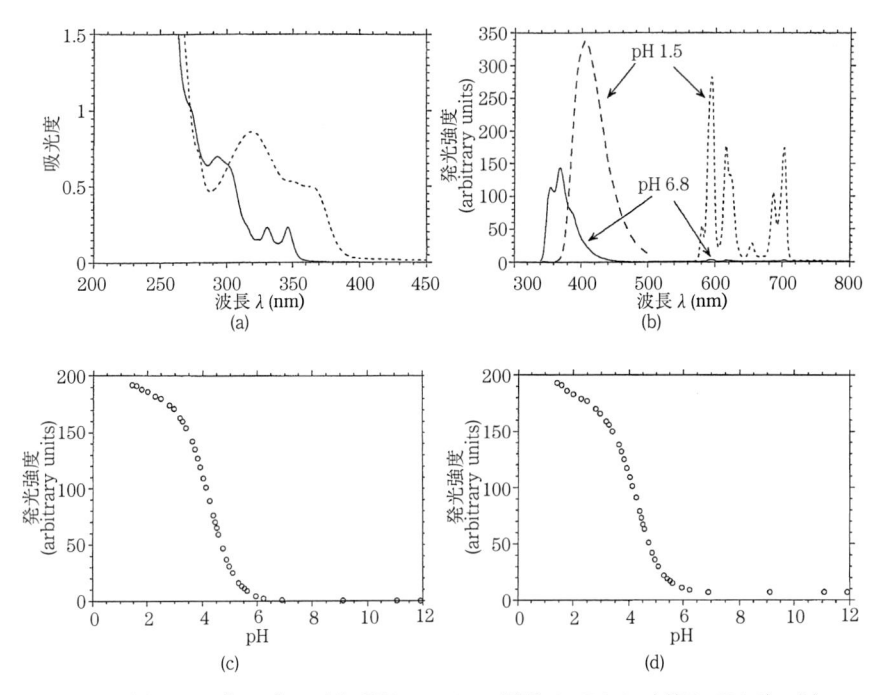

12.2 センサー機能を持つ希土類蛍光錯体

図 12.9 図 12.8 の [Eu.6] の (a) 吸収スペクトル (実線は pH 6.8, 点線は pH 1.5), (b) 発光スペクトルに及ぼす pH の影響, (c) Eu^{3+} 発光強度の pH 依存性 ($\lambda_{ex}=370$ nm, $I=0.1$ mol l^{-1} NMe_4ClO_4, $\lambda_{em}=594$ nm, (d) フェナントリジン部分の蛍光強度の pH 依存性 ($\lambda_{ex}=370$ nm, $\lambda_{em}=405$ nm)[2]
フェナントリジン部分の蛍光 (340〜500 nm の発光, $\lambda_{exc}=320$ nm, $\lambda_{em}=405$ nm), Eu^{3+} の発光 (580〜720 nm の発光, $\lambda_{exc}=370$ nm, $\lambda_{em}=597$ nm, 遅延時間 0.1 ms で測定).

環窒素による消光がプロトン付加により解除されたためである. この吸収スペクトルのプロトン付加による変化は, フェナントリジン自体の変化と基本的に同一である. この錯体のプロトン付加により, しかし希土類イオンの励起項のエネルギーは変化しないので, 寿命や発光スペクトルのパターンには変化はない. 吸収スペクトルが変化するので, 励起光の波長を 370 nm 以上に選ぶことによりプロトン付加したものだけを選択的に励起することができる. 図 12.9 (b) では 370 nm で励起した場合, (a) の吸収スペクトル (つまり, ほぼ励起スペクトルに等しい) からわかるように, pH 1.5 では錯体がプロトン付加体になっているので Eu^{3+} の発光が見られるが pH 6.8 ではプロトン付加体でないので Eu^{3+} の発光は見えない. 配位子の発光もこの場合 370 nm の励

起では見られない．

 Eu^{3+} のフェナントリジン錯体では，図12.9（b）のように Eu^{3+} に基づく発光以外に，配位子のフェナントリジン部分の一重項励起状態からの蛍光も観察される．これは，フェナントリジン部分の励起一重項が蛍光を発して基底項に戻るプロセスが励起一重項から三重項へエネルギー移動するプロセスと競争して起こることによる．フェナントリジン部分の蛍光（405 nm）と Eu^{3+} に基づく発光（594 nm）の両方について，370 nm で励起したときの発光強度の pH 依存性が滴定により測定された（図12.9 (c), (d)）．2つの発光強度の pH 依存性は同一であり，いずれの滴定曲線からも錯体における一重項励起状態の酸解離定数 pK_a は 4.4（±0.1）と求められた．一方，フェナントリジンおよび3-メチルフェナントリジンの基底状態での pK_a の文献値はそれぞれ 4.47 および 4.76 である．また錯体の吸収スペクトルを用いた滴定からは，基底状態の pK_a は 4.2（±0.1）と求められている．図12.9からわかるように，pH 6 以上で 380 nm でこの錯体を励起しても発光は観察されないので，プロトン付加を利用する赤色の on/off デバイスに利用できる．

一方，図12.4の $[Tb.2]^{3+}$ 錯体や図12.8の [Tb.6] 錯体の吸収スペクトルは対応する Eu^{3+} 錯体と同一のプロトン付加による変化を示すが，発光スペクトルは対応する Eu^{3+} 錯体とははっきり異なった pH 依存性を示す．[Tb.6] も [Eu.6] と同様に，配位子の励起に基づく蛍光と Tb^{3+} の $^5D_4$ に基づく発光が観測される．等吸収点の波長（304 nm）で励起し，フェナントリジン部分の蛍光波長 403 nm で観測すると，プロトン付加により約3倍の蛍光増大が見られる（図12.10）．

これは Eu^{3+} 錯体の場合と同様であり，プロトン付加により PET が起こらなくなるためである．この滴定曲線から求められた一重項励起状態の pK_a は 4.2（±0.1）で [Eu.6] の値 4.4（±0.1）に近い．一方，Tb^{3+} に基づく発光で測定すると，Eu^{3+} 錯体のときとは逆に，酸性度が高くなるにつれ，発光強度は 1/125 に減少する．また，Tb^{3+} の $\Delta J = +1$ の発光線 547 nm で pK_a を求めると，5.7（±0.1）となり，フェナントリジン部分の蛍光により求めた値とは異なる．表12.1で見ると，[Tb.6] 錯体とそのプロトン付加体の量子収率は大きく異なり，さらに蛍光寿命も pH により変化する．pH 8 では 1.0 ms で

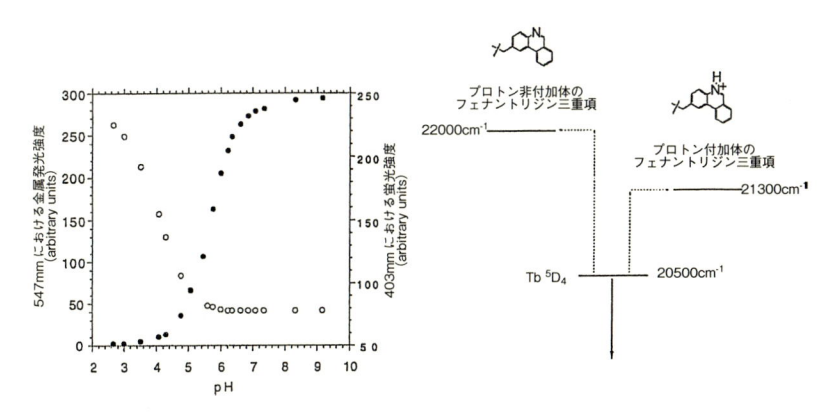

図 12.10 フェナントリジン部分の蛍光（○：$\lambda_{ex}=304$ nm，$\lambda_{em}=403$ nm）と [Tb.6] 錯体（●：$\lambda_{ex}=304$ nm，$\lambda_{em}=547$ nm の発光）の pH 依存性[2]

表 12.1 Eu^{3+} 錯体と Tb^{3+} 錯体の発光特性のプロトン付加による変化（293K，プロトン非付加体は pH 6.5〜7.0，プロトン付加体は pH 1.5）[2]

パラメーター	[Tb.6]	[HTb.6]$^+$	[Tb.3]$^{3+}$	[HTb.3]$^{4+}$
τ_{H_2O}（脱気下）	1.82	0.83	1.56	0.94
τ_{H_2O}（空気飽和下）	0.98	0.1	0.85	0.09
ϕ（脱気下）	0.12	4.6×10^{-2}	0.15	6.9×10^{-2}
ϕ（空気飽和下）	2.5×10^{-2}	9.1×10^{-4}	5.1×10^{-2}	0.73×10^{-2}
パラメーター	[Eu.6]	[Eu.6H]$^+$	[Eu.3]$^{3+}$	[HEu.3]$^{4+}$
τ_{D_2O}	1.92	1.95	2.38	2.44
τ_{H_2O}	0.71	0.72	0.58	0.58
ϕ_{H_2O}（空気飽和下）	1.1×10^{-2}	3×10^{-2}	0.4×10^{-2}	2.2×10^{-2}
ϕ_{D_2O}（空気飽和下）	3.4×10^{-2}	—	1.6×10^{-2}	12×10^{-2}

τ：寿命（ms），ϕ：発光収率．

あるが，pH 1.5 では 0.1 ms になる．単に一重項励起状態のエネルギーの変化だけではこのような寿命の変化は説明できない．メカニズムを考える上で，まず錯体の発光強度の pH への依存性から見て明らかに PET 以外のメカニズムが働いていることがわかる．寿命の変化を考えるとプロトン付加により Tb^{3+} の励起状態 $^5D_4$ を失活させるメカニズムが働いていることが示唆される．フェナントリジンのプロトン付加により，励起一重項だけでなく三重項のエネ

ルギーも変化する可能性が大きい．事実，図 12.10 に示すようにフェナントリジンの三重項のエネルギーは，プロトン付加により 22000 cm^{-1} から 21300 cm^{-1} に下がり，Tb^{3+} の $^5D_4$ とのエネルギーギャップがプロトンがついていない状態の 1500 cm^{-1} からプロトン付加体では 800 cm^{-1} と小さくなる結果，Tb^{3+} の $^5D_4$ から三重項への熱的励起による逆エネルギー移動が無視できなくなる（図 9.16 (a) 中の ［L-Ln*ex］から［^{3}L-Ln］への平衡が上に移動するステップ）．このような現象が Eu^{3+} 錯体では見られず，Tb^{3+} 錯体で顕著であるのは，Tb^{3+} 錯体の pK_a (5.75) が対応する Eu^{3+} 錯体の pK_a (4.4) より高いことが関係していると思われる．図 12.10 の Tb^{3+} 錯体の発光強度の滴定曲線は錯体の三重項状態のプロトン付加体が増えると発光強度が減少することを反映しており，Eu^{3+} 錯体の場合と逆の pH 依存性を示す理由がわかる．

表 12.1 に，6 と 3 の配位子の Eu^{3+} 錯体および Tb^{3+} 錯体の発光特性をまとめた．pH 1.5 と 6.8 で測定した H_2O 中の ［Eu.6］（pH 6.8 での化学種）およびそのプロトン付加体（pH 1.5 での化学種）の蛍光寿命は，0.71 ms と 0.72 ms でほとんど変化がない．また，pH 1.5 と 6.8 で測定した Eu^{3+} 錯体に基づく発光の量子収率はそれぞれ 0.03 と 0.011 であり，300〜370 nm の範囲ではどの励起波長を使っても量子収率は同一である．［Eu.6］の等吸収点 304 nm で励起して測定すると，pH 1.5 では pH 6.8 のときより発光強度は約 3 倍高い．これは量子収率の pH 変化による化学種の増加比に対応している．［Eu.6］錯体では，Eu^{3+} に基づく発光の寿命が pH や溶存酸素濃度にほとんど依存しないのに対し，［Tb.6］では依存する．これは，［Eu.6］のフェナントリジン部分のプロトン付加体およびプロトン非付加体の三重項状態のエネルギーが Eu^{3+} の $^5D_0$ (17277 cm^{-1}) より相当に高いところにあるためであろう．そのため，三重項から Eu^{3+} へのエネルギー移動は Tb^{3+} 錯体よりも一方的にすみやかに起こり，三重項状態が O_2 などにより失活されにくい．Tb^{3+} 錯体では，Tb^{3+} に基づく 547 nm の発光線強度，量子収率，蛍光寿命は溶存酸素濃度や pH に依存して変化するので，この種の錯体を pH のみならず酸素センサーとしても開発することが試みられている．

pH センサーとしては，そのほかにも多くの希土類錯体が開発されている．もう一つの例としてここに紹介するのは，生きた細胞中でレシオ測定が使え，

励起光 370〜405 nm と希土類錯体の励起波長としては長波長である Eu^{3+} 錯体である．細胞中の特定の成分から出る蛍光を蛍光顕微鏡で高感度に観測できることが，医学や生命科学の分野で望まれている．一般に特定の成分を見るにはその成分に対する抗体に蛍光ラベル剤を結合しておき，この抗体を細胞中に入れて細胞中で蛍光が局在する様子から観測の対象成分の存在部位を観察する．あるいは，蛍光物質自体が細胞中の特定の部位や成分に集積する性質を利用して，細胞中のその成分の分布を知る．強い光源であるレーザーや発光ダイオード（light emitting diode, LED）を光源として顕微鏡で観察するために，このような光源の波長領域（主として可視域）に合わせた希土類錯体の開発が必要である．また，生きた細胞の生命現象を観察するためには，毒性がないということも，必要事項になってくる．図 12.11 の 3 つのアザチオキサントン誘導体を増感部位とする Eu^{3+} 錯体は，アザチオキサントンの窒素や硫黄原子のほかに，配位子中のテトラアザシクロドデカンから出ているカルボキシル基とチオアミド側鎖などがあり，これらのグループが独立に金属イオンに異なる pH で配位するため，pH の広い領域での滴定曲線はいくつかの成分の足し合わせとなり，pH センサーとしての使用には困難が予想された．

しかし実際は $H_2 7$ と $H_3 9$ の Eu^{3+} 錯体 $[Eu.7]^+$ と $[Eu.9]$ では，3〜9 の pH 領域でスルホンアミドのプロトン付加により配位が on/off するだけの変化しか起こらない．$[Eu.8]$ では 1 つのカルボキシル基による分子内キレーション（7 員環生成）反応がスルホンアミドの配位と競争して起こるため，曲線は 2 成分の形となる．$[Eu.9]$ では対応するキレーションは 8 員環生成となるので起こらない．

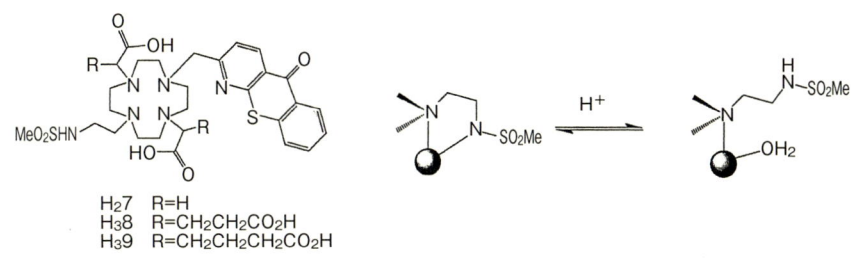

図 12.11 アザチオキサントンを増感部位とする錯体

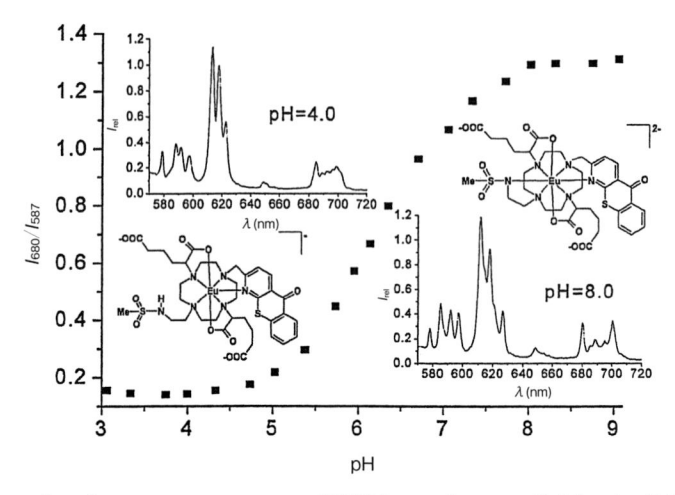

図 12.12 ［Eu.9］の pH 4.0 と pH 8.0 での配位構造と 680/587 nm の強度比による滴定曲線[17]

　［Eu.7］$^+$ と［Eu.9］において pH を変化させると，$\Delta J=1$ の発光には分裂パターンの変化が見られ，$\Delta J=2$ と $\Delta J=4$ の発光にはスペクトル線の形の変化が見られた．pH を 5 から 8 に上げると 627 nm と 680 nm に新たなバンドが現れた（図 12.12）[17]．これらの変化はいずれも pH の変化に対して可逆的に変化する．

　680($\Delta J=4$)/587($\Delta J=1$) nm の強度比を pH に対してプロットすると 1 成分の曲線が得られ，pH 4.5〜8 の間で強度比は 80% 変化した．滴定曲線から，両錯体の pK_a は，［Eu.7］$^+$ で 6.10，［Eu.9］で 6.15 と求められた．同様の値が 618/627 nm や 612/618 nm の強度比でも得られた．［Eu.9］はマウスの細胞（NIH-3T3）中に入り核に集積する性質があるため，核の pH を見るプローブ（センサー）となる可能性がある．実際に血清やその他の体液，細胞や組織中での信頼できる pH センサーとして機能するには，レシオ測定を用いてこれらの試料中に共存している主成分により蛍光強度が変動しないことを今後確かめる必要がある[17]．

12.2.2　アニオン・中性分子・金属イオンなどのセンサー

　既に前項の pH センサーのところで，溶存酸素濃度に応じて蛍光強度が変わ

る話をした．pH センサーとして機能するものはむしろ，pH にのみ蛍光強度が依存して溶存酸素濃度には依存しないことが望ましい．逆に，酸素センサーであれば蛍光強度は pH に依存しないことが望ましい．多くの錯体で希土類イオンの励起項は酸素濃度によってほとんど影響されない．酸素濃度に応じて希土類錯体の発光が変化する場合は，錯体と酸素分子が衝突し配位子の励起三重項が失活することによって発光の減少が起きる．図 12.13（a）や（b）に示す N-メチルアクリドンや N-メチルフェナントリジンを増感部位とするテトラアザシクロドデカン誘導体の Tb^{3+} 錯体の蛍光強度は溶存酸素濃度に依存するが，pH 1〜10 の範囲で pH には依存しない．この Tb^{3+} 錯体では酸素濃度（0〜0.3 m mol l^{-1}）による消光に基づき Tb^{3+} の蛍光寿命は 0.8 ms 変化する．これは Tb^{3+} の $^5D_4$（$\tau \sim$ ms，20500 cm^{-1}）が芳香環の三重項に近いところにあるためと考えられる．このエネルギー差が約 1000 cm^{-1} 以内であれば $^5D_4$ から配位子の三重項へのエネルギーの逆供与が起こるので三重項状態の寿命が長くなり，酸素による消光と逆供与や発光が競争関係になり，酸素濃度と蛍光の間に検量線が引けるようになる[2,7]．

蛍光が酸素により消光されるということは，一般的にいえば望ましくないことである．センサー機能のような蛍光強度が環境により変動するという特徴は，本節で紹介したような構造の錯体に特徴的なものである．希土類イオンの錯体がすべて本節で述べたようにセンサーとして機能するわけではないし，すべて酸素により消光を受けるわけでもない．次の章で紹介するバイオアッセイ

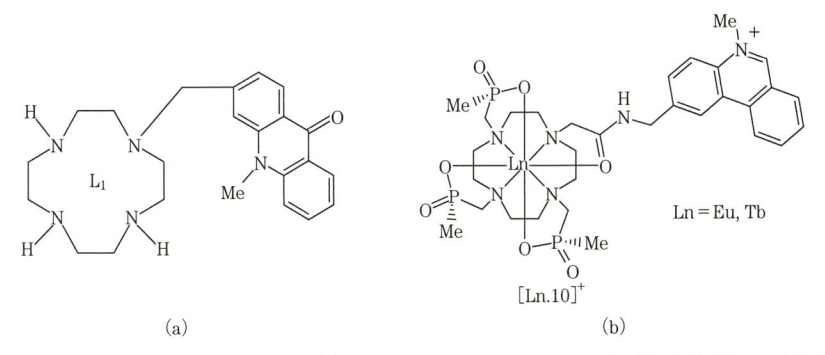

図 12.13　(a) N-メチルアクリドンと (b) N-メチルフェナントリジンをそれぞれ増感部位とする錯体

の分野に使われる錯体には，pH や酸素，その他多くの共存物による蛍光強度の変動がむしろ少ない錯体が望ましい．多くの錯体の中には，酸素によりほとんど消光を受けない錯体もある．目的により適切な錯体の構造（したがって物理化学的特性）を設計する必要がある．本節で述べたような三重項状態の失活による錯体の消光はルテニウム（Ru）のポリアザ錯体やパラジウム（Pd）あるいは白金（Pt）のポルフィリン錯体でも知られている．

図 12.13（b）のような N-メチル化配位子の Eu^{3+} 錯体は，生体試料中のハロゲンイオンのセンサーとして機能する[2]．Cl^{-1} は細胞外では 100 mmol l^{-1}，細胞内では 10～75 mmol l^{-1} 存在し，イオン濃度の調節や電荷のバランスを担っている．消光効果の順番は $I^{-1}>Br^{-1}>Cl^{-1}$ で，これは酸化されやすさの順に対応している．消光はハロゲンイオンから増感カチオン部位の一重項励起状態への電荷移動によると考えられる．図 12.13（a）および（b）の Eu^{3+} 錯体にハロゲンイオンを 0～250 mmol l^{-1} の濃度範囲で添加すると，フェナントリジン部分の蛍光（405 nm）も Eu^{3+} の発光（594 nm，616 nm）も減少する．約 1/4 に減少するが，Eu^{3+} 発光の寿命には変化が見られない．シュテルン-フォルマー消光定数 k_{sv}^{-1} は，40～50 mmol l^{-1} である．この消光効果は炭酸水素ナトリウム，リン酸モノアニオン，乳酸，クエン酸などを 30 mmol l^{-1} まで添加しても影響されない．

図 12.13（a）のような，テトラアザシクロドデカンの窒素原子に結合している水素原子を配位性のグループに置換し，アクリドンを増感部位として持つ一連の錯体は，アピカル位に水分子を 1 つ配位し，この水分子と HCO_3^- が置換することによる蛍光強度の増大をレシオ測定で測定して CO_3^{2-} のセンサーとして機能する[18]．アクリドンを増感部位とすることにより 390～410 nm での励起が可能なため，生体試料中の CO_3^{2-} センサーとして機能することが期待される．このようなアクリドン錯体では，618/588 nm の強度比（レシオ）を使って検量線を作成している．

このようなテトラアザシクロドデカンを基本骨格とする錯体をセンサーとするときには，試料中の共存物による蛍光強度変動を確かめておく必要がある．センサー機能がその測定対象分子やアニオンのみに選択的であるかどうか，また測定対象の濃度が検量範囲に適合するがセンサーとして実用に耐えるかどう

かの重要なポイントになる．

これまでのテトラアザシクロドデカンを基本骨格として用いる錯体とは全く異なった錯体でのセンサー機能を紹介しよう．トリピリジンを増感部位とした図12.14のような錯体は，トリピリジンに結合した10-メチルアントリルグループが一重項酸素 $^1O_2$ と特異的に反応し，Eu^{3+} に基づく蛍光強度が約13倍増大する．反応の前後の蛍光特性を表12.2に示したが，この場合は反応により蛍光寿命も長くなっている[19]．

反応前にはトリピリジン部分の三重項とメチルアントラセンの三重項との相互作用による消光作用で Eu^{3+} の蛍光は弱い．メチルアントラセンの三重項エネルギーは，トリピリジンのそれより低く，Eu の励起最低項 $^5D_0$ (17250 cm^{-1}, 206 kJ mol^{-1}) より低いため，Eu^{3+} を励起することはない．反応によりメチルアントラセン部分の共役系が破れ三重項のエネルギーが上がるため，もはやトリピリジンの三重項との相互作用による消光機構は働かなくなり，蛍光が増大する．$^1O_2$ 以外の活性酸素種であるヒドロキシラジカル，スーパーオキサイ

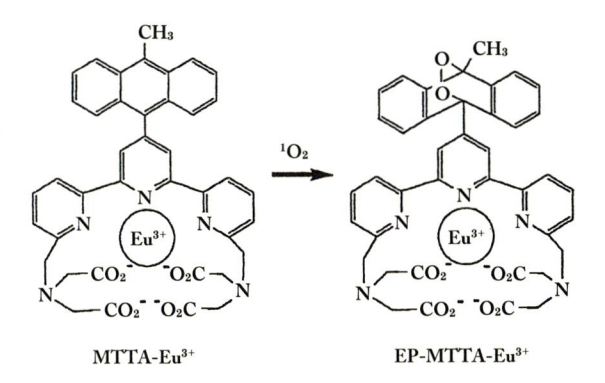

図 12.14 一重項酸素センサー機能を持つ Eu^{3+} 錯体[19]

表 12.2 一重項酸素検出試薬の発光特性[19]

錯体	$\lambda_{ex,max}$ (nm)	$\varepsilon_{335\,nm}$ (cm^{-1} mol^{-1} l^{-1})	$\lambda_{em,max}$ (nm)	ϕ (%)	τ (ms)
MTTA-Eu^{3+}	294, 335	18100	614	0.90	0.80
EP-MTTA-Eu^{3+}	294, 335	16400	614	13.8	1.29

データはすべて 0.05 mol l^{-1} ホウ酸，pH 9.1 中のもの．

ド，過酸化水素，パーオキシナイトライト（ONOO$^-$）なども，メチルアントラセンと反応して蛍光の増加を起こすが，その程度は $^1O_2$ より小さい（約1/4）ので，この反応は $^1O_2$ にかなり特異的である．しかし生体内には上記の複数の活性酸素種も共存するので，この程度の感度の差で生体内の $^1O_2$ のみを選択的に測定できるかどうかは注意が必要である．検量線より求められた $^1O_2$ の検出限界は 3.8 nmol l^{-1} である．この試薬は細胞内に取り込まれ，細胞内の $^1O_2$ の観測にも用いられた．

一方，Zn^{2+} センサーとしての機能を持つ錯体も報告されている．Zn^{2+} は，アルカリやアルカリ土類金属イオンを除けば，Fe^{2+} や Fe^{3+} に次いで多く生体内に存在する金属イオンである．人間の血清中には数十〜100 μmol l^{-1} のオーダーで存在する．酵素や遺伝子の翻訳に必要な蛋白質の重要な構成要素となっている．図 12.15 の Eu^{3+} 錯体が Zn^{2+} センサーとして合成された[20]．

この配位子の設計は，既に多くの発光性希土類錯体で用いられている安定なキレート配位子 DTPA（ジエチレントリアミン-N,N,N',N'',N''-五酢酸，構造は図 11.9 参照）と Zn^{2+} に選択的にキレートすることが知られている TPEN（N,N,N',N'-テトラキス（2-ピリジルメチル）エチレンジアミン）類似の構造を増感部位として組み合わせ，さらに蛍光顕微鏡で生きた細胞中の Zn^{2+} の観察に使用することを考えて，励起波長をピリジンより長くして生物への傷害を軽減するためにピリジンの一部をキノリンに変えて Eu^{3+} の増感剤として使うという考えからでき上がった．[Eu.11]$^-$ 錯体は DTPA 部分で Eu^{3+} 錯体となっている．Zn^{2+} が存在しないときは三級アミンの存在により蛍光収率は 0.9 %と低く，弱い蛍光錯体であるが 1 当量の Zn^{2+} を添加すると配位子の TPEN

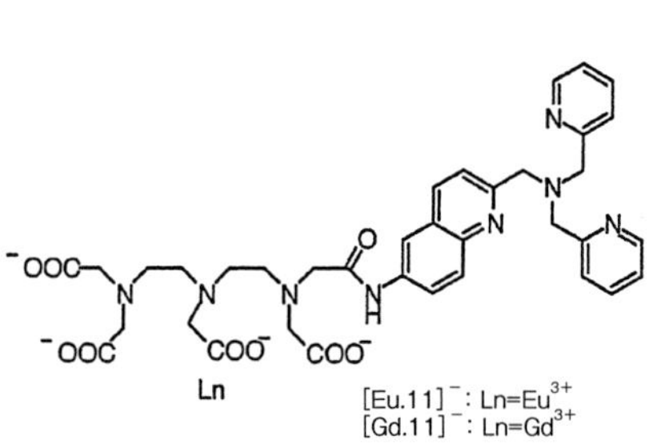

図 12.15 Zn^{2+} センサーとしての Eu^{3+} 錯体

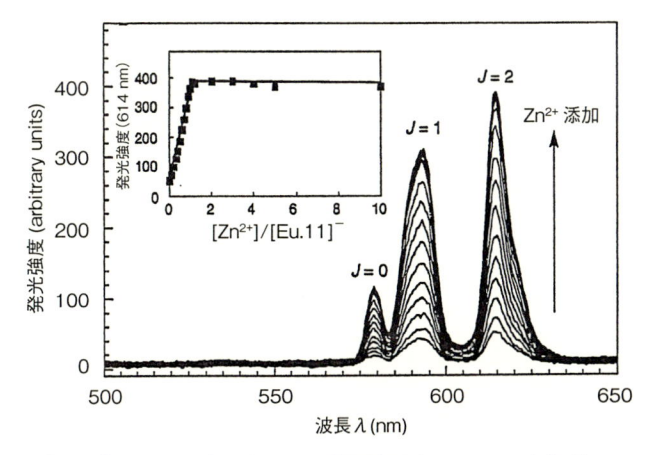

図 12.16 [Eu.11]$^-$ 錯体の Zn^{2+} 添加による時間分解発光スペクトル変化 (λ_{ex}=320 nm)[20]
[Eu.11]$^-$=50 μmol l^{-1}, pH 7.4(100 mmol l^{-1} HEPES), 22℃, 滴定曲線は λ=614 nm で測定.

類似の部分と 1:1 の錯体を作り (K_d=59 nmol l^{-1}), アミンによる消光が解けるので蛍光収率 7.4% の錯体となる. Zn^{2+} 添加による [Eu.11]$^-$ 錯体の発光スペクトル変化を図 12.16 に示した. また, [Eu.11]$^-$ 錯体および [Gd.11]$^-$ 錯体の物理化学的特性を表 12.3 に載せた[20]. 図 12.16 中の 614 nm の発光強度を用いた滴定曲線によると, 0〜1 当量の Zn^{2+} までは直線が得られるが, それ以上の当量では飽和してしまう. 実際の分析に用いることを考えるともう少しダイナミックレンジ (検量線の濃度に応じて変化する直線領域) が広い試薬が望まれる. 今後, 配位子の改良でより実用に適するものが生まれてこよう.

この錯体の三重項のエネルギーレベルがどのくらいであるのかは, Gd^{3+} 錯体の燐光を測定することにより知ることができる. Gd^{3+} 錯体は一般に Gd^{3+} の基底項と励起項のエネルギー差が大きいので, Eu^{3+} 錯体や Tb^{3+} 錯体のような希土類イオンに基づく発光はない. ただし, 77K のような低温にすると配位子の三重項に基づく燐光が観測される. [Gd.11]$^-$ 錯体では Zn^{2+} を配位しないときと配位したときの燐光は 20790 cm^{-1} と 20576 cm^{-1} であり, いずれも Eu^{3+} の励起項 $^5D_0$ (17250 cm^{-1}) に近い. 特に, Zn^{2+} が配位したときエネルギーが下がってより一層近くなる.

他の金属イオンに比べた Zn^{2+} に対する選択性はセンサーとして評価すると

表12.3 [Eu.11]$^-$ および[Gd.11]$^-$ の物理化学的特性[20]

(a) [Eu.11]$^-$

Zn^{2+}(mmol l^{-1})に対する見かけの K_d[a]	$\phi(\%)$[b]		τ_{H_2O}(ms)[c]		τ_{D_2O}(ms)[d]		q[e]	
	フリー	Zn^{2+}錯体	フリー	Zn^{2+}錯体	フリー	Zn^{2+}錯体	フリー	Zn^{2+}錯体
59	0.9	7.4	0.52	0.58	2.03	2.23	1.42	1.22

(b) [Gd.11]$^-$

三重項エネルギー (cm^{-1})[f]		r_1(mmol^{-1} l s^{-1})[g]	
フリー	Zn^{2+} 錯体	フリー	Zn^{2+} 錯体
20790	20576	6.05	5.81

[a] [Zn^{2+}] は Zn^{2+}/NTA(ニトリロ三酢酸)を用いてフリーの[Zn^{2+}]を398 nmol l^{-1} 以下にし,200 μmol l^{-1} 以上ではこのような調節をしなかった.
[b] 量子収率は [Ru(bpy)$_3$]Cl$_3$(ϕ=0.028 水中)を標準とし,100 mmol l^{-1} HEPES,pH 7.4,25°Cで求めた.
[c] 100 mmol l^{-1} HEPES,pH 7.4.
[d] D$_2$O 中 100 mmol l^{-1} HEPES,pD 7.4.
[e] 配位水の数.
[f] MeOH:EtOH=1:1,77K での値.
[g] 20 MHz,25°C,100 mmol l^{-1},pH 7.4 での緩和能.

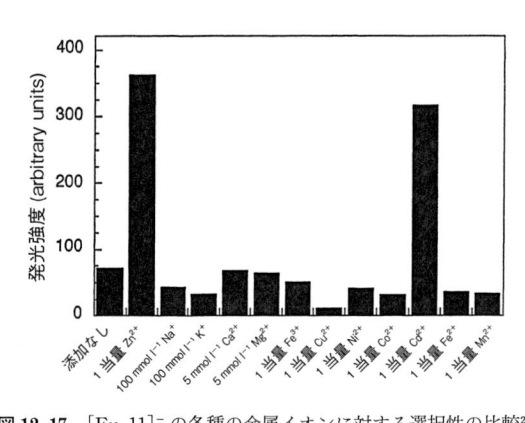

図12.17 [Eu.11]$^-$ の各種の金属イオンに対する選択性の比較[20]

きの重要な因子である.図12.17 からわかるように選択性はかなり高く,ただ Cd^{2+} のみが Zn^{2+} と同等の応答をするが,生体内では Cd^{2+} の濃度は低いので実際には問題にならない.

本錯体は pH 3.6〜8.8 の範囲で蛍光強度は一定であり,生きた細胞中に入

れて細胞中の Zn^{2+} の増減を蛍光顕微鏡で可逆的に観察できることが確かめられている．

　以上のほかにも，希土類錯体の発光を利用した過酸化水素，尿素，クエン酸，リンゴ酸など多くの中性分子およびアニオンのセンサーが報告されているが，生体試料のような複雑なマトリクス中では pH のみならず多くの物質によって複雑に発光強度が変化することが多く，測定対象分子だけに応じて発光強度が変化するような高い選択性は実現していないようである．

　図12.18の配位子 12 の Eu^{3+} および Tb^{3+} の錯体 $[Eu.12]^{3+}$ と $[Tb.12]^{3+}$ は，図12.19のように各種のアニオンと反応し，発光強度が変化する[21]．これらの配位子は希土類イオンと1:1錯体を作り，四座配位子であるにもかかわらず溶液中で安定である．各種のアニオンを添加すると発光強度が増大する．配位している溶媒分子をアニオンが置換するため，溶媒による消光作用が除去

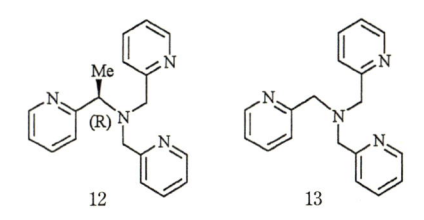

図 12.18　アニオンセンサー用配位子

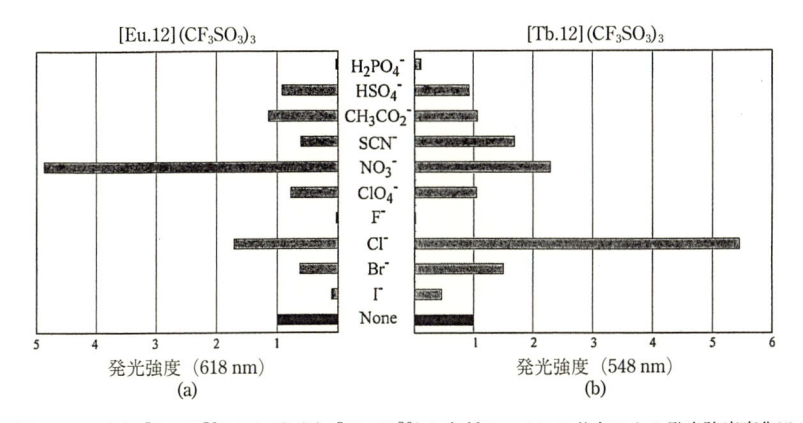

図 12.19　(a) $[Eu.12]^{3+}$ および (b) $[Tb.12]^{3+}$ と各種アニオンの共存による発光強度変化[21]

されて発光が強くなるものと考えられる．面白いことに，図12.18の12の配位子はキラルであり，その錯体のほうが13のアキラルな配位子の錯体よりセンサーとしての感度が優れているが，その理由についてははっきり述べられていない．おそらく構造的にキラル配位子のほうが安定な錯体を作るのであろう．

最後にもう一つ別のタイプの錯体を紹介しよう．図12.20のようなマイクロフルイディックデバイス（microfluidic device）の流路の内壁のシリカゲルに共有結合でTb^{3+}のマクロサイクル錯体部を持つシクロデキストリンをつける．あるいは流路中のゾル-ゲルフィルム中にTb^{3+}マクロサイクル/シクロデキストリンを入れる．このTb^{3+}マクロサイクル/シクロデキストリン錯体はそのままでは増感剤となる光吸収部分がないので発光は弱いが，流路を流れて

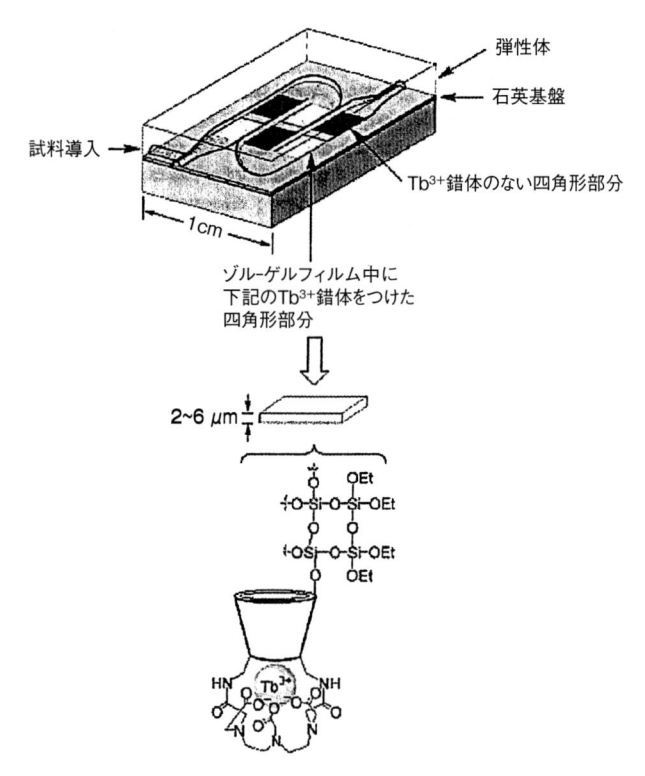

図12.20 マイクロフルイディックデバイスにおける希土類錯体の利用[22]

くる試料溶液中にビフェニルがあるとこれが選択的にシクロデキストリン環に取り込まれて Tb^{3+} に近づくため，光増感剤として機能し，273 nm の励起で Tb^{3+} の発光が増大する[22]．

12.2.3 円二色性によるキラリティーの検出

希土類錯体の円二色性（circular dichroism, CD）のスペクトルを用いて生体関連分子のキラリティーを検出するセンサーが開発されている．希土類錯体自身が光学活性でなくても，検出対象分子がキラルであり希土類イオンに配位することにより CD シグナルが検出されることを原理としている．この場合は前項までに述べてきたセンサーと異なり希土類錯体が蛍光性である必要はないから，Eu^{3+} や Tb^{3+} に限らず広く希土類イオンの錯体を用いることができるはずである．しかし実際には錯体の安定性などの違いにより元素による性能の違いが見られる．このようなセンサーとして用いられる錯体は，配位不飽和で自身の構造がキラルではないがそれに付加する測定対象の分子が不斉炭素を含むため，付加錯体が CD シグナルを示すようになる．これとは別にキラルな希土類錯体自身のキラリティーと CD の関係については総説があるので，それを参考にしていただきたい[23]．

蛍光性が必要でなければなぜキラリティーのセンサーに希土類錯体を用いるのかということになるが，それは希土類イオンの高い配位数（6～9）と配位溶媒分子の置換の容易さ，および配位数を増やしてキラルな配位子と付加錯体を生成したときに強い CD が誘起されるという理由による．特にトリス β-ジケトン錯体は 6.6 節や 11.1 節で述べたように多くの小分子と付加体（アダクト）を形成する．トリス β-ジケトン錯体はキラルではないが，測定対象の小分子がキラルである場合，その一方のエナンチオマーがトリス β-ジケトン錯体に付加して生成する錯体もキラルになり，しばしば強い CD が観測される．たとえば，図 12.21 のようなトリス（2,2,6,6-テトラメチル-3,5-ヘプタンジオナト）錯体は CD サイレント，つまり非光学活性であり，2 つのピリジンを付加することがわかっている．この種のトリス β-ジケトン錯体は多数存在するが希土類イオンのイオン半径により安定性が若干異なる．いずれもさらに 2 座を配位に用いてジケトン配位子を失うことなく付加錯体を作って安定化するが，

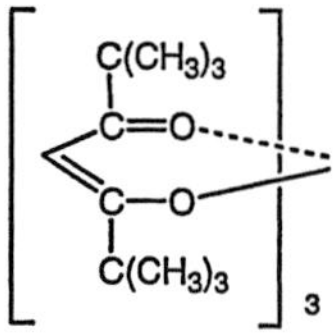

有効イオン半径（pm）	
Pr^{3+} = 113	Eu^{3+} = 107
Gd^{3+} = 105	Dy^{3+} = 103
Ho^{3+} = 102	Yb^{3+} = 99

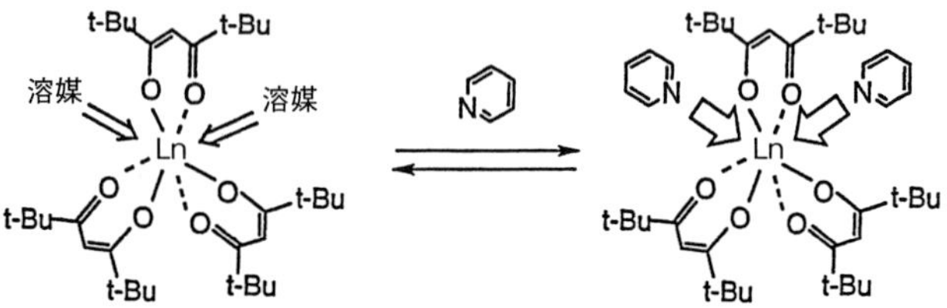

図 12.21　キラルセンサーとして用いられる β-ジケトン錯体のピリジン付加反応[24]

　その付加体の安定性が希土類イオンにより異なるので，付加対象分子により希土類イオンを選んで安定性を最適に調節することができる．このような付加体生成の性質を利用して図 12.21 中の錯体（Ln＝Pr）に非極性溶媒中でキラルな 1,2-ジオールを反応させると，配位子の吸収波長で分裂したコットン効果（Cotton effect）が見られる[24]．この CD スペクトルの符号は付加した配位子の絶対配置に関連づけられるので，ジオール類の絶対配置が検出できる．この方法に基づいていくつかの有機天然物の絶対配置が決められた．

　図 12.22（a）に示したアキラルな β-ジケトン配位子のトリス錯体は，キラルなアミノアルコールのセンサーとして次のように機能する．対象となるアミノアルコールは有機化学の不斉合成における有用なビルディングブロックであり，また酵素エタノールアミンアンモニアリアーゼの基質である．

　付加体生成前のトリス β-ジケトン錯体も基質のアミノアルコールも 250 nm 以上の波長で CD サイレントであるが，付加体は 300 nm 付近に誘起 CD（induced CD）のシグナルを示す．図 12.22（a）の Eu^{3+} 錯体は，（R)- および（S)-2-アミノ-1-プロパノールと錯体を生成すると CD スペクトルを示す（図 12.23）．R 体と S 体とでは符号が逆で対照的な CD スペクトルである．一方，図 12.23 に示されているように，キラルなモノアミン，モノアルコール，ジオ

12.2 センサー機能を持つ希土類蛍光錯体

図12.22 トリス β-ジケトン希土類錯体 (a)～(c) と参照プローブとして用いる Cu^{2+} 錯体 (d)[24,25]

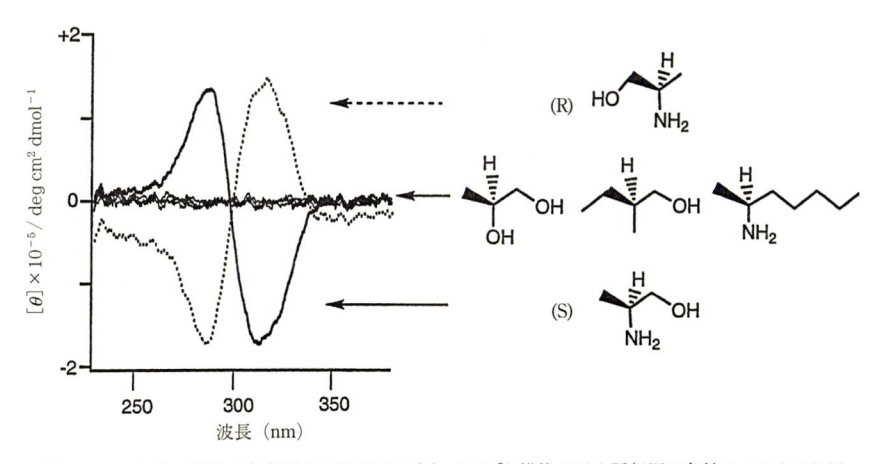

図12.23 キラル基質の存在下での図12.22(a)の Eu^{3+} 錯体の示す誘起円二色性スペクトル[24,25]

ール類では CD のスペクトルは誘起されない[24,25]．これらの配位子の Eu^{3+} トリス β-ジケトン錯体との付加体の安定性はアミノアルコールのそれより低いことが CD シグナルが出ない理由かもしれない．

図12.24でわかるように，アミノアルコールの二座配位のモードを考えると，S体では反時計回りが時計回りより立体的理由によりエネルギー的に安定

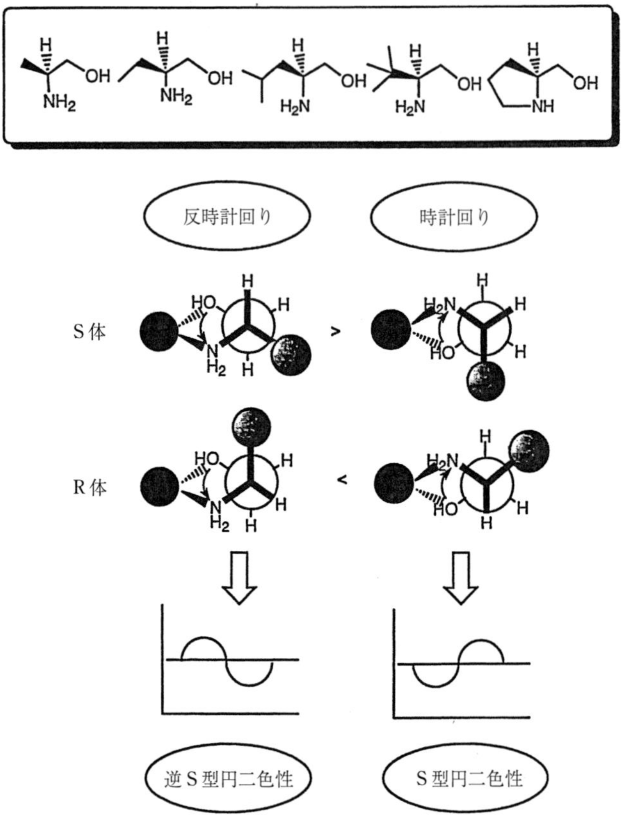

図 12.24 キラルなアミノアルコールの誘起する円二色性の型[24,25]

になり, R体では時計回りが安定になっている. S体では逆S型CDが, R体ではS型CDが観測されている. その他多くのキラルなアミノアルコールが同様にキラリティーに依存したCDを示しており, これらはその二座配位モードを考えることによりCDから絶対配置が決定できる. なぜ300 nm付近にCDが誘起されるのかということであるが, このようなアミノアルコールの二座配位により3個のトリス β-ジケトン配位子の配位構造に歪みが生じてこの希土類イオンを中心とする色素中心の構造に不斉が誘起されるためと考えられる.

アミノアルコールのこのような三元錯体の安定性は $Pr^{3+} < Eu^{3+} < Gd^{3+} <$

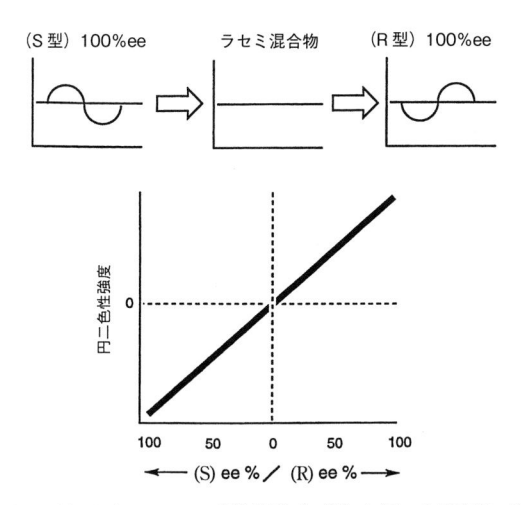

図 12.25 アミノアルコールの光学純度（ee%）と円二色性強度の関係[24]

$Dy^{3+} > Ho^{3+} > Yb^{3+}$ の順であり，イオン半径は $Pr^{3+} > Eu^{3+} > Gd^{3+} > Dy^{3+} > Ho^{3+} > Yb^{3+}$ の順である．イオン半径の小さいイオンがアミノアルコールとより安定な錯体を作るであろうと考えられるが，あまり小さいと配位子同士の反発が増大するため，錯体の安定性は上記のように途中で逆転する．

図 12.22（a）に示したトリス β-ジケトン錯体（Ln＝Yb）を用いて μg 量のアミノアルコールの光学純度（ee%）を決定することもできる．同図の錯体をアミノアルコールのメタノール/ジクロロメタン溶液に溶かすとその CD はエナンチオマーの割合に応じて図 12.25 のように直線的に変化するので，光学純度が決定できる．

CD を検出法とするセンサーで高感度に特定の標的物質を測定するためには，錯体の配位子がなるべく強く光を吸収する色素であることが望ましい．希土類元素のポルフィリン錯体は配位子のデザインにより標的物質に対する特異性を持たせることができ，また CD 応答性が高いため高感度のセンサーとなりうる．図 12.26 のガドリニウム meso-テトラフェニルポルフィリン錯体 ［Gd.14］は中性の水溶液からツヴィッターイオン型のアミノ酸を有機溶媒中に抽出し高感度のセンサーとして働く．同型のマグネシウム錯体ではこのような効率のよい抽出はできない．このガドリニウムポルフィリンは標的分子と

図 12.26 希土類元素のポルフィリン錯体の構造[26)]

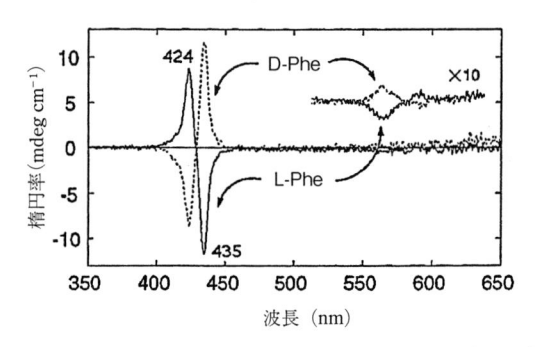

図 12.27 ガドリニウム meso-テトラフェニルポルフィリン錯体 [Gd.14] を用いる L- および D- フェニルアラニン (Phe) による誘起円二色性[26)]

1:1 錯体を生成しソーレー帯 (Soret band) 領域に強い誘起 CD を示し，その符号は配位したアミノ酸のキラリティーにより決まる．16 種の L-アミノ酸は逆 S 型の CD を誘起する．対応する D-アミノ酸は S 型のシグナルを誘起する．

図 12.27 に示したのは L- および D-フェニルアラニン (Phe) を配位したときの CD である．フリーの L-Phe および D-Phe の CD に比べて配位すると感

度で100倍になりスペクトルがブルーシフトする．アミノ酸に対する感度は中心の希土類イオンの種類に強く依存し，$Gd^{3+} > Er^{3+} > Yb^{3+}$ の順である．ポルフィリン錯体は，希土類イオンが図12.26で見られるようにポルフィリン環平面から大きくずれて配位している．ポルフィリン部分を修飾すると抽出効率や感度が大きく変化するため，配位子の周辺の込み具合が色素中心の配位子であるポルフィリンにキラリティーを誘起するものと考えられる[26]．

引 用 文 献

1) E. Tóth, L. Burani and A. E. Merbach, *Coord. Chem. Rev.*, **216**, 363 (2001).
2) D. Parker, P. K. Senanayake and J. A. G. Williams, *J. Chem. Soc., Perkin Trans.*, **2**, 2129 (1998).
3) I. M. Clarkson, A. Beeby, J. I. Bruce, L. J. Govenlock, M. P. Lowe, C. E. Mathieu, D. Parker and K. Senanayake, *New J. Chem.*, **24**, 377 (2000).
4) D. Parker and J. A. G. Williams, *Chem. Commun.*, 245 (1998).
5) C. M. Ruszinkski, D. S. Engebretson, W. K. Hortmann and D. G. Nocera, *J. Phys. Chem.*, **102**, 7442 (1998).
6) P. J. Skinner, A. Beeby, R. S. Dickins, D. Parker, S. Aime and M. Botta, *J. Chem. Soc., Perkin Trans.*, **2**, 1329 (2000).
7) A. Beeby, S. Faulkner, D. Parker and J. A. G. Williams, *J. Chem. Soc., Perkin Trans.*, **2**, 1268 (2001).
8) R. M. Supkowski, J. P. Bolander, W. D. Smith, L. E. L. Reynolds and W. de W. Horrocks, *Coord. Chem. Rev.*, **185-186**, 307 (1999).
9) J. I. Bruce, R. S. Dickins, L. J. Govenlock, T. Gunnlaugsson, S. Lopinski, M. P. Lowe, D. Parker, R. D. Peacock, J. J. B. Perry, S. Aime and M. Botta, *J. Am. Chem. Soc.*, **122**, 9674 (2000).
10) K. Kimpe, W. D'Olieslager, C. Gorlier-Walrand, A. Figuerinha, Z. Kovacs and C. F. G. C. Geraldes, *J. Alloys Compounds*, **323**, 828 (2001).
11) G. Bobba, S. D. Kean, D. Parker, A. Beeby and G. Baker *J. Chem. Soc., Perkin Trans.*, **2**, 1738 (2001).
12) M. P. Lowe, D. Parker, O. Reany, S. Aime, M. Botta, G. Castellano, E. Gianolio and R. Pagliarin, *J. Am. Chem. Soc.*, **123**, 7601 (2001).
13) M. A. Kessler, *Anal. Chem.*, **71**, 1738 (2001).
14) G. Bobba, J.-C. Frias and D. Parker, *Chem. Commun.*, **890** (2002).
15) J. I. Bruce, D. Parker and D. J. Topzer, *Chem. Commun.*, **2250** (2001).
16) D. Parker, K. Senanayake and J. A. G. Williams, *Chem. Commun.*, **1777** (1997).
17) R. Pal and D. Parker, *Chem. Commun.*, **474** (2007).
18) Y. Bretonniere, M. J. Cann, D. Parker and R. Slater, *Org. Biomol. Chem.*, **2**,

1624 (2004).
19) B. Song, G. Wang, M. Tan and J. Yuan, *J. Am. Chem. Soc.*, **128**, 13442 (2006).
20) K. Hanaoka, K. Kikuchi, H. Kojima, Y. Urano and T. Nagano, *J. Am. Chem. Soc.*, **126**, 12470 (2004).
21) T. Yamada, S. Shinoda and H. Tsukube, *Chem. Commun.*, **1218** (2002).
22) C. M. Rudizinski, A. M. Young and D. G. Nocera, *J. Am. Chem. Soc.*, **124**, 1723 (2002).
23) D. Parker, R. S. Dickins, H. Puschmann, C. Crossland and J. A. K. Howard, *Chem. Rev.*, **102**, 1977 (2002).
24) H. Tsukube, S. Shinoda and H. Tamiaki, *Coord. Chem. Rev.*, **226**, 227 (2002).
25) H. Tsukube, M. Hosokubo, M. Wada, S. Shinoda and H. Tamiaki, *Inorg. Chem.*, **40**, 740 (2001).
26) H. Tsukube and S. Shinoda, *Chem. Rev.*, **102**, 2389 (2002).

13
生命科学と希土類元素

　生命科学と希土類元素とは一見関係がないようであるが，希土類元素が医学や診断において MRI 用の診断薬や免疫分析用の蛍光ラベル剤として実用化されていることは意外に知られていない．これらはこれまで述べてきた希土類元素に特異な科学的性質を利用している．本章では，希土類元素と生命科学やバイオテクノロジーの関係と応用について述べていこう．

13.1　生体における希土類元素の分布・代謝・毒性

　希土類イオンは生体内で Ca^{2+} に一部置換して Ca^{2+} と同型の蛋白質などの生体高分子として存在することが知られている．化学的性質が生体に比較的多量に存在する Ca^{2+} と似ているということは，希土類イオンが生体内にとどまる機構の一つになる．また，この希土類イオンの性質は生体での Ca^{2+} 結合様式を研究するのに広く使われている．Ca^{2+} は分光学的にサイレントな元素である．つまり，分光学的手法で Ca^{2+} 蛋白質などを調べたくても吸収スペクトルや ESR などのスペクトルにおいて Ca^{2+} は特異なシグナルを出さない．これに対して希土類イオンで置換してやれば，分光測定の対象になりうる．そのため多くの希土類イオン置換蛋白質が研究対象とされてきた．3+ の希土類イオン（Ln^{3+}）と Ca^{2+} の類似点はイオン半径，親和性の高い配位元素（ドナー元素）の種類が同一であること，配位構造，類似の配位水交換速度，同様に高いイオン結合性などである．Ln^{3+} は Ca^{2+} と高い選択性で置換するが，そのほかにも Mg^{2+}，Fe^{2+}，Fe^{3+}，Mn^{2+} などと置換することが知られている．これらの置換反応が生体中で起これば場合によっては希土類イオンの蓄積や毒性につながることが予想される．本節では，希土類元素の化学的性質が毒性や蓄積性などの形で生体にどのように影響するか，また体内挙動にどのように影響する

かを簡単にまとめた．この分野の総説を章末にあげたので，詳細はそちらを参考にしていただきたい[1~4]．

ラットを用いる希土類元素の研究では，希土類イオンを注射したときのクリアランスの速度（体外排出速度）は，原子番号が大きくなるほど減少する．より塩基性でイオン半径の大きい Ln^{3+} は肝臓に蓄積し，酸性でイオン半径の小さい希土類イオンは主として骨に蓄積する．柔らかい組織中では，希土類イオンは主として約 10 kDa のムコポリサッカライドとともに存在する．哺乳類の細胞の X 線マイクロアナライザーによる分析では，セリウム（Ce），ガドリニウム（Gd），ランタン（La），ツリウム（Tm），サマリウム（Sm）などがリン（P）とともにリソソーム（細胞内の組織の一種）に存在している．この P は核酸やその他の高分子の構成成分として，あるいはフリーの状態で存在するリン酸イオンであると考えられる．希土類イオンはリン酸の酸素原子との親和性が高く，安定な配位化合物を生成する．このようなリン酸イオンと希土類イオンとの会合は，ハードな配位子とハードな金属イオンの結びつきであるため，安定であることは容易に予想されることである．

希土類イオンの血清蛋白質との会合を調べる実験では，希土類のクエン酸塩を血管に注射すると希土類イオンは圧倒的に血清アルブミンに結合する．その際，次式に対応する会合定数 $\log K_{pr}$ は，イオン半径の大きい Ce^{3+} の 4.90 から小さい Yb^{3+} の 9.54 まで約 5 桁も変化する．

$$Ln^{3+} + \text{protein} \rightleftarrows Ln^{3+}\text{-protein} \tag{13.1}$$

コンピューターによるモデル計算では，10^{-5} mol l^{-1} 以下の濃度では Ln^{3+} はトランスフェリン（鉄輸送蛋白質）と錯体を生成していると予想される．また，それ以上の濃度ではクエン酸錯体になっているであろうと考えられている．ランタニドとアクチニドのトランスフェリンとの相互作用を調べた実験では，トランスフェリンとの錯生成に伴う安定度定数は，6.09（Nd^{3+}），7.13（Sm^{3+}），6.83（Gd^{3+}），6.3（Am^{3+}）6.5（Cm^{3+}）となっている．しかし，おそらく生体中ではトランスフェリンと結合している Ln^{3+} は 20%程度であり，残りの一部は炭酸錯体になっていると考えられている．血中ではこのほかに水酸化物のコロイドやリン酸塩として希土類イオンが存在すると報告されている．また，YCl_3 は静脈に注射すると血中半減期約 2 時間でなくなり，コロイ

ド状の化学種として排出されると報告されている。しかし，Y^{3+} の EDTA（エチレンジアミン-N,N,N'-N'-四酢酸）錯体を用いた場合は，半減期は 10 分以下に縮小される。この大きな差の化学的理由については十分わかっていない。

希土類イオンの排出機構については，尿，胆汁，胃腸壁などによるものが指摘されている。$TbCl_3$ の腹腔内投与により，7 日間の糞便への排泄は 1.7～12.5 %，尿へは 0.14～0.3％との報告がある。$EuCl_3$ の腹腔内投与では，1～2 日で血漿中の 60～80％の Eu^{3+} は排除される。また，体全体での保持は 2 つのエクスポネンシャル減衰曲線により記述される。一つは半減期 4.4 日の成分で，もう一つは 3.5 年である。骨での保持は長く，希土類イオンはゆっくりと可溶化され，2.7 年の半減期を持つ。

希土類イオンは地殻中で貴金属類などに比べて特別に濃度が低いわけではないが（3.1 節参照），食物を通した希土類イオンの人間への移行は遅く，ヒトの体内での濃度は低い。希土類イオンの職業病のような高濃度被曝の例は，戦前の映画投影機用のアークランプ（炭素電極に希土類を混ぜて輝度を上げていた）の製作や投影関係者に希土類酸化物粒子の吸入による肺への蓄積例が報告されているが，そのほかにはあまりない。土壌から植物への移行も遅いことが知られており，土壌と植物における希土類イオンの濃度比（植物の単位乾燥重量中の質量／乾燥土壌単位重量中の質量）は典型的な例で，0.8×10^{-3} と報告されている。Ln^{3+} が植物に吸収されにくいことは以前から知られており，比較的 Ln^{3+} 濃度の高い地域での野菜と土壌との濃度比（$\times 10^{-4}$）は，22.5（La^{3+}），16.8（Nd^{3+}），9.0（Ce^{3+}）である。このような低い野菜類の吸収率と腸管を通した低い吸収率（La^{3+} で 10^{-3}）のためにヒトの体内における濃度は低い。表 13.1 に，ヒトの各種の組織や体液中の希土類元素濃度をまとめた。また，血清中の濃度については，ICP 質量分析（ICP-MS：5.3 節参照）による測定結果を表 13.2 に示した。これらの報告値で年代の古いものは測定法の感度が十分高くなく，また試料のコンタミネーション（汚染）を防ぐ前処理方法などが十分に確立していなかった時代のものがあるので，相当の誤差が入っているものがある。値の取り扱いと解釈には十分注意が必要である。

X 線マイクロアナライザーと二次イオン質量分析計による分析では，筋肉中で La^{3+} は高濃度のリン酸を含む粒子と会合している。主としてリン酸塩と

表13.1 ヒト組織中の希土類元素の質量分率の平均

元素	全血[a]	血漿[a]	血清[a]	肺[a]	骨[a]	脳[a]	心臓[a]
La		<0.006	<0.006	0.01	0.2	0.001〜0.036	0.0012
Ce	<0.002			0.05			
Nd	<0.001	<0.002	<0.03	0.0062			
Sm	0.008	<0.002	<0.07	0.003			0.006
Eu	<0.004	<0.004	<0.2	0.001			
Gd	<0.0086	<0.002	<0.1	0.02			
Tb		<0.0006	<0.09				
Dy	<0.008	<0.002	<0.1	0.002			
Ho	<0.002	<0.002	<0.2	0.001			
Er	<0.008	<0.006	<0.03	0.002			
Tm	<0.002	<0.0006	<0.1				
Yb	<0.006	<0.002	<0.1				

[a] 値は文献5)より，[b] 値は文献6)より．

して存在する限り，生体内で食物を通して摂取された後に体内で広く移行することは考えられない．ヒトの摂取量は，スウェーデンの食事でCeが0.016〜0.24 mg d^{-1}，Laが0.006 mg d^{-1}と報告されている．一方，尿からのLaの排泄は，0.0015〜0.036 mg d^{-1}，あるいは0.00028〜0.0009 mg d^{-1}などの報告がある．

インドおよびその他の土壌中のCeの濃度が高い亜熱帯地方の貧しい人たちの間に見られる心筋の繊維症（endomyocardial fibrosis, EMF）は，これらの地方でとられた炭化水素を主成分とする植物を材料とした食事が原因と考えられている．これらの地方では野菜中のCeの濃度が高く，ヤムイモで467 mg g^{-1}，タピオカで466 mg g^{-1}，タロイモで173 ng g^{-1}である．この病気にはCeの過剰摂取とともにマグネシウム（Mg）の不足が関係しているといわれる．

一方，CeCl$_3$を1.3 mg kg^{-1}ラットに静脈注射する実験では，蛋白質合成が亢進することがわかった．これを裏づけるように in vitro で心臓の繊維芽細胞を低濃度のCeCl$_3$とともに培養すると，コラーゲンの合成が亢進した．また，別の実験でマグネシウム不足と不足でないラビットにそれぞれCeCl$_3$を添加した飲料水を飲ませたところ，マグネシウム不足のラビットに人間のEMFと同様の心臓損傷が見られた．また，EMF患者の血清中のCeは21.45 ± 5.09 ng ml^{-1}であるのに対して，コントロールでは7.64±8.12 ng ml^{-1}という報告もある．

値（×10⁻⁶, ppm）あるいは質量濃度（mg l⁻¹）[1]

肝臓[a]	卵巣[a]	皮膚[a]	尿 24 h(μg)[a]	リンパ節[b]	脳脊髄液[b]
0.08	0.002	0.072	0.28〜71	61.4 ± 8.8	0.1 ±0.06
0.08	0.006		36	158.3 ±58	1.6 ±0.08
				51 ±10.4	1.3 ±0.2
		0.07		9.5 ± 3.5	0.054±3.5
				61.4 ± 8.8	<0.24
			1.6±0.6	0.034± 0.03	
				5.7 ± 2.4	0.015±0.05

表 13.2 ヒト血清中の希土類元素濃度の測定値[7]

元素	濃度（ppt）[a]					平均値 (ppt)[b]	RSD (%)[c]
	A	B	C	D	E		
La	73.2	58.6	66.8	56.0	59.0	62.7 ±7.1	11.4
Ce	235	187	235	195	216	214 ±22	10.4
Pr	13.5	10.0	11.4	9.6	10.9	11.1 ±1.5	13.9
Nd	39.8	31.6	35.4	28.4	33.5	33.7 ±4.2	12.6
Sm	7.4	4.6	6.2	5.1	5.5	5.8 ±1.1	18.8
Eu	1.08	0.67	0.99	0.66	0.72	0.82±0.19	23.6
Gd	8.6	6.0	7.0	5.8	8.7	7.2 ±1.4	19.0
Tb	1.64	1.11	1.15	1.23	1.43	1.30±0.22	17.2
Dy	11.2	8.9	8.8	8.8	10.3	9.6 ±1.1	11.2
Ho	3.44	2.20	2.15	2.34	2.83	2.55±0.54	21.1
Er	12.4	8.3	7.8	8.7	10.3	9.5 ±1.9	19.9
Tm	2.34	1.35	1.45	1.67	1.86	1.69±0.42	24.9
Yb	17.8	11.3	10.4	11.4	15.4	13.2 ±3.2	24.1
Lu	3.11	2.15	1.92	2.15	3.11	2.46±0.58	23.7

[a] A〜Eの5人の個人データ，[b] A〜Eの5人のデータの平均値，[c] relative standard deviation（相対標準偏差）．

希土類で現在最も広く医学分野で応用されているのは，MRIで使用されるGd^{3+}錯体であろう．これはGd^{3+}を安定なキレートにして静脈注射してMRIの画像を測定する．Gd^{3+}はそのままの水和イオンでは人間に毒性が強く，中性では水酸化物として沈殿する．多価キレート配位子のDTPA（ジエチレントリアミン-N,N,N',N'',N''-五酢酸）やその誘導体の錯体とすると毒性と沈

殿を防げて水溶性が高いので，最高 5 mmol kg^{-1} までの濃度で MRI に使用されている．ちなみにこれらの錯体は静脈注射で投与されるので，高い水溶性が要求される．DTPA 以外にも第 11 章で紹介した多価キレートはいずれも水溶性が高く錯生成定数が大きくて錯体が安定であり，MRI コントラスト試薬として効果がある．DTPA-Gd^{3+} 錯体は体内で細胞間の体液中に存在し，細胞膜を透過せずに腎臓から尿として排泄される．クリアランスの半減期は 90 分である．脳の腫瘍は脳関門のない毛細血管で栄養補給されているので，Gd^{3+} 錯体は脳の腫瘍の MRI にも適用できる．腫瘍の毛細血管は比較的透過性が高いので，Gd^{3+} 錯体は腫瘍組織に選択的に受動拡散して，画像として検出される．現在，MRI で Gd^{3+} 錯体は広く使用されているので，ドイツの病院では年間 484〜1160 kg の Gd^{3+} が放出される．これらの錯体のヒトへの毒性は低いと評価されている．もちろん，このような錯体を 1 回以上投与することはまれであることも低毒性につながる．毒性の指標として一般的毒性および雌のラットの生殖への影響とその胎児の発達などにおける毒性の指標である NOAEL (no observed adverse effect level) は 2 mmol kg^{-1} d^{-1} であり，Ames テストによる変異原性はない．

13.2　人工加水分解酵素としての希土類錯体

　フラスコ中でのペプチド結合の人工的切断は，生体中のような中性の条件では通常簡単に起こらない．ましてやこれを人工的な環境の水溶液中で触媒的に行わせるのは簡単ではない．たとえば，グリシン-グリシン (Gly-Gly) のペプチド結合は中性水溶液中 25°C では半減期 350 年といわれる．一方，生体中には多くの蛋白質加水分解酵素があり，その触媒反応は生理的条件下で極めて高効率である．合成化合物を触媒として生理的条件下でペプチド結合の切断を触媒的に高効率で行うことができれば，蛋白質から特定のアミノ酸やペプチド残基を効率よく取り出すことができ，今日のバイオテクノロジーで多くの応用用途があると思われる．このような背景から，人工ペプチダーゼともいうべき合成触媒の開発が試みられてきた．初期には EDTA-Fe^{2+} 錯体，エチレンジアミン-Pd^{2+} 錯体，トリアザシクロノナン-Cu^{2+} 錯体などが温和な条件でペプチドを加水分解すると報告されている．

1990年代はじめまで，核酸のリン酸ジエステル結合や蛋白質のペプチド結合を温和な条件下で触媒的に加水分解する合成触媒はなかった．既にその当時，バイオテクノロジーの発達によりこのような人工酵素というべきものの重要性が認識され研究されていたが，なかなか実現していない．特定のアミノ酸配列や核酸の塩基配列を認識してその部位だけを加水分解できれば，特定の遺伝子をベクターに組み込んだり，特定のペプチドを薬剤として開発したりする際に酵素のように使用でき，しかも天然の酵素にはないようなアミノ酸配列や塩基配列を認識して分解する人工酵素ができるかもしれないという大きな期待があった．希土類イオンはその高い陽電荷，高い配位数，生体構成成分に多いカルボキシル基やリン酸基などのハードな配位子への高い親和性などを持つため，イオンそのものあるいはある種の希土類錯体が，蛋白質や核酸の加水分解反応を効率よく行うことが1990年代前半に見出された．以下にその概要を述べよう．

13.2.1 ペプチドの触媒的加水分解反応

pH 7.0で$Ce(NH_4)_2(NO_3)_6$はジペプチドのペプチド結合の加水分解を触媒する．たとえば，pH 7.0で10 mmol l^{-1}のCe^{4+}の存在下でグリシン-フェニルアラニン（Gly-Phe）を加水分解する．$[Gly-Phe]_0 \gg [Ce^{4+}]_0$の条件下（下つきの0は初濃度を表す）で擬一次の速度定数は50℃で$3.5 \times 10^{-1} h^{-1}$であり，30℃では$4.7 \times 10^{-2} h^{-1}$である．この際，ジペプチドの半減期は50℃では2 h，30℃では15 hである．Ce^{4+}は強い酸化剤であるが，この反応の際に酸化的解裂反応は起こらず，一部ジペプチドの環化反応が起こるが（図13.2），加水分解反応は基質に対して100%近く起こる．反応の前後でCe^{4+}の濃度はほとんど変化しておらず，触媒が効率よく再生されていることがわかる．注目すべきは希土類イオンの中でCe^{4+}のみが飛び抜けて高い触媒活性を持つことである（図13.1）．

この反応の際，副反応として一部，図13.2に示すような環化反応が起こるが，これは加水分解反応よりはるかに遅く進行し，Ce^{4+}が存在するときとしないときで反応速度に変化はない．

Ce^{4+}は優れた触媒作用を示すが，pH 7.0付近で水酸化物によるゲルを生成

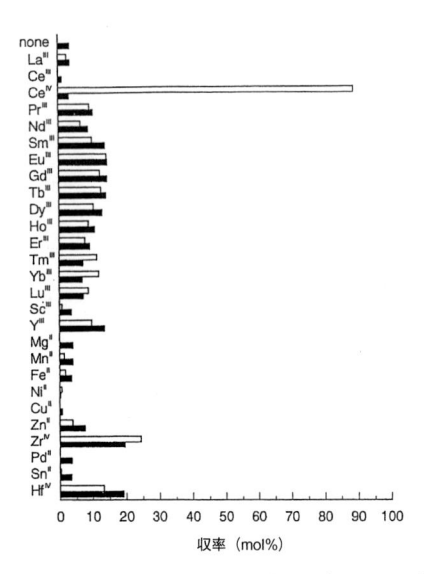

図 13.1 種々の金属イオンの Gly-Phe の加水分解における触媒能力[8]
白いバーは 24 h 反応後の加水分解産物の収率．黒いバーは環化生成物の収率．反応は pH 4.0, 80°C, $[\text{Gly-Phe}]_0 = [\text{金属塩}]_0 = 10$ mmol l^{-1} で行った．

図 13.2 Gly-Phe の加水分解と cyclo(-Gly-Phe-)（シクロ-(-Gly-Phe-)）への環化反応[8]

し，不溶になる．均一系で触媒反応を行うために Ce^{4+} を環状の多糖類であるシクロデキストリン錯体とすると均一溶液となり，かつ高い触媒活性を維持できることがわかった．たとえば，$[\text{Ce}(\text{NH}_4)_2(\text{NO}_3)_6]_0 = 10$ mmol l^{-1} で γ-シクロデキストリンを 50 mmol l^{-1} とする pH 8.0, 60°C の溶液では 24 h の反応で約 40% の Gly-Phe が加水分解される[8]．

Gly-Phe 以外にも多様なジペプチドを同等の速度で加水分解する．また，トリペプチドおよびテトラペプチドもほぼ同等に加水分解される．トリペプチド Gly-Gly-Phe では，反応の初期には N 末端に近いアミド結合が主として切断され，Gly と Gly-Phe が主成分として生成する．N 末端側と C 末端側のアミド結合の加水分解速度はそれぞれ $1.7\times10^{-1}\,h^{-1}$，$0.2\times10^{-1}\,h^{-1}$ である．同様にトリペプチド Phe-Gly-Gly でも N 末端側の切断が優勢である．

このように，Ce^{4+} によるジペプチドの加水分解は，アミノ酸配列などによらず広く高効率で起こるが，末端のアミノ基やカルボキシル基を化学修飾すると反応が起こらなくなる．たとえば，Gly-Phe の末端アミノ基を修飾した N-(CBZ)-Gly-Phe（CBZ-Gly-Phe）（CBZ はカルボベンジルオキシ（carbobenzyloxy））では Ce^{4+} により加水分解反応は促進されない．C 末端をアミノ化した Gly-Phe-NH_2 や CBZ-Gly-Phe-NH_2 も反応は促進されない．一方，アスパラギン-フェニルアラニン（Asp-Phe）の C 末端をアミノ化した Asp-Phe-NH_2 では，C 末端のカルボキシル基が保護されているにもかかわらず，加水分解反応が促進される．この際の加水分解反応はカルボキシル基が保護されていない Asp-Phe よりも速い．これはおそらく Asp の側鎖のカルボキシル基が C 末端のカルボキシル基の役割を果たしているものと思われる．これらのことから，触媒反応にはジペプチド部分の両端に位置するアミノ基とカルボキシル基が必要なこと，さらにペプチド中の末端アミノ基と 1 つの酸性アミノ酸の側鎖のカルボキシル基でもよいことなどが推察される．これらの事実は，反応機構を考える上で重要な示唆を与えている[9]．

ペプチドの加水分解を促進する触媒作用は，Ce^{4+} のほかにもはるかに弱いながら図 13.1 に示したような金属イオンが示す．興味深いことに酸化数が 1 つ下の Ce^{3+} は全く触媒作用を持たない．また，さらに興味深いことに Ce^{4+} は加水分解反応のみを触媒し，環化反応には全く影響しないのに対し，Zr^{4+}，Hf^{4+}，Y^{3+}，Eu^{3+} は加水分解反応と環化反応を同等に触媒する．イオンによっては環化反応のほうが速い場合もある．

Gly-Phe の加水分解反応速度は，基質の濃度を一定にしておくと $[Ce(NH_4)_2(NO_3)_6]_0$ の値の上昇とともに単純に増加していく．別途求めた Ce^{4+} と Gly-Phe の安定度定数は pH 7.0 で $2.1\,mol^{-1}\,l$ である．この値はさし

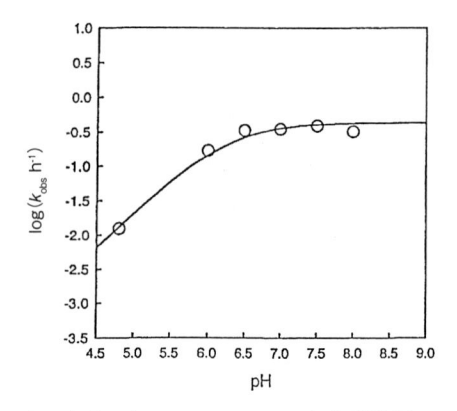

図 13.3 $Ce(NH_4)_2(NO_3)_6$ による Gly-Phe の加水分解反応の pH 依存性[9] 白丸は実験値. 実線は $pK_a=6.2$ の塩基が 50°C, $[Gly\text{-}Phe]_0=[Ce(NH_4)_2(NO_3)_6]_0=10$ mmol l^{-1} で反応を制御しているときの計算値.

て高いものではなく,基質と Ce^{4+} がいずれも 10 mmol l^{-1} の条件では存在する Ce^{4+} のジペプチド錯体の割合は 2% にすぎない.このような状況から,この錯体はその後の加水分解につながる反応性が高いことがうかがわれる.

他の多くの遷移金属錯体によるペプチドの加水分解反応は酸性側でのみ起こるのに対し,Ce^{4+} によるペプチド加水分解反応は生理的条件である pH 7.0 付近で起こることが特徴である.一般に pH が 7.0 以上になるとペプチド結合の N-H が脱プロトンし,加水分解は起こりにくくなる.しかし,Ce^{4+} の反応系では pH が 7.0 以上になっても脱プロトンが起こりにくい仕組みが働いているため,中性の条件で加水分解が起こるものと考えられる.実験と理論的計算によると,Ce^{4+} の反応では酸解離定数 $pK_a=6.2$ の塩基が反応を制御していることがわかる(図 13.3).

以上の事実から反応のメカニズムを考えると,まず図 13.4 の左側のようなペプチド錯体ができる.この錯体において真ん中のアミド結合のカルボニルの酸素は Ce^{4+} に配位しており,水酸基がこのカルボニルの炭素を攻撃する.Ce^{4+} はハードな金属であるのでアミド結合の窒素よりは酸素に配位するということが反応のポイントである.もし,窒素が金属に配位していればアミド窒素の N-H は脱プロトンしやすくなり,加水分解が起こりにくくなるであろう.アミド結合の C-N が切れた後の窒素原子には Ce^{4+} に配位していた水の

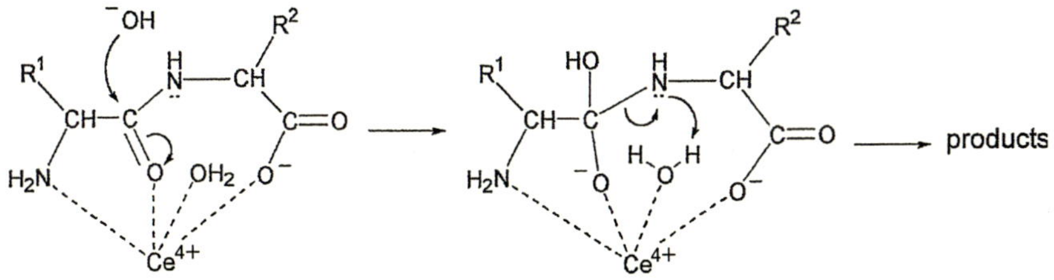

図 13.4 Ce^{4+} によるジペプチド加水分解反応の推定機構[9]

プロトン（^{1}H）が移動して反応が終結する．この最後のプロトン付加はアミド結合のC-N結合が切断してR-NH$^-$がアミド結合から脱離するのを助けている．反応を制御している$pK_a=6.2$の塩基はN末端のアミノ基と考えられる．このアミノ基はCe^{4+}への配位のためにプロトン付加していてはならない．Ce^{4+}が他の希土類イオンや他の遷移金属イオンより触媒作用において優れているのは，まずその4+という高い陽電荷で，このためN末端のアミノ基やC末端のカルボキシル基は強く引きつけられ，ペプチド錯体が安定化する．また，Ce^{4+}はCe^{3+}や他の遷移金属イオンより一層，真ん中のアミド基の窒素でなくカルボニルの酸素を配位する傾向が強いため，アミド窒素の脱プロトンがpH 7.0付近まで起こらない．したがってこれに続くアミドのC-N結合の切断が起こりやすくなっている．さらに，希土類イオンであるために配位数が高く，反応サイト付近に水を配位しやすいことなども，これは希土類イオン一般に共通のことであるが，反応に有利な条件となっている[10]．金属錯体触媒一般で触媒作用との関係を論じるのによく使われる配位水のpK_aや金属のイオン半径などをCe^{4+}について見ると，Ce^{4+}のpK_aは他の金属イオンのそれに比べて最も低いグループに入るが，Zr^{4+}やHf^{4+}のような他の4+のイオンと同等である．またイオン半径は多くの金属イオンの中で中程度の大きさである．それにもかかわらずCe^{4+}が飛び抜けた触媒活性を示すのは，Ce^{4+}の強い電子吸引性によるのではないかと考えられる．Ceは3+と4+の状態がいずれも安定であることが，他の希土類イオンや遷移金属イオンと異なる点である．このため，Ce^{4+}は強く電子を引っ張る．Ce^{4+}に配位したアミド結合の酸素から電子を強く引っ張り，カルボニルの炭素を陽電荷的に活性化し水酸基を結合してアミド結合のC-Nを切断しやすくする力が強いであろうことが想像できる．こ

のような Ce^{4+} の性質は，次項のリン酸エステルや核酸の加水分解でも有効に働くようである．なお，上記の反応のメカニズムはジペプチドのみならず，トリペプチドやより大きなペプチドにおいても可能であり，同様の機構により反応が進行しているものと考えられる．

13.2.2 リン酸エステル結合の触媒的加水分解反応

リン酸エステル結合は，生体高分子の中でも最も安定で切断が難しい結合といわれる．生体中ではDNAやRNAに存在し，これらは遺伝情報としての遺伝子やその情報を伝える転写因子として存在し，遺伝情報に基づき蛋白質合成を司っている．核酸中のリン酸エステル結合は，図13.5のような2個のリボース（5員環の糖）の間にリン酸が介在したリン酸ジエステル結合である．これが，リボース-PO_4^{3-}-リボース-PO_4^{3-}と続いて核酸の高分子を作っている．RNAでは，リボースの2′位にヒドロキシル基（OH基）があるため，DNAに比べて比較的反応性に富むが，それでも半減期は100年といわれる．ただ，空気中の金属イオンなどの不純物によりRNAの切断は加速されるため，実際にはRNAはそれほど安定な物質ではない．むしろ安定な保存にはクリーンな環境が必要である．

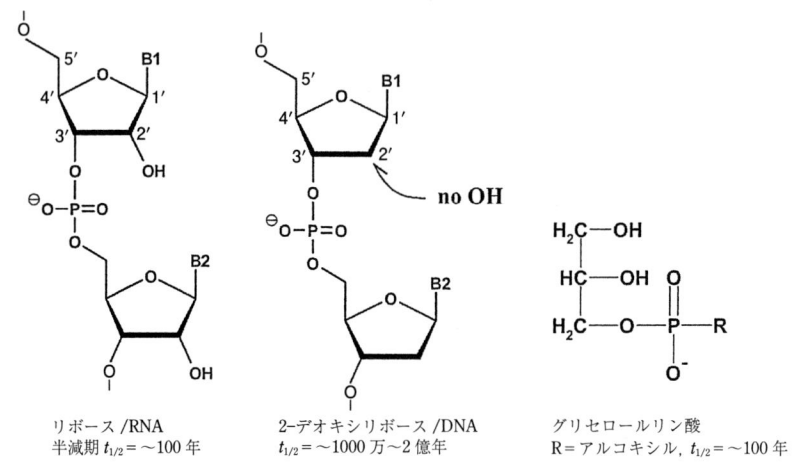

図 13.5 核酸および合成物のリン酸エステル結合[12)]
B1，B2などは核酸中のプリンやピリミジンなどの塩基．

リボース/RNA 半減期 $t_{1/2}$ = ～100 年

2-デオキシリボース/DNA $t_{1/2}$ = ～1000万～2億年

グリセロールリン酸 R=アルコキシル, $t_{1/2}$ = ～100 年

一方，DNA では，リボースの 2′ 位に OH 基がないので，半減期ははるかに長く約 1000 万～2 億年といわれる．合成モデルのグリセロールリン酸では，半減期は約 100 年である．DNA や RNA は生体内で必要に応じてリン酸エステル結合を加水分解するヌクレアーゼ（nuclease，核酸分解酵素）が存在する．その大半は金属酵素で Zn^{2+}，Ca^{2+}，Mg^{2+} などを活性中心に含んでおり，リン酸エステル部位に配位して活性化し，反応の遷移状態を安定化する．また，中性の pH で配位水を脱プロトンし，水酸基（OH^-）を放出する．これらの機構により天然の酵素は高い活性を示す．このような反応機構を考えると，希土類イオンは高い陽電荷を持つという点で，上記のアルカリ土類金属などよりこれらの反応に有利かもしれないと予想される．ヌクレアーゼには複数の機能と多くの種類があり，核酸を末端から順次モノヌクレオチドに分解していくものや，逆に脱水縮合によりモノヌクレオチドを原料として長い核酸を合成するもの，特定の塩基配列の部分を認識してその部分のエステル結合のみを切断する制限酵素と呼ばれるものなど，様々である．これらの切断はいずれも加水分解反応で，切断されたリボース末端はリボースの 5′-OH 基となり，リン酸末端はその隣のリボースの 3′-OH 基のリン酸エステルとなる（図 13.7 参照）．これらのいったん切断された核酸やオリゴヌクレオチド，あるいはモノヌクレオチドなどは，生体内の酵素による反応では再度必要に応じてヌクレアーゼ（核酸切断および合成酵素）や DNA リガーゼ（DNA ligase，核酸連結酵素）により合成され，必要な塩基配列を持った，より長い核酸にすることができる．

このように，ヌクレアーゼはバイオテクノロジーにおいて核酸から多様な遺伝子やオリゴヌクレオチドを作るための貴重なツールである．合成系の触媒で同様な機能を持つ人工ヌクレアーゼができ，しかも天然の酵素を超える機能が実現できれば，現行のバイオテクノロジーに大きな恩恵を与えることが考えられる．特に天然の制限酵素は認識する切断部位の塩基配列が限られているため，より多様な塩基配列を認識して切断する人工制限酵素の開発は強く望まれている．

これまで，多くの人工制限酵素様の機能を持った化合物が合成された．その多くは金属錯体である．初期に開発されたものは遷移金属イオン（Cu^{2+} や Fe^{2+}

など）錯体の酸化還元反応（reduction-oxidation（redox）reaction，レドックス反応）を利用して生じるヒドロキシラジカルなどのラジカル種によるリン酸エステル結合の切断であった．しかしこれらの反応では，切断による生成物は天然の酵素反応とは異なる切断末端の化学種を持ち，再度脱水縮合により連結してより長い核酸に合成することができない．また，ラジカル種による反応であるので細胞中の他の成分も攻撃するなど，望ましくない点がある．ラジカル反応でなく天然と同様の加水分解反応で切断する触媒が，バイオテクノロジーには必要である．加水分解によるエステル結合の切断という点では，後に述べるように，希土類イオンは他のイオンより適した点を持っている．

社会的に重要な影響を持つリン酸エステル化合物としては，核酸のみならず図13.6（a）に示すようなものがある．これらは毒性を持ち，農薬（パロキソン，パラチオン）や化学兵器（ソマン，VX，サリン）となるため，これらの解毒剤の開発は今日でも重要なテーマである．解毒にはリン酸エステル結合の解裂が使われる．これは現在のところ強い塩基が用いられている．同図（b）に示す BNPP（bis(nitrophenyl)phosphoric acid）は安定なリン酸エステル化合物で，エステル結合の解裂により生じる p-ニトロフェノールが着色して

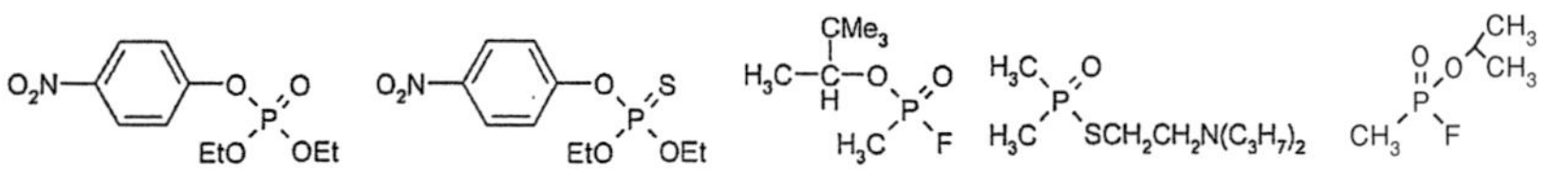

パロキソン	パラチオン	ソマン	VX	サリン
$LD_{50}=3$ mg kg^{-1}	10 mg kg^{-1}	0.1 mg kg^{-1}	0.02 mg kg^{-1}	0.1〜0.01 mg kg^{-1}

(a)

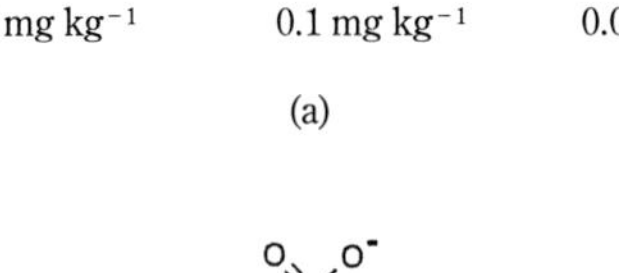

BNPP

半減期 $t_{1/2}=\sim 2000$ 年（20℃, pH7.0）

(b)

図 13.6 (a) 人間に有害なリン酸エステル化合物の構造と半数致死用量 LD_{50}（実験動物の半数が死に至る投与量）と (b) リン酸エステル結合解裂反応の検出用試薬[12]

いるので，その吸光度測定がエステルの解裂反応の効率の測定や速度論的研究によく使用される．

陽電荷の高い金属イオンという点で，Ce^{4+} や Zr^{4+} は触媒作用を示すであろうと予想される．事実，BNPP などのリン酸エステルはこれらのイオンにより 10^6 倍も速く加水分解される．

まず，希土類イオンによるリン酸エステルの非触媒的加水分解反応の機構を考えよう．リン酸エステルの加水分解では，P-O が切れるのか C-O が切れるのかが問題である．これを決めるには酸素同位体 ^{18}O でエンリッチした水中で反応させ，^{18}O が生成物のリン酸に入るかアルコールに入るかを見ればよい．天然の酵素（ヌクレアーゼやホスファターゼ（phosphatase））の反応ではエステルの切断は常に P-O の切断で起こっている．これに対し合成系では，両方あるいは C-O の切断がやや優位に起こる．古くはエステルの切断は式 (13.2)，(13.3) のように1分子で活性化が起きた後，親核攻撃型で反応が進行する S_N1 タイプの親核攻撃で進むと考えられていた．この際の律速段階は，不安定なメタリン酸の脱離段階である．

$$\begin{array}{c}\text{（式 13.2：リン酸エステルからメタリン酸と } RO^- \text{ の生成）}\end{array} \qquad (13.2)$$

$$\begin{array}{c}\text{メタリン酸} + Nu:^- \xrightarrow{\text{fast}} \text{生成物} \end{array} \qquad (13.3)$$

ところが，反応速度が親核試薬の塩基性に弱いながらもはっきりと依存することから，遷移状態で親核試薬との会合が起こることが考えられた．また，

$$\begin{array}{c}\text{（} ^{17}O, ^{18}O, RO \text{ を置換基とするキラルなリン酸エステル）}\end{array}$$

のようなキラルなリン酸エステル化合物の加水分解では S_N1 機構に予想されるようなラセミ化は起こらずリン原子のところで反転が起こるので，水溶液中ではより会合的な機構で反応が進むことが結論された．一方，非極性溶媒中では中間体のメタリン酸モノアニオンの不安定性はジアニオンのモノエステルに

比べて相対的に大きくないので，式(13.2)のような解離的機構の寄与が大きくなることが考えられる．

一般に $ROPO_3H^-$ タイプのモノエステルの加水分解は $(RO)_2PO_2^-$ タイプのリン酸ジエステル結合の加水分解よりはるかに速いため，式(13.4)で示されるような分子内のプロトン移動がモノアニオンエステルの加水分解では重要と考えられている．

$$\text{(13.4)}$$

ジエステルやトリエステルの親核置換反応では，式(13.5)のように中間に5配位中間体が生成する．この中間体で入ってくる親核試薬と脱離するグループは，互いに反対側の軸位を占める．

$$\text{(13.5)}$$

リン酸エステル加水分解反応の実験で，触媒反応を非触媒反応と比較しようとしても非触媒の条件では反応がほとんど進行しないという問題がある．特にジエステルは反応性に乏しく実験データを得ることが容易でないが，それでも生理的条件下で $(ArO)_2PO_2^-$ の自発的加水分解反応の速度 k (min^{-1}, 100°C) と脱離基 ArOH の塩基性を示す pK_a との関係を調べた実験がある．それによると，速度 k は pK_a と式(13.6)のような関係にあった．

$$\log k = 1.57 - 0.97\, pK_a \tag{13.6}$$

一方，ジヌクレオシドリン酸の加水分解の機構は，図13.7のように考えられている．また，ウリジル(3′,5′)ウリジン (UpU) の反応速度定数と熱力学的データを表13.3にまとめた．

これまでは，エステル結合が pH などに応じて自発的に解裂する機構を考えてきた．一方，金属イオンが関与するリン酸エステルの触媒的加水分解の機構についてはどのように考えられているのであろうか．これについては金属の性質に応じて，おおよそ図13.8のような多様な機構が提案されている．いずれ

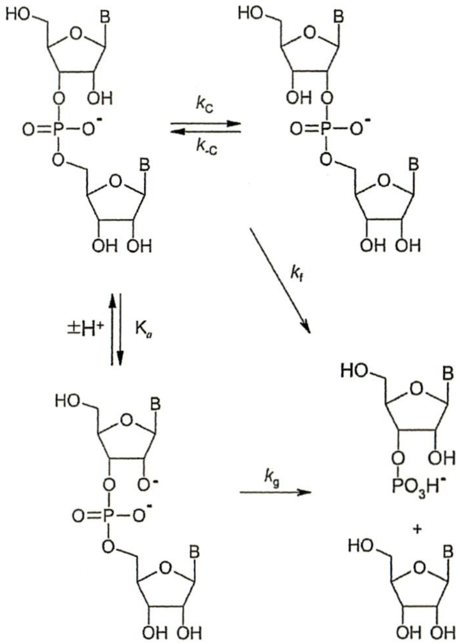

図 13.7 塩基性水溶液中でのジヌクレオシドリン酸の加水分解反応の機構[11]
Bは核酸のプリンあるいはピリミジン.

も金属イオンがリン酸エステルあるいはそれを攻撃する水に配位することにより反応を促進している.

同図のメカニズム (a) では,金属はリン酸エステルの酸素原子に配位してリン原子の陽電荷を上げると同時に電子を金属イオンのほうに引きつけることにより,入ってくる親核試薬と基質との静電的反発を和らげている. (b) では,金属イオンは脱離基に配位し脱離基の塩基性を下げている. 式 (13.6) で見たように脱離基の塩基性を下げると加水分解は加速される. (b) の機構はこの関係に対応する. (c) では,親核試剤 (加水分解の場合,これは水) に金属イオンが配位して親核試剤の脱プロトンを促進し,中性の溶液中での親核試剤の濃度を上げて反応を促進している. (d) では (a) と (c) が組み合わさっている. さらに (e) や (f) の機構も考えられている. 速度論的に活性でいくつかの機構により反応が進行する希土類においては, (a)〜(d) は区別しにくいが,おおよそこのような機構が働いていると理解すればよいであろう.

表 13.3 ウリジル(3′,5′)ウリジンの加水分解反応の速度定数と平衡定数[11]

		$T\,(\mathrm{K})^{\mathrm{a}}$	ΔH^{b} (kJ mol^{-1})
$k_{\mathrm{f}}^{\mathrm{c}}$	$2.9\times10^{-8}\,\mathrm{s}^{-1}$	363.2	
$k_{\mathrm{g}}^{\mathrm{c}}$	$0.017\,\mathrm{s}^{-1}$	363.2	
	$6.93\times10^{-3}\,\mathrm{s}^{-1}$	333.2	
	$1.9\times10^{-3}\,\mathrm{s}^{-1}\,{}^{\mathrm{e}}$	298	27.67
$\mathrm{p}K_{\mathrm{a}}^{\mathrm{c}}$	11.5	363.2	
	12.55	333.2	
$k_{\mathrm{OH}}^{\mathrm{d}}$	$0.563\,\mathrm{mol}^{-1}\,\mathrm{l}\,\mathrm{s}^{-1}$	363.2	
	$5.37\times10^{-3}\,\mathrm{mol}^{-1}\,\mathrm{l}\,\mathrm{s}^{-1}$	333.2	
	$7.3\times10^{-6}\,\mathrm{mol}^{-1}\,\mathrm{l}\,\mathrm{s}^{-1}\,{}^{\mathrm{e}}$	298	153.3

^a 反応温度.
^b 333.2K と 363.2K のデータから計算した活性化エンタルピー.
^c 反応速度 $k_{\mathrm{f}}, k_{\mathrm{g}}$ および平衡定数 K_{a} の定義は図 13.7 に示されている.
^d $k_{\mathrm{OH}}=k_{\mathrm{g}}K_{\mathrm{a}}/K_{\mathrm{w}}$ より求めた塩基性加水分解に対する二次の速度定数.
^e 333.2K と 363.2K のデータから計算した計算値.

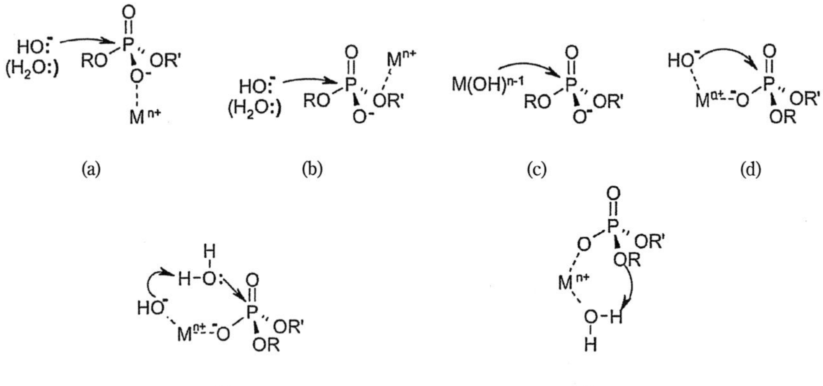

図 13.8 リン酸ジエステル結合の金属イオンによる解媒的加水分解反応の機構[12]

図 13.9 (a) に示すホスホン酸エステルはリン酸エステルとは違うが,多くの金属の加水分解反応において脱離基が同一であればリン酸ジエステルとほぼ同一の触媒反応速度を示すのでモデル反応の基質として使われる.Cu^{2+} や

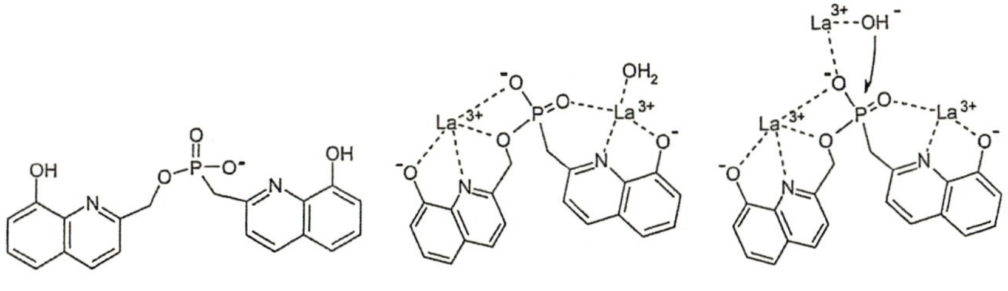

図 13.9 リン酸エステルのモデル化合物 (a) とその La^{3+} との配位様式 (b) および (c)[12]

Al^{3+} は，(a) と 1：1 の錯体を作るが反応を触媒しない．一方，La^{3+} は，(a) の加水分解反応において強い触媒作用を示す．希土類以外の金属イオンは，キノリン部分と錯体を形成し，ホスホン酸部分との配位が妨げられるが，希土類イオンでは，高いハード性によりホスホン酸の酸素原子との配位が優先的に起こることが理由である．

La^{3+} による加水分解は金属イオンに対して一～三次の反応が見出されている．これは，図 13.9 (b) のような 2 個の La^{3+} を含む錯体の pK_a は 7.19 なので，pH 8.0 では La^{3+} に配位した水はすべて OH^- となっている．この配位した OH^- はちょうど反応に必要なように脱離基の位置に対して軸位を占めている．このような状況で配位水が脱プロトンした (b) の加水分解の一次の反応速度定数は 30°C で 1.36×10^{-3} s^{-1} である．これは pH 8.0 における (a) の自発的加水分解速度の 10^{13} 倍である．(b) のような中間の配位状態が希土類イオンでとれることは，そのハードな酸としての性質に加えて，配位結合距離が 2.5 Å と長く，配位構造が剛直でない，一般に 8 以上の高い配位数を持ち，配位数が 6～12 程度の範囲で変わりやすいなどの希土類イオンに特有の性質による．La^{3+} を用いる反応が金属イオンに関して三次の反応になるのは，図 13.9 (c) に示されているように (b) の状態がさらに $La(OH)^{2+}$ と (c) のように二次の反応速度定数 0.262 $mol^{-1} l s^{-1}$ で反応するからである．

図 13.10 には，希土類イオンと安定な錯体を生成し，リン酸エステルあるいは核酸の加水分解反応が調べられている配位子のいくつかが示してある．

EDTA に似た DOTA（tetraazacyclododecanetetraacetic acid，図 11.9 参照）の Gd^{3+} 錯体は，MRI 用のコントラスト試薬として開発されたものだが，

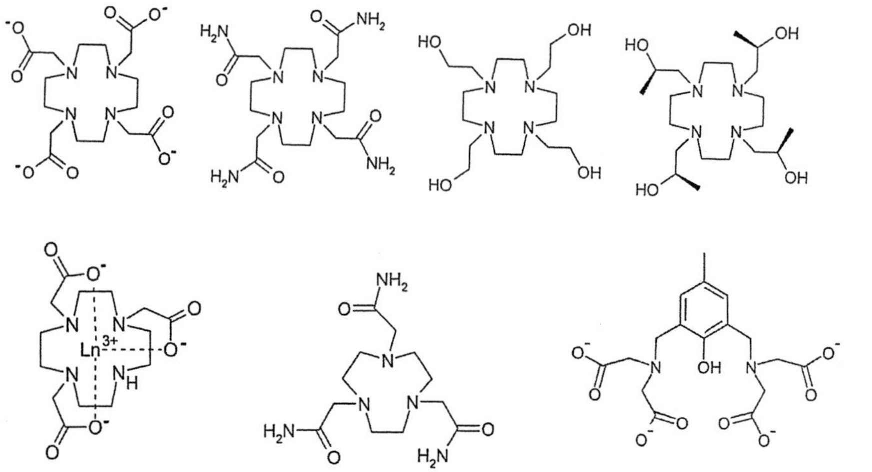

図 13.10 リン酸エステル結合の加水分解を触媒する希土類錯体の配位子[12]

核酸の塩基配列特異的に切断することも知られている．Ce^{4+} の EDTA 錯体はオリゴヌクレオチドを切断するが，ジヌクレオチドとは反応しない．また，Ce^{4+} のグルコン酸錯体も BNPP の切断をしない．このようなカルボン酸系の配位子が Ce^{4+} の触媒活性を落とす方向に作用するのは，これまで見てきた反応機構が示すように，金属イオンの周りに陰電荷が集まると反応を阻害する方向に働くからである．図 13.10 で上段の右 3 つは中性の配位子で，その Ce^{4+} 錯体は加水分解活性を示すが裸のイオンと比べて活性は上昇しない．Ce^{4+} は，希土類の中でも加水分解反応に優れた機能を発揮するがその配位力は弱く，通常生化学で用いられる緩衝液中ではこの金属の水酸化物の沈殿を防げない．多くの反応がゲルや十分に組成や分子式が調べられていない錯体で行われている．均一系で Ce^{4+} を触媒とするためには，糖類（リボース，キシロース，デキストラン，シクロデキストリン，糖アルコールなど）や，図 13.10 下段の右 2 つの配位子などが用いられる．

以上の希土類錯体を用いた加水分解反応について簡単に紹介したが，これらの速度論的および熱力学的データや反応機構の詳細についての総説は，文献を参照していただきたい[12]．

13.2.3 核酸の塩基配列特異的切断反応

既に述べているように，医療，診断や分子生物学の研究で特定の核酸塩基配列部位を切断する酵素の需要は高い．天然の核酸の制限酵素（restriction enzyme）は4〜6個の特定の塩基配列を認識してその一部を切断する．しかし，その認識配列の種類は限られており，また6個程度の塩基配列の認識では，人間が持つ30億個のDNA塩基を対象としたときに多数の認識部位が存在し，同時に多量の切断部位が存在することになる．より長い塩基配列を認識して切断する人工酵素があれば，本当に標的としたいところだけを選択して切断することができよう．また，RNAに対して同様の塩基配列特異的切断を行う酵素やリボザイム（ribozyme）があるが，認識配列が限られること，リボザイムは不安定で分解しやすく取り扱いが難しいこと，RNAには複雑な三次構造（折りたたみやループ構造など）を持つものがありこれらは切断が困難なことなどの問題点がある．これらの問題を解決し，分子生物学に広く応用できる天然を超えた人工酵素の開発が望まれている．

塩基配列特異性を持った核酸加水分解触媒は，大きく分けて，次の2つの考えに基づいて合成されてきた．一つは，標的の核酸塩基配列に相補的な塩基配列を持つオリゴヌクレオチドや特定の配列のペプチド核酸（peptide nucleic acid, PNA），あるいは，DNA結合蛋白質，合成小分子で特定の塩基配列に特異的に結合するものなど配列認識部位に，核酸切断機能を持つ分子（この場合は希土類イオンの錯体）を結合させたものである．これらは，図13.11に示すように標的核酸の認識部位にハイブリダイズして二本鎖となり，希土類錯体が認識部位に近づいて配列選択的にリン酸ジエステル結合の切断が起こる．

もう一つの考え方では，特定の配列に結合する部分と切断のためのグループ（ここでは希土類イオンまたは希土類錯体）は直接連結されていない．しかし，特定の配列にオリゴヌクレオチドやその他の化合物が結合することにより結合された部位が他の部位より切断を受けやすくなり，溶液中に自由に存在する希土類イオンまたは希土類錯体により他の部分よりすみやかに切断を受けるというものである（図13.12）．

オリゴヌクレオチドにイミノジ酢酸のCe^{4+}錯体をコンジュゲートさせた図13.11のタイプの人工DNA制限酵素では，まず標的とする塩基配列に相補的

(a)

```
                5        10       15       20       25       30       35
5'- CTG AAG ATC TGG AGG TCC TGT GTT CGA TCC ACA GAA TTC -(³²P)-A -3'
                CC  TCC AGG ACA CAA GCT AG-Ce⁴⁺
```

(b)

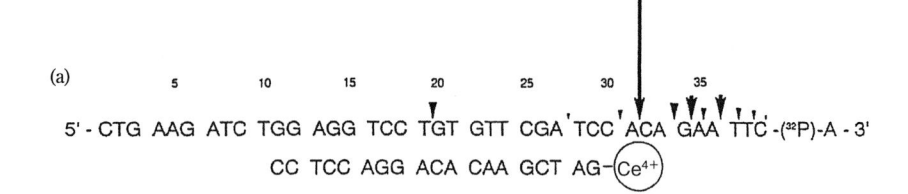

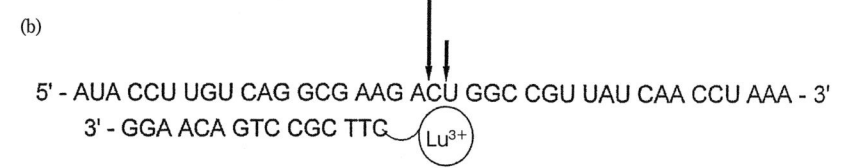

```
5'- AUA CCU UGU CAG GCG AAG ACU GGC CGU UAU CAA CCU AAA -3'
3'- GGA ACA GTC CGC TTC-Lu³⁺
```

図 13.11 (a) Ce^{4+}-オリゴヌクレオチド錯体による DNA の塩基配列特異的切断と
(b) Lu^{3+}-オリゴヌクレオチド錯体による RNA の塩基配列特異的切断[13]
いずれも矢印は切断部位と強度を示す．

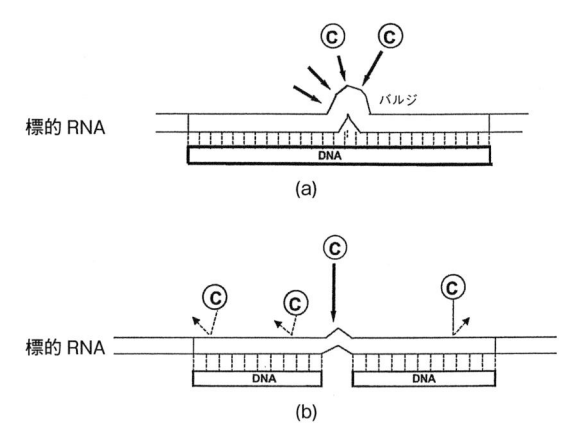

図 13.12 RNA の塩基配列特異的切断[13]
(a) バルジ構造を利用するものと (b) ギャップ構造を利用するもの．いずれも©は加水分解による切断部位．

な塩基配列のオリゴヌクレオチドを DNA 合成機で合成し，その 5′ 末端に適当なリンカー（-$(CH_2)_n$- や -$(OCH_2CH_2)_n$- など）を介してアミノ基をつける．この修飾オリゴを 1,1′-カルボニルジイミダゾール，次いでジエチルイミ

ノジ酢酸と反応させる．この反応で生成したエチルエステルを最後にアルカリ条件で加水分解するとオリゴヌクレオチドの 5′ 末端にウレタン型連結でイミノジ酢酸を結合した目的物が得られる．この修飾オリゴヌクレオチドに Ce^{4+} の塩を等量加えて反応に用いると，pH 7.2，30°Cで図 13.11 (a) のように標的の塩基配列部位に結合した Ce^{4+} 錯体の付近で位置選択的に加水分解反応が起こる．この合成オリゴヌクレオチドの塩基配列と塩基の長さは自由に選べるので，天然に存在しないような配列選択性を持たせることができる．この反応は 100% 加水分解反応であり，次にこの加水分解産物を目的とする最終の核酸に酵素反応で取り込むことができるが，そのためには加水分解物の 5′ 末端にリン酸をつけなくてはならない．通常この反応は，天然の酵素（アルカリホスファターゼ，ポリヌクレオチドキナーゼなど）を用いて行われる[14]．

一方，RNA の加水分解には希土類イオンのうちでも Tm^{3+}，Yb^{3+}，Lu^{3+} などのイオンあるいはその錯体が用いられる[15,16]．DNA に比べて RNA はリボースの 2′ 位に OH 基があるため反応性が高く，加水分解速度も速い．先ほど述べたイミノジ酢酸を持つオリゴヌクレオチドに Ln^{3+} の塩化物を 1 当量あるいはそれ以下加えると，図 13.11 (b) のように RNA の位置特異的切断が起こる．希土類イオンを 1 当量以上加えるとフリーの希土類イオンによる切断が至るところで起こり，位置選択性が落ちる．イミノジ酢酸以外にも，texaphyrin-Dy^{3+}（図 11.11 参照）など多くの錯体が報告されている．

図 13.12 に示すように，オリゴヌクレオチドを加えることにより標的 RNA にバルジ（bulge，膨らみ，こぶ）やギャップを作り，ここに加水分解反応の触媒となる錯体，たとえば希土類のシッフ塩基大環状錯体などを加えると，RNA の位置選択的切断ができる[17~19]．

最後に，天然の酵素反応と希土類錯体を人工酵素とする反応を比べると，反応速度という点では，これまで見てきた合成酵素の反応速度は，まだ天然酵素にはるかに及ばないというのが現状である．

13.3　希土類錯体の時間分解蛍光免疫分析への応用

蛍光性希土類錯体の長い蛍光寿命（しばしば 1 ms 以上）を利用して，図 13.13 に示すような時間分解測定（time-resolved measurement）を行うと，

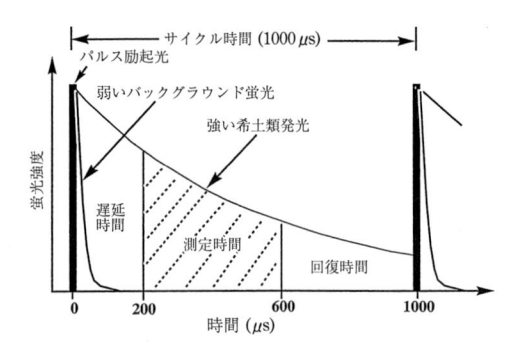

図 13.13 時間分解蛍光測定の原理
遅延時間：200 µs，測定時間：400 µs，サイクル時間：1000 µs．

共存物から出る弱いバックグラウンド蛍光が除去できるため，通常の蛍光測定に比べて高い感度，低い検出限界が得られる．時間分解測定では最初にパルス状の励起光を照射し，その後，数百 µs の遅延時間（delay time）をとる．この間に共存物から出る弱いバックグラウンド蛍光は寿命が数 ns なので消える．遅延時間の後に希土類錯体の蛍光測定を行えば，バックグラウンド蛍光の除去された真のシグナル（希土類錯体のシグナル）のみが測定されるので，通常の蛍光測定ではバックグラウンド蛍光のノイズに埋もれて有意なシグナルとして観測されない微弱なシグナルの観測が可能になる．通常の蛍光性有機色素の蛍光寿命は長くても数十 ns 秒程度なので数百 µs もの長い遅延時間はとれないが，希土類錯体の測定ではそれが可能である．このように長い遅延時間をとることによりバックグラウンド蛍光をより完璧に近く除去できるのである．

　時間分解測定では，図のような測定を1サイクルとして数十回程度測定を繰り返し積算すると，高い信号/雑音比（singnal-noise ratio，S/N 比）を得ることができる．

　希土類錯体を蛍光ラベルとして抗体に共有結合でラベルし時間分解測定する方法を，抗原-抗体の特異的結合を利用した免疫分析，すなわちイムノアッセイ（immunoassay）に最初に応用したのはフィンランドの Wallac 社（現 Perkin Elmer 社）で，これは DELFIA® と呼ばれるシステム（図 13.14）である．

　この希土類蛍光錯体と時間分解測定の組み合わせの原理はその後多くのバイ

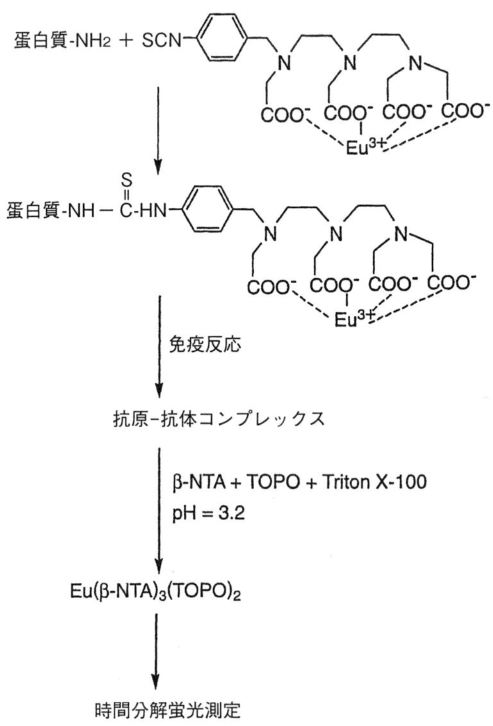

13.3 希土類錯体の時間分解蛍光免疫分析への応用

蛋白質-NH₂ + SCN-⟨⟩-N(CH₂CH₂N)₂CH₂CH₂N, COO⁻ COO⁻ COO⁻ COO⁻ ···Eu³⁺

↓

蛋白質-NH–C(=S)–HN-⟨⟩-N(CH₂CH₂N)₂CH₂CH₂N, COO⁻ COO⁻ COO⁻ COO⁻ ···Eu³⁺

↓ 免疫反応

抗原–抗体コンプレックス

↓ β-NTA + TOPO + Triton X-100
pH = 3.2

$Eu(\beta\text{-NTA})_3(TOPO)_2$

↓

時間分解蛍光測定

図 13.14 DELFIA® 測定原理
β-NTA：β-ナフチルトリフルオロアセチルアセトン，TOPO：トリオクチルホスフィンオキシド．

オアッセイ，バイオテクノロジーに応用されている．この時間分解蛍光測定を用いる免疫分析は，診断や健康管理のための生化学的分析，食品や農産物中の農薬，細菌・添加物などの分析，ヒトの体内や毛髪中の覚醒剤の分析，大気や土壌および河川中の汚染物質の分析など，多くの分野で多様な分析対象に応用され，従来の免疫分析に対し，ほとんどの場合に高感度が得られるため，現在さらに応用範囲が広まりつつある．

抗原（antigen）や抗体（antibody）は高分子の蛋白質で，抗体は抗原の存在により動物が体内で合成するものである．抗原と抗体の結合は結合相手を高い特異性で選び，高い結合力で安定な抗原-抗体コンプレックスを形成する．

ここで用いられる Eu^{3+} の錯体は，EDTA 類似のキレートでフェニル基を介して末端にイソチオシアネート基を持っている．これは蛋白質の末端アミノ基

と水溶液中で反応して共有結合で蛋白質に連結するラベル基であるが，非蛍光性である．このラベル剤をあらかじめ測定対象の抗原に対する抗体（蛋白質）に共有結合でつけておく．イムノアッセイで一般的に行われるサンドイッチ法（図 13.15）では，まずラベルのついていない普通の抗体を測定容器（プレート中のウェル（well）を反応容器とする）の表面に吸着させておく．

次いで，試料溶液（たとえば血清）を加えて抗原-抗体結合反応をさせる．その後，ラベル剤をあらかじめ結合させておいた抗体を加える（抗原は複数個の抗体と会合できる）．再度抗原-抗体反応が起こり，図 13.15 のように容器の表面にサンドイッチされた抗体-抗原-抗体コンプレックスができる．加えた過剰のラベル化抗体を洗い流すと，容器上に吸着したサンドイッチ型コンプレックスにより血清中の抗原濃度と吸着した Eu^{3+} の量には比例関係が存在する．しかし，この状態では蛍光は発生しない．それはラベルされた Eu^{3+} 錯体（図 13.15 では⒡で示されている）が蛍光性でないからである．そこで，この抗原量と当量関係にある Eu^{3+} を蛍光性の錯体に変えるために β-ナフチルトリフルオロアセチルアセトン（β-NTA）を配位子として大過剰に加える（図 13.14 参照）．さらに，トリオクチルホスフィンオキシド（TOPO）と Triton X-100 を蛍光増強剤として加える．この状態で生じる Eu^{3+} 錯体の強い蛍光を時間分解測定することにより，血清中の特定の抗原が定量分析できる．このシステムは，先述のように DELFIA® として市販されている．しかしこのシステムでは，過剰の β-NTA を加えて蛍光性錯体を生成するという手間がかかることと，過剰に加える β-NTA 配位子のために溶液（あるいは洗浄後のウェルの固相表面）の蛍光が徐々に増加するという問題がある．この蛍光の増加理由はいまだによくはわからないが，より蛍光の強い錯体が徐々に生成する，あるいは環境から極微量の Eu^{3+} のコンタミネーションが入るなどが考えられてい

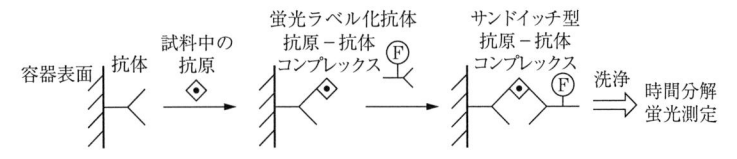

図 13.15 サンドイッチイムノアッセイの原理
⒡：ラベルされた Eu^{3+} 錯体．1分子の抗原に複数個の抗体が結合する．

る．ちなみに β-ジケトンの希土類錯体は第6章で述べたように，1:1，1:2など，異なる比率の錯体やそのプロトン付加体などが存在し（あるいはこれ以外の化学種も存在するかもしれない），それらが時間とともにゆっくり平衡に向かうことが吸収スペクトルなどで観測される．

そこで Eu^{3+} の錯体で蛍光性でラベル機能をもつ錯体を開発すれば非蛍光性の Eu^{3+} 錯体を蛍光性錯体に変える手間が減り，より優れた分析システムとなることが考えられる．これまでこの目的で図13.16に示すような多数の蛍光性ラベル剤が合成されている．このうち，BCPDA-Eu^{3+}，TBP-Eu^{3+}，TMT-Eu^{3+}，amino-reactive または thirol-reactive DTPA-cs124 などは市販されている．

これらのラベル剤に求められる性質として，蛍光が強いことはもとよりキレート錯体の安定性が求められる．これは様々な緩衝液，特にリン酸緩衝液中でも希土類イオンが安定に錯体中にとどまっている必要があるためである．これまで多くの蛍光性希土類錯体の合成がなされたが，リン酸緩衝液中や酸性あるいはアルカリ側の pH で蛍光が相当落ちるものがあり，汎用性のラベル剤とならなかった．構造から見ると図13.16の BPTA-Tb^{3+} 錯体は十分安定そうに見える．EDTA 錯体（Eu^{3+} 錯体と Tb^{3+} 錯体の $\log K$ は，それぞれ 17.3 と 17.9）との競合反応で求めたその安定度定数は，約 21.5 である．一方，図13.16に示す DTBTA-Eu^{3+} 錯体の錯生成定数は，約 25.0 である．これらの錯生成定数から見ると，いずれも高い安定性を持つように見える．ところがその発光を各種の緩衝液中で測定すると表13.4のように BPTA-Tb^{3+} では TE（Tris-HCQ と EDTA を含む）や PBS（phosphate buffer solution，リン酸を含む）緩衝液中で大きく蛍光が減衰するのに対し，DTBTA-Eu^{3+} では蛍光強度はそれほどひどく減衰しない．この蛍光強度の減衰は錯体の一部が解離していることによると考えられる．バイオアッセイに使用するには極めて高い安定性が必要なことがわかろう．実際のアッセイにおいては，血清や細胞，組織中でラベル剤を使用するので，共存物による蛍光強度の変動はもっと激しくなることが予想される．市販のラベル剤でもこのような問題点が十分クリアーされているわけではないが，ある目的の範囲で使用できることが確かめられている．

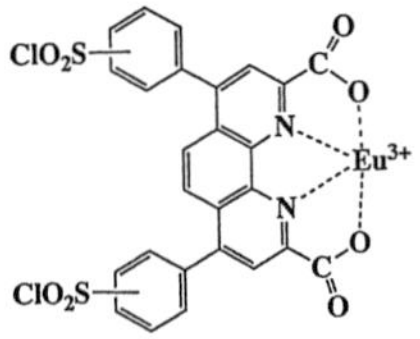

BCPDA-Eu^{3+}[20]

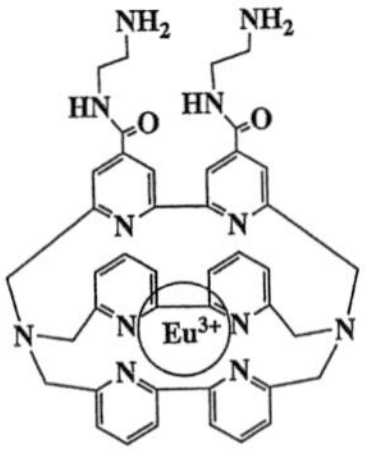

TBP-Eu^{3+}[21]

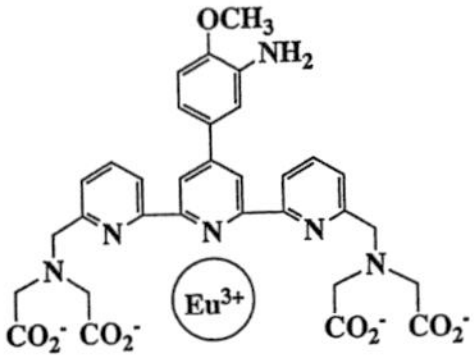

TMT-Eu^{3+}[22]

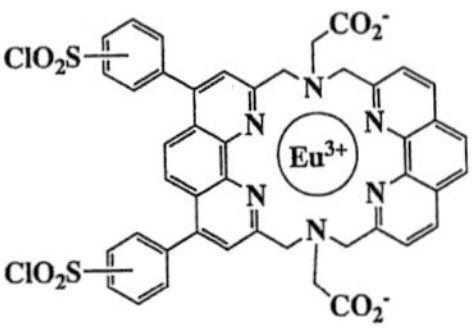

BOP-Eu^{3+}[21]

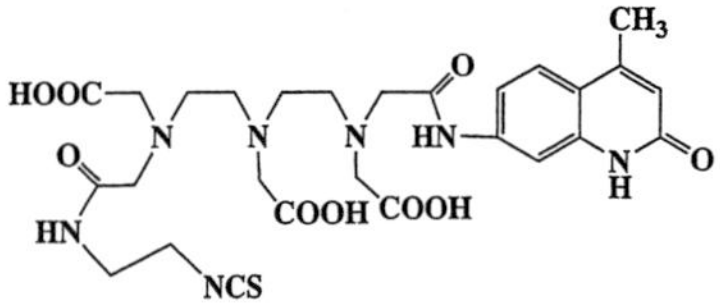

amino-reactive DTPA-cs124[23]

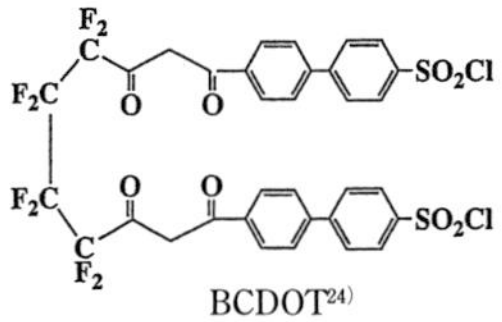

BCDOT[24]

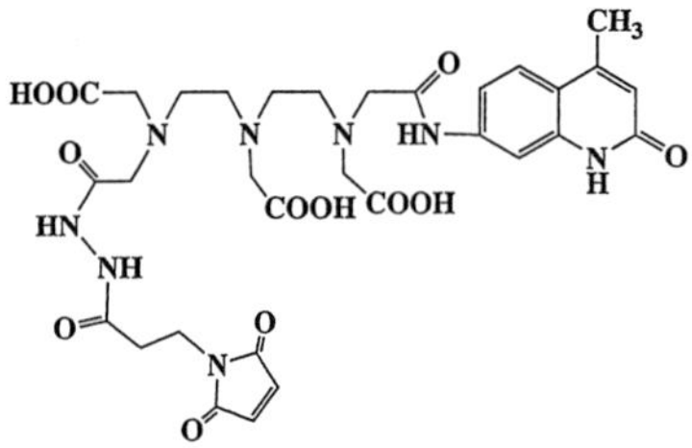

thiol-reactive DTPA-cs124[23]

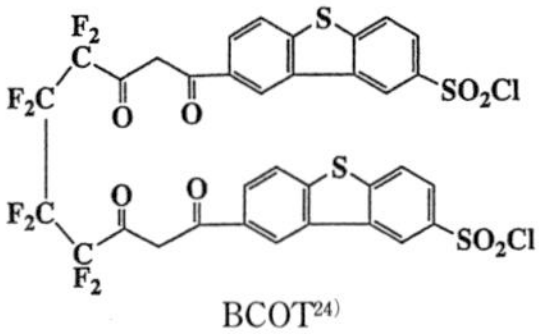

BCOT[24]

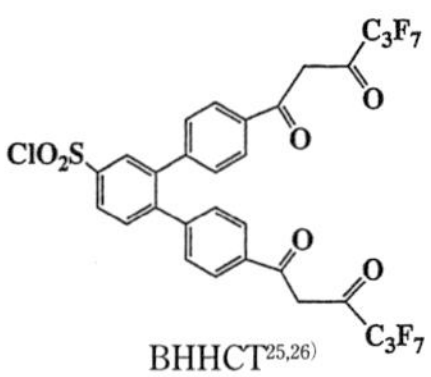

BHHCT[25,26]

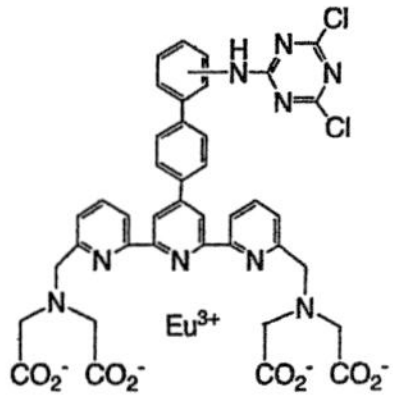

DTBTA-Eu^{3+}[27]

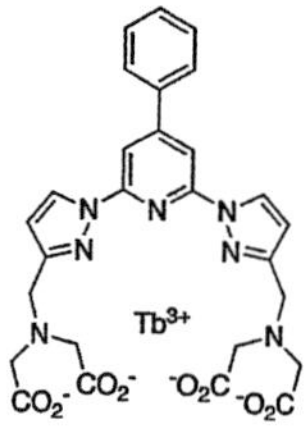

BPTA-Tb^{3+}[28]

図 13.16 生体分子にラベル可能な発光性希土類錯体
希土類イオンの示されていないものはすべて Eu^{3+} 錯体が最も強く発光する．

表 13.4 DTBTA-Eu^{3+} と BPTA-Tb^{3+} の各種の緩衝液中での発光相対強度[27]

緩衝液[a]	相対強度[b]	
	DTBTA-Eu^{3+}	BPTA-Tb^{3+}
15 mmol l^{-1} Tris-HCl (pH 7.4)	100	100
15 mmol l^{-1} Tris-HCl (pH 7.4), 150 mmol l^{-1} NaCl	90	90
1×TE (pH 8.0)	102	12
1×SSC (pH 7.4)	88	31
1×PBS (pH 7.4)	77	3.8

[a] 1×TE：10 mmol l^{-1} Tris-HCl, 1.0 mmol l^{-1} EDTA, 1×SSC (sodium chloride, sodium citrate)：15 mmol l^{-1} クエン酸ナトリウム, 150 mmol l^{-1} NaCl, 1×PBS：8.0 mmol l^{-1} Na$_2$HPO$_4$, 2.0 mmol l^{-1} NaH$_2$PO$_4$, 137 mmol l^{-1} NaCl, 2.7 mmol l^{-1} KCl.
[b] [DTBTA-Eu^{3+}]=[BPTA-Tb^{3+}]=1.0×10^{-6} mol l^{-1} における値.

図 13.16 のラベル剤はいずれも生体分子に共有結合で標識するグループを持っている．たとえば，BCPDA，BCDOT，BCOT，BHHCT などについているクロロスルホニル基は，蛋白質や核酸のアミノ基と水中で反応してスルホンアミド結合を作り，標識される．TBP-Eu^{3+} や TMT-Eu^{3+} などの末端アミノ基はイソチオシアナートに変換後，amino-reactive DTPA-cs124 と同様に，蛋白質や核酸のアミノ基に結合させることができる．thiol-reactive DTPA-cs124 は，蛋白質のチオール基に選択的に結合反応をするので，蛋白質中の位置特異的に蛍光ラベルすることができる．DTBTA-Eu^{3+} は，そのジクロロトリアジニル基のクロルが蛋白質や核酸のアミノ基と反応する．BPTA-Tb^{3+} はカルボキシル基を活性エステル型にした後，生体分子のアミノ基に結合することができる．

イムノアッセイについては，有機の蛍光ラベル剤を用いる各種の方法が既に用いられている．希土類錯体を用いて時間分解測定を行うと，さらに高感度分析が可能になる．希土類錯体を用いるイムノアッセイについては既に総説が出ているので，参考にしていただきたい[29~31]．ここでは，いくつかの代表的なあるいはキーとなるイムノアッセイの例を紹介しておく．

図 13.16 のラベル剤を用いて図 13.15 のようなサンドイッチイムノアッセイ，あるいは図 13.17 のような二次抗体（抗 IgG 抗体，anti-immunoglobulin G antibody）にラベルしたサンドイッチ法により，AFP（*a*-fetoprotein，肝癌の腫瘍マーカー）[25,32]，CEA (carcinoembryonic antigen，癌胎児性抗

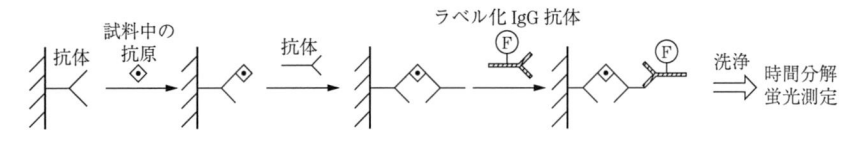

図 13.17 二次抗体を用いるイムノアッセイ
Ⓕ：ラベルされた Eu^{3+} 錯体．

原)[28,32]，IgE (immunoglobulin E，免疫グロブリン E)[33]，TSH (thyroid stimulating hormone，甲状腺刺激ホルモン)[34]，IL-1α (interleukin 1α，インターロイキン 1α)[35]，TNFα (tumor necrosis factor α，腫瘍壊死因子 α)[35]，IFNγ (interferon γ，インターフェロン γ)[35]，PSA (prostate specific antigen，前立腺特異抗原，前立腺腫瘍マーカー)[36]，p21 蛋白質 (protein 21，サイクリン依存性キナーゼインヒビター)[37]，その他多数の血清蛋白質が測定されている．抗原は通常，高分子量の蛋白質で抗体と結合する部位を複数個持っているため，サンドイッチ型コンプレックスが形成できる．イムノアッセイで二次抗体を用いるとラベル化率を稼ぐことができる上に，このラベルした抗 IgG 抗体を持っていれば，これは IgG（あらゆる抗体は IgG であり，そのごく一部が個々の抗原に対応して変化してその抗原の抗体になっている）に対する抗体であるのであらゆる抗体と結合する．つまりあらゆる抗原のアッセイに使用できるため，抗体の種類ごとにラベルする必要がなくなるからである．

　EDTA-Tb^{3+} 錯体は非蛍光性であるが，サリチル酸と三元錯体を形成すると強い蛍光性になる．図 13.18 に示すアッセイでは ALP (alkaline phosphatase，アルカリホスファターゼ)（リン酸エステルの加水分解酵素）がラベルとして抗体に共有結合されている．サンドイッチ型の抗原-抗体コンプレックスを形成した後，非蛍光性の EDTA-Tb^{3+} 錯体と ALP の基質である 5-フルオロサリチル酸のリン酸エステルを加える．ALP により触媒的に放出された 5-フルオロサリチル酸は EDTA-Tb^{3+} に配位して Tb^{3+} に特異的な蛍光を放出する．このアッセイは酵素の触媒反応を利用して希土類の蛍光強度を増強している点が独特のアイデアであり，同様の酵素をラベルとして有機物を基質とするイムノアッセイである酵素結合免疫吸着測定法 (enzyme-linked immunosorbent assay，ELISA 法) の基質を希土類錯体に置き換えたものであ

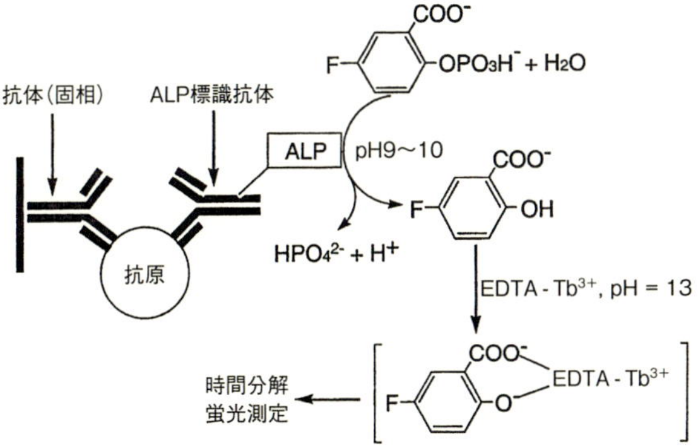

図 13.18 時間分解 ELISA 法の原理[38~40]

る．この方法で血清中の AFP や PSA が測定された[38,39]．

希土類イオンのうちでも Eu^{3+}，Tb^{3+}，Sm^{3+}，Dy^{3+} の錯体は異なる波長の発光を持ち，いずれの錯体も紫外部の同一の波長で励起できるので，血清中の複数の抗原を異なる波長の錯体でラベルし同時測定できる可能性がある．残念ながら，Dy^{3+} 錯体は現在のところ他の3元素に比べて発光強度が弱く寿命も比較的短い（数 μs 程度）ため，他の希土類元素の錯体に比べて高感度化があまり目覚ましくないことが予想され，実際の測定に用いられた例はほとんどない．複数元素を同時に使用するときにはどれかのイオンが配位子から抜け出たり，互いのイオンが入れ替わらないことが重要である．1元素のみを測定に用いるときは，錯体の安定性が十分高くなくてもその希土類イオンの塩化物を小過剰に加えておけば，金属イオンの配位子からの脱離を防ぐことができる．しかし複数イオンの場合はこのような手法は使えない．1つでも安定性が低い錯体があるとそこから少量の金属イオンが溶液中に放出される．するとこのフリーの金属イオンが他の金属の錯体から金属イオンを追い出して置換配位するような平衡反応が起こり，次第に配位子と金属イオンの組み合わせが混じってくる．したがって，多色の分析システムでは錯体の安定性が重要である．

図 13.19 に示したのは BHHCT-Eu^{3+} 錯体と BPTA-Tb^{3+} 錯体を血清中の AFP と CEA の同時測定に使用した例である．あらかじめ容器壁に抗 AFP 抗体と抗 CEA 抗体を吸着させておく．血清を加えて反応させた後 BHHCT-Eu^{3+} をラベルした抗 AFP 抗体とビオチン（biotin，図 13.20 の構造をした補

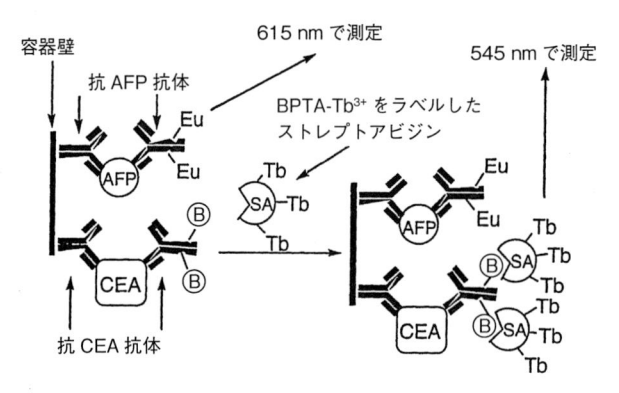

図13.19 二色標識による AFP と CEA の同時測定[30,32)]
BHHCT-Eu^{3+} と BPTA-Tb^{3+} ラベルを使用．Ⓑ：ビオチン．

図13.20 ビオチンの構造
ビオチンは，蛋白質ストレプトアビジン（SA）と選択的に安定なコンプレックスを作る．

酵素）でラベルした抗 CEA 抗体を加えて反応させる．反応溶液を洗い流して 615 nm の Eu^{3+} の発光を測定する．その後，BPTA-Tb^{3+} をラベルしたストレプトアビジン（streptavidin, SA）（生物由来の蛋白質でビオチンと高選択的に強く結合する）を加えて洗い流した後，Tb^{3+} 錯体の発光を545 nm で測定する．

BHHCT-Eu^{3+} は必ずしも十分安定な錯体ではないが，このような測定方法であれば2元素が混じり合わないで測定できる．この方法での AFP と CEA の検出限界はそれぞれ，44 pg ml^{-1} と 76 pg ml^{-1} である[32)]．

2元素を用いた同時測定は，このほかにもユウロピウム–サマリウム系がある．この系では，Sm^{3+} の発光が Eu^{3+} より弱いので，より濃度の高い成分の測定に Sm^{3+} が使われる．たとえば，ルトロピン（lutropin, 乳腺刺激ホルモン）-フォリトロピン（follitropin, 卵胞刺激ホルモン），ミオグロビン（myoglobin, 筋肉中で酸素分子を貯蔵する色素蛋白質）-炭酸脱水酵素（carbonic an-

13.3 希土類錯体の時間分解蛍光免疫分析への応用

hydrase, $CO_2 + H_2O \rightleftarrows HCO_3^- + H^+$ の反応を触媒する酵素)などの組み合わせが測定されている[40]．

イムノアッセイに FRET(9.4 節参照)を利用した例を紹介しよう．図 13.21 に示すようにサンドイッチ型の抗原-抗体コンプレックスの一方の抗体にラベルされた Eu^{3+} 錯体から他方の抗体にラベルされた蛍光物質 XL665(天然の有機色素で励起波長がほぼ Eu^{3+} の発光波長 615 nm 付近にあり，665 nm に蛍光を発する)へ FRET が起こるので，665 nm の蛍光を測定に用いる．このとき 665 nm の蛍光寿命は，XL665 のみの状態では数 μs であるが，サンドイッチ型コンプレックスでは希土類錯体の影響で寿命が数百 μs 程度に伸びているので，時間分解測定が高感度化に効く[41,42]．

FRET によるイムノアッセイは，これまでに見てきた通常のサンドイッチ型固相測定法のように抗体を固相表面に吸着せず，すべての抗原-抗体反応を均一溶液中で行うので反応が格段に速いというメリットがある．しかし，抗原を介した 2 つの抗体間の距離は長く通常の有機蛍光剤のみを用いても FRET は観測されなかった．希土類錯体をドナー(D)として用いると，長距離まで FRET が観測される(9.3.3 節参照)．また，このような均一溶液中での測定では固相測定と違って血清などの試料の共存物を洗い流すわけにいかないので，共存物が多量に存在する条件で微弱なシグナルを測定しなくてはならな

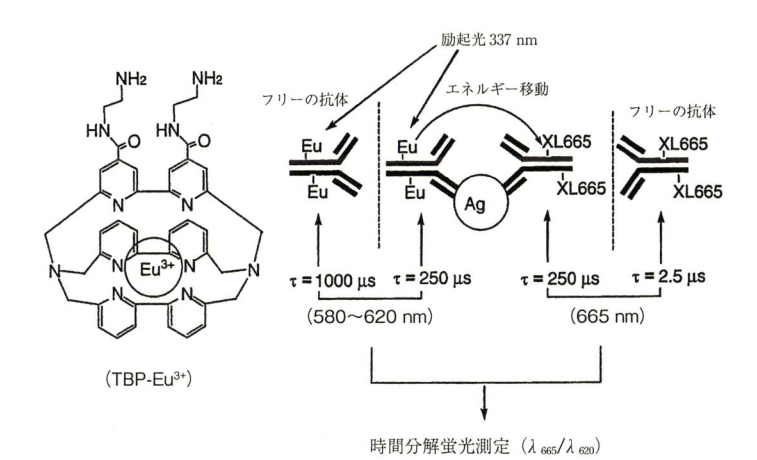

図 13.21 TBP-Eu^{3+} を用いた FRET による均一系イムノアッセイ("TRACE")[30]

い．このような状況でも時間分解測定は高感度が出るというメリットがある．FRET は希土類錯体の優位性が高いので，現在多くの測定対象について測定用のキットが市販されている．ただ，感度を追うのであれば，FRET でない固相測定が有利である．多数の試料を短時間に測定するのには FRET が向いている．FRET は洗浄の操作がないので操作手順がシンプルで便利な分析法である．

抗原となるのは，一般的には蛋白質のような高分子である．しかし農薬，医薬品やホルモンなどのような小分子も抗原となり，それに対する抗体との抗原-抗体反応を利用してイムノアッセイで定量できる．ただ小分子は1個の抗体としか結合できないのでサンドイッチ法は使えない．通常は競合イムノアッセイという方法で測定する（図 13.22）．

競合イムノアッセイでは，あらかじめウェルの表面に抗体を固着させておく．試料溶液には測定対象の小分子に蛍光ラベルを結合した物質を既知量添加しておく．したがって，試料溶液にはラベルされていない小分子とラベルされた小分子がある割合で存在する．この溶液をウェルに加えて洗浄する．ウェルの器壁上には抗原-抗体コンプレックスがついているが，このときコンプレックス中のラベルのついている抗原（小分子）とラベルのついていない抗原（試料中にもともと存在した小分子）の割合は，加えた試料溶液中での割合と同一あるいはそれに比例する．したがって，一定量のラベルした抗原を加えても試料中のもともとの抗原濃度が高ければ相対的にラベルの発光の測定値は弱くなり，逆に，試料中の抗原濃度が低ければ発光の測定値は高くなる．このような

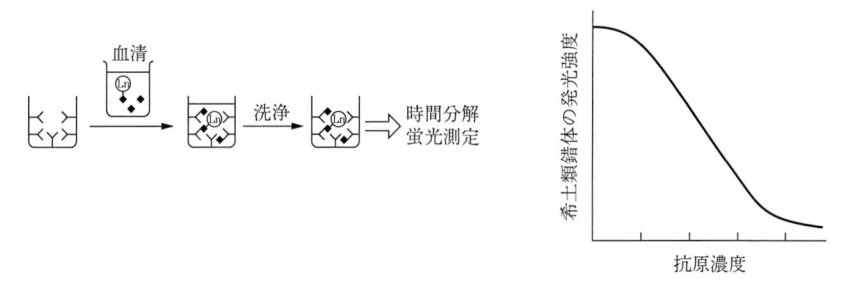

図 13.22　固相（非均一系）競合イムノアッセイの原理と検量線
　　　　　—く：抗体，◆：抗原，(Ln)：希土類錯体ラベル剤．

原理で検量線が引ける．ただこの場合，通常の検量線とは逆で，濃度が高ければ蛍光強度は弱い．つまり，抗原濃度と発光強度の関係は，通常の検量線と逆の関係になる（図13.22）．この方法で多くの小分子が測定されている．筆者らのグループは，毛髪や尿中の覚醒剤メタンフェタミンをこの方法で測定し，1 pg ml^{-1}の検出限界を得た．この値は従来法に比べて約2桁向上しており，これまで従来法（免疫分析，ガスクロマトグラフィー）では毛髪数本を必要としていた分析が，数 cm の長さの毛髪1本でできるようになったので，1本の毛髪から数か月単位で過去の覚醒剤使用の履歴まで測定できる可能性が出てきた[43]．

競合イムノアッセイでは，検量線における濃度とシグナルの関係が通常と逆であり，低濃度でシグナルが高い．この状況では低濃度部分でシグナルのバラツキ幅が大きくなり，低い検出限界が得られない．小分子の測定法には，イムノアッセイ以外にも，クロマトグラフィーや質量分析など，高感度の機器分析法があるが，試料の前処理が煩雑である場合が多い．イムノアッセイのように簡単な前処理で測定できる方法は貴重であるが，競合イムノアッセイはサンドイッチ法に比べて一般に感度が劣ることが多い．これらの欠点を改良し，希土類錯体ラベルのFRETにおける優位性を活かした小分子の分析方法として，最近，17β-エストラジオールの測定においてFRETを利用する競合法でない均一系イムノアッセイが報告された[44]．

この原理は図13.23に示すように，あらかじめ希土類をラベルした抗体に，消光剤をラベルした抗原を結合させたものを用意する．この状態では希土類の蛍光は消光されていて観測されない．ここに抗原の小分子を含む試料を加えると，平衡反応により抗体に結合していた抗原の一部が消光剤を持たない抗原と入れ替わるため，蛍光が観測されるようになる．このようにして試料中の抗原濃度と蛍光強度が比例した検量線が得られる．このアッセイは競合法でないため，低濃度領域で低い検出限界を得られる．また，均一系の反応なので反応時間が短く，血清のような複雑なマトリクスの溶液でそのまま測定すると強い干渉が予想されるにもかかわらず，時間分解測定なので干渉を大方除去できるという希土類の特徴を最大限に利用した分析方法である．血清中の17β-エストラジオールの検出限界は64 pmol l^{-1}であった．

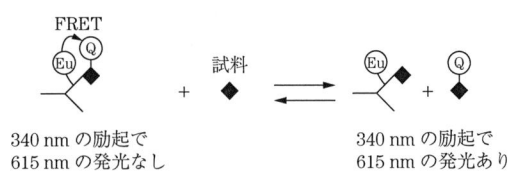

図13.23 小分子の非競合均一系イムノアッセイの原理
—<：抗体，◆：抗原（小分子），Q：消光剤．

13.4 希土類錯体の核酸分析への応用

13.4.1 不均一系の分析

不均一系，つまり固相上の分析（heterogeneous assay）では，核酸を測定容器の壁やチップの表面に吸着させておき，蛍光ラベルを結合した相補鎖の核酸プローブとハイブリダイズ（hybridize，2種の相補的塩基配列の核酸が二本鎖を形成すること）させた後，洗い流して，固相に残ったプローブとハイブリダイズしなかったフリーのプローブを分離する．これをB/F分離という．Bはbound（結合した），Fはfreeの意味である．このように，不均一系の測定は洗い流す操作が必要であるが，洗い流すことにより余分な夾雑物を除くことができるので，13.4.2項で述べる均一系の分析に比べて高感度になる．

表13.5に，これまで報告されている主な希土類錯体を用いる核酸の分析例をあげた．また，その際に使用された錯体を図13.24に示した．

表13.5の中の一例を解説すると，$Streptococcus\ pneumoniae$ のDNAの測定では，以下のようにポリメラーゼ連鎖反応（polymerase chain reaction, PCR）産物（PCRの酵素反応により極微量のある塩基配列をもとにしてその同一配列のDNAを増幅合成したもの）の測定が行われた．$S.\ pneumoniae$ のDNAのPCRを，5′末端にビオチンを持つフォワードプライマーを用いて行う．このPCR産物をストレプトアビジンで表面をコートしたマイクロタイターのウェルに加えて固着し，NaOHでdenature（一本鎖化）し，洗い流す．この操作によりウェルには一本鎖DNA（single-stranded DNA, ss DNA）のみが残る．このビオチンラベルしたssDNAに相補的な塩基配列のDNAでEu^{3+} 錯体をラベルしておいたプローブをウェルに加えて，固着させておいたssDNAとハイブリダイズさせた後，洗い流してウェルの表面に残ったEu^{3+}

表 13.5 希土類錯体を用いる DNA および RNA の分析

応用例	キレート	文献
不均一系ハイブリダイゼーションアッセイ	W2014-Eu^{3+}（Wallac/Perkin Elmer）	45)
	L1-Eu^{3+}, Tb^{3+}, Sm^{3+}	46)
均一系ハイブリダイゼーションアッセイ	BHHCT-Eu^{3+}	47)
	L3(BPTA)-Tb^{3+}	48)
	DTPA-cs124-エチレンジアミン-Eu^{3+}, Tb^{3+}	49)
	DTPA-cs124-Tb^{3+}	50)
	L2-Eu^{3+}	51)
インターカレーションアッセイ	L5-Tb^{3+}	52)
	テトラサイクリン-Eu^{3+}	53)
	オキシテトラサイクリン-Eu^{3+}	54)
	BPMPHD-CTMAB-Tb^{3+}	55)
ケミルミネセンスアッセイ	FLUQ-Tb^{3+}	56)
リアルタイム PCR（TruPoint®-PCR）	L4-Eu^{3+}, Tb^{3+}	57～60)
	L2-Eu^{3+}, L4-Tb^{3+}	61)
ジェノタイピング	L4-Eu^{3+}, Tb^{3+}	60)
(competitive TruPoint®-PCR)	L2-Eu^{3+}, L4-Tb^{3+}	61)
(オリゴヌクレオチドリゲーションアッセイ)	TBP-Eu^{3+}	62)
(ミニシークエンシング法)	TBP-Eu^{3+}	63)
(Invader®)	L2(DTBTA)-Eu^{3+}, L3(BPTA)-Tb^{3+}	64)

L1 や FLUQ などの配位子の構造は図 13.24 を参照．

錯体の発光を DELFIA® システム（図 13.14 参照）で測定する．この測定で 50 fg の S. pneumoniae DNA が測定できるが，これは約 20 コピー（20 分子）という少数の DNA の検出に相当する[45]．

このような，PCR 増幅した試料をハイブリダイズして DELFIA® で検出する方法で，複数の希土類ラベルにより 7 種類の異なる DNA を分析した例がある．7 種類もの DNA プローブに異なる発光ラベルをつけるには，以下のように希土類錯体を組み合わせる．7 種のうち 3 種は Eu^{3+}，Tb^{3+}，Sm^{3+} それぞれ単独でラベルした．別の 3 種は Eu^{3+}-Tb^{3+}，Eu^{3+}-Sm^{3+}，Tb^{3+}-Sm^{3+} のような 2 色の組み合わせで 3 種の異なるプローブとした．最後に 7 番目のプローブは 3 色ともラベルされている．試料を PCR で増幅した後，ウェルに固着する．まず，7 種のうちのどれかのプローブをハイブリダイズさせて洗い，DELFIA® で測定する．この操作を残りの 6 種のプローブに繰り返し行い，1 回のアッセイで 7 種類のヒトパピローマウイルスを測定した[46]．

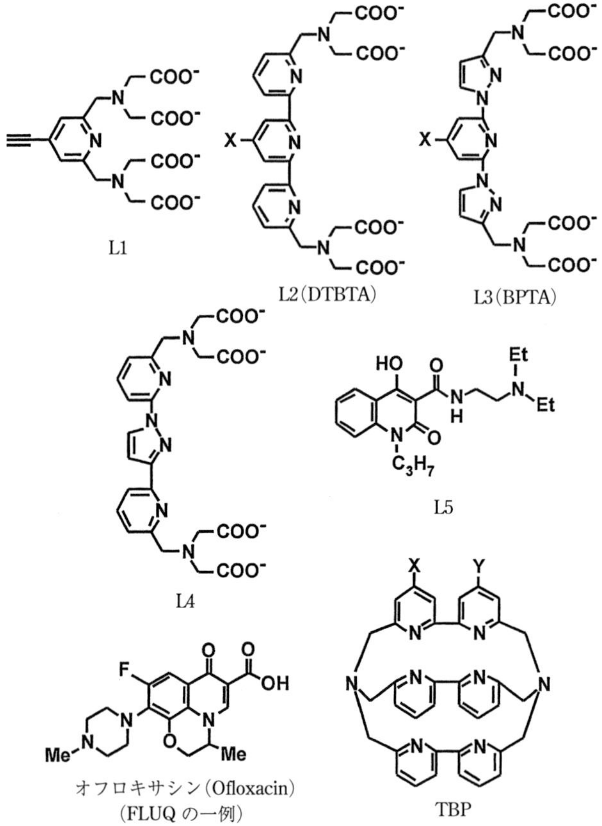

図 13.24 表 13.5 および 13.4.2 項で引用されているキレート[30]

13.4.2 均一系の分析

均一系の分析（ホモジニアスアッセイ，homogeneous assay）では B/F 分離ができないので過剰のフリーのプローブが存在する中で，結合したプローブのみを測定するための工夫が必要である．

特定の塩基配列の DNA や RNA を均一系で検出するために，たとえば図 13.25 のような各種のプローブが開発されている．これらはいずれも FRET あるいは消光を利用した核酸プローブで，当初は有機の蛍光ラベル剤を用いて開発されたものであるが，いずれも希土類錯体を用いても可能であり，さらに励起波長と測定波長の波長差を大きくできることと時間分解測定により高感度

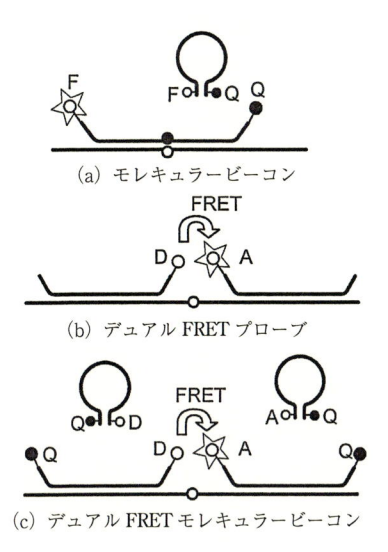

13.4 希土類錯体の核酸分析への応用

図 13.25 ホモジニアスハイブリダイゼーションアッセイの例[30]
F：ラベル剤，Q：消光剤，D：ドナー，A：アクセプター．太い実線はDNA，DNA上の白丸は一塩基多型/変異の部位．

化や共存物の干渉の除去ができる．

図 13.25 (a) のモレキュラービーコン (molecular beacon) では，標的とするDNA/RNAに相補的な塩基配列をループ部分に持つステム-ループ (stem-loop) 構造のオリゴヌクレオチドをプローブとする．この塩基配列の両末端は互いに相補的塩基配列なのでステム構造となる．その一端には蛍光色素を他端には消光剤を適当なリンカーを介して結合しておく．このプローブのみの状態ではステム-ループ構造により色素と消光剤は互いに近くに存在するので蛍光は出ない．試料溶液中に標的となる塩基配列のDNA/RNAが存在するとハイブリダイズして蛍光色素と消光剤の距離が伸びるので，蛍光が出る．モレキュラービーコンは原理が簡単で多様なプローブの作成が可能なので，リアルタイムPCR (real-time PCR，PCR反応中にDNAの増幅量を連続的に測定する)，ジェノタイピング (genotyping，遺伝子の特定の位置の塩基の変異を検出して型別する)，蛋白質のDNA/RNAへのバインディングアッセイ (binding assay)，遺伝子発現のモニタリングなどに使われている．モレキュラービーコンは応用性の広い方法であるが弱点として，試料中のヌクレアーゼ

による分解が起こることと DNA/RNA 結合蛋白質と相互作用して変化することなどの理由により，蛍光が偽シグナルとして生じることがある．特に，生きた細胞中や細胞全体の分解物を測定するときなどに問題になる．

上記のモレキュラービーコンの問題点を克服するために，デュアル FRET プローブ (dual FRET probe) が開発された（図 13.25 (b) 参照）．この方法では，2 つのオリゴヌクレオチドがプローブとして用いられる．その一方には蛍光のドナー（donor，D，供与体）（ここでは希土類錯体）が，他方にはアクセプター（acceptor，A，受容体）（有機色素など）がラベルされている．試料溶液中に測定対象の塩基配列の DNA/RNA が存在するときのみプローブとのハイブリダイゼーションにより FRET が起こり，A の蛍光が観測される．この方法ではプローブの分解が起こっても蛍光は出ない．さらにこのデュアル FRET プローブを進めてバックグラウンド蛍光のレベルを下げたのが，図 13.25 (c) に示したデュアル FRET モレキュラービーコン (dual FRET molecular beacon) である．ここでは 2 つのプローブがそれぞれモレキュラービーコンになっている．

このような核酸プローブを用いる均一系測定に有機色素でなく希土類錯体のラベルを D として用いることのメリットは，FRET における希土類錯体のメリットと基本的に同じであるが，①測定する A の発光線と D の励起波長が離れており，重なりがほとんどない，つまり，バックグラウンドが低くなる．また，② FRET における Förster 距離が希土類錯体から有機色素では長いので，より長距離の D-A 距離が測定できる．また，長い距離で FRET を測定できるので距離の揺らぎの影響が相対的に無視でき，誤差が小さい．そのためわずかな距離の差を見分けることができる．③このような均一系の分析では特に試料の共存物によるバックグラウンド蛍光が問題となるが，時間分解測定によりこのような干渉は除去できる．

デュアル FRET プローブを用いた例として，BHHCT-Eu^{3+} を D とし，Cy5 を A とした例がある．2 つのプローブはいずれも 15 mer（マー，15 塩基のオリゴヌクレオチド）で 31〜34 mer の標的 DNA を検出している．この方法の検出限界は 200 pmol l^{-1} である[47]．同様に，BPTA-Tb^{3+} と Cy3 の組み合わせでも FRET が観測され，30 pmol l^{-1} の検出限界であった[48]．

また，デュアル FRET モレキュラービーコンを用いた例としては，D プローブを DTPA-cs124-エチレンジアミンの Eu^{3+} または Tb^{3+} 錯体とし（消光剤はつけない），A プローブには D が Eu^{3+} のときは Cy5 をつけて消光剤はつけない，D が Tb^{3+} のときは A には Cy3 あるいは ROX（有機蛍光剤）をつけて消光剤はいずれのプローブもダブシル（Dabcyl：図 9.34 参照）とするという系を開発した．この方法で約 50 mer の DNA が高い S/N 比で測定できた[49]．デュアル FRET モレキュラービーコンで測定するのは A の蛍光のみなので，D に消光剤がなくても相当に高感度が得られる．

また別のデュアル FRET モレキュラービーコンでは，D に Tb^{3+} 錯体をラベルしてフルオレセイン（図 9.4 参照）のラベル剤（fluorescein isothio-eganate, FITC）を消光剤としてラベルする．A には Cy5 のみをラベルする．D と A は標的 DNA に 14〜17 mer の各種のヌクレオチド間隔（5.0〜8.6 nm の間隔に相当）を隔ててアニール（二本鎖化）するように設計されている．このような連続的なヌクレオチド間隔の変化により，FRET 効率は 0.52 から 0.04 に大きく変化することを見出した[50]．この変化は Tb^{3+} から Cy5 への FRET の Förster 距離 51 Å に対応して起こる大きな変化で，この変化を用いて 1 つのヌクレオチドの差，つまり 1 DNA 塩基分の欠落や挿入を識別できる．このような 1 塩基の欠落や挿入の識別は希土類錯体の Förster 距離が長いからできるのであり，希土類蛍光錯体を使っても 2 つのプローブの間隔が前出の Sueda らのデュアル FRET プローブの例[48]のように 1〜5 塩基と短い場合は 1 塩基の差は区別できない．したがって，デュアル FRET モレキュラービーコンで遺伝子における 1 塩基の欠落/挿入の差を検出することを目的とする場合は，2 つのプローブ間の距離を適切に選択することが重要である．2 つの有機色素間の FRET を用いて，同様の実験をすると，Förster 距離が短いので，短い距離で FRET を測定することになり，分子の揺らぎによるバラツキが相対的に大きくなるので正確な測定ができない．

さらに FRET を利用した超高感度な DNA 検出系が考案されている．これは，アンチストークスシフト FRET（anti-Stokes shift FRET）と名づけられている[51]．この方法では D プローブを Eu^{3+} 錯体（図 13.26）でラベルしておく．一方，A プローブは 5′ 末端を，Alexa Fluor の 488，514，532，546，

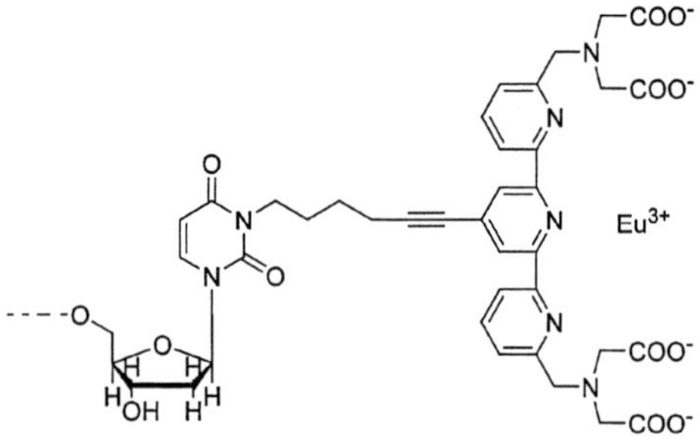

図 13.26 アンチストークスシフト FRET を用いたデュアル FRET プローブによる DNA 検出に用いられた Eu^{3+} 錯体のホスホアミダイトブロックの構造[51] ホスホアミダイトブロックは上記の構造で D プローブの 3′ 末端に結合されている．

555，647（これらの数字は Alexa Fluor の励起極大波長を nm で示したものである）などでラベルしておく．そうしていろいろな Alexa Fluor を A プローブに用いた場合のデュアル FRET プローブによる FRET を検討した．たとえば Alexa Fluor 546 でラベルした A を用いる場合，これは 500〜580 nm に励起スペクトルがある．一方，Eu^{3+} の発光バンドは 580 nm 以上の波長に存在するから，通常の Förster 理論で考えると Eu^{3+} から Alexa Fluor 546 への RFET は期待できない（図 13.27）．ところが実際は両者の間に強い FRET が観測される（図 13.28）．この機構については本当のところは十分に説明できないが，その機構はおおよそ次のように考えられる．この FRET は実際問題として励起光は 337.1 nm なので，Alexa Fluor の蛍光波長よりもエネルギーの大きい波長で励起している．

Alexa Fluor の各色素の吸収スペクトルと Eu^{3+} 錯体の発光スペクトルを図 13.29 に示した．

Alexa Fluor 647 を除いて他の Alexa Fluor では吸収極大はすべて Eu^{3+} 錯体の発光最短波長の 580 nm より短い波長であり，スペクトルの重なりがないので Förster 理論では Eu^{3+} からの FRET は期待できないにもかかわらず，図 13.30 のようにすべての Alexa Fluor で FRET が見られる．

図 13.30 によると，Alexa Fluor 532，546 や 555 では，減衰曲線はエクスポネンシャル型で 2 成分を含んでいる．Alexa Fluor 546 の曲線からはこの 2 成分の蛍光寿命は 0.64 μs と 48.4 μs と求められる．また，同図によると

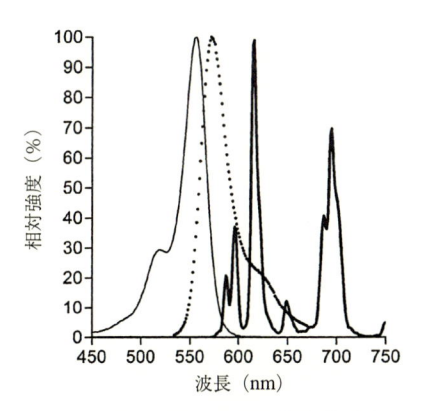

図 13. 27 アンチストークス FRET で用いられた Eu^{3+} 錯体 (D) の発光スペクトル (太線) および Alexa Fluor 546 (A) の励起スペクトル (細線) と蛍光スペクトル (点線)[51]
いずれのスペクトルも最大強度を 100 に規格化してある.

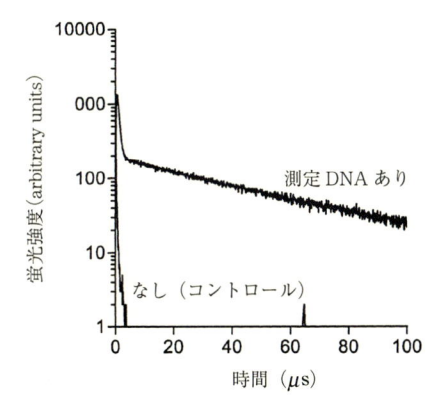

図 13. 28 Eu^{3+} 錯体をラベルした D プローブと Alexa Fluor 546 をラベルした A プローブの存在下で測定対象の DNA がある場合とない場合のアンチストークスシフト FRET による Alexa Fluor 546 の蛍光の時間変化[51]
蛍光は Alexa Fluor 546 の蛍光の波長 572 nm で測定した.

Eu^{3+} とスペクトルの重なりがあり, Förster 型の FRET が予想される Alexa Fluor 647 では Förster 型の 1 成分の減衰曲線となっている. 一方, Alexa Fluor 488 や 514 では, 短い蛍光成分のみが見られている. 各 Alexa Fluor について求めた τ_{AD} (FRET による A の寿命) や全体のエネルギー移動効率, Förster 距離を表 13.6 にまとめた.

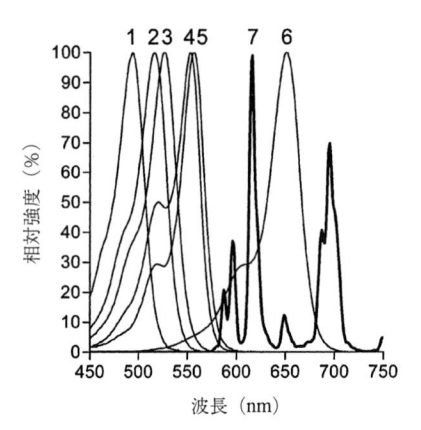

図 13.29 Eu^{3+} 錯体の発光スペクトル (7) と Alexa Fluor の吸収スペクトル[51]
Alexa Fluor 488 (1), 541 (2), 532 (3), 555 (4), 546 (5), 647 (6). スペクトルはいずれも極大強度を 100 に規格化してある.

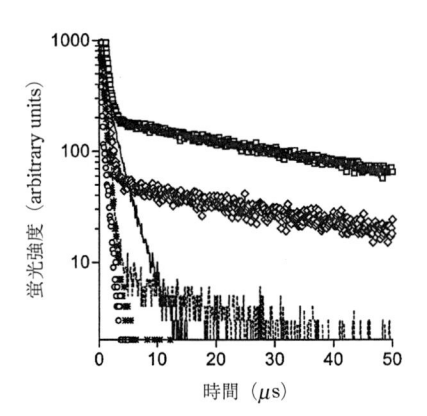

図 13.30 各 Alexa Fluor を用いたときの Eu^{3+} からの FRET 蛍光の減衰曲線[51]
曲線は上から Alexa Fluor 546 (□), 555 (◇), 647 (実線), 532 (点線), 514 (＊), 488 (○). 観測波長は Alexa Fluor 546 では 572 nm, Alexa Fluor 555 では 572 nm, Alexa Fluor 647 では 665 nm, Alexa Fluor 532 では 572 nm, Alexa Fluor 514 と 488 では 530 nm で, いずれのバンドパスフィルターもバンド幅は 7 nm.

τ_{AD} (測定値), Q_{tot}, R_0 などは, 9.3 節で述べた方法により求められたものである. Q_{tot} は,

$$Q_{tot} = \frac{1}{1+\frac{r^6}{R_0^6}} = 1 - \frac{\tau_{AD}}{\tau_D} \tag{13.7}$$

表 13.6 　Eu^{3+} 錯体からのアンチストークスシフト FRET における
Alexa Fluor 蛍光の物理化学的特性[51]

アクセプター(A)	A の寿命測定値 τ_{AD} (μs)	全体のエネルギー移動効率 Q_{tot} (%)*	Förster 距離 R_0 (Å)	A の寿命理論値 τ_{AD} (μs)
Alexa Fluor 488	0.63	80.5	2.9	1169.0
Alexa Fluor 514	0.66	88.0	5.4	1168.5
Alexa Fluor 532	0.56/31.3	87.9	17.1	829.7
Alexa Fluor 546	0.64/48.4	86.7	23.5	309.7
Alexa Fluor 555	0.69/54.0	86.6	21.0	478.3
Alexa Fluor 647	1.9		57.7	

* τ_{AD} に2成分あるものは2成分が示されている.

より求めたが，いずれも高い値である．この式は，式 (9.32)，(9.33) と同一であるが，$\tau_D \gg \tau_A$ (τ_D と τ_A はそれぞれ，D および A の単独で存在するときの蛍光寿命) のときは τ_{AD} は D 存在下の A の蛍光寿命と見なせるので，A の減衰曲線から τ_{AD} の測定値を求めている．一方，τ_{AD} の理論値は，上式に各 D と A の対について求めた r と R_0 を代入して求めた．表 13.6 の結果では，τ_{AD} の測定値と理論値は大きく異なり，この FRET が通常の Förster 型によるものではないことを示している．

このアンチストークスシフト FRET の機構は，以下のように考えられている．まず，D と A のエネルギー位置の関係が通常 Förster 型の FRET と逆転していることから，D から A へのエネルギー移動は通常のように Eu^{3+} の $^5D_0$ からではなく，それより高いエネルギー項から起こるのだろうと考えた．

図 13.31 のエネルギー図と図 13.30 のように Alexa Fluor の吸収ピークの位置によって減衰曲線が2成分になったり1成分になったりすることから，Alexa Fluor 532，546，555 では，その吸収ピーク位置が比較的低エネルギーなので Eu^{3+} の $^5D_1$ から (長寿命成分) と $^5D_2$ から (短寿命成分) のエネルギー移動が起こり，2成分の減衰曲線となる．一方，Alexa Fluor 488 と 514 はエネルギーが高いため，$^5D_2$ からしかエネルギー移動が起こらないので，減衰曲線は短寿命の1成分となる．$^5D_2$ や $^5D_1$ のような励起項は，従来すぐに $^5D_0$ に非発光過程により移行するといわれていたが，本実験事実を見ると，A へのエネルギー移動が可能な程度の寿命があるようにも見える．結局，$^5D_0$ から ^7F_j への Eu^{3+} の発光はゆっくりなので，$^5D_0$ と熱平衡で分布している $^5D_1$ や $^5D_2$

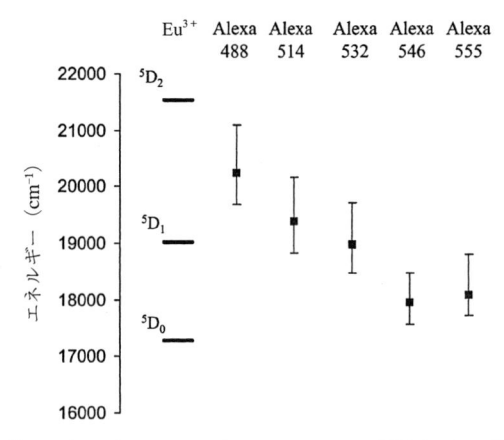

図 13.31 Eu^{3+} のエネルギーレベルと各 Alexa Fluor の吸収ピークの吸収極大（■）と半値幅（──）のエネルギーの関係[51]

もある程度寿命があるということなのであろう．

　このようなアッセイが高感度になる理由は，Alexa Fluor 546 の蛍光波長 572 nm では Eu^{3+} の発光は非常に弱いため，バックグラウンド発光フリーの理想に近い状態が作り出せるからである．前出の例のように D が Eu^{3+} で A が Cy5 のような FRET であると，測定波長の 669 nm で Eu^{3+} のバックグランド発光が弱いといってもまだかなりあり，Eu^{3+} の蛍光寿命のほうが Cy5 の寿命よりも格段に長いために時間分解測定のメリットが活かせないという問題があった．アンチストークスシフト FRET はこの弱点を克服しているため高感度になるものと考えられる．この方法は，これまでの Eu^{3+} と Cy5 の FRET のようなスペクトルの重なりがない D と A の間の FRET なので，Förster の理論に合わず非重なり型エネルギー移動（non-overlapping FRET, nFRET）と呼ばれる．また，non-Förster FRET ともいわれる．この方法の合成 DNA に対する検出限界は，0.8 pmol l^{-1} という高感度である．

　化学発光（ケミルミネセンス，chemiluminescence）と希土類の発光を組み合わせた例もある[56]．Na_2SO_3-Ce^{4+} の反応で生じる励起 SO_2^* のエネルギーが FLUQ-Tb^{3+} 錯体（FLUQ の構造は図 13.24 参照）に移行されると Tb^{3+} が光る．一方，この溶液中に DNA が存在すると DNA は FLUQ と競争的に反応し，DNA-Tb^{3+} 錯体を生成するがこれは光らない．そこで，DNA の量が多

ければ多いほどFLUQ-Tb^{3+}錯体の発光が弱くなるというDNA量と発光量の負の関係が分析に利用できる．検出限界は二本鎖のDNAと一本鎖のDNAに対して7.8 ng ml^{-1}および9.5 ng ml^{-1}であった．

　二本鎖DNAの隣接塩基対間に分子平面が平行に入り，蛍光を発するインターカレーターは，古くから二本鎖DNAの検出に用いられている．これまでは芳香系の有機化合物（SYBR® GreenやPicoGreen®など）が用いられてきた．これらの化合物は二本鎖DNAにインターカレートすると蛍光が出る．同様のインターカレーターとして，希土類蛍光錯体の応用も試みられている[52]．インターカレーターによる検出は高感度であるが塩基配列に特異性はないので，この方法は，後述のリアルタイムPCRによく用いられる．希土類錯体を使ったインターカレーターも報告されている．最近の例では，2-オキソ-4-ヒドロキシキノリン-3-カルボン酸の誘導体9種類が合成され，そのうち図13.24中のL5のTb^{3+}錯体がDNAの添加により発光が増加することがわかった．DNAの添加により励起スペクトルの極大は310～320 nmにシフトし，さらに340 nmに肩が現れる．そこで340 nmを励起に使うとL5-Tb^{3+}の検出限界は10 ng ml^{-1}であった．この値は他の希土類錯体の値テトラサイクリン-Eu^{3+}（11 ng ml^{-1}）[53,54]やBPMPHD(1,6-bis(1′-phenyl-3′-methyl-5′-pyrazolone-4′)-hexanedione)-CTMAB(cetyltrimethylammonium bromide)-Tb^{3+}（9 ng ml^{-1}）[55]や有機物で汎用されるエチジウムブロマイドの検出限界10 ng ml^{-1}などと同等であるが，PicoGreen®の検出限界0.25 ng ml^{-1}には及ばない．

　PCRは，極微量のDNAの特定の塩基配列を指定してその部分を酵素反応により増幅してコピー数を増やす技術である．一般的には約6桁の量的増幅ができるといわれる．それならこの増幅産物の量を測れば最初の量の定量ができるのではないか，必ずしも高感度測定は必要ないのではないかと考えられるが，実際はPCR反応の飽和現象があり，また増幅はいつも一定の割合で起こっているわけではない．飽和の問題はPCR中にエクスポネンシャル的に増加する増幅産物の量をリアルタイムでモニターして速度論を解析することにより解決される．この方法がリアルタイムPCRと呼ばれるもので，DNAの高感度定量法になっている．

現在，リアルタイム PCR で用いられる DNA の検出法は2つある．その一つはインターカレーターを用いる方法で，もう一つは DNA ポリメラーゼの $5'\rightarrow 3'$ エクソヌクレアーゼの反応を応用するものである．前者では既に述べたように SYBR® Green や PicoGreen® が用いられる．インターカレーターによる検出法は原理が簡単で感度もよいが，PCR で目的とする塩基配列部分の増幅以外に副反応として起こる可能性のある非特異的増幅産物を区別して検出することができないため，時に誤差が入るおそれがある．この点，後者の DNA エクソヌクレアーゼ活性を利用する方法は優れている．$5'\rightarrow 3'$ エクソヌクレアーゼ活性（二本鎖の一方の鎖を末端から次々とモノヌクレオチドに分解する）はいくつかの DNA ポリメラーゼが本来持っている機能である．この酵素活性を用いて DNA を定量する方法として広く用いられているのは，図13.32に示す TaqMan® 法である．

　TaqMan® 法では，TaqMan® プローブというオリゴヌクレオチドを用いる．このオリゴヌクレオチドプローブは標的 DNA の検出したい塩基配列に相補的な塩基配列を持ち，一端に蛍光ラベル剤が他端に消光剤がラベルされているので，PCR を行う前には蛍光は出ないか極めて弱い．このプローブを共存させて PCR 増幅を行うと，ポリメラーゼの $5'\rightarrow 3'$ エクソヌクレアーゼ活性により標的 DNA にアニールした TaqMan® プローブは酵素で消化（分解）され蛍光標識されたモノヌクレオチドが放出されるので，蛍光が観察されるようになる．

　TaqMan® 法は一塩基多型（single nucleotide polymorphism, SNP）の検出にも用いられる．SNP とは，遺伝子のある特定の部位の1塩基がほかの塩基に変わっていることである．図13.32の TaqMan® 法の図で標的 DNA の中に白丸で示したのがこの SNP 部位である．TaqMan® プローブの黒丸部分の塩基が白丸の塩基に相補的であれば，酵素反応が進行し蛍光が観測されるが，相補的でない場合は酵素反応が進行しないので蛍光は出ない．このようにして SNP 検出ができる．

　Nurmi らは，上記とは異なるシステムで，独特の Tb^{3+} 錯体を用いてリアルタイム PCR を行った[57]．この Tb^{3+} 錯体はプローブのオリゴヌクレオチドの $5'$ 末端にコンジュゲートされており，この状態では DNA との相互作用により

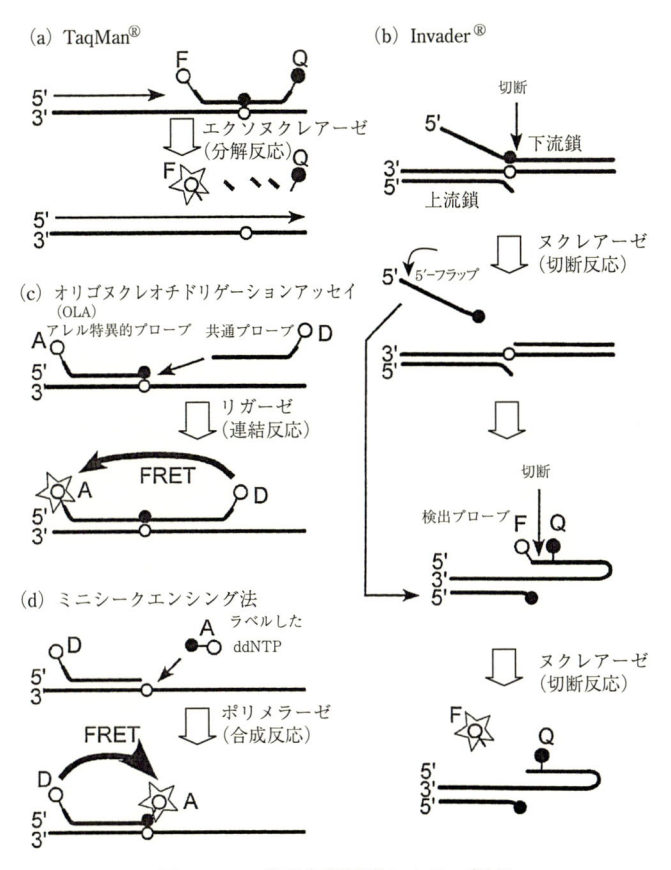

13.4 希土類錯体の核酸分析への応用

図 13.32 一塩基多型/変異タイピング法[30]
凡例は, 図 13.25 を参照.

Tb^{3+} の蛍光が目立って弱くなる性質がある. このような蛍光の弱い状態で標的 DNA にハイブリダイズし, $5' \rightarrow 3'$ エクソヌクレアーゼ反応を行うと, プローブはモノヌクレオチドに分解され, Tb^{3+} 錯体はオリゴヌクレオチドから解放されて蛍光が強くなる. ただしこのときの蛍光の増強は, フリーのプローブに比べて 3〜4 倍程度である. この方法では消光剤が必要ないので, プローブ設計や合成が簡単という利点がある. 通常の TaqMan® プローブでは消光の効率が塩基配列に強く依存するために効率のよいプローブの設計は難しい. この困難さを回避できる意味でこの Nurmi らの方法は利点がある. また,

PCRと同一の酵素で検出反応が起こることも利点である．この方法はSNPタイピング（SNP typing）にも用いられたが，S/N比がよくない（約3～4倍）ことと，Tb^{3+}と同様に消光剤なしで使用できるEu^{3+}錯体が知られていないのでSNPタイピングで通常行われるような2色を用いての分析にまで発展できないことが，あまり有効なSNPタイピングの方法とならない理由になっている[58]．

　フィンランドのTurku大学とPerkin Elmer社のグループは，リアルタイムPCRを使って特定の遺伝子を高感度に検出するTruPoint®-PCR法を開発した[59]．この方法では3'末端に消光剤をラベルした消光プローブと，5'末端に希土類錯体をラベルした検出プローブ（detection probe）を用いる．消光プローブは検出プローブに相補的な配列を持ち，その融解温度T_m（この温度で50%のDNAが二本鎖として存在し，残りの50%は一本鎖として存在する．塩基配列に依存して各DNAは固有のT_mを持つ）は，PCRのアニーリング温度より下に設計されている（30℃程度）．さらにこのTaqMan®法では，通常のPCRサイクルのdenature（一本鎖化）-アニール（プライマーのハイブリダイゼーション）-鎖伸長の3ステップの最後に，この検出プローブと消光プローブのハイブリダイズするステップを消光ステップとして加えている．鎖伸長反応の段階で検出プローブは標的DNAにアニールしてポリメラーゼで消化される．次の消光ステップで温度はさらに30℃程度に下げられるので過剰に存在して消化されずに残っている検出プローブは，消光プローブとハイブリダイズして消光する．一方，既に消化されていた検出プローブ分は消光プローブとアニールしないので発光する．すなわち，PCRの反応生成物の量と希土類イオンの発光量が比例することになる．このようにしてリアルタイムPCRが定量的に検出できる．この方法はS/N比がよく高感度で，末梢血中のPSAのmRNAを約100コピーまで測定できる．従来のTaqMan®法では1000コピーないと測定できなかった．この方法が高感度なのは，このような短いDNAを検出および消光プローブとし，アニールしてちょうど相補的な部分に蛍光ラベル剤と消光剤が来るように設計されたものの消光効率が高いためと思われる．

13.4.3 ジェノタイピング

ジェノタイピングとは，遺伝子の塩基多型（polymorphism）や変異（mutation）などの型を決めることである．特に医学で疾病との関連が注目されているのは，前出の一塩基多型（SNP）や，点変異（point mutation）など，1塩基の変異である．これらは検出が難しいものであったが，近年多くの検出系が開発されその多くが測定用キットとして市販されている．たとえば，モレキュラービーコン，TaqMan® (Applied Biosystems 社），Invader® (Third Wave Technologies 社），BeadArray™ (Illumina 社），MassExtend® (Sequenom 社），molecular inversion probe (ParAllele 社），AcyclonPrime®-FP (Perkin Elmer 社），オリゴヌクレオチドリゲーションアッセイ（oligonucleotide ligation assay, OLA），ミニシークエンシング法（minisequencing, または single nucleotide primer extension）などである（図13.32参照）．希土類蛍光錯体はこれらのいくつかの方法に用いられ，従来法に比べた優位性が実証されている．

たとえば，PCRに基づく方法で，competitive TruPoint®-PCR"という方法がある[60,61]．これは前述のTruPoint®-PCRに似ているが，PCRが終わってから蛍光検出をするのでエンドポイント（end-point）検出法に属する．competitive TruPoint®-PCRでは，消光ステップはすべてのPCRサイクルが終わってから行われる．また，TruPoint®-PCRと違って，非対称PCRが行われる．検出プローブは非対称PCRで増やされたssDNAに相補的に設計されている．このT_mはPCRのアニーリング温度より低く（～40℃）設定されている．この方法では検出プローブは消化されない．非対称PCRを終えた後，温度を下げて検出プローブが消光プローブあるいはPCR産物のDNAにアニールするようにする．前者では蛍光は出ないが後者では出るので，蛍光強度でDNA量を測定できる．この方法はTb^{3+}とEu^{3+}の2色によるSNPタイピングに使われた．

もう一つの方法はオリゴヌクレオチドリゲーションアッセイ（OLA）で（図13.32参照），リガーゼ（ligase）を使う[62]．リガーゼはDNAポリメラーゼの一種で，あるDNAに対して隣接してアニールしている2つのオリゴヌクレオチドを連結して，二本鎖DNA（double-stranded DNA, dsDNA）とする

酵素である．この2つのオリゴヌクレオチドの間にギャップがあっては連結しない．1塩基分のギャップでもあると連結は全く起こらないか，起こっても極めて少量である．OLAでは2つのプローブを用いる．一つはアレル（allele，対立遺伝子）特異的プローブで，アレルに相補的な配列を持ち，ビオチンあるいはCy5でラベルされていて，その3′末端がDNAの型別（タイピング）するべきところで終わっている．プローブがビオチンにコンジュゲートされているときは，測定時にXL 665あるいはCy5をラベルしたストレプトアビジンを加える．もう一つのプローブの共通プローブは，アレル特異的プローブの1つ下流（3′側）の塩基からスタートした配列をしており，TBP-Eu^{3+}でラベルされている．問題とする1塩基の部位が標的DNAに相補的でパーフェクトマッチであれば完全にハイブリダイゼーションが起こってリガーゼにより両プローブは連結される．するとEu^{3+}からCy5あるいはXL 665へのFRETが起こる．一方，1塩基のミスマッチがあると連結反応は起こらず洗浄によりこれらのプローブは洗い流されるので，FRETは観測されない．この方法はK-rasコドン12の変異の検出に応用された[74]．

さらに新しいジェノタイピング法として，ミニシークエンシング法がある[63]．この方法（図13.32参照）では，5′末端にDとしてTBP-Eu^{3+}をラベルし，問題とする塩基部位の1つ上流を3′末端とするプライマーを標的DNAにハイブリダイズさせておく．これにビオチン化したddATP，ddTTP，ddCTP，ddGTPのいずれか（図13.32ではddNTPと表記，dideoxynucleotide triphosphate）とDNAポリメラーゼを加える．問題の箇所の塩基と加えたddNTP（N＝A，T，CまたはG）の塩基が相補的であれば，ポリメラーゼの働きによりプライマーに結合される．結合された後，洗浄して過剰のddNTPを除く．検出時にXL 665をラベルしたストレプトアビジンを加えると，加えた塩基が相補的である場合はFRETが観測される．この方法はたとえばp 53遺伝子のコドン248の変異検出に応用された．

Invader®法は，SNPタイピングに用いられる強力な方法である．この方法は図13.32に示すように2段階の反応からなる．本方法は，PCRのようにDNAの増幅機能は用いないが蛍光シグナルの増幅機能を持つためPCRを必要としないこと，試料にゲノムDNAを用いてシグナルの増幅反応により検出

できることなど，優れた特徴を持っている．この方法では FEN と呼ばれるヌクレアーゼを用いる．この酵素は overlap-flap と呼ばれる図 13.32 中の右一番上の3本の DNA が作る三重点（しかし実際は 5′ 側の上流鎖の 3′ 末端は中央の長い標的 DNA と塩基対を作っていない）を認識して下流鎖の三重点の 3′ 側を切断する．この上流鎖と下流鎖は中央の長い標的 DNA の塩基配列に対して三重点で連続的でなくてはならず，1塩基でも抜けているとフラップの切断が起こらない．また，抜けていなくてもこの点で下流鎖が塩基対を作らなければ切断は起こらない．この性質が一塩基多型の解析に使われる．切断により生じた 5′-フラップは検出プローブの 3′ 末端側にアニールするように設計されているのでアニールが起こり，検出プローブは 5′ 末端側が折りたたまれる自己相補的塩基配列をしているので検出プローブ上に三重点が形成され，蛍光色素をラベルしたヌクレオチドが検出プローブの 5′ 末端側から切断されて放出される．切断以前は色素の蛍光は検出プローブ上で近傍にある消光剤により消光されていたが，切断により蛍光が観測されるため，SNP の検出ができる．Invader®法は感度が高く優れた SNP タイピング法である．従来は有機の蛍光色素が使われていたが，ここに希土類蛍光錯体を用いて時間分解を行うと，さらに1桁近い感度の向上が見られた[64]．

13.5 レセプター-リガンドバインディングアッセイ

細胞表面や細胞中のレセプター（receptor，多くは膜などに存在する特定のリガンド（配位子）を結合するための構造を持つ蛋白質）は，多くの生命活動を担い，また，多くの薬剤がまずレセプターに結合して作用するため，レセプター-リガンド（レセプターに結合する化合物）結合の検出はドラッグディスカバリー（新薬の開発）や agonist（作用薬）/antagonist（拮抗薬）などのスクリーニングに重要である．ある病気の発症に関与するレセプターがわかれば，それに結合して病気を発症あるいは促進する物質の代わりにレセプターに結合して発症や病状を抑える化合物をスクリーニングできる．それは薬剤の候補物となりうる．このような考えで，多種類の候補化合物をコンビナトリアルケミストリー（combinatorial chemistry，ほぼ同一の合成法により原料物質を少しずつ変えながら数十〜数百もの化合物をなるべく人手をかけずに自動

に少量多種合成する方法）によって合成し，特定のレセプターとの結合能など
を解析するためには，ハイスループット（high-throughput，多試料を微量で
短時間に測定すること）で高感度な検出系が望まれる．レセプターも候補化合
物も一般に極少量であるので，検出には高感度が要求される．現在でも検出に
は放射性化合物が依然として使われることが多い分野である．これを蛍光検出
に変える試みが進行しつつある．DELFIA®を用いて細胞を試料としたリガン
ド，つまり候補化合物のスクリーニングが行われている．希土類錯体の蛍光と
時間分解測定を用いると共存物のバックグラウンド蛍光が除去できるので，合
成あるいは単離されたレセプターでなく細胞そのものを試料として測定しても
感度が落ちないことは，希土類蛍光錯体を用いる大きなメリットである．この
方法で α-メラノサイト刺激ホルモン（α-MSH）のヒトメラノコルチン4レセ
プター（hMC4R）への結合やエンケファリンのヒト δ-オピオイドレセプター
への結合などが報告されている[65,66]．この場合，実際に使われたのは一部のア
ミノ酸を非天然のアミノ酸に変えた化合物で，$[\text{Nle}^4, \text{D-Phe}^7]$-$\alpha$-MSH
（NDP-α-MSH）や $[\text{D-Pen}^2, \text{L-Cys}^5]$-エンケファリン（DPLCE）などであ
り，DTPA-Eu^{3+} をこれらにラベルして使用した．細胞は hMC4R を過剰発
現させた HEK 293 細胞で，これをラベルしたリガンドあるいはラベルしてい
ないリガンド（競合イムノアッセイ用）とインキュベートした後，洗い流す．
その後，増強溶液を加えて蛍光性の Eu^{3+} 錯体に変換し，蛍光測定する．蛍光
強度より Eu^{3+} がラベルされていたリガンドのレセプターへの結合量が測定で
きる．このような実験においてラベルされたリガンドとラベルされないリガン
ドのレセプターへの親和性は同等であった．

　Eu^{3+} を用いるレセプターとリガンドの結合アッセイは，まだ本来のリガン
ドがわかっていないレセプター，オーファンレセプター（orphan receptor）
のリガンド探しにも有効であり，今後もハイスループットスクリーニング
（high-throughput screening, HTS）に応用されるであろう．

13.6　希土類錯体の分離・精製法への応用

　希土類錯体と時間分解測定の組み合わせは，高速液体クロマトグラフィー
（high performance liquid chromatography, HPLC）や電気泳動（electro-

phoresis）などの分離・精製技術においても高感度な蛍光検出法として実証されつつある．

HPLCでは，希土類錯体検出用の時間分解蛍光検出器が開発され，これにより，希土類錯体でラベルされた測定対象物を分析した．河川水中のエストロジェン類の分析を行ったところ，通常のHPLCより1桁以上の高感度を達成できた[67,68]．このような小分子の分離・分析では，ラベル剤が大きな分子であると測定対象分子の分離が悪くなるのでなるべく小さいラベル剤が望まれる．ここではクロロスルホニル化したナフチル基を増感グループとするトリフルオロアセチルアセトンをラベル剤として用いている．

電気泳動は，生体高分子の分離・精製に広く使われる手法である．これまで有機の蛍光色素を用いてゲル電気泳動が蛋白質の精製に使われてきた．研究開発の対象となる試料の蛋白質や核酸は貴重で，極少量しか手に入らないことが多い．そのために電気泳動分析用試料として時間と手間をかけて試料量を増やす苦労が要求されてきた．希土類錯体を用いて高感度化を達成し，試料量が少なくても分析できるとすれば，科学の進歩に寄与するところが大きいであろう．希土類錯体を電気泳動に用いるには，他の分析法に用いる場合に比べてより一層高いラベル剤の安定性が要求される．それは，金属イオンは陽電荷を持っており，電場の影響によって金属イオンが錯体から抜け出て陰極に向かう可能性があるからである．この問題を回避するために，キレート力の強いDTBTA-Eu^{3+}を蛋白質にラベルし，SDS-PAGE (sodium dodecyl sulfate-polyacrylamide gel electrophoresis, スラブゲル電気泳動) で分離してみた．卵白リゾザイム（14300 Da），牛乳β-ラクトグロブリン（18400 Da），牛膵臓トリプシノーゲン（24000 Da），オバルブミン（45000 Da），牛血清アルブミン（66000 Da）の溶液にDTBTA-Eu^{3+}の溶液を加えてしばらくラベル化反応させた後，Sephadex G-25のカラムで未反応のラベル剤を除去した．得られた溶液を電気泳動にかけ，分離後，スラブゲルをゲルプレートから外してUV-トランスイルミネーターを用いて蛋白質の分離具合を希土類錯体の発光で見た．またこのゲルを有機蛍光色素のCoomassie Brilliant Blue R250 (CBB) で染色し，蛍光で観察した．有機色素のこれらの結果と希土類錯体の発光で観察した結果は同一で，このような全体で1−の電荷を持つ希土類錯体

をラベルしても SDS-PAGE の挙動に有機のラベル剤を用いたときと比べてなんら影響はないことがわかった．これらの結果は，DTBTA-Eu^{3+} の安定性は高く，電場の影響によってもなんら問題はないことを示している．これ以前にも，スラブゲルやキャピラリーの電気泳動において他の希土類錯体を用いた試みはあるが，これらでは配位子のみをラベルして泳動した後，検出時に希土類イオンと反応させて発光性錯体としていた．DTBTA-Eu^{3+} は金属錯体のまま電気泳動できた最初の例である．また，希土類錯体は有機の蛍光剤と同様に，ラベルされていない蛋白質を電気泳動で分離後にゲルを取り出して，泳動後の反応でゲル中の蛋白質に染色できることもわかった．また，合成石英チューブ中でのディスクゲル電気泳動ではチューブから取り出さずにそのまま観測ができた．さらに希土類錯体は，ゲル中での保存性がよく，乾燥したゲルを1年保存しても蛍光に変化は見られなかった．これは，有機の蛍光剤にはない長所である．以上のように希土類錯体は，ゲル中で安定なラベル剤として，今後実用的な応用が期待される[69]．

一方，キャピラリー電気泳動は，試料が微量で分離能が高く生体高分子の分析に有効であるが，感度がもう少し高ければという問題点がある．DTBTA-Eu^{3+} をラベルした5種類の蛋白質の SDS-キャピラリー電気泳動分析では，時間分解の蛍光検出器を開発し，これを用いて行った電気泳動は，図13.33に示すように分子量の順に蛋白質が分離された．その際の検出限界は，従来のレーザー励起蛍光検出に比べても優れたものであった（表13.7）[70]．通常の有機蛍光ラベル剤を用いるキャピラリー電気泳動では，キャピラリー材質やゲルから出るバックグラウンド蛍光を避けるために，キャピラリー出口直下で蛍光検出している．希土類錯体を用いる時間分解測定ではこのようなバックグラウンド蛍光は問題とならないので，キャピラリーの横から蛍光測定できる．そのため，分離したバンドが乱されずに観測できる．この分野はまだ開発途上であり改良の必要もあるが，今後の発展が期待される．キャピラリー電気泳動の高い分解能と希土類錯体の高い検出能が結合して優れた分析法となる可能性がある．

特定の蛋白質を精製する方法として広く用いられているものにヒスタグ法（His-tag法）がある．通常用いられる方法では，図13.34に示すように，固体

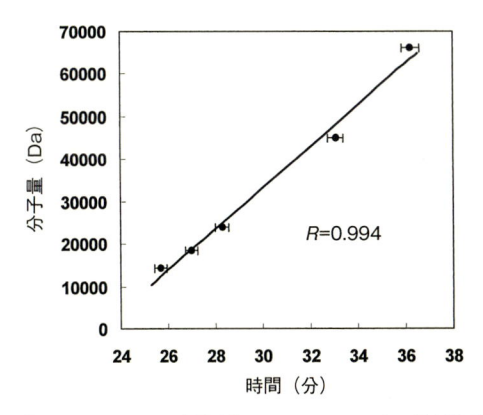

図13.33 DTBTA-Eu^{3+}をラベルとする時間分解SDS-キャピラリー電気泳動による代表的蛋白質の分子量と泳動時間の関係[70]

用いた蛋白質：リゾチーム（14399 Da, 8 nmol l^{-1}），β-ラクトグロブリン（18300 Da, 6.6 nmol l^{-1}），トリプシノーゲン（24000 Da, 5.4 nmol l^{-1}），オバルブミン（45000 Da, 2.8 nmol l^{-1}），牛血清アルブミン（66000 Da, 2 nmol l^{-1}）．R：相関係数．

表13.7 SDS-キャピラリー電気泳動における各種検出法の検出限界の比較[70]

検出法	リゾチーム	β-ラクトグロブリン	トリプシノーゲン	オバルブミン	牛血清アルブミン
UV 吸収[71]	N.A.	820 nmol l^{-1}	625 nmol l^{-1}	330 nmol l^{-1}	220 nmol l^{-1}
LIF[72]	N.A.	30 nmol l^{-1}	N.A.	8 nmol l^{-1}	4 nmol l^{-1}
TRF-PC[70]	4 nmol l^{-1}	5 nmol l^{-1}	1 nmol l^{-1}	1 nmol l^{-1}	0.5 nmol l^{-1}

LIF：laser induced fluorescence（レーザー励起蛍光検出），TRF-PC：time-resolved fluorescence with photon counting（フォトンカウンティングを用いる時間分解蛍光検出），N.A.：データなし．

表面（カラム中の高分子ビーズの表面）にニトリロトリ酢酸に配位したNi^{2+}錯体を結合させておく．これに標的蛋白質の末端にHis-tag（ヒスチジンを6個つなげたもので，遺伝子組み換え技術で遺伝子から蛋白質を合成するときにこのヒスチジンペプチドを蛋白質末端につけることができる）をつけたものを加えると，蛋白質のヒスチジン部位がNi^{2+}に配位していた水分子と置換して選択的に配位し，固相表面に固着される．つまり，ほかの蛋白質などが共存してもこのHis-tagはNi^{2+}に対する安定度定数が高いため選択的に配位し，標的蛋白質だけが固相表面に捕捉される．その後この状態でEDTAを加えるとこの蛋白質は解離してくるので，蛋白質の一般的精製法として使われる．

最近，このNi^{2+}の代わりにLa^{3+}やEu^{3+}を加えても同様の選択的蛋白質の

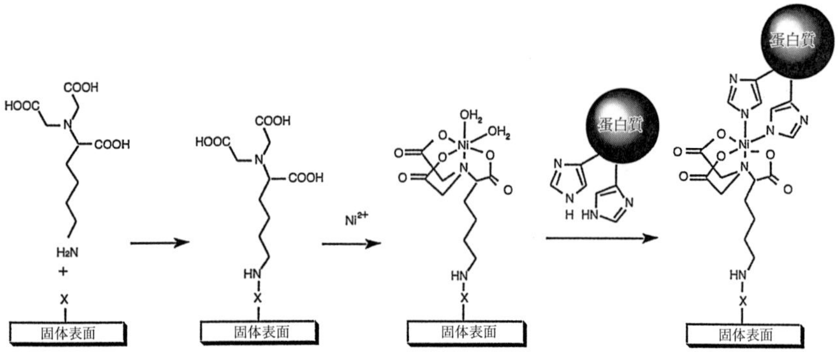

図 13.34 His-tag 法による蛋白質精製の原理

捕捉と精製が行えることが報告されている[73]．希土類イオンはニトリロトリ酢酸と安定な錯体を作る上，通常の配位数が 7〜10 程度と高いため，Ni^{2+} では 2 個のヒスチジンが配位するが希土類ではそれ以上のヒスチジンが配位している可能性がある．また，Eu^{3+} を使用するとヒスチジンが配位する前は外側が配位水により覆われているので，水による消光作用で蛍光が弱かったものが，ヒスチジンを配位すると蛍光が強くなるため蛋白の検出に使える．この方法を表面プラズモン共鳴（surface prasmon resonance, SPR）で検出しておおよそ $\mu mol\, l^{-1}$ レベルの蛋白質が検出された．この検出は今のところ Eu^{3+} の蛍光を 615 nm で通常の蛍光検出器で測定しているが，時間分解蛍光測定にすれば，感度が上昇するものと予想される．

13.7 時間分解蛍光イメージング

イメージング（imaging）といわれる分野にはいくつかの使われ方があるが，いわゆる DNA チップや蛋白質チップ，細胞チップなどのようなマイクロアレイ（microarray）に用いるチップイメージングと，細胞や組織中の特定の成分の局在や移動状況を見るバイオイメージングに大別されよう．いずれも従来は有機の蛍光色素が広く用いられていた．マイクロアレイの分野では，多数のマイクロスポットをレンズで拡大し，その蛍光を光電子増倍管を用いて励起光をスキャンしながら測定する方式か，あるいは CCD カメラにより多数のスポットを二次元測定している．細胞や組織のイメージングでは，細胞や組織

の全体像を顕微鏡を通して見て，組織や細胞における蛍光ラベルを持つ特定の成分の空間および時間軸での変化を光電子増倍管やCCDで観察する．

このような従来の有機ラベル剤を用いるイメージングに希土類錯体を用いて時間分解測定を行えば，高感度化が実現されるであろう．このような希土類錯体応用の試みについて，まず前者のシステムから説明しよう．希土類錯体をラベルとした時間分解蛍光マイクロアレイシステムはまだほとんど報告がない．いくつかの論文で確かに希土類錯体をラベルした生体成分の溶液を基盤上に数μl 滴下したスポットやラベルした高分子のビーズ，ナノ粒子などのイメージを報告しているが，これらはほとんどが時間分解測定でない上に，単にかなり高濃度の溶液をスポットしてその蛍光が観察されたという程度の報告で，実用的な感度を示した報告ではない．現行の有機の蛍光ラベル剤を用いたマイクロアレイでは，多種類の微量のプローブ（核酸や蛋白質など，試料中で同時定量したい多数の成分各々に選択的に結合する生体成分，つまり相補的配列のDNAや抗体など）をチップ（基盤）上に場所を決めて多数の微小スポットとして吸着あるいは化学結合で固着してマイクロアレイとし，そこにあらかじめ蛍光ラベルした測定対象の溶液を加えてしばらくインキュベートし，洗い流した後に固相上の各スポットの蛍光強度を測定することで，そのスポット位置の成分に選択的に結合する成分の試料中での有無を判定する．あるいは蛍光強度により定量する．あらかじめスポットする既知成分の液量は，たとえば 1 μmol l^{-1} の溶液 1 nl 以下であり，極微量である．それと結合する試料中の成分量も超微量であるため，発光の測定時にはほとんど溶液は乾燥している．筆者らは，希土類錯体をラベルとするマイクロアレイ用の時間分解測定装置を開発した（図13.35）．

このようなシステムに BHHCT-Eu^{3+} や BPTA-Tb^{3+} などの希土類錯体をラベルとして用いると，スポットが濡れている間は蛍光が観測されるが，乾くと蛍光が消失するという問題が見られた．この理由は今でもよくわからないが，その他の多くの希土類錯体に見られる現象のようであり，希土類錯体ラベル剤をチップイメージングに応用する際の大きな障壁になっていた．一方，錯体のキレート力が高い DTBTA-Eu^{3+} 錯体ではこのような問題が起こらないことから，乾燥により一部の金属イオンが基盤表面などと相互作用して配位子か

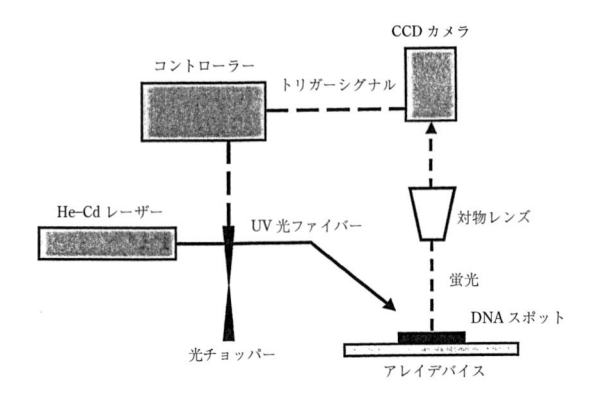

図 13.35　マイクロアレイ用時間分解蛍光検出装置[74]

ら抜け出るのかもしれない．DTBTA-Eu^{3+} を用いた DNA アレイのイメージを図 13.36 に示した．ここでは，基盤上のスポットでオリゴヌクレオチドリゲーションアッセイ（OLA）を利用して 1 塩基の変異を検出している．これは基板上で希土類錯体/時間分解蛍光イメージ検出のシステムを用いてスポットアレイが実際的な DNA のバイオアッセイに用いられた初めての例である[74]．このシステムでは 10^{-10} mol l^{-1} 程度の濃度の DNA スポットが検出可能である．市販の DNA マイクロアレイでは有機色素の Cy3，Cy5 が使用されているが，これらに比べて希土類錯体をスポットした基盤は保存性がよく，一度測定したものを 1 か月保存しても蛍光がそれほど変化せずに観測される．

アメリカの Corning 社と Amgen 社は G 蛋白質結合レセプター（G-protein-coupled receptor, GPCR）マイクロアレイを開発し，各種リガンドの結合の有無を Eu^{3+} 錯体の時間分解測定で測定した．この測定におけるリガンド溶液は 1〜10 μmol l^{-1} の濃度であった[75]．

希土類蛍光錯体をラベルとする細胞や組織中の特定成分のイメージングは，最近報告例が増えているが，その多くが時間分解でない普通の蛍光顕微鏡を用いたイメージングであるため，この分野での希土類錯体の持つポテンシャルはまだ十分には検討されていないと考えられる．報告の多くが市販の蛍光顕微鏡に紫外部の励起光源を使っている．現在のところ，この分野での時間分解測定の研究はごく一部の研究者の開発した装置によっているといえよう．

13.7 時間分解蛍光イメージング

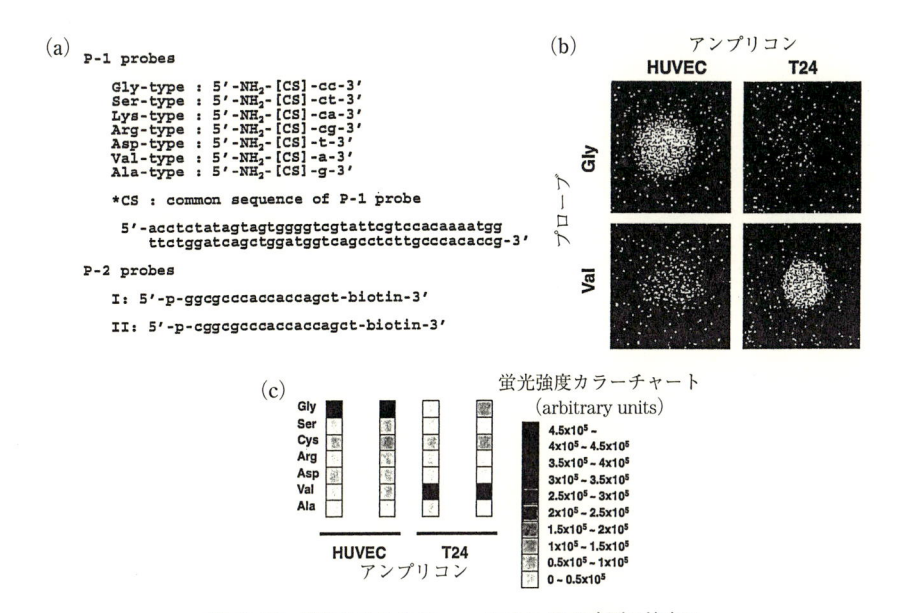

(a)
```
P-1 probes
  Gly-type : 5'-NH2-[CS]-cc-3'
  Ser-type : 5'-NH2-[CS]-ct-3'
  Lys-type : 5'-NH2-[CS]-ca-3'
  Arg-type : 5'-NH2-[CS]-cg-3'
  Asp-type : 5'-NH2-[CS]-t-3'
  Val-type : 5'-NH2-[CS]-a-3'
  Ala-type : 5'-NH2-[CS]-g-3'

*CS : common sequence of P-1 probe

  5'-acctctatagtagtggggtcgtattcgtccacaaaatgg
      ttctggatcagctggatggtcagcctcttgcccacaccg-3'

P-2 probes
  I : 5'-p-ggcgcccaccaccagct-biotin-3'
  II: 5'-p-cggcgcccaccaccagct-biotin-3'
```

図 13.36 固相上での C-Ha-ras コドン 12 の変更の検出[74]
(a) p-1 プローブは 5′末端にアミノ塩基を持ち,これで固相に固定,p-2 プローブは 3′末端にビオチンを持ち,アビジンを介して蛍光ラベルする.また,5′末端がリン酸化されていてリガーゼの基質となる.(b) p-1 プローブのシグナル.(c) シグナル強度と蛍光強度カラーチャートの関係図.

　希土類錯体は一般に,従来蛍光顕微鏡観察に用いられてきた有機色素の Cy3,Cy5 などのシアニン系色素やフルオレセイン(図 9.4 参照)系の色素に比べて,光による劣化に伴う退色(フォトブリーチング,photobleaching)が格段に少ないため,特にイメージングの分野でこれまで色素の光退色に悩まされてきた研究者には期待される色素である.また,時間分解測定を用いれば細胞や組織の自家蛍光(autofluorescence,細胞や組織の構成物が出す弱いバックグラウンド蛍光)が除去でき,測定対象物質のみが観測できるので,従来法では検出できなかったような微弱なシグナルが観察できる可能性がある.自家蛍光の問題は細胞や組織では特に問題であるので,この点が改良されることに対する期待は大きい.

　しかし,このような期待に応えるためには希土類錯体に厳しい条件が求められる.それは,一つには錯体の安定性である.溶液に比べて細胞や組織のような複雑で密度の高い試料の場合はマトリクス(周囲の環境となる共存物質)が

蛍光強度に及ぼす影響が大きい．錯体が高い安定性を持ち，その蛍光強度が環境になるべく影響されないことが要求される．これまで13.1節で見てきたように，一見構造からは高い安定性が予想されるような錯体でも，緩衝液の種類により蛍光強度が強く影響されるものがあるので，希土類錯体の設計は必ずしも容易なものではない．この問題に加えて，細胞観察の場合にはさらに別の因子が重要になる．それは，希土類錯体の細胞膜透過性である．細胞内へ強制的に導入する方法もいくつかあるが，ラベル剤の溶液に細胞を浸すことにより自然に細胞内に入ってくれればそのほうがよい．さらに，生細胞での特定成分の観察を行うのであれば，細胞毒性がないことが必要である．以上に述べた複数の条件をすべて満たすような錯体の合成は，なかなか困難である．この分野のこれまでの経験の蓄積もまだ十分ではないが，以下には，希土類錯体を標識として時間分解測定を行った報告に限って，最近数年間の細胞や組織のイメージングをまとめてみた．

希土類錯体/時間分解測定をイムノアッセイに応用するシステムのパイオニアであるフィンランドのWallac社（現Perkin Elmer社）とスウェーデンおよびフィンランドの大学の共同による初期の研究では，市販の蛍光顕微鏡を改良して紫外光パルス光源を組み入れ，チョッパーと冷却CCDにより測定している．彼らは図13.37のように，有機の蛍光剤であるローダミン6Gの粒子とEu^{3+}を含むY^{3+}のオキシ硫化物粉末の像を比較し，有機蛍光剤の像R1は時間分解測定により消えるのに対して，Eu^{3+}を含む粉末は時間分解測定でも見えることを証明した．また，細胞・組織での免疫組織化学（immunohistochemistry，蛍光ラベル剤で標識した抗体の水溶液を組織切片に加えて反応させた後洗い流すと組織中でその抗体の抗原の存在する部位のみが蛍光顕微鏡で観測される）（図13.38）的観察や培養細胞でのmRNAの検出，および in situ ハイブリダイゼーションを行った[76]．これらのイメージから，時間分解測定がこの分野でバックグラウンド蛍光を除き，標的物の観察に優れていることが理解されよう．

より実用的で一般的な応用例として，上の例よりはるかに濃度の低い特定の標的物質を，DTBTA-Eu^{3+}をラベルとして免疫組織化学で観察した例がある．酸化ストレスで生じる活性酸素により脂質から生成されるHNE（4-

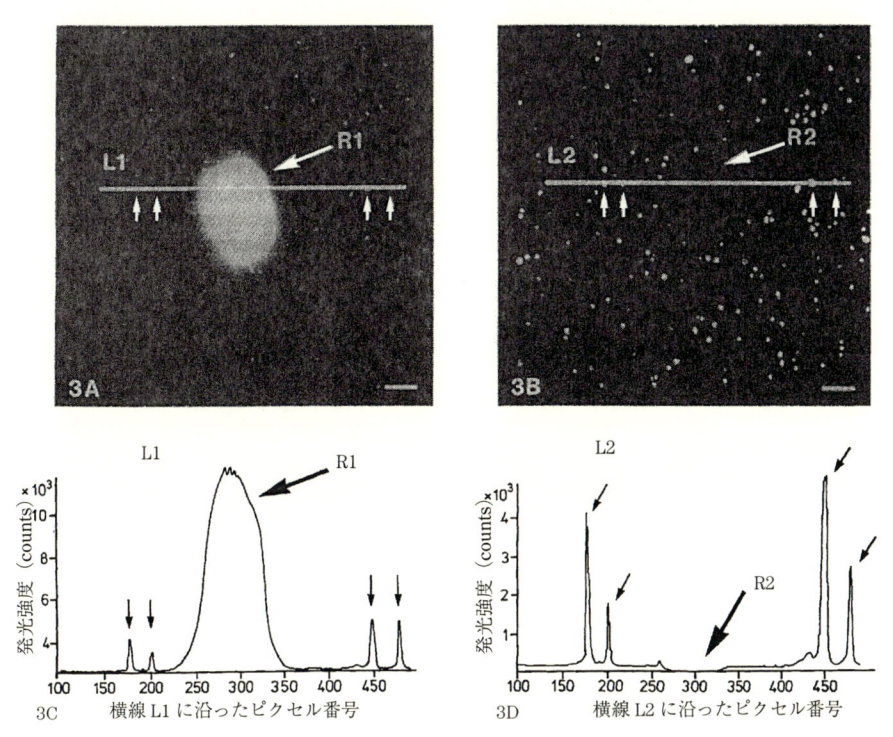

図 13.37 ローダミン 6G の粒子 (R1, R2) と Eu^{3+} を含む Y^{3+} のオキシ硫化物の粉末 (周りの斑点) の像[76]

3A は通常の蛍光顕微鏡像．3C は 3A の横線 L1 に沿った蛍光強度分布．3B，3D は時間分解蛍光顕微鏡像．3A，3C で出ていたローダミン 6G 粒子の像 (R1) が消えて，周りの Eu^{3+} 粉末の像は残っている．

hydroxynonenal) による化学修飾を受けた IgA の消化管上皮細胞での観察である[77]．HNE 自体は不安定で反応性に富む小分子で，さらに蛋白質の 1 級アミノ基と反応した生成物が血管などに蓄積すると動脈硬化の原因になる．免疫組織化学で見られるのは，この HNE 修飾を受けた蛋白質である．HNE 抗体に DTBTA-Eu^{3+} をラベルして組織切片に添加し，洗い流した後に切片を観察すると，HNE 修飾を受けた蛋白質が消化管の上皮細胞に存在していることがわかった．

以上の細胞や組織観察を通して，通常の有機蛍光剤で問題になる細胞や組織の共存物や固定操作に伴う自家蛍光の存在は，時間分解測定によりほとんどが

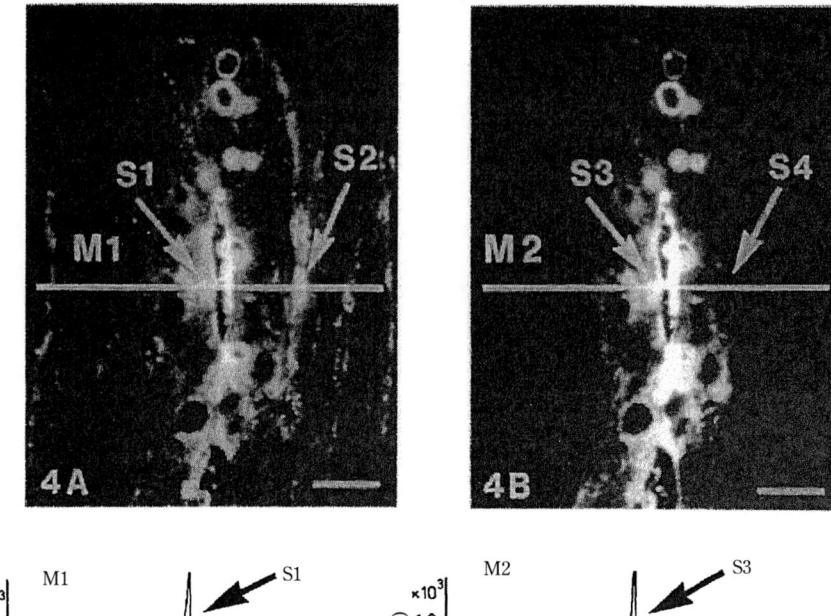

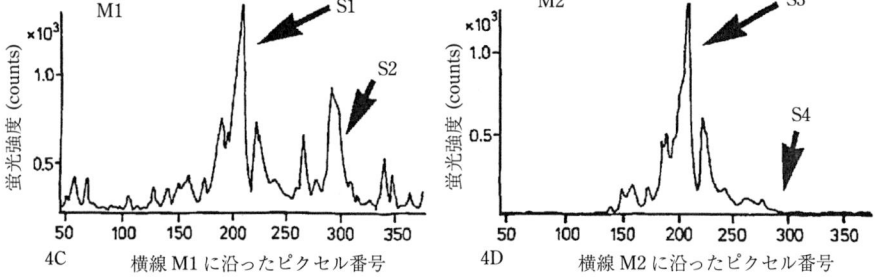

図 13.38 ヒトの大腸腫瘍組織での C242（腫瘍マーカーの蛋白質）の免疫組織化学的観察[76]
いずれも Eu^{3+} 錯体をラベルしているが，4A，4C では時間分解測定をしていない．4B，4D では時間分解測定をしているため，自家発光が除去されている．

除去できることがわかった．また，シグナルに自家蛍光や周辺ガラスなどからのノイズ蛍光が混じっていないので，微弱なシグナルの観察に有利であるばかりでなく，シグナル強度の定量性がよく，定量的評価に向いていることが最近の画像のデジタル分析で示されている[78]．

13.8 その他の生命科学研究における希土類イオンプローブの応用

希土類イオンの錯体は既に述べたように，NMR のシフト試薬や MRI のコ

ントラスト試薬，バイオテクノロジーにおける蛍光ラベル剤などで研究や診断・治療のツールとなっているが，希土類イオンは Ca^{2+} とイオン半径が近く安定な配位環境が似ているため，古くから Ca^{2+} 結合蛋白質のプローブとして使われていた．錯体ではなく希土類イオン自体が生命科学研究のツールとして用いられているので，ここで紹介しておく．

希土類イオンは，核酸中の Mg^{2+} に置換して配位あるいはその他の相互作用により核酸に結合する．Mg^{2+} は核酸のフォールディング（folding, 折りたたみ）に寄与しているが，希土類イオンはこの Mg^{2+} に置換してほぼ同等の構造を維持するので，希土類イオンを何らかの方法で検出すれば，核酸のその周囲の情報が得られ，天然の状態での Mg^{2+} の周囲の構造がわかるかもしれないことを示している．特に Tb^{3+} は DNA や RNA に配位して発光することが昔から知られており，また希土類イオンは電子数の多い重金属であることから核酸の単結晶 X 線回折における位相決定にも使われている．しかし，X 線回折ではその多くの結果において，金属イオンの位置が報告されていないものが多い．これまでの研究から，Tb^{3+} はグアニン（の，おそらく窒素原子）に配位しやすいことがわかっているが，多くの研究において必ずしもグアニンのみでなくその他の部位にも存在するようであり，その結合様式は配位以外に静電的な相互作用で負電荷の高いポケットに存在するようである．希土類イオンは一般的に Mg^{2+} 以外にも Ca^{2+} に置換するので，核酸のみならず蛋白質の構造解析にも使われている．Tb^{3+} 以外にも Sm^{3+} や Lu^{3+} などが X 線構造解析に使われている．さらに，Tb^{3+} や Eu^{3+} は常磁性であるため，NMR の線幅やプロトンシグナルに大きな変化を与え，これらが NMR による構造解析に使われる．このように，希土類イオンは生体高分子中のアルカリ土類金属イオンを置換する性質があるので，この性質を利用して NMR や X 線構造解析，さらに，Tb^{3+} や Eu^{3+} では蛍光までを使って同一の研究対象物質を複数の手法で検討できるので，希土類イオンは生命科学における強力なツールである．

核酸への応用の一例として，リボザイムの研究を紹介しよう．リボザイムは特殊な構造をした RNA であり，それ自体が RNA のリン酸ジエステル結合の加水分解を触媒する．RNA は通常，Mg^{2+} により図 13.39 に示すようなハンマーヘッド（HH）型リボザイムやヘアーピン型リボザイムなどの折れ曲がっ

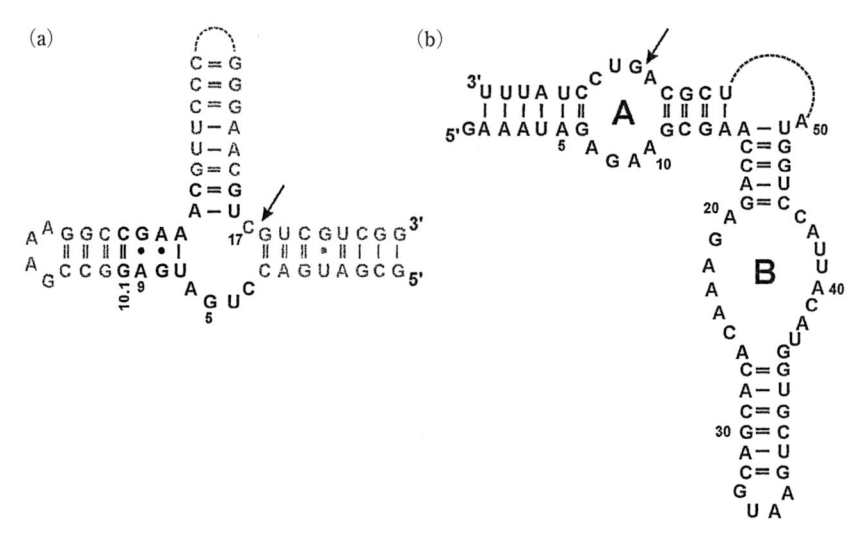

図 13.39 リボザイムの構造[79]
(a) ハンマーヘッド型リボザイム（太字の部分は，触媒作用に必要で不変な部分），(b) ヘアーピン型リボザイム．いずれにおいても矢印は切断部位（(a) では C17 の 3′ 側）を示す．(b) の点線は 2 つの RNA 鎖の連結を示す．

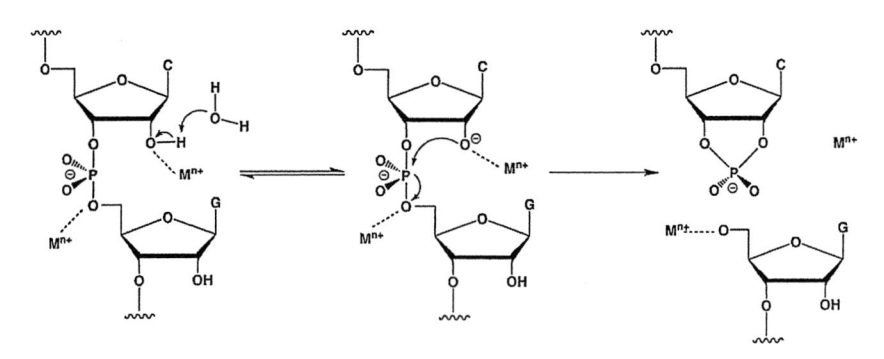

図 13.40 ハンマーヘッド型リボザイムのリン酸エステル結合加水分解の推定機構[79]

た構造を維持している．図中の矢印で示した特定の部分が，希土類イオンなしでも通常加水分解される．加水分解反応の機構はいくつか考えられているが，たとえば金属イオン 2 個を含む機構では，図 13.40 のようなものが提唱されている．

　ここに La^{3+} や Tb^{3+} を加えると，加水分解反応の速度が数倍上昇する．ヘ

アーピン型リボザイムに Tb^{3+} を添加した系の NMR では，40 Å 以内の範囲のプロトンシグナルが影響を受けるので，その解析から構造に関する情報が得られる．NMR の結果から Tb^{3+} がヘアーピン型リボザイムの負電荷の高いループ状のポケット部分に存在すると結論された．触媒反応の促進は，希土類イオンのみならずスペルミジンのような陽電荷を持つ有機物でも見られるので，Tb^{3+} が特定の部位に安定に結合しているのではなく緩くある部位に限って存在すると考えられる．Tb^{3+} は一般に核酸のリン酸部位の酸素原子やプリンのN7 位（図 6.7 参照）に配位することが知られているが，このように特定の原子でないところに緩く束縛されて存在することも，機能上重要であろう．また，Tb^{3+} では核酸塩基に配位すると蛍光を示すため，配位部位や配位水の数に関する情報が得られる．このように核酸に配位した Tb^{3+} や Eu^{3+} は構造に関する情報が得られるので，これらのイオンは核酸研究における貴重なプローブとなっている[79]．

　上記の例では，核酸に希土類イオンが配位あるいはそのほかの相互作用をすることにより蛍光を持つプローブ（あるいはタグともいう）となることを示した．蛋白質が同様に希土類イオンに結合して蛍光プローブとして機能するようにはできないものであろうか．天然の蛋白質そのままでは希土類の蛍光プローブにならないが，面白いアイデアで Tb^{3+} ペプチド錯体を蛍光性にした以下のような研究がある[80,81]．アミノ酸にはチロシンやトリプトファンなど芳香性のグループを持つものがあり，これらが Tb^{3+} への増感部位として働く可能性がある．一方，天然には Ca^{2+} 結合蛋白質が知られており，Ca^{2+} に高い親和性でキレート配位するペプチド配列が知られている．そこでこの配列をスタートとしてチロシンやトリプトファンを含む 14 mer のペプチドのアミノ酸配列をコンビナトリアル合成により少しずつ変えてその Tb^{3+} 錯体の蛍光強度を比較し，最も蛍光強度の強いペプチドを選んだ．これはペプチドであるから遺伝子操作により自分の観察したい蛋白質の上流に組み込むことができ，観察時に Tb^{3+} を加えれば蛍光を発する．つまり，ちょうど green fluorescent protein（GFP，蛍光性の蛋白質でラベル剤あるいはタグとして広く使われている）が遺伝子操作により検出標的蛋白質に蛍光性のタグとしてつけられるように，この 14 mer のペプチドは遺伝子操作で標的蛋白質につけられる希土類錯体のタ

表 13.8 LBT ペプチドおよびトロポニン C のアミノ酸配列[82]

ペプチド	−1	1	3	5	7	9	11	13	15
トロポニン C	I	F	D	K	N	A	D	G	F	I	D	E	E	L	G	E
LBT ペプチド	Y	I	D	T	N	N	D	G	W	Y	E	G	D	E	L	L	A

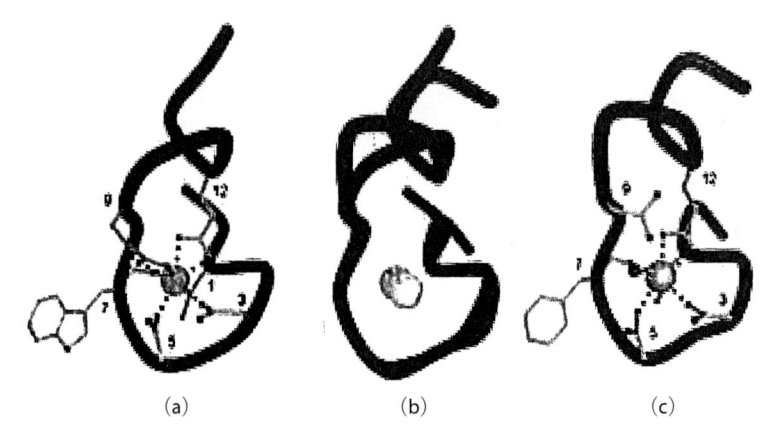

図 13.41 (a) LBT-Tb^{3+} と (b) トロポニン C の Tb^{3+} 錯体の X 線構造および (c) (a)と(b)を重ねた共通部分の図[82]

グとして使えるのである。このペプチドはさらにその後, 17 mer の錯体としてその安定性が高められ, 安定で蛍光性のタグ LBT (lanthanide-binding tag)-Tb^{3+} として完成している[82]。表 13.8 にそのアミノ酸配列を示した。LBT ペプチドは Ca^{2+} 結合蛋白質トロポニンの Ca^{2+} との結合部であるトロポニン C と類似の配列をしており, 結晶構造解析でも構造の類似性が示されている（表 13.8, 図 13.41）。図 13.42 に示すように LBT は希土類イオンの中でも Tb^{3+} に最も高い親和性を示し, このようなコンビナトリアル手法のスクリーニングが有効に働くことを示している。このタグでは, トリプトファン中のインドール環が増感部位として Tb^{3+} から約 7 Å の距離に存在することが, 単結晶 X 線構造解析でわかっている。

このように, LBT-Tb^{3+} の使用はこれをある特定の蛋白質にタグとしてつけておくと, その蛋白質の検出に使えるだけでなく, その蛋白質に特異的に結合するリガンドのペプチドに別の蛍光タグをつけておくと両者の結合を

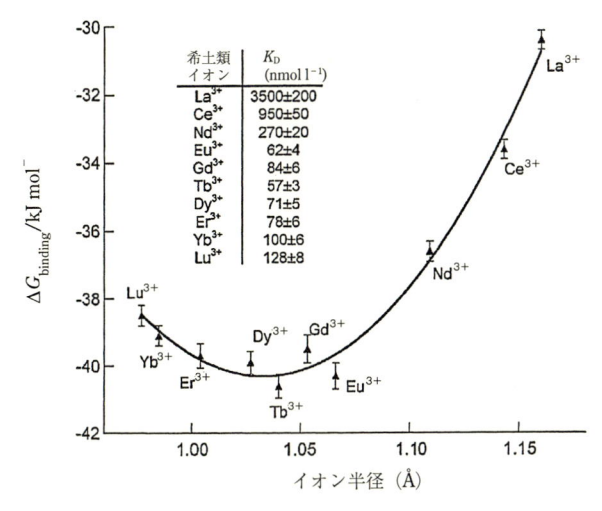

13.8 その他の生命科学研究における希土類イオンプローブの応用

希土類イオン	K_D (nmol l^{-1})
La^{3+}	3500±200
Ce^{3+}	950±50
Nd^{3+}	270±20
Eu^{3+}	62±4
Gd^{3+}	84±6
Tb^{3+}	57±3
Dy^{3+}	71±5
Er^{3+}	78±6
Yb^{3+}	100±6
Lu^{3+}	128±8

図 13.42 LBT と各種希土類イオンとの結合エネルギーおよび解離定数 K_D[82]

FRET シグナルとして検出できる．また，このような結合体の単結晶の X 線回折においては，重原子である Tb^{3+} の X 線回折能が高いことが位相決定の手段となる．さらに，以下に述べるように FRET を利用して Förster 理論に基づき 2 分子間（その蛋白質とリガンドのペプチド間）の距離を測定することができる．

ここでは，リン酸化酵素（キナーゼ）である Src および Crk のリガンドであるリン酸ペプチドの認識ドメイン SH2 に LBT をドナー（D）として遺伝子工学によりタグとして組み込んでおく．一方，リガンドである合成ペプチドはリン酸化したものとしていないものを用意した．これらのアミノ酸配列を表 13.9 に示した．これらのペプチドは有機の蛍光ラベル剤 BODIPY_FL や BODIPY_TMR（図 13.43）をアクセプター（A）としてラベルしておく．これらの有機ラベル剤は，LBT-Tb^{3+} の励起波長 280 nm の光でも励起されるが，有機ラベル剤単独では時間分解測定によりその蛍光は除去される．

このような SH2 ドメインに LBT-Tb^{3+} を組み込んだ蛋白質と表 13.9 のペプチドに BODIPY 類を結合させたものを反応させると，Tb^{3+} から BODIPY 類への FRET が観測された．BODIPY_FL より BODIPY_TMR を使用したとき，一層はっきりと SH2 ドメインとペプチドの結合が，時間分解測定で観

表 13.9 Src および Crk キナーゼの SH2 ドメインに結合するペプチドのアミノ酸配列[81]

ペプチド名*	アミノ酸配列
Src-PP	Glu-Pro-Gln-**pTyr-Glu-Glu-Ile**-Pro-Ile-Tyr-Leu-CONH$_2$
Src-CP	Glu-Pro-Gln-Tyr-Glu-Glu-Ile-Pro-Ile-Tyr-Leu-CONH$_2$
Crk-PP	Gln-**pTyr-Asp-His-Pro**-Asn-Ile-CONH$_2$
Crk-CP	Gln-Tyr-Asp-His-Pro-Asn-Ile-CONH$_2$

太字のアミノ酸が結合に関与する.
* **CP** はコントロールでリン酸化されていないペプチド,**PP** はリン酸化されているペプチド.
Src および Crk 蛋白質に結合するペプチドそれぞれについて,**CP** と **PP** の両者を作製した.

BODIPY_FL
λ_{ex} = 502 nmol l^{-1}, λ_{em} = 511 nmol l^{-1}

BODIPY_TMR
λ_{ex} = 544 nmol l^{-1}, λ_{em} = 570 nmol l^{-1}

(b)

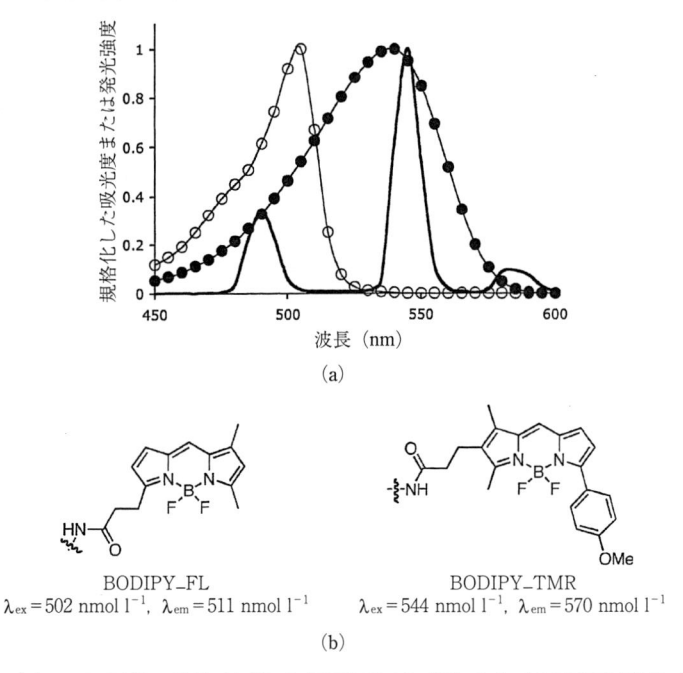

図 13.43 (a) LBT-Tb^{3+} の発光(太線)と BODIPY_FL(○)および BODIPY_TMR(●)の吸収スペクトルの関係,(b) BODIPY_FL と BODIPY_TMR の構造[81]

測された.280 nm で励起し 450〜600 nm の FRET による蛍光を時間分解測定したところ,BODIPY_FL を使用した際には 510 nm 付近,また,BODIPY_TMR を使用した際には 570 nm 付近の蛍光強度により FRET が観測された.この際,ペプチドがリン酸化されていない **Src-CP** や **Crk-CP** をリガンドと

13.8 その他の生命科学研究における希土類イオンプローブの応用

表 13.10 FRET より計算した蛋白質 (D) とペプチド (A) 分子間の距離[81]

蛋白質の SH2 ドメイン	ペプチド	スペクトルの重なり積分 $J(\text{mol}^{-1}\text{cm}^{-1}\text{nm}^4)$	Förster の 距離 R_0(Å)	エネルギーの 移動効率 E	D と A の 距離 R(Å)
GST-Src-LBT	BODIPY-FL-**Src-PP**	$5.3×10^{14}$	39.6	$0.81±0.13$	$31.1±5.0$
GST-Src-LBT	BODIPY-TMR-**Src-PP**	$2.4×10^{15}$	50.9	$0.90±0.02$	$35.3±1.3$
GST-Crk-LBT	BODIPY-FL-**Crk-PP**	$6.2×10^{14}$	40.6	$0.82±0.07$	$31.5±2.5$

して用いると FRET は起こらず,本来のリガンドである **Src-PP** や **Crk-PP** をペプチドとして用いた場合のみ,FRET が観測された.

FRET を起こしている分子間の距離 R は Förster の距離 R_0(9.3.1 項参照)とエネルギーの移動効率 E を用いて式 (13.8) のように表される.

$$R = R_0\left[\left(\frac{1}{E}\right)-1\right]^{1/6} \quad (13.8)$$

ここで,E はドナー (D) のみのときの蛍光寿命 τ_D とアクセプター (A) 共存下の D の寿命 τ_{DA} を用いて,式 (13.9) のように表される.

$$E = 1 - \frac{\tau_{DA}}{\tau_D} \quad (13.9)$$

蛍光の減衰曲線の時間分解測定の結果,Src-LBT-Tb^{3+} のみの測定から,τ_D は 2.24 ms であった.一方,BODIPY_FL-**Src-PP** の共存下では,減衰曲線は 2 つの成分に分解された.一つは 2.07 ms の成分で,これは D のみの寿命に相当する.一方,もう一つの成分 420 μs はエネルギー移動の結果生じたもので,これらの値から E は 81% と計算された.同様に他の蛋白質とペプチドの組み合わせでも計算した結果が,表 13.10 にまとめられている.

R_0 は $E=0.5$ となるときの距離 R の値に等しいが,その測定は難しいので,一般に次のような計算で求められている.

$$R_0 = 0.211(\kappa^2 n^{-4} Q_D J)^{1/6} \quad (13.10)$$

$$J = \frac{\sum[F_D(\lambda)\varepsilon(\lambda)\lambda^4\Delta\lambda]}{\sum[F_D(\lambda)\Delta\lambda]} \quad (13.11)$$

ここで,κ^2 は配向に関する因子 (9.3.1 項参照) で,FRET では一般に D と A がランダムに配向しているとすると,2/3 となる.Q_D はエネルギー移動がないときの D (つまり LBT-Tb^{3+}) の蛍光量子収率で,近似的に τ_D/τ_{Tb} として

いる[83]．ここで，τ_D は LBT-Tb^{3+} を単独で，また，τ_{Tb}（4.75 ms）は配位していないフリーの Tb^{3+} をレーザーで励起したときの寿命である．屈折率 n は水溶液中の生体分子では1.4 としている．J はスペクトルの重なり積分でD の発光スペクトルとA の吸収スペクトルの重なり部分の指標となるものであるが，式（13.11）のように求められる．ここで $F_D(\lambda)$ はD の規格化した発光強度であり，$\varepsilon(\lambda)$ はA のモル吸光係数である．このような式により蛋白質とペプチドの2分子間の距離を計算した結果が，表13.10 に示されている．FRET による距離の測定は近似的ではあるが溶液中で測定する方法がほかにあまりないため，広く用いられている．高分子の揺らぎなどのため，この距離は平均的なものである．

引用文献

1) R. A. Bulman, *Metal Ions in Biological Systems*, Vol. 40, A. Sigel and H. Sigel eds., Chap. 17, Marcel Dekker（2003）.
2) C. H. Evans, *Biochemistry of the Lanthanides*, Plenum Press（1990）.
3) L. C. Thompson, *Handbook on the Chemistry and Physics of Rare Earths*, K. A. Gschneider, Jr. and L. Eyring eds., p. 209, North-Holland（1979）.
4) R. A. Bulman, *Handbook on Metal Ions in Clinical and Analytical Chemistry*, H. G. Seiler, A. Sigel and H. Sigel eds., Marcel Dekker（1994）.
5) G. V. Iyengar, W. E. Kollmer and H. J. M. Bowen, *The Elemental Composition of Human Tissues and Body Fluids*, Verlag Chemie（1978）.
6) E. Sabbioni, E. C. Minioia, R. Peitra, S. Fortaner, M. Gallorini and A. Saltelli, *Sci. Total Environ.*, **120**, 39（1992）.
7) 原口紘炁，生命と金属の世界，放送大学教育振興会（2005）.
8) T. Takarada, M. Yashiro and M. Komiyama, *Chem. Eur. J.*, **6**, 3906（2000）.
9) M. Komiyama and T. Takarada, *Metal Ions in Biological Systems*, Vol. 40, A. Sigel and H. Sigel eds., Chap. 10, Marcel Dekker（2003）.
10) T. Takarada, R. Takahashi, M. Yashiro and M. Komiyama, *J. Phys. Org. Chem.*, **11**, 41（1998）.
11) P. Järvinen, M. Oivanen and H. Lönnberg, *J. Org. Chem.*, **56**, 5396（1991）.
12) H.-J. Schneider and A. K. Yatsimirsky, *Metal Ions in Biological Systems*, Vol. 40, A. Sigel and H. Sigel eds., Chap. 11, Marcel Dekker（2003）.
13) M. Komiyama, *Metal Ions in Biological Systems*, Vol. 40, A. Sigel and H. Sigel eds., Chap. 12, Marcel Dekker（2003）.
14) J. Sumaoka, T. Igawa and M. Komiyama, *Chem. Eur. J.*, **4**, 205（1998）.

15) M. Komiyama, K. Matsumura and Y. Matsumoto, *J. Chem. Soc., Chem. Commun.*, **640** (1992).
16) J. R. Morrow, L. A. Buttrey, V. M. Shelton and K. A. Berback, *J. Am. Chem. Soc.*, **114**, 1903 (1992).
17) D. Hüsken, G. Goodall, M. J. J. Blommers, W. Jahnke, J. Hall, R. Häner and H. E. Moser, *Biochemistry*, **35**, 16591 (1996).
18) J. Hall, D. Hüsken and R. Häner, *Nucleic Acids Res.*, **24**, 3522 (1996).
19) A. Kuzuya, M. Akai and M. Komiyama, *Chem. Lett.*, **1035** (1999).
20) T. K. Christopoulos and E. P. Diamandis, *Anal. Chem.*, **64**, 342 (1992).
21) G. Mathis, *Clin. Chem.*, **41**, 1391 (1995).
22) A. K. Saha, K. Kross, E. D. Kloszewski, D. A. Upson, J. L. Toner, R. A. Snow, C. D. V. Black and V. C. Desai, *J. Am. Chem. Soc.*, **115**, 11032 (1993).
23) P. Ge and P. R. Selvin, *Bioconjugate Chem.*, **15**, 1088 (2004).
24) J. Yuan and K. Matsumoto, *J. Pharma. Biomed. Anal.*, **15**, 1397 (1997).
25) J. Yuan, K. Matsumoto and H. Kimura, *Anal. Chem.*, **70**, 596 (1998).
26) J. Yuan, S. Sueda, R. Somazawa and K. Matsumoto, *Chem. Lett.*, **492** (2003).
27) T. Nishioka, J. Yuan, Y. Yamamoto, K. Sumitomo, Z. Wang, K. Hashino, C. Hosoya, K. Ikawa, G. Wang and K. Matsumoto, *Inorg. Chem.*, **45**, 4088 (2006).
28) J. Yuan, G. Wang, K. Majima and K. Matsumoto, *Anal. Chem.*, **73**, 1869 (2001).
29) K. Matsumoto and J. Yuan, *Metal Ions in Biological Systems*, Vol. 40, A. Sigel and H. Sigel eds., Chap. 6, Marcel Dekker (2003).
30) T. Nishioka, K. Fukui and K. Matsumoto, *Handbook on the Physics and Chemistry of Rare Earths*, Vol. 37, K. A. Gschneidner, Jr., J.-C. G. Bünzli and V. K. Pecharsky eds., Chap. 234, Elsevier (2006).
31) I. Hemmilá and V.-M. Mukkala, *Crit. Rev. Clin. Lab. Sci.*, **38**, 441 (2001).
32) K. Matsumoto, J. Yuan, G. Wang and H. Kimura, *Anal. Biochem.*, **276**, 81 (1999).
33) J. Yuan, G. Wang, H. Kimura and K. Matsumoto, *Anal. Biochem.*, **254**, 283 (1999).
34) J. Yuan, G. Wang, H. Kimura and K. Matsumoto, *Anal. Sci.*, **14**, 421 (1998).
35) H. Kimura, M. Suzuki, F. Nagao and K. Matsumoto, *Anal. Sci.*, **17**, 593 (2001).
36) G. Mathis, F. Socquet, M. Viguier and B. Darbouret, *Anticancer Res.*, **17**, 3011 (1997).
37) G. Wang, J. Yuan, K. Matsumoto and H. Kimura, *Anal. Sci.*, **17**, 881 (2001).
38) R. A. Evangelista, A. Pollak and E. F. Templeton, *Anal. Biochem.*, **197**, 213 (1991).
39) T. K. Christopoulos and E. P. Diamandis, *Anal. Chem.*, **64**, 342 (1992).
40) I. Hemmilä, S. Holttinen, K. Pettersoon and T. Lövgren, *Clin. Chem.*, **33**, 2281 (1987).
41) G. Mathis, *Clin. Chem.*, **39**, 1053 (1993).
42) G. Mathis, *Clin. Chem.*, **41**, 1391 (1995).
43) H. Kimura, J. Yuan, G. Wang, K. Matsumoto and M. Mukaida, *J. Anal. Toxicol.*, **23**, 11 (1999).
44) T. Kokko, L. Kokko, T. Lövgren and T. Soukka, *Anal. Chem.*, **79**, 5935 (2007).
45) S. Rintamäki, A. Saukkoriipi, P. Salok, A. Takala and M. Leinonen, *J. Microbiol.*

Methods, **50**, 313 (2002).
46) M. Samiotaki, M. Kwiatkowski, N. Ylitalo and U. Landegren, *Anal. Biochem.*, **253**, 156 (1997).
47) S. Sueda, J. Yuan and K. Matsumoto, *Bioconjugate Chem.*, **11**, 827 (2000).
48) S. Sueda, J. Yuan and K. Matsumoto, *Bioconjugate Chem.*, **13**, 200 (2002).
49) A. Tsourkas, M. A. Behlke, Y. Xu and G. Bao, *Anal. Chem.*, **75**, 3697 (2003).
50) D. D. Root, C. Vaccaro, Z. Zhang and M. Castro, *Biopolymers*, **75**, 60 (2004).
51) V. Laitala and I. Hemmilä, *Anal. Chem.*, **77**, 1483 (2005).
52) A. Yegoroba, A. Karasyov, A. Duerkop, I. Ukrainets and V. Antonovich, *Spectrochim. Acta, Part A*, **61**, 109 (2005).
53) Y. X. Ci, Y. Z. Li and X. J. Liu, *Anal. Chem.*, **67**, 1785 (1995).
54) R. Liu, J. Yang and X. Wu, *J. Lumin.*, **96**, 201 (2002).
55) X. Wu, J. H. Yang, M. Wang, L. M. Sun and G. Y. Xu, *Anal. Lett.*, **32**, 2417 (1999).
56) L. Yi, H. Zhao, C. Sun, S. Chen and L. Jin, *Spetrochim. Acta, Part A*, **59**, 2541 (2003).
57) J. Nurmi, A. Ylikoski, T. Soukka, M. Karp and T. Lövgren, *Nucleic Acids Res.*, **28**, e28 (2000).
58) J. Nurmi, M. Kiviniemi, M. Kujanpää, M. Sjöroos, J. Ilonen and T. Lövgren, *Anal. Biochem.*, **299**, 211 (2001).
59) J. Nurmi, T. Wikman, M. Karp and T. Lövgren, *Anal. Chem.*, **74**, 3525 (2002).
60) M. Kiviniemi, J. Nurmi, H. Turpeinen, T. Lövgren and J. Ilonen, *Clin. Biochem.*, **36**, 633 (2003).
61) A. Ylikoski, A. Elomaa, P. Ollikka, H. Hakala, V.-M. Mukkala, J. Hovinen and I. Hemmilä, *Clin. Chem.*, **50**, 1943 (2004).
62) E. Lopez-Crapez, H. Bazin, E. Andre, J. Noletti, J. Grenier and G. Mathis, *Nucleic Acids Res.*, **29**, e 70 (2001).
63) E. Lopez-Crapez, H. Bazin, J. Chevalier, E. Trinquet, J. Grenier and G. Mathis, *Nucleic Acids Res.*, **25**, 468 (2005).
64) K. Fukui, Y. Ochiai, M. Xie, M. Horie, Y. Kageyama and K. Matsumoto, *Abstract of International Chemical Congress of Pacific Basin Societies*, Program No. 475 (Honolulu, Hawaii ; December 15-20, 2005).
65) H. L. Handl, J. Vagner, H. I. Yamamura, V. J. Hruby and R. J. Gillies, *Anal. Biochem.*, **330**, 242 (2004).
66) H. L. Handl, J. Vagner, H. I. Yamamura, V. J. Hruby and R. J. Gillies, *Anal. Biochem.*, **343**, 299 (2005).
67) K. Majima, T. Fukui, J. Yuan, G. Wang and K. Matsumoto, *Anal. Sci.*, **18**, 869 (2002).
68) K. Matsumoto, Y. Tsukahara, T. Umehara, K. Tsunoda, H. Kume, S. Kawasaki, J. Tadano and T. Matsuya, *J. Chromatgr.*, **773B**, 135 (2002).
69) 伊藤雅浩,橋野仁一,松本和子,日本分析化学会第54年会講演要旨集 (2005).
70) 山口佳則,橋野仁一,松本和子,日本分析化学会第54年会講演要旨集 (2005).
71) K. Ganzler, K. S. Greve, A. S. Cohen, B. L. Kager, A. Guttman and N. C. Cooke, *Anal. Chem.*, **64**, 2665 (1972).

72) S. Hu, Z. Zhang, L. M. Cook, E. J. Carpenter and N. J. Dovichi, *J. Chromatogr.*, **894A**, 291 (2000).
73) H. Tsukube, K. Yano, A. Ishida and S. Shinoda, *Chem. Lett.*, **36**, 554 (2007).
74) K. Hashino, K. Ikawa, M. Ito, C. Hosoya, T. Nishioka, M. Makiuchi and K. Matsumoto, *Anal. Biochem.*, **364**, 89 (2007).
75) Y. Hong, B. L. Webb, H. Su, E. J. Mozdy, Y. Fang, Q. Wu, L. Liu, J. Beck, A. M. Ferrie, S. Raghavan, J. Mauro, A. Carre, D. Müeller, F. Lai, B. Rasnow, M. Johnson, H. Min, J. Salon and J. Lehiri, *J. Am. Chem. Soc.*, **127**, 15350 (2005).
76) L. Seveus, M. Väisälä, S. Syrjänen, M. Sandberg, A. Kuusisto, R. Harju, J. Salo, I. Hemmilä, H. Kojola and E. Soini, *Cytometry*, **13**, 329 (1992).
77) H. Kimura, M. Mukaida, K. Kuwabara, T. Ito, K. Hashino, K. Uchida, K. Matsumoto and K. Yoshida, *Free Rad. Biol. Med.*, **41**, 973 (2006).
78) H. Kimura, M. Mukaida, M. Watanabe, K. Hashino, T. Nishioka, Y. Tomino, K. Yoshida and K. Matsumoto, *Anal. Biochem.*, **372**, 119 (2008).
79) R. K. O. Sigel and A. M. Pyle, *Metal Ions in Biological Systems*, Vol. 40, A. Sigel and H. Sigel eds., Chap. 13, Marcel Dekker (2003).
80) K. J. Franz, M. Nitz and B. Imperiali, *ChemBioChem*, **4**, 265 (2003).
81) B. R. Sculimbrene and B. Imperiali, *J. Am. Chem. Soc.*, **128**, 7346 (2006).
82) M. Nitz, M. Sherawat, K. J. Franz, E. Peisach, K. N. Allen and B. Imperiali, *Angew. Chem. Int. Ed.*, **43**, 3682 (2004).
83) D. D. Root, X. Shangguan, J. Xu and M. A. McAllister, *J. Struct. Biol.*, **127**, 22 (1999).

索　引

欧　文

Ac　2
acceptor　156
actinide　2
adduct　64
allanite　28
antenna effect　128
antibody　265
antigen　265
anti-Stokes shift FRET　281
Arrhenius　4
autofluorescence　301

bastnasite　28
B/F 分離　276
branching ratio　155
burnable poison　10

carbonatite　29
CD（円二色性）　233
Ce　1, 13, 15, 16
cerite　28
charge resonance interaction　159
chemical shift　184
chemiluminescence　286
circular dichroism　233
combinatorial chemistry　293
concentration quenching　126
contact interaction　186
contact shift　188
contrast reagent　193
correlation time　196
Coulombic interaction　159
cryptand　75
cryptate　75

decay curve　118
delay time　264
Dexter 機構　159, 162

dipole-dipole interaction　158, 187
dipole shift　187
DNA チップ　298
donor　156
dual FRET molecular beacon　280
dual FRET probe　280
Dy　1
dynamic quenching　164

EDTA 錯体　67
ee（光学純度）　185, 237
EET（励起エネルギー移動）　158
effective magnetic moment　178
effective quenching sphere　166
electric dipole transition　109
electric quadrupole transition　109
electronic energy transfer (excitation energy
　　transfer)　157
electronic transition　108
electron paramagnetic resonance　180
electron spin relaxation time　189
electron spin resonance　180
electrophoresis　294
ELISA 法（酵素結合免疫吸着測定法）　270
enantiomeric excess　185
enzyme-linked immunosorbent assay　270
EPR（電子常磁性共鳴）　180
Er　1
ESR（電子スピン共鳴）　180
Eu　1, 15
euxenite　28
exchange interaction　159
excitation energy transfer (electronic energy
　　transfer)　157

4f 軌道　13, 85
F パラメーター　187
fluorescence quantum yield　119
fluorescence resonance energy transfer　158
fluorocerite　28

forbidden transition 108
Förster 機構 159,167
Förster 距離 170
Förster の式 162
Förster 半径 160,162
Förster 理論 309
FRET (蛍光共鳴エネルギー移動) 158,163, 166,167,214,274,309

g 因子 189
Gadolin 4
gadolinite 4,28
gadolinium break 56
Gd 1,16
genotyping 279
GGG(ガドリニウム-ガリウム-ガーネット) 9
gyromagnetic ratio 189

high performance liquid chromatography 294
high resolution ICP-MS 46
high-throughput 294
high-throughput screening 294
His-tag 法 296
Ho 1
HPLC (高速液体クロマトグラフィー) 294
HR ICP-MS (高分解能 ICP-MS) 46
HTS(ハイスループットスクリーニング) 294
hybridize 276
hyperfine coupling constant 188

IC 115
ICP 質量分析 (誘導結合プラズマ質量分析, ICP-MS) 39,45
ICP 発光分析 (誘導結合プラズマ発光分析, ICP-AES) 39,42
ICP-AES (ICP 発光分析, 誘導結合プラズマ発光分析) 39,42
ICP-MS (ICP 質量分析, 誘導結合プラズマ質量分析) 39,45
ICT (分子内電荷移動) 173
imaging 298
immunoassay 264
immunohistochemistry 302
induced CD 234
inductively coupled plasma-atomic emission spectroscopy 42
inductively coupled plasma-mass spectrometry 45

inner-filter effect 126
intercalation 215
intercalator 214
internal conversion 115
intersystem crossing 116
ISC (系間交差) 116,146,211

j-j 結合 88

La 1,16
lanthanide 1
lanthanide contraction 19
lanthanoid 2
lanthanon 2
latitudinal relaxation 189
latitudinal relaxation rate 189
latitudinal relaxation time 189
LE 状態 (局所的励起状態) 173
Levine 7
ligand 15
locally excited state 173
longitudinal relaxation 192
longitudinal relaxation rate 192
Lr 2
LS 項 (ラッセル-サンダース項) 97
Lu 1,16

macrocyclic ligand 70
magnetic dipole transition 109
magnetic moment 189
magnetic quadrupole transition 109
magnetic resonance imaging 10,189
Mendeleev 4
metal to ligand charge transfer 215
microarray 298
microfluidic device 232
minisequencing 291
MLCT (金属-配位子間電荷移動) 215
molecular beacon 279
monazite 28
Mosander 4
Moseley 6
MRI (核磁気共鳴画像) 10,182,189

NAA (中性子放射化分析) 49
natural lifetime 118
Nd 1
neutron activation analysis 49
NMR 10,183

索　　引

NOAEL 246
non-radiative energy transfer 157
nuclear magnetic resonance 10, 183

OLA（オリゴヌクレオチドリゲーションアッセイ）291
oligonucleotide ligation assay 291
orientational factor 161
oscillator strength 108
osmotic pressure 193

Palilla 7
paramagnetic shift 186
particle induced X-ray emission spectrometry 41
PCR（ポリメラーゼ連鎖反応）276
PCT（光誘起電荷移動）172
PET（光誘起電子移動）171, 217
pH 222
pH センサー 217
photobleaching 301
photoinduced charge transfer 172
photoinduced electron transfer 171
photoinduced electron transfer process 210
photoinduced intramolecular charge transfer 173
PIXE（荷電粒子励起発光 X 線分析）41
Pm 1
polycrase 28
polymerase chain reaction 276
Pr 1
pseudocontact interaction 186
pseudocontact shift 187

quencher 164
quenching 164

radiative energy transfer 156
radiative lifetime 118
rare earth element 1
rare earths 2
ratio measurement 212
real-time PCR 279
receptor 293
relativistic effect 19, 86
relaxation 116
relaxivity 195
resonance energy transfer 158
RET（共鳴エネルギー移動）158

SBM 理論 196
Sc 1
Schwarzenbach 56
selection rule 107
self-absorption 127
shift reagent 183
Sm 1
Spedding 7, 34
SPR（表面プラズモン共鳴）298
stability constant 53
static quenching 164
Stokes shift 125
surface prasmon resonance 298
synergistic effect 65

Tb 1, 15
TICT 状態（ねじれ構造の電荷移動状態）173
time-resolved measurement 263
Tm 1
total reflection X-ray fluorescence analysis 40
transition intensity 108
transition probability 107
twisted intramolecular charge transfer 173
TXRF（全反射蛍光 X 線分析）40

vacuum magnetic permeability 189
Van Vleck 179
von Welsbach 6

xenotime 28
X-ray fluorescence spectrometry 40
XRF（蛍光 X 線分析）39, 40

Y 1
YAG（イットリウム-アルミニウム-ガーネット）9
Yb 1, 15
ytterbite 4
Ytterby 4
yttria 4

zero-field splitting 180
Zn^{2+} センサー 228

ア 行

アクセプター（受容体）156
アクチニウム 2
アクチニド 2, 10

アクチニド収縮　19
アザクラウン　73
アダクト（付加体）　64,184
圧電素子　9
アラナイト（カツレン石）　28
アーレニウス　4
アンチストークスシフトFRET　281
安定度定数　53
アンテナ効果　128

イオン化エネルギー　21
イオン吸着型鉱床　29
イオン交換法　7,34
イオン半径　17,52
一重項酸素　227
イッテルバイト　4
イッテルビイ　4
イッテルビウム　1,15
イットリア　4
イットリウム　1
イットリウム-アルミニウム-ガーネット（YAG）　9
移動効率　162,311
イムノアッセイ（免疫分析）　264
イメージング　298
インターカレーション　215
インターカレーター　214,287

2′-エチルヘキシルエステル　37
2-エチルヘキシルホスホン酸　37
エネルギー移動　144,162
エネルギーの移動効率　162,311
エルビア　4
エルビウム　1
塩基配列特異的切断　261
円二色性（CD）　233

オリゴヌクレオチドリゲーションアッセイ（OLA）　291

カ 行

回転相関時間　194
化学シフト（ケミカルシフト）　184
化学発光（ケミルミネセンス）　286
核磁気共鳴画像（MRI）　10,182,189
重なり積分　163
加水分解　60,247
カツレン石（アラナイト）　28
荷電粒子励起発光X線分析（PIXE）　41

ガドリナイト（ガドリン石）　4,28
ガドリニウム　1,16
ガドリニウム-ガリウム-ガーネット（GGG）　9
ガドリニウムブレイク　56
ガドリン　4
ガドリン石（ガドリナイト）　4,28
カーボナタイト　29
緩和　116
緩和時間　10,182
緩和能　195,197

擬コンタクトシフト（シュードコンタクトシフト）　187
擬コンタクト相互作用（シュードコンタクト相互作用）　186
軌道角運動量　179
軌道の収縮　86
希土類元素　1
──の存在度　27
希土類磁石　8
吸光　105
吸光度　121
キュリー則　180
協同効果　65
共鳴エネルギー移動（RET）　158
共鳴核　186
供与体（ドナー）　156
局所的励起状態（LE状態）　173
キラリティー　233
禁制遷移　108
金属-配位子間電荷移動（MLCT）　215

クラウンエーテル　70
クラマーの二重項　181
クリアランス　246
クリプタンド　75
クリプテート　75
グロー放電質量分析　39
クーロン相互作用　159

系間交差（ISC）　116,146,211
軽希土　2
蛍光　10,114
蛍光X線分析（XRF）　39,40
蛍光エネルギー移動　156
蛍光強度　213
蛍光共鳴エネルギー移動（FRET）　158,163,166,167,214,274,309
蛍光収率　165

索　引

蛍光寿命　155, 162, 169, 213
蛍光スペクトル　121, 168
蛍光増強　170
蛍光量子収率　119, 161
結晶場の作用　17
結晶半径　52
ケミカルシフト（化学シフト）　184
ケミルミネセンス（化学発光）　286
原子半径　17
減衰曲線（失活曲線）　118, 165

項　95
光学純度（ee）　185, 237
交換機構　163, 166
交換相互作用　159
抗原　265
鉱床　29
高速液体クロマトグラフィー（HPLC）　294
酵素結合免疫吸着測定法（ELISA法）　270
抗体　265
高分解能 ICP-MS（HR ICP-MS）　46
固体レーザー　9
コンタクトシフト　188
コンタクト相互作用　186
コンデンサー　9
コントラスト試薬（造影剤）　10, 182, 189, 193, 200, 204
コンビナトリアルケミストリー　293

サ　行

細胞チップ　298
サマリウム　1
サマリウム-コバルト磁石　7
サマリウム-鉄-窒素磁石　7
サーミスター　9
酸化イットリウム　7
酸化還元電位　23, 171
酸化セリウム　6
酸化物高温超伝導体　8
三重項のエネルギー　146
サンドイッチイムノアッセイ　266

ジアステレオーマー　185
ジェノタイピング　279, 291
自家蛍光　301
磁化率　179
時間分解測定　208, 263
磁気回転比　189
磁気四極子遷移　109

磁気双極子遷移　109, 150
磁気モーメント　179, 187, 189, 193
磁気冷凍材料　8
自己吸収　127
ジスプロシウム　1
自然寿命　118, 119
失活　116, 144, 209
失活曲線（減衰曲線）　118, 165
シフト試薬　183, 185
ジ(2-メチルヘキシル)リン酸　37
ジャッド-オーフェルト強度パラメーター　110
ジャッド-オーフェルト理論　110, 150, 154
　　──のパラメーター　155
重希土　2
縮退度　150
シュテルン-フォルマー定数　213
シュテルン-フォルマーの式　165
シュテルン-フォルマーの速度論　164
シュテルン-フォルマープロット　165
シュードコンタクトシフト(擬コンタクトシフト)　187
シュードコンタクト相互作用（擬コンタクト相互作用）　186
寿命　116
受容体（アクセプター）　156
消光　16, 17, 144, 164, 213
消光剤　164, 171, 210
消光作用　140
消光有効半球　166
常磁性　178
常磁性シフト　186-188
真空の透磁率　189
シンクロトロン放射光　40, 41
人工制限酵素　253
人造ダイヤモンド　9
浸透圧　193
振動子強度　108, 159, 163

水素吸蔵合金　8
水和イオン　57
水和エンタルピー　58
スカンジウム　1
ストークスシフト　125, 168
スピンエコー　192
スピン-軌道相互作用　17
スピンの期待値　188
スペディング　7, 34

静的消光　164

322　　　　　　　　　索　　引

赤色蛍光体　7
絶対法　123
ゼノタイム　28
セリウム　1,13
セル石　28
ゼロ磁場分裂　180,181
全安定度定数　54
遷移確率　107
遷移強度　108
センサー機能　208
選択律　107
全反射蛍光X線分析（TXRF）　40

造影剤（コントラスト試薬）　10,182,189,193,
　　　200,204
増感剤　210
相関時間　196
双極子シフト　187
双極子-双極子相互作用（双極子相互作用）
　　　158-160,163,166,186,187,189,196
双極子モーメント　173
相対法　124
相対論的効果　19,86
相対論的収縮　87
ソロモン-ブレンベルゲン-モーガン式　196

タ　行

大環状配位子　70
退色（フォトブリーチング）　301
多極子相互作用　159
縦緩和　189,192
縦の緩和時間　189
蛋白質チップ　298

遅延時間　264
逐次安定度定数　54
中性子吸収断面積　10
中性子放射化分析（NAA）　49
超微細結合定数　188

ツリウム　1

ディーケのエネルギーダイアグラム　99
デュアルFRETプローブ　280
デュアルFRETモレキュラービーコン　280
テルビア　4
テルビウム　1,15
電荷移動　210,211
電荷共鳴相互作用　159

電荷分離　173
電荷密度分布　186
電気陰性度　24
電気泳動　294
電気四極子遷移　109
電気双極子遷移　109,150
電気双極子モーメント　155
電子移動　144,210,217
電子間クーロン相互作用　17
電子間相互作用　88
電子供与体　210
電子交換相互作用　159
電子材料　9
電子受容体　211
電子常磁性共鳴（EPR）　180
電子スピン緩和時間　189,193
電子スピン共鳴（ESR）　180
電子セラミックス　9
電子遷移　108
電磁波吸収体　8

動的消光　164
特性X線　6,40
ドナー（供与体）　156
トランスフェリン　242
トリカプリルメチルアンモニウム塩　37

ナ　行

内部フィルター効果　126

ネオジム　1
ネオジム-鉄-ホウ素磁石　7
ねじれ構造の電荷移動状態（TICT状態）　173
熱的失活過程　123

濃度消光　126

ハ　行

配位子（リガンド）　15,293
配位子場の作用　17
配位水　204
配位数　52
配向因子　161
ハイスループット　294
ハイスループットスクリーニング（HTS）　294
ハイブリダイズ　276
バストネサイト　28
発光　105,144
発光減衰曲線　148

発光収率 133
発光寿命 133, 169
ハードなイオン 54
バーナブルポイズン 10
バリスター 9
半減期 207, 247, 253
反磁性 180

光磁気ディスク 9
光増幅器 9
光ファイバー 9
光誘起電荷移動（PCT） 172
光誘起電子移動（PET） 171, 210, 217
光誘起分子内電荷移動 173
非局在化 186
ビス（2-エチルヘキシル）ホスホン酸 37
ヒスタグ法 296
ビス[2-(1,3,3'-トリメチルブチル)-5,7,7'-トリメチルオクチル]リン酸 37
ビス(2,4,4'-トリメチルペンチル)-ホスホン酸 37
非放射的エネルギー移動過程 157
表面プラズモン共鳴（SPR） 298

尋烏（フーウー）鉱床 30
フォトブリーチング（退色） 301
フォン・ウェルスバッハ 6
付加体（アダクト） 64, 184
不対 f 電子 186
フッ化セリウム石 28
沸点 20
プラセオジム 1
フランク-コンドン状態 173
プロメチウム 1
分岐比 155
分極率 215
分子内電荷移動（ICT） 173
分配係数 35
分別結晶法 33
分離係数 36

ペプチド結合 247
偏光 126

ボーア磁子 178, 189
ボーア半径 163
放射化分析 39
放射寿命 118, 119
放射的エネルギー移動過程 156

ポリアザカルボン酸 75
ポリクレール石 28
ポリメラーゼ連鎖反応（PCR） 276
ボルツマン因子 179
ポルフィリン 73
ホルミウム 1
ホロックとスドニックの式 148

マ 行

マイクロアレイ 298
マイクロフルイディックデバイス 232

ミキサー・セトラー 35
ミッシュメタル 6
密度 20
ミニシークエンシング法 291

無機エレクトロルミネセンス（無機 EL） 7
ムーサンデル 4

免疫組織化学 302
免疫分析（イムノアッセイ） 264
メンデレーエフ 4

モーズレー 6
　――の式 6
モナズ石（モナザイト） 28
モル吸光係数 121
モレキュラービーコン 279

ヤ 行

誘起 CD 234
有効磁気モーメント 178
融点 20
誘導結合プラズマ質量分析（ICP 質量分析，ICP-MS） 39, 45
誘導結合プラズマ発光分析（ICP 発光分析，ICP-AES） 39, 42
ユウロピウム 1, 15
ユークセン石 28

溶解度積 25, 60
溶存酸素濃度 222
溶媒抽出法 7, 33, 35
横緩和 192
横の緩和速度 192

ラ 行

ラセミ体 185

索　引

ラッセル-サンダース結合　88
ラッセル-サンダース項（LS項）　97
ラーモア周波数　196
ランタニド　1,10
ランタニド収縮　19,52
ランタノイド　2
ランタノン　2
ランタン　1
ランデのg因子　178
ランベルト-ベールの法則　121

リアルタイムPCR　279
リガンド（配位子）　15,293
量子収率　119
臨界距離　160
燐光　105,114
リン酸エステル結合　252

リン酸ジエステル結合　256
リン酸トリブチル　37

ルテチウム　1

レア・アース　2
励起　114
励起エネルギー移動（EET）　157
励起スペクトル　121,122,168
レーザー　9
レーザーアブレーションICP-MS　46
レシオ測定　212,224
レセプター　293
レビンソン則　28

ローレンシウム　2
龍南（ロンナン）鉱床　30

著者略歴

松本 和子
 1949年　東京都に生まれる
 1977年　東京大学大学院理学系研究科
 　　　　博士課程修了
 現　在　東京化成工業(株)技術顧問
 　　　　理学博士

朝倉化学大系 18

希土類元素の化学

2008年8月25日　初版第1刷
2017年6月25日　　　第3刷

定価はカバーに表示

著　者　松　本　和　子
発行者　朝　倉　誠　造
発行所　株式会社　朝倉書店
　　　　東京都新宿区新小川町6-29
　　　　郵便番号　162-8707
　　　　電話　03(3260)0141
　　　　FAX　03(3260)0180
　　　　http://www.asakura.co.jp

〈検印省略〉

© 2008〈無断複写・転載を禁ず〉

新日本印刷・渡辺製本

ISBN 978-4-254-14648-6　C 3343　　Printed in Japan

JCOPY　〈(社)出版者著作権管理機構 委託出版物〉
本書の無断複写は著作権法上での例外を除き禁じられています．複写される場合は，そのつど事前に，(社)出版者著作権管理機構（電話 03-3513-6969，FAX 03-3513-6979，e-mail: info@jcopy.or.jp）の許諾を得てください．

好評の事典・辞典・ハンドブック

物理データ事典	日本物理学会 編	B5判 600頁
現代物理学ハンドブック	鈴木増雄ほか 訳	A5判 448頁
物理学大事典	鈴木増雄ほか 編	B5判 896頁
統計物理学ハンドブック	鈴木増雄ほか 訳	A5判 608頁
素粒子物理学ハンドブック	山田作衛ほか 編	A5判 688頁
超伝導ハンドブック	福山秀敏ほか 編	A5判 328頁
化学測定の事典	梅澤喜夫 編	A5判 352頁
炭素の事典	伊与田正彦ほか 編	A5判 660頁
元素大百科事典	渡辺 正 監訳	B5判 712頁
ガラスの百科事典	作花済夫ほか 編	A5判 696頁
セラミックスの事典	山村 博ほか 監修	A5判 496頁
高分子分析ハンドブック	高分子分析研究懇談会 編	B5判 1268頁
エネルギーの事典	日本エネルギー学会 編	B5判 768頁
モータの事典	曽根 悟ほか 編	B5判 520頁
電子物性・材料の事典	森泉豊栄ほか 編	A5判 696頁
電子材料ハンドブック	木村忠正ほか 編	B5判 1012頁
計算力学ハンドブック	矢川元基ほか 編	B5判 680頁
コンクリート工学ハンドブック	小柳 洽ほか 編	B5判 1536頁
測量工学ハンドブック	村井俊治 編	B5判 544頁
建築設備ハンドブック	紀谷文樹ほか 編	B5判 948頁
建築大百科事典	長澤 泰ほか 編	B5判 720頁

価格・概要等は小社ホームページをご覧ください.